21 世纪高等学校经济数学教材

U0259934

线性代数

（第二版）

主编 费伟劲

主审 梁治安

復旦大學 出版社

内 容 提 要

本书由上海财经大学应用数学系、上海金融学院应用数学系、上海商学院基础部教师合作编写，系高等经济管理类院校使用的经济数学系列教材之一.

全书共分 7 章：行列式，矩阵，向量空间简介，线性方程组，矩阵的特征值问题，二次型，MATLAB 软件及投入产出模型简介. 本书科学、系统地介绍了线性代数的基本内容，重点介绍了线性代数的方法及其在经济管理中的应用，每章均附有习题，书末附有习题的参考答案或提示.

本书可作为高等经济管理类院校的数学基础课程教材，同时也适合财经类高等教育自学考试、各类函授大学、夜大学使用，也可作为财经管理人员的学习参考书.

第二版前言

本书自2007年1月出版以来，广大同行和读者对原书第一版的体系合理、结构严谨、概念清晰、通俗易懂、便于自学等优点给予了充分肯定（第一版连续5次印刷就是最好的说明），同时也提出了不少宝贵意见和建议。通过几年的教学实践，我们希望能吸收、借鉴国内外优秀教材编写的成功经验，不断完善本教材，使它能适应高等教育大众化及时代发展对线性代数课程的教学需求。为此，我们对本教材进行了打磨和局部修订，但大的框架没有改变。与第一版相比，第二版做了如下几个方面的改进：

1. 在文字上作了进一步的润饰，并对第一版中的某些疏漏予以补充和完善；

2. 对发现的印刷错误和笔误给予了更正；

3. 对部分例题及习题，进行了适当调整，以利于读者学习和掌握；

4. 在内容上做了一些标注，对于标有“*”号的章节，学时少的学校可以跳过不学或作为选学内容；标有“*”号的定理，可以暂不必学习它的证明，有兴趣的读者也可以学习；

5. 调整了部分参考书目。

这次修订工作是在许多同行和出版社编辑的大力帮助与支持下完成的，在此我们对关心本次修订工作的专家、同行、读者及出版社编辑表示衷心的感谢！由于编者学识水平所限，本书仍可能会存在一些错误与不足，恳请各位读者及专家不吝赐教。

编者

2012年2月

第一版前言

为适应我国高等教学的飞速发展和数学在各学科中更广泛的应用，根据高等教育面向21世纪发展的要求，上海财经大学应用数学系、上海金融学院应用数学系、上海商学院基础教学部教师合作编写了“21世纪高等学校经济数学教材”——《微积分》、《线性代数》和《概率论与数理统计》.

针对使用对象的特点，结合作者多年的教学实践和教学改革的实际经验，在这套系列教材的编写过程中，我们注重了以下几方面的问题：

1. 适应我国在21世纪经济建设和发展的需要，着眼于培养“厚基础，宽口径，高素质”的财经人才，注重加强基础课程，特别是数学基础课程.

2. 作为高等经济管理类院校数学基础课程的教材，在注意保持数学学科本身结构的科学性、系统性、严谨性的同时，力求深入浅出，通俗易懂，突出有关理论、方法的应用和简单经济数学模型的介绍.

3. 注意培养学生的学习兴趣，扩大学生的视野，使学生了解线性代数创立发展的背景，提高学生对数学源流的认识，在每章后附有数学家简介或介绍该章节的数学背景，介绍在数学创立发展的过程中作出过伟大贡献的著名数学家.

4. 注意兼顾经济管理学科各专业学生，既能较好地掌握所学知识，又能满足后继课程及学生继续深造的需要. 为此，将线性代数习题分为两部分，习题(A)为基础题，习题(B)为提高题.

参加《线性代数》一书编写的有上海财经大学应用数学系顾桂定教授(第一、二章)，及张远征副教授(第五、六章)，上海商学院基础教学部费伟劲副教授(第三、七章)，上海金融学院应用数学系洪永成老师(第四章)，最后由费伟劲对全书进行了统稿.

在本教材编写过程中，我们得到了上海财经大学、上海金融学院、上海商学院的重视和支持，并得到了复旦大学出版社的鼎力相助，特别是范仁梅老师的认真负责，在此一并致谢.

限于学识与水平，本书的缺点与错误在所难免. 恳请专家和读者批评指正.

编者

2007年1月

目 录

第一章 行 列 式

行列式是在线性方程组的研究中引进的概念. 目前更多地成了研究矩阵性质的一个重要工具. 在本章中,我们介绍一般 n 阶行列式的定义及其一些基本性质,行列式展开定理. 最后是著名的 Cramer 法则. 本章的重点是行列式的计算和 Cramer 法则;难点是一般 n 阶行列式的计算. 一般而言,对于四阶或四阶以上阶的行列式,首先都要利用行列式性质化其至某些容易计算的具有特殊结构的行列式,或展开成低阶行列式再进行计算.

§1.1 n 阶行列式

一、二阶和三阶行列式

由 $2^2=4$ 个数,按下列形式排成 2 行 2 列的方形,并用| |括起

$$\begin{vmatrix} a_{11} & a_{12} \\ a_{21} & a_{22} \end{vmatrix},$$

称为二阶行列式,其定义为一个具有 2!项的代数和 $a_{11}a_{22}-a_{12}a_{21}$,即

$$\begin{vmatrix} a_{11} & a_{12} \\ a_{21} & a_{22} \end{vmatrix}=a_{11}a_{22}-a_{12}a_{21}, \tag{1.1}$$

其中 a_{ij} 称为行列式的**元素**,每个元素有两个足标,第 1 个足标 i 表明它所在行的行数;第 2 个足标 j 表明它所在列的列数.

二阶行列式(1.1)的右端又称为行列式的展开式,二阶行列式的展开式可以用所谓**对角线法则**得到,即

$$\begin{vmatrix} a_{11} & a_{12} \\ a_{21} & a_{22} \end{vmatrix}=a_{11}a_{22}-a_{12}a_{21},$$

$(-)$ $(+)$

其中实线称为行列式的主对角线;虚线称为行列式的次对角线.主对角线上两个元素的乘积带正号;次对角线上两个元素的乘积带负号,所得 2!=2 项的代数和即为二阶行列式的展开式.

例 1 二阶行列式

$$\begin{vmatrix} 1 & -2 \\ 3 & 0 \end{vmatrix} = 1\times 0-(-2)\times 3=6.$$

类似地,由 $3^2=9$ 个数按下列形式可组成 3 行 3 列的三阶行列式,其定义为一个具有 3!项的代数和:

$$\begin{vmatrix} a_{11} & a_{12} & a_{13} \\ a_{21} & a_{22} & a_{23} \\ a_{31} & a_{32} & a_{33} \end{vmatrix} = a_{11}a_{22}a_{33}+a_{12}a_{23}a_{31}+a_{13}a_{21}a_{32}-a_{13}a_{22}a_{31}-a_{11}a_{23}a_{32}-a_{12}a_{21}a_{33}. \tag{1.2}$$

三阶行列式的展开式也可以用**对角线法则**得到,为方便记忆用下图表示:

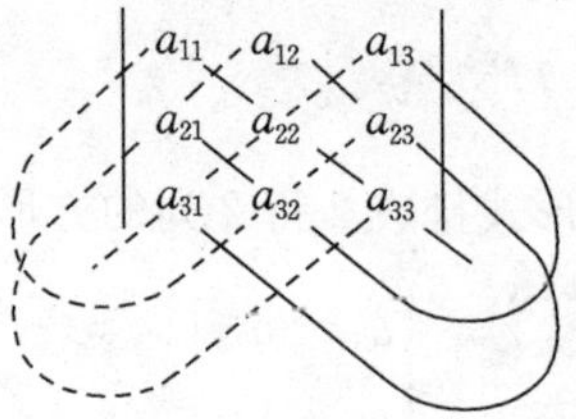

其中沿主对角线方向的每条实线上 3 个元素的乘积带正号;沿次对角线方向的每条虚线上 3 个元素的乘积带负号,所得 3!=6 项的代数和即为三阶行列式的展开式.

例 2 计算三阶行列式 $\begin{vmatrix} 3 & 0 & 1 \\ 1 & -5 & 0 \\ 1 & 2 & -1 \end{vmatrix}$ 的值.

解
$$\begin{vmatrix} 3 & 0 & 1 \\ 1 & -5 & 0 \\ 1 & 2 & -1 \end{vmatrix} = 3\times(-5)\times(-1)+0\times 0\times 1+1\times 1\times 2-1\times(-5)\times 1-0\times 1\times(-1)-3\times 0\times 2$$
$$=15+0+2-(-5)-0-0=22.$$

例 3　λ 满足什么条件时,行列式 $\begin{vmatrix} \lambda-2 & 4 & -1 \\ 1 & \lambda+1 & 3 \\ 0 & 0 & \lambda \end{vmatrix} = 0$.

解 $\begin{vmatrix} \lambda-2 & 4 & -1 \\ 1 & \lambda+1 & 3 \\ 0 & 0 & \lambda \end{vmatrix}$

$$= (\lambda-2)(\lambda+1)\lambda + 4\times 3\times 0 + (-1)\times 1\times 0 - (-1)\cdot(\lambda+1)\cdot 0 - 4\times 1\cdot\lambda - (\lambda-2)\cdot 3\times 0$$

$$= \lambda[(\lambda-2)(\lambda+1)-4] = \lambda(\lambda-3)(\lambda+2) = 0,$$

故当 $\lambda = 0$, 或 $\lambda = 3$, 或 $\lambda = -2$ 时,行列式等于零.

为引出一般 n 阶行列式的定义,我们先介绍有关排列与逆序等概念.

二、排列与逆序数

定义 1.1　由 n 个自然数 1, 2, …, n 组成的有序数组 $p_1p_2\cdots p_n$,称为一个 **n 级排列**,其中 p_i 为 1, 2, …, n 中的某个数,i 表示这个数在 n 级排列中的位置.

如 1, 2, 3 三个自然数,213 是一个三级排列,此时 $p_1 = 2$, $p_2 = 1$, $p_3 = 3$; 312 也是一个三级排列,此时 $p_1 = 3$, $p_2 = 1$, $p_3 = 2$. 值得指出的是上述定义中的"有序"两个字,123 和 213 是两个不同的排列;而 31524 则是一个五级排列.

根据定义 1.1,显然,所有 n 级不同排列的总数是 $n(n-1)\cdot\cdots\cdot 2\cdot 1 = n!$.

定义 1.2　在一个 n 级排列 $p_1p_2\cdots p_n$ 中,若有 $p_s > p_t (s < t)$,则称 p_s 与 p_t 构成一个**逆序**;一个排列中逆序的总数称为该排列的**逆序数**. n 级排列 $p_1p_2\cdots p_n$ 的逆序数记作 $N(p_1p_2\cdots p_n)$.

例如,三级排列 231,由于 2 与 1 构成一个逆序,3 与 1 也构成一个逆序,故 $N(231) = 2$.

定义 1.3　逆序数为奇数的排列称为**奇排列**;逆序数为偶数的排列称为**偶排列**. 关于逆序数 $N(p_1p_2\cdots p_n)$ 的计算,可以通过计算出每个元素 p_i 的逆序的个数(记为 t_i)而得到:

$$N(p_1p_2\cdots p_n) = t_1 + t_2 + \cdots + t_n,$$

而 t_i 即是在 $p_1p_2\cdots p_{i-1}$ 中比 p_i 大的元素个数.

例 4　计算 $N(32415)$ 和 $N(31425)$.

解　在五级排列 32415 中, $t_1 = 0$, $t_2 = 1$, $t_3 = 0$, $t_4 = 3$, $t_5 = 0$, 所以 $N(32415) = 4$. 这是一个偶排列.

在排列 31425 中，$t_1=0$，$t_2=1$，$t_3=0$，$t_4=2$，$t_5=0$，所以 $N(31425)=3$. 这是一个奇排列.

例 5 试求 $N(12\cdots n)$ 和 $N(n(n-1)\cdots 21)$.

解 很明显，在 n 级排列 $12\cdots n$ 中没有逆序，所以 $N(12\cdots n)=0$，这是一个偶排列，它具有自然顺序，故又常称为**自然排列**.

在 n 级排列 $n(n-1)\cdots 21$ 中，只有逆序没有顺序，且 $t_i=i-1$ $(i=1, 2, \cdots, n)$，故

$$N(n(n-1)\cdots 21)=0+1+2+\cdots+(n-2)+(n-1)=\frac{n(n-1)}{2}.$$

该排列的奇偶性与 n 的取值有关，当 $n=4k$，或 $n=4k+1$ (k 是非负整数) 时，是偶排列；否则为奇排列.

定义 1.4 把一个排列中某两个数的位置互换，而其余的数不动就得到另一个排列. 这样一个变换称为一个**对换**.

我们注意到，在例 4 中，32415 是偶排列，经互换 2 与 1 的位置，得到排列 31425. 而 $N(31425)=3$，故排列 31425 是奇排列. 事实上，这是对换的一个性质.

* **定理 1.1** 对换改变排列的奇偶性.

证明 首先考虑相邻两数的对换情形. 设排列

$$a_1\cdots a_s pq b_1\cdots b_t \tag{1.3}$$

经过 p，q 对换变成

$$a_1\cdots a_s qp b_1\cdots b_t. \tag{1.4}$$

显然，在排列(1.3)，(1.4)中 p 或 q 与前面和后面的各数所构成的逆序都相同，不同只是 p，q 的次序. 如果(1.3)中 p，q 构成一个逆序，则经过对换，排列(1.4)比排列(1.3)的逆序数减少一个；如果(1.3)中 p，q 不构成一个逆序，则经过对换，排列(1.4)比排列(1.3)的逆序数增加一个. 不论增加 1 还是减少 1，排列(1.3)与(1.4)的逆序数的奇偶性肯定不同了.

再考虑不相邻两数的对换情形. 设排列

$$a_1\cdots a_s p c_1\cdots c_r q b_1\cdots b_t \tag{1.5}$$

经过 p，q 对换变成

$$a_1\cdots a_s q c_1\cdots c_r p b_1\cdots b_t. \tag{1.6}$$

不难看出，该对换可以通过若干次相邻两数的对换来实现. 譬如先把排列(1.5)经过 $r+1$ 次相邻两数的对换变成

$$a_1\cdots a_s c_1\cdots c_r q p b_1\cdots b_t. \tag{1.7}$$

再把排列(1.7)经过 r 次相邻两数的对换变成(1.6).于是,总共进行了 $2r+1$ 次相邻两数的对换,把排列(1.5)变成了排列(1.6),$2r+1$ 是奇数.前面已证明,相邻两数的一个对换改变排列的奇偶性,因而奇数次相邻两数的对换改变排列的奇偶性. ▌

定理 1.2 全部 $n(n\geqslant 2)$ 级排列中奇偶排列各占一半,且为$\frac{n!}{2}$个.

证明 设全部 n 级排列中有 s 个奇排列和 t 个偶排列,则 $s+t=n!$. 把每个奇排列的最左边的两个数对换,由定理 1.1 可知 s 个奇排列都变成偶排列,且它们彼此不同,所以 $s\leqslant t$;把每个偶排列的最左边的两个数对换,同理可得 $t\leqslant s$,故必有 $s=t=\frac{n!}{2}$. ▌

如三级排列中,在所有 3!=6 种排列中,有奇排列 3 个:321, 213, 132;偶排列 3 个:123, 231, 312.

三、n 阶行列式的定义

为简单起见,在本章中我们总是在实数域 **R** 上讨论问题.事实上,所有后面的定义、定理都可相应地推广到复数域 **C** 上.

为了引出一般 n 阶行列式定义,我们先来考察三阶行列式定义(1.2)中右端代数和的特征:

(1) 共有 3!=6 项相加,其最后结果是一个数值;

(2) 每项有 3 个数相乘:$a_{1p_1}a_{2p_2}a_{3p_3}$,而每个数取自不同行不同列,即行足标固定为 123,列足标则是 1, 2, 3 的某个排列 $p_1p_2p_3$;

(3) 每项的符号由列足标排列 $p_1p_2p_3$ 的奇偶性决定,即 $a_{1p_1}a_{2p_2}a_{3p_3}$ 项前的符号是$(-1)^{N(p_1p_2p_3)}$.

故三阶行列式可写成

$$\begin{vmatrix} a_{11} & a_{12} & a_{13} \\ a_{21} & a_{22} & a_{23} \\ a_{31} & a_{32} & a_{33} \end{vmatrix} = \sum_{p_1p_2p_3}(-1)^{N(p_1p_2p_3)}a_{1p_1}a_{2p_2}a_{3p_3}, \tag{1.8}$$

其中 $\sum\limits_{p_1p_2p_3}$ 表示对所有不同的三级列足标排列 $p_1p_2p_3$ 的对应项 $a_{1p_1}a_{2p_2}a_{3p_3}$ 求代数和,共有 3!项.

类似地,我们可以给出一般 n 阶行列式的定义.

定义 1.5 由 n^2 个数组成的 n 行 n 列的 n 阶行列式定义如下：

$$\begin{vmatrix} a_{11} & a_{12} & \cdots & a_{1n} \\ a_{21} & a_{22} & \cdots & a_{2n} \\ \vdots & \vdots & & \vdots \\ a_{n1} & a_{n2} & \cdots & a_{nn} \end{vmatrix} = \sum_{p_1 p_2 \cdots p_n} (-1)^{N(p_1 p_2 \cdots p_n)} a_{1p_1} a_{2p_2} \cdots a_{np_n}, \tag{1.9}$$

其中 $\sum\limits_{p_1 p_2 \cdots p_n}$ 表示对所有不同的 n 级排列 $p_1 p_2 \cdots p_n$ 的对应项 $a_{1p_1} a_{2p_2} \cdots a_{np_n}$ 求代数和，共有 $n!$ 项. n 阶行列式一般可记作 D_n 或 D；有时也可记作 $\det(a_{ij})$ 或 $|a_{ij}|$.

特别地，一阶行列式 $|a_{11}|$ 就是数 a_{11}.

显然，n 阶行列式的定义(1.9)中，其右端代数和具有类似于三阶行列式的 3 项特征，即

(1) 共有 $n!$ 项相加，其最后结果是一个数值；

(2) 每项有 n 个数相乘：$a_{1p_1} a_{2p_2} \cdots a_{np_n}$，而每个数取自 n 阶行列式的不同行不同列，且行足标固定为自然排列 $12\cdots n$，列足标则是 n 级排列中的某个排列 $p_1 p_2 \cdots p_n$；

(3) 每项的符号由列足标排列 $p_1 p_2 \cdots p_n$ 的奇偶性决定，且 $a_{1p_1} a_{2p_2} \cdots a_{np_n}$ 项前的符号是 $(-1)^{N(p_1 p_2 \cdots p_n)}$. 由定理 1.2 知，其中带正号和负号的项各占一半.

例 6 利用行列式的定义证明

$$D_4 = \begin{vmatrix} a_{11} & 0 & 0 & 0 \\ a_{21} & a_{22} & 0 & 0 \\ a_{31} & a_{32} & a_{33} & 0 \\ a_{41} & a_{42} & a_{43} & a_{44} \end{vmatrix} = a_{11} a_{22} a_{33} a_{44}.$$

证明　由定义

$$D_4 = \sum_{p_1 p_2 p_3 p_4} (-1)^{N(p_1 p_2 p_3 p_4)} a_{1p_1} a_{2p_2} a_{3p_3} a_{4p_4}.$$

它是有 $4!$ 项的一个代数和，其中含有零因子的项一定为零，在求和时可以不必考虑，所以只需考虑可以不为零的项. 在这样的项中，必然有一个因子来自第 1 行(因为 $a_{12} = a_{13} = a_{14} = 0$)，只能是元素 a_{11}；必然有一个因子来自第 2 行，有元素 a_{21}，a_{22} 可供选择，但元素 a_{21} 与元素 a_{11} 同在第 1 列，不会乘在一起，从而只能是 a_{22}；必然有一个因子来自第 3 行，有元素 a_{31}，a_{32}，a_{33} 可供选择，但元素 a_{31} 与元素 a_{11} 同在第 1 列，不会乘在一起，元素 a_{32} 与元素 a_{22} 同在第 2 列，不会乘在

一起,只能是 a_{33};必然有一个因子来自第 4 行,有元素 a_{41}, a_{42}, a_{43}, a_{44} 可供选择,但元素 a_{41} 与元素 a_{11} 同在第 1 列,不会乘在一起,元素 a_{42} 与元素 a_{22} 同在第 2 列,不会乘在一起,元素 a_{43} 与元素 a_{33} 同在第 3 列,不会乘在一起,只能是 a_{44}. 这说明可以不为零的项只有 $a_{11}a_{22}a_{33}a_{44}$ 这一项,由于该项列足标排列的逆序数 $N(1234)=0$, 所以 $a_{11}a_{22}a_{33}a_{44}$ 项前面应取正号,因此

$$D_4=a_{11}a_{22}a_{33}a_{44}.$$

例 6 的结论可推广到一般 n 阶**下三角行列式**的计算:

$$D_n=\begin{vmatrix} a_{11} & 0 & \cdots & 0 \\ a_{21} & a_{22} & \cdots & 0 \\ \vdots & \vdots & \ddots & \vdots \\ a_{n1} & a_{n2} & \cdots & a_{nn} \end{vmatrix}=a_{11}a_{22}\cdots a_{nn}.$$

例 7 $$\begin{vmatrix} 3 & 0 & 0 & 0 \\ -2 & 4 & 0 & 0 \\ 0 & -1 & -1 & 0 \\ 1 & 2 & 5 & 1 \end{vmatrix}=3\times4\times(-1)\times1=-12.$$

例 8 已知 $a_{12}a_{3i}a_{61}a_{5j}a_{43}a_{25}$ 是六阶行列式中带负号的一项,则 i, j 应取何值.

解 由 $a_{12}a_{3i}a_{61}a_{5j}a_{43}a_{25}=a_{12}a_{25}a_{3i}a_{43}a_{5j}a_{61}$, 而 i, j 只能在 4 和 6 中取值. 当 $i=4$, $j=6$ 时,列足标排列是 254361,是偶排列,取正号;故应取 $i=6$, $j=4$, 此时列足标是一奇排列 256341,取负号.

在 n 阶行列式的定义 1.5 中,为了决定每一项的正负号,我们把 n 个元素的行足标按自然顺序排列起来. 事实上,数的乘法是可以交换的,因而这 n 个元素的次序是可以任意写的,我们也可以将各项的列足标按自然顺序排列. 于是,n 阶行列式又可定义为

$$\begin{vmatrix} a_{11} & a_{12} & \cdots & a_{1n} \\ a_{21} & a_{22} & \cdots & a_{2n} \\ \vdots & \vdots & & \vdots \\ a_{n1} & a_{n2} & \cdots & a_{nn} \end{vmatrix}=\sum_{q_1q_2\cdots q_n}(-1)^{N(q_1q_2\cdots q_n)}a_{q_11}a_{q_22}\cdots a_{q_nn}. \tag{1.10}$$

下面我们来证明(1.10)式与定义(1.9)式是等价的,也就是要证明

$$\sum_{q_1q_2\cdots q_n}(-1)^{N(q_1q_2\cdots q_n)}a_{q_11}a_{q_22}\cdots a_{q_nn}=\sum_{p_1p_2\cdots p_n}(-1)^{N(p_1p_2\cdots p_n)}a_{1p_1}a_{2p_2}\cdots a_{np_n}.$$

交换等式左端和式中各项 $a_{q_1 1}a_{q_2 2}\cdots a_{q_n n}$ 的乘积因子 $a_{q_i i}$ 的位置,使得

$$a_{q_1 1}a_{q_2 2}\cdots a_{q_n n}=a_{1p_1}a_{2p_2}\cdots a_{np_n}.$$

我们假设这些因子经过 m 次的位置对换而完成. 于是排列 $q_1q_2\cdots q_n$ 经 m 次对换成自然顺序排列 $12\cdots n$;与此同时,排列 $12\cdots n$ 经同样的 m 次对换成排列 $p_1p_2\cdots p_n$. 由定理 1.1 知,排列 $q_1q_2\cdots q_n$ 与排列 $p_1p_2\cdots p_n$ 具有相同的奇偶性. 于是

$$\sum_{q_1q_2\cdots q_n}(-1)^{N(q_1q_2\cdots q_n)}a_{q_1 1}a_{q_2 2}\cdots a_{q_n n}=\sum_{p_1p_2\cdots p_n}(-1)^{N(p_1p_2\cdots p_n)}a_{1p_1}a_{2p_2}\cdots a_{np_n}. \blacksquare$$

§1.2 行列式的基本性质

当行列式的阶数 n 较大时,直接用行列式的定义去计算行列式的值是一件很困难的事. 在本节中介绍的行列式的基本性质,不仅可以用来简化行列式的计算,而且还能在行列式的理论研究中发挥重要作用.

行列式 D 的行与列对应互换后得到的行列式称为 D 的**转置行列式**,记作 D^{T},即

$$D=\begin{vmatrix} a_{11} & a_{12} & \cdots & a_{1n} \\ a_{21} & a_{22} & \cdots & a_{2n} \\ \vdots & \vdots & & \vdots \\ a_{n1} & a_{n2} & \cdots & a_{nn} \end{vmatrix},$$

则

$$D^{\mathrm{T}}=\begin{vmatrix} a_{11} & a_{21} & \cdots & a_{n1} \\ a_{12} & a_{22} & \cdots & a_{n2} \\ \vdots & \vdots & & \vdots \\ a_{1n} & a_{2n} & \cdots & a_{nn} \end{vmatrix}.$$

例 9 如果 $D=\begin{vmatrix} 1 & 2 \\ 3 & 4 \end{vmatrix}=1\times4-2\times3=-2$,则 $D^{\mathrm{T}}=\begin{vmatrix} 1 & 3 \\ 2 & 4 \end{vmatrix}=1\times4-3\times2=-2$,即 D 与 D^{T} 的值相等. 事实上,这是一个一般的结论.

性质 1 行列互换,行列式的值不变,即 $D^{\mathrm{T}}=D$.

证明 记 $D^{\mathrm{T}}=\det(b_{ij})$. 按(1.10)式展开 D^{T},即列足标为自然排列 $12\cdots n$,并注意到 b_{ij} 与原行列式 $D=\det(a_{ij})$ 的元素关系 $b_{ij}=a_{ji}$,则

$$
\begin{aligned}
D^{\mathrm{T}} &= \sum_{q_1 q_2 \cdots q_n} (-1)^{N(q_1 q_2 \cdots q_n)} b_{q_1 1} b_{q_2 2} \cdots b_{q_n n} \\
&= \sum_{q_1 q_2 \cdots q_n} (-1)^{N(q_1 q_2 \cdots q_n)} a_{1q_1} a_{2q_2} \cdots a_{nq_n}.
\end{aligned}
$$

此即为 D 的行足标按自然排列 $12\cdots n$ 的展开式(1.9),所以 $D^{\mathrm{T}} = D$. ▎

该性质表明,在行列式中行列所处的地位是同等的(即对称的). 因此,行列式的性质中凡是对行成立的,对列也成立,所以下面只需讨论行列式关于行的性质.

例 10 计算上三角行列式

$$
\begin{vmatrix} a_{11} & a_{12} & \cdots & a_{1n} \\ 0 & a_{22} & \cdots & a_{2n} \\ \vdots & \vdots & \ddots & \vdots \\ 0 & 0 & \cdots & a_{nn} \end{vmatrix}.
$$

解 利用性质 1 与例 6 的推广结论直接可得

$$
\begin{vmatrix} a_{11} & a_{12} & \cdots & a_{1n} \\ 0 & a_{22} & \cdots & a_{2n} \\ \vdots & \vdots & \ddots & \vdots \\ 0 & 0 & \cdots & a_{nn} \end{vmatrix} = \begin{vmatrix} a_{11} & 0 & \cdots & 0 \\ a_{12} & a_{22} & \cdots & 0 \\ \vdots & \vdots & \ddots & \vdots \\ a_{1n} & a_{2n} & \cdots & a_{nn} \end{vmatrix} = a_{11}a_{22}\cdots a_{nn}.
$$

显然,对于**对角行列式**有

$$
\begin{vmatrix} a_{11} & 0 & \cdots & 0 \\ 0 & a_{22} & \cdots & 0 \\ \vdots & \vdots & \ddots & \vdots \\ 0 & 0 & \cdots & a_{nn} \end{vmatrix} = a_{11}a_{22}\cdots a_{nn}.
$$

即上(下)三角或对角行列式的值等于主对角线上元素的乘积.

性质 2 如果行列式某一行(列)的元素有公因子 λ,则 λ 可提到行列式外面,即

$$
\begin{vmatrix} a_{11} & a_{12} & \cdots & a_{1n} \\ \vdots & \vdots & & \vdots \\ \lambda a_{s1} & \lambda a_{s2} & \cdots & \lambda a_{sn} \\ \vdots & \vdots & & \vdots \\ a_{n1} & a_{n2} & \cdots & a_{nn} \end{vmatrix} = \lambda \begin{vmatrix} a_{11} & a_{12} & \cdots & a_{1n} \\ \vdots & \vdots & & \vdots \\ a_{s1} & a_{s2} & \cdots & a_{sn} \\ \vdots & \vdots & & \vdots \\ a_{n1} & a_{n2} & \cdots & a_{nn} \end{vmatrix}.
$$

证明　由 n 阶行列式定义,可得

$$\text{左端}=\sum_{p_1p_2\cdots p_n}(-1)^{N(p_1\cdots p_s\cdots p_n)}a_{1p_1}\cdots(\lambda a_{sp_s})\cdots a_{np_n}$$
$$=\lambda\sum_{p_1p_2\cdots p_n}(-1)^{N(p_1\cdots p_s\cdots p_n)}a_{1p_1}\cdots a_{sp_s}\cdots a_{np_n}=\text{右端}.$$ ▌

为叙述方便,我们以 r_i 表示行列式的第 i 行,以 c_j 表示行列式的第 j 列.用记号 $r_s\to\lambda$ 来表示第 s 行元素提取公因子 λ,用 $c_s\to\lambda$ 表示第 s 列元素提取公因子 λ.

推论　如果行列式中某一行(列)的元素全为零,则此行列式为零.

例 11　证明:奇数阶**反对称行列式**的值等于零,即

$$D=\begin{vmatrix}0 & a_{12} & a_{13} & \cdots & a_{1n}\\ -a_{12} & 0 & a_{23} & \cdots & a_{2n}\\ -a_{13} & -a_{23} & 0 & \cdots & a_{3n}\\ \vdots & \vdots & \vdots & \ddots & \vdots\\ -a_{1n} & -a_{2n} & -a_{3n} & \cdots & 0\end{vmatrix}=0.$$

证明　因为

$$D\xlongequal{\text{性质 1}}D^{\mathrm{T}}=\begin{vmatrix}0 & -a_{12} & -a_{13} & \cdots & -a_{1n}\\ a_{12} & 0 & -a_{23} & \cdots & -a_{2n}\\ a_{13} & a_{23} & 0 & \cdots & -a_{3n}\\ \vdots & \vdots & \vdots & \ddots & \vdots\\ a_{1n} & a_{2n} & a_{3n} & \cdots & 0\end{vmatrix}$$

$$\xlongequal[(i=1,2,\cdots,n)]{r_i\to -1}(-1)^n\begin{vmatrix}0 & a_{12} & a_{13} & \cdots & a_{1n}\\ -a_{12} & 0 & a_{23} & \cdots & a_{2n}\\ -a_{13} & -a_{23} & 0 & \cdots & a_{3n}\\ \vdots & \vdots & \vdots & \ddots & \vdots\\ -a_{1n} & -a_{2n} & -a_{3n} & \cdots & 0\end{vmatrix}=(-1)^nD=-D\ (n\text{ 为奇数}),$$

所以,$D=0$. ▌

性质 3　如果行列式中某一行(列)的元素都是两数之和,则此行列式可写成两个行列式的和,这两个行列式分别以这两个数为所在行(列)对应位置的元素,其他位置的元素与原行列式相同,即

$$\begin{vmatrix} a_{11} & a_{12} & \cdots & a_{1n} \\ \vdots & \vdots & & \vdots \\ b_{s1}+c_{s1} & b_{s2}+c_{s2} & \cdots & b_{sn}+c_{sn} \\ \vdots & \vdots & & \vdots \\ a_{n1} & a_{n2} & \cdots & a_{nn} \end{vmatrix} = \begin{vmatrix} a_{11} & a_{12} & \cdots & a_{1n} \\ \vdots & \vdots & & \vdots \\ b_{s1} & b_{s2} & \cdots & b_{sn} \\ \vdots & \vdots & & \vdots \\ a_{n1} & a_{n2} & \cdots & a_{nn} \end{vmatrix} + \begin{vmatrix} a_{11} & a_{12} & \cdots & a_{1n} \\ \vdots & \vdots & & \vdots \\ c_{s1} & c_{s2} & \cdots & c_{sn} \\ \vdots & \vdots & & \vdots \\ a_{n1} & a_{n2} & \cdots & a_{nn} \end{vmatrix}.$$

证明 由 n 阶行列式定义,可得

$$\begin{aligned} \text{左端} &= \sum_{p_1 p_2 \cdots p_n} (-1)^{N(p_1 p_2 \cdots p_n)} a_{1p_1} \cdots (b_{sp_s} + c_{sp_s}) \cdots a_{np_n} \\ &= \sum_{p_1 p_2 \cdots p_n} (-1)^{N(p_1 p_2 \cdots p_n)} a_{1p_1} \cdots b_{sp_s} \cdots a_{np_n} + \sum_{p_1 p_2 \cdots p_n} (-1)^{N(p_1 p_2 \cdots p_n)} a_{1p_1} \cdots c_{sp_s} \cdots a_{np_n} \\ &= \text{右端}. \end{aligned}$$

∎

性质 3 可以推广到某一行(列)的元素是多个数之和的情形.

性质 4 如果行列式中有两行(列)的对应元素相同,则此行列式为零.

证明 设行列式

$$\begin{vmatrix} a_{11} & a_{12} & \cdots & a_{1n} \\ \vdots & \vdots & & \vdots \\ a_{s1} & a_{s2} & \cdots & a_{sn} \\ \vdots & \vdots & & \vdots \\ a_{t1} & a_{t2} & \cdots & a_{tn} \\ \vdots & \vdots & & \vdots \\ a_{n1} & a_{n2} & \cdots & a_{nn} \end{vmatrix} = \sum_{p_1 p_2 \cdots p_n} (-1)^{N(p_1 \cdots p_s \cdots p_t \cdots p_n)} a_{1p_1} a_{2p_2} \cdots a_{sp_s} \cdots a_{tp_t} \cdots a_{np_n} \tag{1.11}$$

中第 s 行与第 t 行相同,即

$$a_{sj} = a_{tj},\ j = 1,\ 2,\ \cdots,\ n. \tag{1.12}$$

为了证明(1.11)式为零,只须证明(1.11)式的右端所出现的项全能两两相消就行了.事实上,与项

$$(-1)^{N(p_1 \cdots p_s \cdots p_t \cdots p_n)} a_{1p_1} a_{2p_2} \cdots a_{sp_s} \cdots a_{tp_t} \cdots a_{np_n}$$

同时出现的还有

$$(-1)^{N(p_1 \cdots p_t \cdots p_s \cdots p_n)} a_{1p_1} a_{2p_2} \cdots a_{sp_t} \cdots a_{tps} \cdots a_{np_n},$$

比较这两项，由(1.12)式有

$$a_{sp_s}=a_{tp_s},\ a_{sp_t}=a_{tp_t},$$

也就是说，这两项有相同的数值. 但是排列

$$p_1\cdots p_s\cdots p_t\cdots p_n \text{ 与 } p_1\cdots p_t\cdots p_s\cdots p_n$$

相差一个对换，因而有相反的奇偶性，所以这两项的符号相反. 我们知道，对换把全部 n 级排列两两配对. 因之，在(1.11)式的右端，对于每一项都有一数值相同但符号相反的项与之成对出现，从而行列式为零. 如 ▍

$$\begin{vmatrix}3&0&1\\1&2&-1\\1&2&-1\end{vmatrix}=-6+0+2-2-0-(-6)=0.$$

性质 5 如果行列式中有两行(列)对应元素成比例，则此行列式为零.

证明 第一步由性质 2 提出比例因子，第二步由性质 4 即得证. ▍

性质 6 如果把行列式某一行(列)的所有元素同乘以数 λ 后加到另一行(列)对应位置的元素上，则行列式的值不变，即

$$\begin{vmatrix}a_{11}&a_{12}&\cdots&a_{1n}\\\vdots&\vdots&&\vdots\\a_{s1}&a_{s2}&\cdots&a_{sn}\\\vdots&\vdots&&\vdots\\a_{t1}&a_{t2}&\cdots&a_{tn}\\\vdots&\vdots&&\vdots\\a_{n1}&a_{n2}&\cdots&a_{nn}\end{vmatrix}=\begin{vmatrix}a_{11}&a_{12}&\cdots&a_{1n}\\\vdots&\vdots&&\vdots\\a_{s1}&a_{s2}&\cdots&a_{sn}\\\vdots&\vdots&&\vdots\\a_{t1}+\lambda a_{s1}&a_{t2}+\lambda a_{s2}&\cdots&a_{tn}+\lambda a_{sn}\\\vdots&\vdots&&\vdots\\a_{n1}&a_{n2}&\cdots&a_{nn}\end{vmatrix}.$$

证明

$$\text{右端}\xlongequal{\text{性质 3}}\begin{vmatrix}a_{11}&a_{12}&\cdots&a_{1n}\\\vdots&\vdots&&\vdots\\a_{s1}&a_{s2}&\cdots&a_{sn}\\\vdots&\vdots&&\vdots\\a_{t1}&a_{t2}&\cdots&a_{tn}\\\vdots&\vdots&&\vdots\\a_{n1}&a_{n2}&\cdots&a_{nn}\end{vmatrix}+\begin{vmatrix}a_{11}&a_{12}&\cdots&a_{1n}\\\vdots&\vdots&&\vdots\\a_{s1}&a_{s2}&\cdots&a_{sn}\\\vdots&\vdots&&\vdots\\\lambda a_{s1}&\lambda a_{s2}&\cdots&\lambda a_{sn}\\\vdots&\vdots&&\vdots\\a_{n1}&a_{n2}&\cdots&a_{nn}\end{vmatrix}$$

$$\xlongequal{\text{性质 5}}\begin{vmatrix} a_{11} & a_{12} & \cdots & a_{1n} \\ \vdots & \vdots & & \vdots \\ a_{s1} & a_{s2} & \cdots & a_{sn} \\ \vdots & \vdots & & \vdots \\ a_{t1} & a_{t2} & \cdots & a_{tn} \\ \vdots & \vdots & & \vdots \\ a_{n1} & a_{n2} & \cdots & a_{nn} \end{vmatrix}+0=\text{左端}.$$

我们用记号$\lambda r_s+r_t(\lambda c_s+c_t)$来表示第$t$行(列)元素加上第$s$行(列)元素的$\lambda$倍.

性质 7 互换行列式中任意两行(列)的位置,行列式的值反号,即

$$\begin{vmatrix} a_{11} & a_{12} & \cdots & a_{1n} \\ \vdots & \vdots & & \vdots \\ a_{s1} & a_{s2} & \cdots & a_{sn} \\ \vdots & \vdots & & \vdots \\ a_{t1} & a_{t2} & \cdots & a_{tn} \\ \vdots & \vdots & & \vdots \\ a_{n1} & a_{n2} & \cdots & a_{nn} \end{vmatrix}=-\begin{vmatrix} a_{11} & a_{12} & \cdots & a_{1n} \\ \vdots & \vdots & & \vdots \\ a_{t1} & a_{t2} & \cdots & a_{tn} \\ \vdots & \vdots & & \vdots \\ a_{s1} & a_{s2} & \cdots & a_{sn} \\ \vdots & \vdots & & \vdots \\ a_{n1} & a_{n2} & \cdots & a_{nn} \end{vmatrix}\begin{matrix} \\ \\ \leftarrow \text{第 } s \text{ 行} \\ \\ \leftarrow \text{第 } t \text{ 行} \\ \\ \\ \end{matrix}.$$

证明

$$\text{左端}\xlongequal{r_t+r_s}\begin{vmatrix} a_{11} & a_{12} & \cdots & a_{1n} \\ \vdots & \vdots & & \vdots \\ a_{s1}+a_{t1} & a_{s2}+a_{t2} & \cdots & a_{sn}+a_{tn} \\ \vdots & \vdots & & \vdots \\ a_{t1} & a_{t2} & \cdots & a_{tn} \\ \vdots & \vdots & & \vdots \\ a_{n1} & a_{n2} & \cdots & a_{nn} \end{vmatrix}$$

$$\xlongequal{-r_s+r_t}\begin{vmatrix} a_{11} & a_{12} & \cdots & a_{1n} \\ \vdots & \vdots & & \vdots \\ a_{s1}+a_{t1} & a_{s2}+a_{t2} & \cdots & a_{sn}+a_{tn} \\ \vdots & \vdots & & \vdots \\ -a_{s1} & -a_{s2} & \cdots & -a_{sn} \\ \vdots & \vdots & & \vdots \\ a_{n1} & a_{n2} & \cdots & a_{nn} \end{vmatrix}$$

$$
\xlongequal{r_t+r_s}\begin{vmatrix} a_{11} & a_{12} & \cdots & a_{1n} \\ \vdots & \vdots & & \vdots \\ a_{t1} & a_{t2} & \cdots & a_{tn} \\ \vdots & \vdots & & \vdots \\ -a_{s1} & -a_{s2} & \cdots & -a_{sn} \\ \vdots & \vdots & & \vdots \\ a_{n1} & a_{n2} & \cdots & a_{nn} \end{vmatrix} \xlongequal{r_t \to -1} -\begin{vmatrix} a_{11} & a_{12} & \cdots & a_{1n} \\ \vdots & \vdots & & \vdots \\ a_{t1} & a_{t2} & \cdots & a_{tn} \\ \vdots & \vdots & & \vdots \\ a_{s1} & a_{s2} & \cdots & a_{sn} \\ \vdots & \vdots & & \vdots \\ a_{n1} & a_{n2} & \cdots & a_{nn} \end{vmatrix} = \text{右端}.
$$

∎

我们用记号 $r_i \leftrightarrow r_j (c_i \leftrightarrow c_j)$ 来表示交换第 i 行(列)与第 j 行(列)的元素.

一般来说,对于高于三阶行列式的计算,应首先利用行列式的性质(特别是性质 6),将其转换为便于计算的行列式(如上(下)三角行列式,或某行(列)元素都为零的行列式,或具有性质 5 的行列式,等等),从而得到原行列式的值.

例 12 计算行列式 $D=\begin{vmatrix} 2 & -1 & 1 & -1 \\ 0 & 0 & 4 & -1 \\ 0 & 2 & 4 & 1 \\ -2 & 0 & 3 & 2 \end{vmatrix}$ 的值.

解 利用行列式的性质 6,将 D 化至上三角行列式. 这一过程一般是从左到右逐列进行的. 将第 4 行元素加上第 1 行元素,得

$$
\begin{vmatrix} 2 & -1 & 1 & -1 \\ 0 & 0 & 4 & -1 \\ 0 & 2 & 4 & 1 \\ -2 & 0 & 3 & 2 \end{vmatrix} \xlongequal{r_1+r_4} \begin{vmatrix} 2 & -1 & 1 & -1 \\ 0 & 0 & 4 & -1 \\ 0 & 2 & 4 & 1 \\ 0 & -1 & 4 & 1 \end{vmatrix} \quad \text{(这就完成了第 1 列的上三角化)}
$$

$$
\xlongequal{r_2 \leftrightarrow r_4} -\begin{vmatrix} 2 & -1 & 1 & -1 \\ 0 & -1 & 4 & 1 \\ 0 & 2 & 4 & 1 \\ 0 & 0 & 4 & -1 \end{vmatrix} \xlongequal{2r_2+r_3} -\begin{vmatrix} 2 & -1 & 1 & -1 \\ 0 & -1 & 4 & 1 \\ 0 & 0 & 12 & 3 \\ 0 & 0 & 4 & -1 \end{vmatrix} \quad \text{(第 2 列的上三角化)}
$$

$$
\xlongequal{-\frac{1}{3}r_3+r_4} -\begin{vmatrix} 2 & -1 & 1 & -1 \\ 0 & -1 & 4 & 1 \\ 0 & 0 & 12 & 3 \\ 0 & 0 & 0 & -2 \end{vmatrix} = 2\times(-1)\times 12\times(-2) = -48.
$$

例 13 计算行列式 $D=\begin{vmatrix}1&2&3&4\\5&6&7&8\\9&10&11&12\\13&14&15&16\end{vmatrix}$ 的值.

解 利用行列式的性质,有

$$\begin{vmatrix}1&2&3&4\\5&6&7&8\\9&10&11&12\\13&14&15&16\end{vmatrix}\xlongequal[-r_3+r_4]{-r_1+r_2}\begin{vmatrix}1&2&3&4\\4&4&4&4\\9&10&11&12\\4&4&4&4\end{vmatrix}\xlongequal{\text{性质 }4}0.$$

例 14 证明 $\begin{vmatrix}a_1+b_1&b_1+c_1&c_1+a_1\\a_2+b_2&b_2+c_2&c_2+a_2\\a_3+b_3&b_3+c_3&c_3+a_3\end{vmatrix}=2\times\begin{vmatrix}a_1&b_1&c_1\\a_2&b_2&c_2\\a_3&b_3&c_3\end{vmatrix}$.

证明

$$\text{左端}\xlongequal[c_3+c_1]{c_2+c_1}\begin{vmatrix}2a_1+2b_1+2c_1&b_1+c_1&c_1+a_1\\2a_2+2b_2+2c_2&b_2+c_2&c_2+a_2\\2a_3+2b_3+2c_3&b_3+c_3&c_3+a_3\end{vmatrix}$$

$$\xlongequal{c_1\to 2}2\times\begin{vmatrix}a_1+b_1+c_1&b_1+c_1&c_1+a_1\\a_2+b_2+c_2&b_2+c_2&c_2+a_2\\a_3+b_3+c_3&b_3+c_3&c_3+a_3\end{vmatrix}$$

$$\xlongequal[-c_1+c_3]{-c_1+c_2}2\times\begin{vmatrix}a_1+b_1+c_1&-a_1&-b_1\\a_2+b_2+c_2&-a_2&-b_2\\a_3+b_3+c_3&-a_3&-b_3\end{vmatrix}$$

$$\xlongequal[c_3+c_1]{c_2+c_1}2\times\begin{vmatrix}c_1&-a_1&-b_1\\c_2&-a_2&-b_2\\c_3&-a_3&-b_3\end{vmatrix}\xlongequal[c_3\to-1]{c_2\to-1}2\times\begin{vmatrix}c_1&a_1&b_1\\c_2&a_2&b_2\\c_3&a_3&b_3\end{vmatrix}$$

$$\xlongequal{c_1\leftrightarrow c_2}-2\times\begin{vmatrix}a_1&c_1&b_1\\a_2&c_2&b_2\\a_3&c_3&b_3\end{vmatrix}\xlongequal{c_2\leftrightarrow c_3}2\times\begin{vmatrix}a_1&b_1&c_1\\a_2&b_2&c_2\\a_3&b_3&c_3\end{vmatrix}=\text{右端}.$$ ▌

例 15 计算行列式 $D=\begin{vmatrix} a_0 & 1 & 1 & \cdots & 1 \\ 1 & a_1 & 0 & \cdots & 0 \\ 1 & 0 & a_2 & \cdots & 0 \\ \vdots & \vdots & \vdots & \ddots & \vdots \\ 1 & 0 & 0 & \cdots & a_n \end{vmatrix}$ 的值,其中 $a_i \neq 0$, $i=1,\cdots,n$.

解 将行列式上三角化

$$D \xlongequal[(j=2,3,\cdots,n+1)]{c_j \to a_{j-1}} a_1 a_2 \cdots a_n \begin{vmatrix} a_0 & \frac{1}{a_1} & \frac{1}{a_2} & \cdots & \frac{1}{a_n} \\ 1 & 1 & 0 & \cdots & 0 \\ 1 & 0 & 1 & \cdots & 0 \\ \vdots & \vdots & \vdots & \ddots & \vdots \\ 1 & 0 & 0 & \cdots & 1 \end{vmatrix}$$

$$\xlongequal[(j=2,3,\cdots,n+1)]{-c_j+c_1} a_1 a_2 \cdots a_n \begin{vmatrix} a_0-\sum\limits_{i=1}^{n}\frac{1}{a_i} & \frac{1}{a_1} & \frac{1}{a_2} & \cdots & \frac{1}{a_n} \\ 0 & 1 & 0 & \cdots & 0 \\ 0 & 0 & 1 & \cdots & 0 \\ \vdots & \vdots & \vdots & \ddots & \vdots \\ 0 & 0 & 0 & \cdots & 1 \end{vmatrix}$$

$$=\!=\!= a_1 a_2 \cdots a_n \left(a_0-\sum_{i=1}^{n}\frac{1}{a_i}\right).$$

例 16 计算行列式 $D=\begin{vmatrix} x & a & a & \cdots & a \\ a & x & a & \cdots & a \\ a & a & x & \cdots & a \\ \vdots & \vdots & \vdots & \ddots & \vdots \\ a & a & a & \cdots & x \end{vmatrix}$ 的值.

解 注意到此行列式每一行元素之和都相同,故

$$D \xlongequal[(j=2,3,\cdots,n)]{c_j+c_1} \begin{vmatrix} x+(n-1)a & a & a & \cdots & a \\ x+(n-1)a & x & a & \cdots & a \\ x+(n-1)a & a & x & \cdots & a \\ \vdots & \vdots & \vdots & \ddots & \vdots \\ x+(n-1)a & a & a & \cdots & x \end{vmatrix}$$

$$\xlongequal{c_1 \to x+(n-1)a} [x+(n-1)a] \begin{vmatrix} 1 & a & a & \cdots & a \\ 1 & x & a & \cdots & a \\ 1 & a & x & \cdots & a \\ \vdots & \vdots & \vdots & \ddots & \vdots \\ 1 & a & a & \cdots & x \end{vmatrix}$$

$$\xlongequal[(i=2,\ 3,\ \cdots,\ n)]{-r_1+r_i} [x+(n-1)a] \begin{vmatrix} 1 & a & a & \cdots & a \\ 0 & x-a & 0 & \cdots & 0 \\ 0 & 0 & x-a & \cdots & 0 \\ \vdots & \vdots & \vdots & \ddots & \vdots \\ 0 & 0 & 0 & \cdots & x-a \end{vmatrix}$$

$$= [x+(n-1)a](x-a)^{n-1}.$$

从上述例子中我们可以看到，大多数行列式的计算都是利用性质，把其化为上三角或下三角行列式，从而计算出行列式的值，此法是计算数字行列式的最基本的方法. 因为这个方法的计算过程完全可以程序化，所以现在仍然是计算机上常用的方法之一.

§1.3 行列式按一行(列)展开

一般来说，高阶行列式的计算比低阶行列式的计算复杂得多. 把高阶行列式的计算化为低阶行列式的计算是简化行列式计算的另一条途径. 行列式按一行(列)展开公式是这种方法的基本工具. 为此我们先引进行列式的余子式和代数余子式的概念.

定义 1.6 在 n 阶行列式 D 中，去掉元素 a_{ij} 所在的第 i 行元素和第 j 列元素，剩下的元素按原顺序组成的 $n-1$ 阶行列式，称为元素 a_{ij} 的**余子式**，记作 M_{ij}，即

$$M_{ij} = \begin{vmatrix} a_{11} & \cdots & a_{1,\ j-1} & a_{1,\ j+1} & \cdots & a_{1n} \\ \vdots & & \vdots & \vdots & & \vdots \\ a_{i-1,\ 1} & \cdots & a_{i-1,\ j-1} & a_{i-1,\ j+1} & \cdots & a_{i-1,\ n} \\ a_{i+1,\ 1} & \cdots & a_{i+1,\ j-1} & a_{i+1,\ j+1} & \cdots & a_{i+1,\ n} \\ \vdots & & \vdots & \vdots & & \vdots \\ a_{n1} & \cdots & a_{n,\ j-1} & a_{n,\ j+1} & \cdots & a_{nn} \end{vmatrix};$$

而 $A_{ij}=(-1)^{i+j}M_{ij}$ 称为元素 a_{ij} 的**代数余子式**.

例如,三阶行列式 $D=\begin{vmatrix} a_{11} & a_{12} & a_{13} \\ a_{21} & a_{22} & a_{23} \\ a_{31} & a_{32} & a_{33} \end{vmatrix}$ 中元素 a_{23} 的余子式和代数余子式分别是

$$M_{23}=\begin{vmatrix} a_{11} & a_{12} \\ a_{31} & a_{32} \end{vmatrix} \text{和 } A_{23}=(-1)^{2+3}M_{23}.$$

下面的定理便是著名的行列式展开定理.

***定理 1.3** n 阶行列式 $D=\det(a_{ij})$ 等于它的任意一行(列)的各元素与其对应的代数余子式乘积的和,即

$$D=a_{i1}A_{i1}+a_{i2}A_{i2}+\cdots+a_{in}A_{in},\ 1\leqslant i\leqslant n \quad \text{(按第 } i \text{ 行展开)}; \quad (1.13)$$

或

$$D=a_{1j}A_{1j}+a_{2j}A_{2j}+\cdots+a_{nj}A_{nj},\ 1\leqslant j\leqslant n \quad \text{(按第 } j \text{ 列展开)}; \quad (1.14)$$

证明 我们分 3 步来证明.

(1) 首先证明 D 的第 1 行元素中除 $a_{11}\neq 0$ 外,其余元素都为零的特殊情形,此时

$$D=\begin{vmatrix} a_{11} & 0 & \cdots & 0 \\ a_{21} & a_{22} & \cdots & a_{2n} \\ \vdots & \vdots & \ddots & \vdots \\ a_{n1} & a_{n2} & \cdots & a_{nn} \end{vmatrix}.$$

因为 D 的每一项都含有第 1 行中的元素,但第 1 行元素中仅 $a_{11}\neq 0$,所以按定义

$$D=\sum_{1p_2\cdots p_n}(-1)^{N(1p_2\cdots p_n)}a_{11}a_{2p_2}\cdots a_{np_n}=a_{11}\Big[\sum_{p_2\cdots p_n}(-1)^{N(p_2\cdots p_n)}a_{2p_2}\cdots a_{np_n}\Big].$$

等号右端方括号内正是 M_{11},故 $D=a_{11}M_{11}$,再由 $A_{11}=(-1)^{1+1}M_{11}=M_{11}$,得到 $D=a_{11}A_{11}$.

(2) 其次证明 D 的第 i 行元素中除 $a_{ij}\neq 0$ 外,其余元素都为零的情形,即

$$D=\begin{vmatrix} a_{11} & \cdots & a_{1,j-1} & a_{1j} & a_{1,j+1} & \cdots & a_{1n} \\ \vdots & & \vdots & \vdots & \vdots & & \vdots \\ a_{i-1,1} & \cdots & a_{i-1,j-1} & a_{i-1,j} & a_{i-1,j+1} & \cdots & a_{i-1,n} \\ 0 & \cdots & 0 & a_{ij} & 0 & \cdots & 0 \\ a_{i+1,1} & \cdots & a_{i+1,j-1} & a_{i+1,j} & a_{i+1,j+1} & \cdots & a_{i+1,n} \\ \vdots & & \vdots & \vdots & \vdots & & \vdots \\ a_{n1} & \cdots & a_{n,j-1} & a_{nj} & a_{n,j+1} & \cdots & a_{nn} \end{vmatrix}.$$

先将 D 的第 i 行进行 $i-1$ 次相邻行的交换，把元素 a_{ij} 交换到第 1 行；再将第 j 列进行 $j-1$ 次相邻列的交换，把元素 a_{ij} 交换到第 1 列. 由行列式性质，前后两个行列式的符号变换了 $i+j-2$ 次，得

$$D=(-1)^{i+j-2}\begin{vmatrix} a_{ij} & 0 & \cdots & 0 & 0 & \cdots & 0 \\ a_{1j} & a_{11} & \cdots & a_{1,j-1} & a_{1,j+1} & \cdots & a_{1n} \\ \vdots & \vdots & & \vdots & \vdots & & \vdots \\ a_{i-1,j} & a_{i-1,1} & \cdots & a_{i-1,j-1} & a_{i-1,j+1} & \cdots & a_{i-1,n} \\ a_{i+1,j} & a_{i+1,1} & \cdots & a_{i+1,j-1} & a_{i+1,j+1} & \cdots & a_{i+1,n} \\ \vdots & \vdots & & \vdots & \vdots & & \vdots \\ a_{nj} & a_{n1} & \cdots & a_{n,j-1} & a_{n,j+1} & \cdots & a_{nn} \end{vmatrix}.$$

注意到上述行列式的右下角一块 $n-1$ 阶的行列式即是元素 a_{ij} 的余子式 M_{ij}，再由(1) 结论，可得 $D=(-1)^{i+j-2}a_{ij}M_{ij}=a_{ij}(-1)^{i+j}M_{ij}=a_{ij}A_{ij}$.

(3) 最后证明一般情形：

$$D=\begin{vmatrix} a_{11} & a_{12} & \cdots & a_{1n} \\ \vdots & \vdots & & \vdots \\ a_{i1} & a_{i2} & \cdots & a_{in} \\ \vdots & \vdots & & \vdots \\ a_{n1} & a_{n2} & \cdots & a_{nn} \end{vmatrix}$$

$$=\begin{vmatrix} a_{11} & a_{12} & \cdots & a_{1n} \\ \vdots & \vdots & & \vdots \\ a_{i1}+0+\cdots+0 & 0+a_{i2}+\cdots+0 & \cdots & 0+0+\cdots+a_{in} \\ \vdots & \vdots & & \vdots \\ a_{n1} & a_{n2} & \cdots & a_{nn} \end{vmatrix}$$

$$\overset{\text{性质 3}}{=\!=}\begin{vmatrix} a_{11} & a_{12} & \cdots & a_{1n} \\ \vdots & \vdots & & \vdots \\ a_{i1} & 0 & \cdots & 0 \\ \vdots & \vdots & & \vdots \\ a_{n1} & a_{n2} & \cdots & a_{nn} \end{vmatrix}+\begin{vmatrix} a_{11} & a_{12} & \cdots & a_{1n} \\ \vdots & \vdots & & \vdots \\ 0 & a_{i2} & \cdots & 0 \\ \vdots & \vdots & & \vdots \\ a_{n1} & a_{n2} & \cdots & a_{nn} \end{vmatrix}+\cdots+\begin{vmatrix} a_{11} & a_{12} & \cdots & a_{1n} \\ \vdots & \vdots & & \vdots \\ 0 & 0 & \cdots & a_{in} \\ \vdots & \vdots & & \vdots \\ a_{n1} & a_{n2} & \cdots & a_{nn} \end{vmatrix}$$

$= a_{i1}A_{i1}+a_{i2}A_{i2}+\cdots+a_{in}A_{in}.\ 1\leqslant i\leqslant n$ （由(2)结论）.

类似地，可以证明按列展开公式(1.14). ▌

推论 n 阶行列式 D 的某一行(列)的元素与另一行(列)对应元素的代数余子式乘积的和等于零，即

$$a_{i1}A_{j1}+a_{i2}A_{j2}+\cdots+a_{in}A_{jn}=0,\ i\neq j, \tag{1.15}$$

或

$$a_{1i}A_{1j}+a_{2i}A_{2j}+\cdots+a_{ni}A_{nj}=0,\ i\neq j. \tag{1.16}$$

证明　设将行列式 D 中第 j 行的元素换为第 i 行($i\neq j$)的对应元素，得到有两行相同的行列式 D'，由行列式性质 4 知 $D'=0$，再将 D' 按第 j 行展开，则

$$D'=a_{i1}A_{j1}+a_{i2}A_{j2}+\cdots+a_{in}A_{jn}=0\quad(i\neq j).$$

同理可证(1.16)式. ▌

例 17 仍以例 12 为例，用行列式的展开定理计算

$$D=\begin{vmatrix} 2 & -1 & 1 & -1 \\ 0 & 0 & 4 & -1 \\ 0 & 2 & 4 & 1 \\ -2 & 0 & 3 & 2 \end{vmatrix}.$$

解　按 D 的第 1 行展开，由(1.13)式，有

$$D=2\times(-1)^{1+1}\begin{vmatrix} 0 & 4 & -1 \\ 2 & 4 & 1 \\ 0 & 3 & 2 \end{vmatrix}+(-1)\times(-1)^{1+2}\begin{vmatrix} 0 & 4 & -1 \\ 0 & 4 & 1 \\ -2 & 3 & 2 \end{vmatrix}$$

$$+1\times(-1)^{1+3}\begin{vmatrix} 0 & 0 & -1 \\ 0 & 2 & 1 \\ -2 & 0 & 2 \end{vmatrix}+(-1)\times(-1)^{1+4}\begin{vmatrix} 0 & 0 & 4 \\ 0 & 2 & 4 \\ -2 & 0 & 3 \end{vmatrix}$$

$$=2\times(-22)+(-16)+(-4)+16=-48.$$

也可按 D 的第 1 列展开，由(1.14)式，有

$$D=2\times(-1)^{1+1}\begin{vmatrix}0&4&-1\\2&4&1\\0&3&2\end{vmatrix}+0\times(-1)^{2+1}\begin{vmatrix}-1&1&-1\\2&4&1\\0&3&2\end{vmatrix}$$

$$+0\times(-1)^{3+1}\begin{vmatrix}-1&1&-1\\0&4&-1\\0&3&2\end{vmatrix}+(-2)\times(-1)^{4+1}\begin{vmatrix}-1&1&-1\\0&4&-1\\2&4&1\end{vmatrix}$$

$$=2\times(-22)+0+0+2\times(-2)=-48.$$

在本例中，按第 1 行展开有 4 项，按第 1 列展开只有 2 项(其余 2 项为零)，因此在考虑按哪一行或哪一列展开时，一般应选取零元素最多的行或列进行展开，以便简化计算. 其实，即使行列式中没有这么多零，我们也可以利用行列式的性质“造”出足够多的零元素，再使用展开定理进行计算.

例 18 计算四阶行列式

$$D_4=\begin{vmatrix}3&1&-1&2\\-5&1&3&-4\\2&0&1&-1\\1&-5&3&-3\end{vmatrix}.$$

解

$$D_4\xlongequal{c_4+c_3}\begin{vmatrix}3&1&1&2\\-5&1&-1&-4\\2&0&0&-1\\1&-5&0&-3\end{vmatrix}\xlongequal{r_1+r_2}\begin{vmatrix}3&1&1&2\\-2&2&0&-2\\2&0&0&-1\\1&-5&0&-3\end{vmatrix}$$

$$\xlongequal{\text{按第 3 列展开}}1\times(-1)^{1+3}\begin{vmatrix}-2&2&-2\\2&0&-1\\1&-5&-3\end{vmatrix}\xlongequal{2c_3+c_1}\begin{vmatrix}-6&2&-2\\0&0&-1\\-5&-5&-3\end{vmatrix}$$

$$\xlongequal{\text{按第 2 行展开}}(-1)\times(-1)^{2+3}\begin{vmatrix}-6&2\\-5&-5\end{vmatrix}$$

$$=40.$$

例 19 已知五阶行列式的值

$$D_5 = \begin{vmatrix} 1 & 2 & 3 & 4 & 5 \\ 2 & 2 & 2 & 1 & 1 \\ 3 & 1 & 2 & 4 & 5 \\ 1 & 1 & 1 & 2 & 2 \\ 4 & 3 & 1 & 5 & 0 \end{vmatrix} = 27,$$

计算 $A_{41}+A_{42}+A_{43}$ 和 $A_{44}+A_{45}$，其中 A_{4j} 是元素 a_{4j} 的代数余子式.

解　分别由展开定理(按第 4 行展开)及其推论($i=2$, $j=4$)的结论，有

$$\begin{cases} A_{41}+A_{42}+A_{43}+2(A_{44}+A_{45})=27, \\ 2(A_{41}+A_{42}+A_{43})+A_{44}+A_{45}=0. \end{cases}$$

由此可解得 $A_{41}+A_{42}+A_{43}=-9$ 和 $A_{44}+A_{45}=18$.

例 20　计算 n 阶三对角行列式的值

$$D_n = \begin{vmatrix} 2 & -1 & 0 & \cdots & 0 & 0 \\ -1 & 2 & -1 & \cdots & 0 & 0 \\ 0 & -1 & 2 & \ddots & 0 & 0 \\ \vdots & \vdots & \ddots & \ddots & \ddots & \vdots \\ 0 & 0 & 0 & \ddots & 2 & -1 \\ 0 & 0 & 0 & \cdots & -1 & 2 \end{vmatrix}.$$

解　将行列式 D_n 按第 1 列展开，注意到元素 a_{11} 的代数余子式 $A_{11}=D_{n-1}$，于是

$$D_n = 2D_{n-1} + (-1)\times(-1)^{2+1} \begin{vmatrix} -1 & 0 & 0 & \cdots & 0 \\ -1 & 2 & -1 & \cdots & 0 \\ 0 & -1 & 2 & \cdots & 0 \\ \vdots & \vdots & \vdots & & \vdots \\ 0 & 0 & 0 & -1 & 2 \end{vmatrix}.$$

等式右边的 $n-1$ 阶行列式按第一行再展开，元素 a_{11} 的代数余子式 A_{11}(相对于右端 $n-1$ 阶的行列式)是一个 $n-2$ 阶行列式，且 $A_{11}=D_{n-2}$. 于是成立递推关系：

$$D_n = 2D_{n-1} - D_{n-2},\ n=3, 4, \cdots, \tag{1.17}$$

其中 $D_1=2$, $D_2=3$. 进一步，从(1.17)式，我们可以得到

$$D_n - D_{n-1} = D_{n-1} - D_{n-2} = D_{n-2} - D_{n-3} = \cdots = D_2 - D_1 = 1,$$

即 D_n 成一等差数列，其公差 $d = 1$. 故成立

$$D_n = D_1 + (n-1) \cdot d = n+1.$$

对于一般的三对角行列式，都可以用行列式的展开方式，建立类似于式(1.17)的 3 项递推关系，见习题(B)的第 5 题.

例 21 证明范德蒙(Vandermonde)行列式

$$V_n = \begin{vmatrix} 1 & 1 & \cdots & 1 \\ x_1 & x_2 & \cdots & x_n \\ x_1^2 & x_2^2 & \cdots & x_n^2 \\ \vdots & \vdots & & \vdots \\ x_1^{n-1} & x_2^{n-1} & \cdots & x_n^{n-1} \end{vmatrix} = \prod_{1 \leqslant j < i \leqslant n} (x_i - x_j),$$

其中连乘号 $\prod$ 是对满足 $1 \leqslant j < i \leqslant n$ 的所有因子 $(x_i - x_j)$ 的乘积.

证明 用归纳法证明，当 $n = 2$ 时，

$$V_2 = \begin{vmatrix} 1 & 1 \\ x_1 & x_2 \end{vmatrix} = x_2 - x_1 = \prod_{1 \leqslant j < i \leqslant 2} (x_i - x_j),$$

结论成立. 假设结论对 $n-1$ 阶成立，现证明 n 时的结论.

把 V_n 的第 1 列上三角化，即依次作下列变换 $(-x_1)r_{n-1} + r_n$；$(-x_1)r_{n-2} + r_{n-1}$；…；$(-x_1)r_1 + r_2$，则

$$V_n = \begin{vmatrix} 1 & 1 & 1 & \cdots & 1 \\ 0 & x_2 - x_1 & x_3 - x_1 & \cdots & x_n - x_1 \\ 0 & x_2(x_2 - x_1) & x_3(x_3 - x_1) & \cdots & x_n(x_n - x_1) \\ \vdots & \vdots & \vdots & & \vdots \\ 0 & x_2^{n-2}(x_2 - x_1) & x_3^{n-2}(x_3 - x_1) & \cdots & x_n^{n-2}(x_n - x_1) \end{vmatrix}$$

按第 1 列展开只有 1 项；在余下的 $n-1$ 阶行列式中，分别提取每列的公因子 $(x_2 - x_1)$，$(x_3 - x_1)$，…，$(x_n - x_1)$，于是成立

$$V_n = (x_2 - x_1)(x_3 - x_1)\cdots(x_n - x_1) \begin{vmatrix} 1 & 1 & \cdots & 1 \\ x_2 & x_3 & \cdots & x_n \\ \vdots & \vdots & & \vdots \\ x_2^{n-2} & x_3^{n-2} & \cdots & x_n^{n-2} \end{vmatrix},$$

上式右端的行列式已是一个 $n-1$ 阶 Vandermonde 行列式. 根据归纳法假设,所以

$$V_n=(x_2-x_1)(x_3-x_1)\cdots(x_n-x_1)\prod_{2\leqslant j<i\leqslant n}(x_i-x_j)=\prod_{1\leqslant j<i\leqslant n}(x_i-x_j).$$

▌

如 $n=3$, $V_3=\prod\limits_{1\leqslant j<i\leqslant 3}(x_i-x_j)=(x_2-x_1)(x_3-x_1)(x_3-x_2)$,则

$$\begin{vmatrix}1&1&1\\2&3&5\\2^2&3^2&5^2\end{vmatrix}=(3-2)\times(5-2)\times(5-3)=1\times3\times2=6.$$

例 22 计算行列式

$$D_n=\begin{vmatrix}1+a_1&a_2&a_3&\cdots&a_n\\a_1&1+a_2&a_3&\cdots&a_n\\a_1&a_2&1+a_3&\cdots&a_n\\\vdots&\vdots&\vdots&&\vdots\\a_1&a_2&a_3&\cdots&1+a_n\end{vmatrix}.$$

解法一 因每行元素之和相同,将各列加到第一列后再提取公因子;再从第 2 行起,分别依此减去第 1 行,化为上三角行列式

$$D_n\xlongequal[c_1\to 1+\sum_{i=1}^n a_i]{\substack{c_j+c_1\\(j=2,\,3,\,\cdots,\,n)}}\left(1+\sum_{i=1}^n a_i\right)\begin{vmatrix}1&a_2&a_3&\cdots&a_n\\1&1+a_2&a_3&\cdots&a_n\\1&a_2&1+a_3&\cdots&a_n\\\vdots&\vdots&\vdots&&\vdots\\1&a_2&a_3&\cdots&1+a_n\end{vmatrix}$$

$$\xlongequal[(j=2,\,3,\,\cdots,\,n)]{-c_1+c_j}\left(1+\sum_{i=1}^n a_i\right)\begin{vmatrix}1&a_2&a_3&\cdots&a_n\\0&1&0&\cdots&0\\0&0&1&\cdots&0\\\vdots&\vdots&\vdots&&\vdots\\0&0&0&\cdots&1\end{vmatrix}=1+\sum_{i=1}^n a_i.$$

解法二(拆项法) 把第 n 列拆成两数之和,由性质 3,行列式值是两个行列

式值之和

$$D_n = \begin{vmatrix} 1+a_1 & a_2 & a_3 & \cdots & 0 \\ a_1 & 1+a_2 & a_3 & \cdots & 0 \\ a_1 & a_2 & 1+a_3 & \cdots & 0 \\ \vdots & \vdots & \vdots & & \vdots \\ a_1 & a_2 & a_3 & \cdots & 1 \end{vmatrix} + \begin{vmatrix} 1+a_1 & a_2 & a_3 & \cdots & a_n \\ a_1 & 1+a_2 & a_3 & \cdots & a_n \\ a_1 & a_2 & 1+a_3 & \cdots & a_n \\ \vdots & \vdots & \vdots & & \vdots \\ a_1 & a_2 & a_3 & \cdots & a_n \end{vmatrix}$$

(第 1 个行列式按最后一列展开;第 2 个行列式各行减去最后 1 行)

$$= D_{n-1} + \begin{vmatrix} 1 & 0 & 0 & \cdots & 0 \\ 0 & 1 & 0 & \cdots & 0 \\ 0 & 0 & 1 & \cdots & 0 \\ \vdots & \vdots & \vdots & & \vdots \\ a_1 & a_2 & a_3 & \cdots & a_n \end{vmatrix} = D_{n-1} + a_n$$

$$= D_{n-2} + a_{n-1} + a_n = \cdots = D_1 + a_2 + \cdots + a_n = 1 + \sum_{i=1}^{n} a_i.$$

§1.4 克莱姆法则

在这一节,主要讨论具有 n 个未知量 n 个方程的线性方程组

$$\begin{cases} a_{11}x_1 + a_{12}x_2 + \cdots + a_{1n}x_n = b_1, \\ a_{21}x_1 + a_{22}x_2 + \cdots + a_{2n}x_n = b_2, \\ \cdots\cdots\cdots\cdots \\ a_{n1}x_1 + a_{n2}x_2 + \cdots + a_{nn}x_n = b_n, \end{cases} \tag{1.18}$$

其中,系数 a_{ij} 和右端项 b_i 是已知的数,x_i 是需要求解的未知量. 这里的线性含义是指方程组(1.18)关于未知量 x_i 都是一次(线性)的,一般我们称方程组(1.18)为 **n 元线性方程组**. 将方程组的 n^2 个系数 a_{ij} 按下列形式构成的 n 阶行列式,记作 D,

$$D = \begin{vmatrix} a_{11} & a_{12} & \cdots & a_{1n} \\ a_{21} & a_{22} & \cdots & a_{2n} \\ \vdots & \vdots & & \vdots \\ a_{n1} & a_{n2} & \cdots & a_{nn} \end{vmatrix}, \tag{1.19}$$

称为 n 元线性方程组(1.18)的**系数行列式**,其第 i 行元素即为方程组(1.18)中第 i 个方程中未知量前的系数;第 j 列元素即为第 j 个未知量 x_j 前的系数.

在中学数学里,我们曾用加减消元法求解二元($n=2$)、三元($n=3$)一次方程组.那么在求出这些解之前,你是否可以事先判断这些方程组的解是否存在?解是否唯一?解是否有表达式?

下面的克莱姆(Cramer)法则(定理 1.4),在线性方程组的理论上扮演着重要角色,它完全回答了上述 3 个问题.更一般的线性方程组解的问题将在第四章中讨论.

定理 1.4(Cramer 法则) 如果 n 元线性方程组(1.18)的系数行列式 $D \neq 0$,则方程组(1.18)存在唯一解;并且解为

$$x_j = \frac{D_j}{D},\ j = 1, 2, \cdots, n, \tag{1.20}$$

其中,D_j 是用 $b_1, b_2, \cdots, b_n$ 替换 D 中第 j 列元素所构成的 n 阶行列式,即

$$D_j = \begin{vmatrix} a_{11} & \cdots & a_{1,j-1} & b_1 & a_{1,j+1} & \cdots & a_{1n} \\ a_{21} & \cdots & a_{2,j-1} & b_2 & a_{2,j+1} & \cdots & a_{2n} \\ \vdots & & \vdots & \vdots & \vdots & & \vdots \\ a_{n1} & \cdots & a_{n,j-1} & b_n & a_{n,j+1} & \cdots & a_{nn} \end{vmatrix}.$$

证明 本定理的证明分两步:

(1) 证明(1.20)是方程组(1.18)的解.这只要把 $x_j = \frac{D_j}{D}\ (j = 1, 2, \cdots, n)$ 代入到方程组(1.18)第 i 个方程的左端,验证左端等于右端 b_i 即可,而 $i = 1, 2, \cdots, n$.

(2) 对于方程组(1.18)的任意一组解 $x_j = c_j\ (j = 1, 2, \cdots, n)$,都成立 $c_j = \frac{D_j}{D}\ (j = 1, 2, \cdots, n)$,这便说明解是唯一的.

我们先证(1).首先注意到,把 D_j 按第 j 列展开,有

$$D_j = b_1 A_{1j} + b_2 A_{2j} + \cdots + b_n A_{nj} = \sum_{k=1}^{n} b_k A_{kj},$$

其中 A_{kj} 是系数行列式 D 中元素 a_{kj} 的代数余子式.把 $x_j = \frac{1}{D}\sum_{k=1}^{n} b_k A_{kj}$ 代入方程组(1.18)第 i 个方程的左端,得

$$\sum_{j=1}^{n} a_{ij}\left(\frac{1}{D}\sum_{k=1}^{n} b_k A_{kj}\right)=\frac{1}{D}\sum_{j=1}^{n} a_{ij}\left(\sum_{k=1}^{n} b_k A_{kj}\right)=\frac{1}{D}\sum_{j=1}^{n}\sum_{k=1}^{n} a_{ij}b_k A_{kj}$$

$$=\frac{1}{D}\sum_{k=1}^{n}\sum_{j=1}^{n} a_{ij}b_k A_{kj}=\frac{1}{D}\sum_{k=1}^{n} b_k\left(\sum_{j=1}^{n} a_{ij}A_{kj}\right).$$

根据展开定理及其推论，只有当$k=i$时，括号中的和$\sum_{j=1}^{n} a_{ij}A_{kj}$等于$D$；而当$k\neq i$时，$\sum_{j=1}^{n} a_{ij}A_{kj}=0$. 因此外面一个和号中，所有$n$项中只剩第$i$项，于是

$$\frac{1}{D}\sum_{k=1}^{n} b_k\left(\sum_{j=1}^{n} a_{ij}A_{kj}\right)=\frac{1}{D}b_i\cdot D=b_i,\ i=1,\ 2,\ \cdots,\ n,$$

即$x_j=\dfrac{D_j}{D}$是方程组(1.18)的解.

下面证明(2)，即方程组(1.18)的解是唯一的. 设$x_1=c_1,\ x_2=c_2,\ \cdots,\ x_n=c_n$是方程组(1.18)的任意一组解，代入(1.18)，等式成立

$$\begin{cases}a_{11}c_1+a_{12}c_2+\cdots+a_{1n}c_n=b_1,\\ a_{21}c_1+a_{22}c_2+\cdots+a_{2n}c_n=b_2,\\ \cdots\cdots\cdots\cdots\\ a_{n1}c_1+a_{n2}c_2+\cdots+a_{nn}c_n=b_n.\end{cases}$$

在上面n个等式的两端分别依次乘$A_{1j},\ A_{2j},\ \cdots,\ A_{nj}$，然而再把这$n$个等式的两端相加，得

$$\left(\sum_{i=1}^{n} a_{i1}A_{ij}\right)c_1+\cdots+\left(\sum_{i=1}^{n} a_{ij}A_{ij}\right)c_j+\cdots+\left(\sum_{i=1}^{n} a_{in}A_{ij}\right)c_n=\sum_{i=1}^{n} b_iA_{ij}.$$

由展开定理及其推论，上式左端只有c_j的系数$\sum_{i=1}^{n} a_{ij}A_{ij}=D$，其余项的系数都为零，而右端$\sum_{i=1}^{n} b_iA_{ij}=D_j$，于是成立

$$Dc_j=D_j.$$

因为$D\neq 0$，故$c_j=\dfrac{D_j}{D}$，$j=1,\ 2,\ \cdots,\ n$. ▌

例 23 利用 Cramer 法则，求下列方程组的解：

$$\begin{cases} 2x_1 - \ x_2 \qquad\qquad\qquad = \ 2, \\ -x_1 + 2x_2 - \ x_3 \qquad\quad = \ 0, \\ \qquad\quad -x_2 + 2x_3 - x_4 = -3, \\ \qquad\qquad\qquad -x_3 + 2x_4 = \ 3. \end{cases}$$

解　系数行列式

$$D = \begin{vmatrix} 2 & -1 & 0 & 0 \\ -1 & 2 & -1 & 0 \\ 0 & -1 & 2 & -1 \\ 0 & 0 & -1 & 2 \end{vmatrix},$$

这是例 20 中 $n=4$ 的行列式,故 $D=5\neq 0$. 由 Cramer 法则,方程组存在唯一解. 又

$$D_1 = \begin{vmatrix} 2 & -1 & 0 & 0 \\ 0 & 2 & -1 & 0 \\ -3 & -1 & 2 & -1 \\ 3 & 0 & -1 & 2 \end{vmatrix} \xlongequal{2r_3+r_4} \begin{vmatrix} 2 & -1 & 0 & 0 \\ 0 & 2 & -1 & 0 \\ -3 & -1 & 2 & -1 \\ -3 & -2 & 3 & 0 \end{vmatrix}$$

$$\xlongequal{\text{按第 4 列展开}} \begin{vmatrix} 2 & -1 & 0 \\ 0 & 2 & -1 \\ -3 & -2 & 3 \end{vmatrix} = 5.$$

类似地,有

$$D_2 = \begin{vmatrix} 2 & 2 & 0 & 0 \\ -1 & 0 & -1 & 0 \\ 0 & -3 & 2 & -1 \\ 0 & 3 & -1 & 2 \end{vmatrix} = 0;\ D_3 = \begin{vmatrix} 2 & -1 & 2 & 0 \\ -1 & 2 & 0 & 0 \\ 0 & -1 & -3 & -1 \\ 0 & 0 & 3 & 2 \end{vmatrix} = -5;$$

$$D_4 = \begin{vmatrix} 2 & -1 & 0 & 2 \\ -1 & 2 & -1 & 0 \\ 0 & -1 & 2 & -3 \\ 0 & 0 & -1 & 3 \end{vmatrix} = 5.$$

于是

$$x_1 = \frac{D_1}{D} = 1,\ x_2 = \frac{D_2}{D} = 0,\ x_3 = \frac{D_3}{D} = -1,\ x_4 = \frac{D_4}{D} = 1.$$

在方程组(1.18)中,若右端项都为零,即

$$\begin{cases} a_{11}x_1 + a_{12}x_2 + \cdots + a_{1n}x_n = 0, \\ a_{21}x_1 + a_{22}x_2 + \cdots + a_{2n}x_n = 0, \\ \cdots\cdots\cdots\cdots \\ a_{n1}x_1 + a_{n2}x_2 + \cdots + a_{nn}x_n = 0. \end{cases} \tag{1.21}$$

则称方程组(1.21)为 n 元**齐次线性方程组**.

显然,方程组(1.21)的解无条件地存在,因为 $x_1 = x_2 = \cdots = x_n = 0$ 满足方程组(1.21),称其为方程组(1.21) 的**零解**. 现在的问题是方程组(1.21) 是否存在非零解. 根据 Cramer 法则,可得到下列结论.

定理 1.5 若方程组(1.21)有非零解,则系数行列式 $D = 0$.

这就是说,若(1.21)的系数行列式 $D \neq 0$,齐次方程组只有零解. 事实上,系数行列式 $D = 0$ 也是齐次线性方程组有非零解的充分必要条件,见第四章定理 4.3.

例 24 设齐次线性方程组

$$\begin{cases} (5-k)x_1 + 2x_2 + 2x_3 = 0, \\ 2x_1 + (6-k)x_2 = 0, \\ 2x_1 + (4-k)x_3 = 0 \end{cases}$$

有非零解,则参数 k 取何值?

解 由于系数行列式是

$$D = \begin{vmatrix} 5-k & 2 & 2 \\ 2 & 6-k & 0 \\ 2 & 0 & 4-k \end{vmatrix} = (5-k)(6-k)(4-k) - 4(6-k) - 4(4-k)$$

$$= (5-k)(6-k)(4-k) - 40 + 8k = (5-k)[(6-k)(4-k) - 8]$$

$$= (5-k)(2-k)(8-k).$$

因为方程组有非零解,由定理 1.5,成立 $D = 0$, 即 $k = 5$, 或 $k = 2$, 或 $k = 8$.

背景资料(1)

线性代数(linear algebra)是代数学的一个分支,它以研究向量空间与线性映射为对象;由于法国数学家费马(Fermat, 1601—1665)和笛卡儿(Descartes, 1596—1650)的工作,线性代数基本上出现于 17 世纪."代数"这一个词在我国出

现较晚,在清代时才传入中国,当时被人们译成“阿尔热巴拉”,直到1859年,清代著名的数学家、翻译家李善兰(1811—1882)才将它翻译成为“代数学”,一直沿用至今.

历史上线性代数的第一个问题是关于解线性方程组的问题,最初的线性方程组问题大都是来源于生活实践,正是实际应用问题刺激了线性代数这一学科的诞生与发展.

行列式(determinant)出现于线性方程组的求解,它最早是一种速记的表达式,现在已经是数学中一种非常有用的工具.而行列式的概念最早则是由日本数学家关孝和(Seki Takakazu, 1642—1708)在1683年提出来的,他在一部叫做《解伏题之法》的著作(意思是“解行列式问题的方法”)里,对行列式的概念和它的展开已经有了清楚的叙述,欧洲第一个提出行列式概念的是德国数学家,微积分学奠基人之一莱布尼兹(G. W. Leibnitz, 1646—1716),时间是在1693年4月,他在写给法国数学家洛必达(L'Hospital, 1661—1704)的一封信中使用并给出了行列式,同时给出方程组的系数行列式为零的条件.

1750年,瑞士数学家克莱姆(G. Cramer, 1704—1752)在其著作《线性代数分析导引》中,对行列式的定义和展开法则给出了比较完整、明确的阐述,并给出了由系数行列式来确定线性方程组解的重要基本公式(即人们熟悉的克莱姆法则).1764年,法国数学家贝祖(Etienne Bezout, 1730—1783)将确定行列式每一项符号的方法进行了系统化.对给定了含n个未知量的n个齐次线性方程组,他证明了系数行列式等于零是这方程组有非零解的条件.

总之,在很长一段时间内,行列式只是作为解线性方程组的一种工具使用,并没有人意识到它可以独立于线性方程组之外,单独形成一门理论加以研究.在行列式的发展史上,第一个对行列式理论做出连贯的逻辑的阐述,即把行列式理论与线性方程组求解相分离的人,是法国数学家范德蒙(A. T. Vandermonde, 1735—1796),时间是1772年.他给出了用二阶子式和它们的余子式来展开行列式的法则.就对行列式本身进行研究这一点而言,他是行列式理论的奠基人.同一年,法国数学家拉普拉斯(Laplace, Pierre-Simon, 1749—1827)在《对积分和世界体系的探讨》中,证明了范德蒙的一些规则,并推广了他的展开行列式的方法,用r阶子式及其余子式来展开行列式,这个方法现在仍然以他的名字命名.

1815年,法国数学家柯西(A. L. Cauchy, 1789—1857)首先提出行列式这个名称,他在一篇论文中给出了行列式的第一个系统的、几乎是近代的处理.其中主要结果之一是行列式的乘法公式.另外,他第一个把行列式的元素排成方阵,采用双重足标标记法;改进并证明了拉普拉斯的行列式展开定

理. 1841 年,英国数学家凯莱(A. Cayley, 1821—1895)首先创用了行列式记号| |.

继柯西之后,在行列式理论方面最多产的人就是德国数学家雅可比(Carl Gustav Jacobi, 1804—1851),他引进了函数行列式,即"雅可比行列式",指出函数行列式在多重积分的变量替换中的作用,给出了函数行列式的导数公式. 1841 年,雅可比的著名论文《论行列式的形成和性质》标志着行列式系统理论的建成. 由于行列式在数学分析、几何学、线性方程组理论、二次型理论等多方面的应用,促使行列式理论自身在 19 世纪也得到了很大发展. 整个 19 世纪都有行列式的新结果. 除了一般行列式的大量定理之外,还有许多有关特殊行列式的其他定理相继得到.

习 题 一

(A)

1. 计算以下排列的逆序数,判别其奇偶性:

(1) 365412; (2) 5123746; (3) 7654321; (4) $135\cdots(2n-1)(2n)(2n-2)\cdots42$.

2. 选择 i 与 k,使下列排列(1)成为奇排列;使(2)成为偶排列:

(1) $231i5k7$; (2) $ik23567$.

3. 写出把排列 1356742 变换成排列 4132567 的对换.

4. 分别写出四阶行列式和五阶行列式中所有带有负号且包含因子 $a_{12}a_{23}$ 的项.

5. 在六阶行列式 $D=\det(a_{ij})$ 中,下列各元素乘积项前应取什么符号?

(1) $a_{15}a_{23}a_{32}a_{44}a_{51}a_{66}$; (2) $a_{21}a_{53}a_{16}a_{42}a_{65}a_{34}$; (3) $a_{61}a_{52}a_{43}a_{34}a_{25}a_{16}$.

6. 按定义计算下列行列式的值:

(1) $\begin{vmatrix} 3 & 0 & 1 \\ 1 & -5 & 0 \\ 1 & 0 & -1 \end{vmatrix}$; (2) $\begin{vmatrix} 2 & 0 & 0 & 1 \\ 1 & 0 & -1 & 0 \\ 0 & 1 & 2 & 0 \\ 0 & 3 & 0 & 4 \end{vmatrix}$; (3) $\begin{vmatrix} 0 & 1 & 0 & \cdots & 0 \\ 0 & 0 & 2 & \cdots & 0 \\ \vdots & \vdots & \vdots & \ddots & \vdots \\ 0 & 0 & 0 & \cdots & n-1 \\ n & 0 & 0 & \cdots & 0 \end{vmatrix}$;

(4) $\begin{vmatrix} 0 & 0 & \cdots & 0 & d_1 \\ 0 & 0 & \cdots & d_2 & 0 \\ \vdots & \vdots & ⋰ & \vdots & \vdots \\ 0 & d_{n-1} & \cdots & 0 & 0 \\ d_n & 0 & \cdots & 0 & 0 \end{vmatrix}$; (5) $\begin{vmatrix} 0 & 0 & \cdots & 0 & a_{1n} \\ 0 & 0 & \cdots & a_{2n-1} & a_{2n} \\ \vdots & \vdots & ⋰ & \vdots & \vdots \\ 0 & a_{n-12} & \cdots & a_{n-1n-1} & a_{n-1n} \\ a_{n1} & a_{n2} & \cdots & a_{nn-1} & a_{nn} \end{vmatrix}$.

7. 按定义说明 n 阶行列式 $\begin{vmatrix} a_{11}-\lambda & a_{12} & \cdots & a_{1n} \\ a_{21} & a_{22}-\lambda & \cdots & a_{2n} \\ \vdots & \vdots & & \vdots \\ a_{n1} & a_{n2} & \cdots & a_{nn}-\lambda \end{vmatrix}$ 是一个关于 λ 的 n 次多项式.

8. 按定义写出行列式 $\begin{vmatrix} 2x & x & 1 & 2 \\ 1 & x & 1 & -1 \\ 3 & 2 & x & 1 \\ 1 & 1 & 1 & x \end{vmatrix}$ 中 x^4 与 x^3 前的系数.

9. 试证:若一个 n 阶行列式中等于零的元素个数多于 n^2-n,则此行列式一定等于零.

10. 当 k 取何值时,下列式子成立?

(1) $\begin{vmatrix} k & 3 & 4 \\ k & -2 & 1 \\ 0 & k & 0 \end{vmatrix}=0$; (2) $\begin{vmatrix} 1 & 3 & -1 \\ k & 2k & 1 \\ -2 & k & 0 \end{vmatrix}\neq 0$; (3) $\begin{vmatrix} k & 1 & 1 \\ 0 & -1 & 0 \\ 4 & k & k \end{vmatrix}>0$.

11. 计算下列行列式的值:

(1) $\begin{vmatrix} 1 & 2 \\ 6 & -3 \end{vmatrix}$; (2) $|-2|$; (3) $\begin{vmatrix} 2-\lambda & 3 \\ -1 & 1-\lambda \end{vmatrix}$; (4) $\begin{vmatrix} \sin\theta & \cos\theta \\ -\cos\theta & \sin\theta \end{vmatrix}$;

(5) $\begin{vmatrix} \sin\theta & 0 & \cos\theta \\ 0 & 1 & 0 \\ -\cos\theta & 0 & \sin\theta \end{vmatrix}$; (6) $\begin{vmatrix} 2 & 3 & 4 \\ 5 & -2 & 1 \\ 1 & 2 & 3 \end{vmatrix}$; (7) $\begin{vmatrix} 3 & 0 & 0 & 0 \\ 2 & -1 & 0 & 0 \\ 0 & 2 & 2 & 0 \\ 2 & -4 & 1 & -5 \end{vmatrix}$;

(8) $\begin{vmatrix} a & 0 & 0 & 0 \\ 0 & b & 0 & 0 \\ 0 & 0 & c & 0 \\ 0 & 0 & 0 & d \end{vmatrix}$; (9) $\begin{vmatrix} 1 & 9 & 6 \\ -1 & 5 & 0 \\ 3 & 0 & 2 \end{vmatrix}$; (10) $\begin{vmatrix} 1 & 2 & 3 & 2 \\ 3 & -1 & 2 & 1 \\ 2 & 1 & 4 & 1 \\ 5 & 0 & 6 & 2 \end{vmatrix}$;

(11) $\begin{vmatrix} 2 & 0 & -1 & 3 \\ 4 & 0 & 1 & -1 \\ -3 & 1 & 0 & 1 \\ 1 & 4 & 1 & 1 \end{vmatrix}$; (12) $\begin{vmatrix} 3 & 0 & 3 & 1 \\ 2 & -1 & 2 & 5 \\ 0 & 2 & 0 & -4 \\ 2 & -4 & 2 & 3 \end{vmatrix}$;

(13) $\begin{vmatrix} 1 & 4 & 9 & 16 \\ 4 & 9 & 16 & 25 \\ 9 & 16 & 25 & 36 \\ 16 & 25 & 36 & 49 \end{vmatrix}$; (14) $\begin{vmatrix} x & a & b \\ x^2 & a^2 & b^2 \\ a+b & x+b & x+a \end{vmatrix}$.

12. 已知 n 阶行列式 D_n 的元素为

(1) $a_{ij}=\begin{cases}-1, & i>j,\\ 1, & i\leqslant j;\end{cases}$ (2) $a_{ij}=\begin{cases}-1, & i>j,\\ j, & i\leqslant j.\end{cases}$

计算 $n=2,3,4$ 时的行列式值;并推测一般 n 时 D_n 的值.

13. 利用展开定理,计算下列行列式的值:

(1) $\begin{vmatrix}4&5&0&1&0\\0&0&0&0&1\\4&1&8&2&0\\1&0&0&1&3\\4&8&0&1&-1\end{vmatrix}$; (2) $\begin{vmatrix}a&0&0&1\\0&b&0&0\\0&0&c&0\\1&0&0&d\end{vmatrix}$; (3) $\begin{vmatrix}a&0&\cdots&0&1\\0&a&\cdots&0&0\\\vdots&\vdots&\ddots&\vdots&\vdots\\0&0&\cdots&a&0\\1&0&\cdots&0&a\end{vmatrix}$;

(4) $\begin{vmatrix}1-a&a&0&0&0\\-1&1-a&a&0&0\\0&-1&1-a&a&0\\0&0&-1&1-a&a\\0&0&0&-1&1-a\end{vmatrix}$;

(5) $D_n=\begin{vmatrix}3&2&0&\cdots&0&0\\1&3&2&\cdots&0&0\\0&1&3&\cdots&0&0\\\vdots&\vdots&\vdots&\ddots&\vdots&\vdots\\0&0&0&\cdots&3&2\\0&0&0&\cdots&1&3\end{vmatrix}$;

(6) $D_6=\begin{vmatrix}a&0&0&0&0&b\\0&a&0&0&b&0\\0&0&a&b&0&0\\0&0&c&d&0&0\\0&c&0&0&d&0\\c&0&0&0&0&d\end{vmatrix}$; $D_{2n}=\begin{vmatrix}a&\cdots&0&0&\cdots&b\\\vdots&\ddots&\vdots&\vdots&\iddots&\vdots\\0&\cdots&a&b&\cdots&0\\0&\cdots&c&d&\cdots&0\\\vdots&\iddots&\vdots&\vdots&\ddots&\vdots\\c&\cdots&0&0&\cdots&d\end{vmatrix}$.

14. 若 n 阶行列式不等于零,那么它的所有 $n-1$ 阶子式能否都为零?所有 $n-2$ 阶子式能否都为零?为什么?

15. 能否将一个 r 阶行列式写成与其值相等的 $r+1$ 阶行列式?反之,一个 r 阶行列式能否写成与其值相等的 $r-1$ 阶行列式($r>1$)?

16. 设有四阶行列式 $\begin{vmatrix} a & b & c & d \\ c & b & d & a \\ d & b & c & a \\ a & b & d & c \end{vmatrix}$,求 $A_{14}+A_{24}+A_{34}+A_{44}$ 之值.

17. 计算 $\begin{vmatrix} 2 & 2 & -1 & 3 \\ 4 & x^2-5 & -2 & 6 \\ -3 & 2 & -1 & x^2+1 \\ 3 & -2 & 1 & -2 \end{vmatrix}$.

18. 解关于未知量 x 的方程 $\begin{vmatrix} a_1-x & a_2 & \cdots & a_n \\ a_1 & a_2-x & \cdots & a_n \\ \vdots & \vdots & & \vdots \\ a_1 & a_2 & \cdots & a_n-x \end{vmatrix}=0$.

19. 证明下列结论:

(1) $\begin{vmatrix} a^2 & (a+1)^2 & (a+2)^2 & (a+3)^2 \\ b^2 & (b+1)^2 & (b+2)^2 & (b+3)^2 \\ c^2 & (c+1)^2 & (c+2)^2 & (c+3)^2 \\ d^2 & (d+1)^2 & (d+2)^2 & (d+3)^2 \end{vmatrix}=0$;

(2) $\begin{vmatrix} ka_1+b_1 & lb_1+c_1 & mc_1+a_1 \\ ka_2+b_2 & lb_2+c_2 & mc_2+a_2 \\ ka_3+b_3 & lb_3+c_3 & mc_3+a_3 \end{vmatrix}=(klm+1)\times\begin{vmatrix} a_1 & b_1 & c_1 \\ a_2 & b_2 & c_2 \\ a_3 & b_3 & c_3 \end{vmatrix}$;

20. 利用 Vandermonde 行列式的结论,计算下列行列式:

(1) $\begin{vmatrix} 1 & 1 & 1 & 1 \\ a & b & c & d \\ a^2 & b^2 & c^2 & d^2 \\ a^3 & b^3 & c^3 & d^3 \end{vmatrix}$; (2) $\begin{vmatrix} 1 & 1 & 1 & 1 \\ 16 & 9 & 49 & 25 \\ 4 & 3 & 7 & -5 \\ 64 & 27 & 343 & -125 \end{vmatrix}$;

(3) $\begin{vmatrix} a^n & (a-1)^n & \cdots & (a-n)^n \\ a^{n-1} & (a-1)^{n-1} & \cdots & (a-n)^{n-1} \\ \vdots & \vdots & & \vdots \\ a & a-1 & \cdots & a-n \\ 1 & 1 & \cdots & 1 \end{vmatrix}$.

21. 用 Cramer 法则计算下列线性方程组的解:

(1) $\begin{cases}5x_1-x_2=9,\\3x_1-3x_2+x_3=20,\\x_1+x_2+x_3=2;\end{cases}$ (2) $\begin{cases}2x_1+3x_2+x_3-x_4=2,\\x_1+2x_2+5x_3+3x_4=5,\\-x_1+3x_3+x_4=1,\\x_1-2x_2+x_3=-2;\end{cases}$

(3) $\begin{cases}x+y+z=a+b+c,\\ax+by+cz=a^2+b^2+c^2,\\bcx+acy+abz=3abc,\end{cases}$ 其中 a, b, c 是互不相等的数.

22. 当 λ 取何值时,下列线性方程组能运用 Cramer 法则求解?并写出此解:

$$\begin{cases}4x_1+\lambda x_2=b_1,\\2x_1-x_2=b_2.\end{cases}$$

23. 当 λ 取何值时,下列线性齐次方程组仅有零解?

$$\begin{cases}(\lambda+1)x_1+x_2+x_3=0,\\x_1+\lambda x_2-x_3=0,\\2x_1-x_2+x_3=0.\end{cases}$$

24. 设下列线性齐次方程组有非零解,则 λ, μ 应取何值?并求出其中一组非零解:

(1) $\begin{cases}(1-\lambda)x_1+2x_2=0,\\3x_1+(2-\lambda)x_2=0;\end{cases}$

(2) $\begin{cases}(\lambda+1)x_1+x_2+x_3=0,\\x_1+(\lambda+1)x_2+x_3=0,\\x_1+x_2+(\lambda+1)x_3=0;\end{cases}$ (3) $\begin{cases}\lambda x_1+x_2+x_3=0,\\x_1+\mu x_2+x_3=0,\\x_1+2\mu x_2+x_3=0.\end{cases}$

25. 设水银密度 ρ 与温度 t 的关系为

$$\rho=a_0+a_1t+a_2t^2+a_3t^3,$$

由实验测得以下数据:

t:	0 ℃	10 ℃	20 ℃	30 ℃
ρ:	13.60	13.57	13.55	13.52

求出 $t=15$ ℃ 时水银密度(取两位小数).

(B)

1. 利用行列式的定义证明

$$\begin{vmatrix} a_{11} & a_{12} & a_{13} & a_{14} & a_{15} \\ a_{21} & a_{22} & a_{23} & a_{24} & a_{25} \\ 0 & 0 & 0 & a_{34} & a_{35} \\ 0 & 0 & 0 & a_{44} & a_{45} \\ 0 & 0 & 0 & a_{54} & a_{55} \end{vmatrix} = 0.$$

2. 用 $b^{i-j}(b \neq 0)$ 乘以行列式 D 中每个元素 a_{ij} $(i, j = 1, \cdots, n)$，试证所得新行列式与 D 相等.

3. 计算下列行列式的值：

(1) $\begin{vmatrix} x^2+1 & xy & xz \\ xy & y^2+1 & yz \\ xz & yz & z^2+1 \end{vmatrix}$；　(2) $\begin{vmatrix} 1 & 3 & 3 & \cdots & 3 \\ 3 & 2 & 3 & \cdots & 3 \\ 3 & 3 & 3 & \cdots & 3 \\ \vdots & \vdots & \vdots & \ddots & \vdots \\ 3 & 3 & 3 & \cdots & n \end{vmatrix}$ $(n \geqslant 3)$；

(3) $\begin{vmatrix} n & 1 & 1 & \cdots & 1 \\ 1 & n & 1 & \cdots & 1 \\ 1 & 1 & n & \cdots & 1 \\ \vdots & \vdots & \vdots & \ddots & \vdots \\ 1 & 1 & 1 & \cdots & n \end{vmatrix}$.

4. 证明下列结论：

(1) $\begin{vmatrix} ax+by & ay+bz & az+bx \\ ay+bz & az+bx & ax+by \\ az+bx & ax+by & ay+bz \end{vmatrix} = (a^3+b^3)\begin{vmatrix} x & y & z \\ y & z & x \\ z & x & y \end{vmatrix}$；

(2) $\begin{vmatrix} 0 & a & a-b & a-c & a-d \\ -a & 0 & b & b-c & b-d \\ b-a & -b & 0 & c & c-d \\ c-a & c-b & -c & 0 & d \\ d-a & d-b & d-c & -d & 0 \end{vmatrix} = 0$；

(3) $D_n = \begin{vmatrix} a_1-b_1 & a_1-b_2 & \cdots & a_1-b_n \\ a_2-b_1 & a_2-b_2 & \cdots & a_2-b_n \\ \vdots & \vdots & & \vdots \\ a_n-b_1 & a_n-b_2 & \cdots & a_n-b_n \end{vmatrix} = \begin{cases} a_1-b_1, & n=1, \\ (a_1-a_2)(b_1-b_2), & n=2, \\ 0, & n>2. \end{cases}$

5. 利用展开定理.

(1) 建立三对角行列式的递推关系式

$$D_n=\begin{vmatrix} a_1 & b_1 & 0 & 0 & \cdots & 0 & 0 & 0 \\ c_2 & a_2 & b_2 & 0 & \cdots & 0 & 0 & 0 \\ 0 & c_3 & a_3 & b_3 & \cdots & 0 & 0 & 0 \\ 0 & 0 & c_4 & a_4 & \cdots & 0 & 0 & 0 \\ \vdots & \vdots & \vdots & \vdots & \ddots & \vdots & \vdots & \vdots \\ 0 & 0 & 0 & 0 & \cdots & a_{n-2} & b_{n-2} & 0 \\ 0 & 0 & 0 & 0 & \cdots & c_{n-1} & a_{n-1} & b_{n-1} \\ 0 & 0 & 0 & 0 & \cdots & 0 & c_n & a_n \end{vmatrix};$$

(2) 证明(利用归纳法)

$$D_n=\begin{vmatrix} a+b & 1 & 0 & \cdots & 0 & 0 \\ ab & a+b & 1 & \cdots & 0 & 0 \\ 0 & ab & a+b & \cdots & 0 & 0 \\ \vdots & \vdots & \vdots & \ddots & \vdots & \vdots \\ 0 & 0 & 0 & \cdots & a+b & 1 \\ 0 & 0 & 0 & \cdots & ab & a+b \end{vmatrix}=\frac{a^{n+1}-b^{n+1}}{a-b},\ a\neq b.$$

6. 计算下列行列式的值:

(1) $D=\begin{vmatrix} x & a_1 & a_2 & \cdots & a_n \\ a_1 & x & a_2 & \cdots & a_n \\ a_1 & a_2 & x & \cdots & a_n \\ \vdots & \vdots & \vdots & \ddots & \vdots \\ a_1 & a_2 & a_3 & \cdots & x \end{vmatrix}$; (2) $D_n=\begin{vmatrix} x & y & y & \cdots & y & y \\ z & x & 0 & \cdots & 0 & 0 \\ 0 & z & x & \cdots & 0 & 0 \\ \vdots & \vdots & \vdots & \ddots & \vdots & \vdots \\ 0 & 0 & 0 & \cdots & x & 0 \\ 0 & 0 & 0 & \cdots & z & x \end{vmatrix}$;

(3) $D_n=\begin{vmatrix} 1 & 2 & 3 & \cdots & n-2 & n-1 & n \\ 1 & -1 & 0 & \cdots & 0 & 0 & 0 \\ 0 & 2 & -2 & \cdots & 0 & 0 & 0 \\ \vdots & \vdots & \vdots & & \vdots & \vdots & \vdots \\ 0 & 0 & 0 & \cdots & n-2 & -(n-2) & 0 \\ 0 & 0 & 0 & \cdots & 0 & n-1 & -(n-1) \end{vmatrix}$;

(4) $D_n = \begin{vmatrix} 1 & 2 & 3 & \cdots & n-1 & n \\ n & 1 & 2 & \cdots & n-2 & n-1 \\ n-1 & n & 1 & \cdots & n-3 & n-2 \\ \vdots & \vdots & \vdots & \ddots & \vdots & \vdots \\ 3 & 4 & 5 & \cdots & 1 & 2 \\ 2 & 3 & 4 & \cdots & n & 1 \end{vmatrix}$;

(5) $D = \begin{vmatrix} 1 & 2 & 3 & \cdots & n-1 & n \\ 1 & 1 & 1 & \cdots & 1 & 1-n \\ 1 & 1 & 1 & \cdots & 1-n & 1 \\ \vdots & \vdots & \vdots & \ddots & \vdots & \vdots \\ 1 & 1 & 1-n & \cdots & 1 & 1 \\ 1 & 1-n & 1 & \cdots & 1 & 1 \end{vmatrix}$.

7. 计算行列式的值：

$$D = \begin{vmatrix} x & a_1 & a_2 & \cdots & a_{n-1} & 1 \\ a_1 & x & a_2 & \cdots & a_{n-1} & 1 \\ a_1 & a_2 & x & \cdots & a_{n-1} & 1 \\ \vdots & \vdots & \vdots & \ddots & \vdots & \vdots \\ a_1 & a_2 & a_3 & \cdots & x & 1 \\ a_1 & a_2 & a_3 & \cdots & a_n & 1 \end{vmatrix}.$$

8. 设n阶行列式D_1和D_2的元素只有第j列不同，而行列式D则是由D_1的元素和D_2的元素对应相加得到. 证明：$2^{1-n}\cdot D = D_1 + D_2$.

9. 设多项式$f(t) = a_0 + a_1 t + a_2 t^2 + \cdots + a_n t^n$，证明：若$f(t)$有$n+1$个互异零点，则$f(t) \equiv 0$.

10. 证明：使一平面上3个点(x_1, y_1)，(x_2, y_2)，(x_3, y_3)位于同一直线上的充分必要条件是$\begin{vmatrix} x_1 & y_1 & 1 \\ x_2 & y_2 & 1 \\ x_3 & y_3 & 1 \end{vmatrix} = 0$.

第二章 矩 阵

矩阵的重要性自始至终贯穿在整个线性代数这门课程中，它是研究线性代数问题(如线性方程组问题、线性变换等)的一个有力工具；在许多科技问题和日常生活中也都有着广泛的应用. 本章主要介绍有关矩阵的一些基本概念和性质，矩阵的运算，逆矩阵，矩阵的分块运算，矩阵的初等变换等. 以后会看到矩阵的初等变换在许多问题的计算中都有应用，要熟练掌握. 为论述简便，本章只讨论实矩阵(即矩阵元素都是实数)，其有关概念与性质一般容易推广到复矩阵上去.

§2.1 矩阵的概念

一、矩阵的定义

定义 2.1 由 $m\times n$ 个实数 $a_{ij}(i=1, 2, \cdots, m; j=1, 2, \cdots, n)$ 排列成一个 m 行 n 列的矩形数表

$$\boldsymbol{A}=\begin{pmatrix} a_{11} & a_{12} & \cdots & a_{1n} \\ a_{21} & a_{22} & \cdots & a_{2n} \\ \vdots & \vdots & & \vdots \\ a_{m1} & a_{m2} & \cdots & a_{mn} \end{pmatrix},$$

称为 m 行 n 列**矩阵**，简称 $m\times n$ 矩阵. 习惯上常用大写字母，如 $\boldsymbol{A}, \boldsymbol{B}, \boldsymbol{C}$ 等表示矩阵，有时为表述矩阵的某些属性，也可记为 $\boldsymbol{A}_{m\times n}$ 或 $\boldsymbol{A}=(a_{ij})$ 或 $\boldsymbol{A}=(a_{ij})_{m\times n}$，其中 a_{ij} 称为矩阵 $\boldsymbol{A}$ 在第 i 行第 j 列位置上的元素. 如

$$\boldsymbol{A}=\begin{pmatrix} 2 & -1 & 2 & 3 \\ 1 & 2 & -3 & 0 \\ 1 & 3 & 1 & 1 \end{pmatrix}$$

是一个 3×4 的矩阵，元素 $a_{13}=2$，而元素 $a_{24}=0$.

具有相同行数和相同列数的矩阵称为**同型矩阵**. 如

$$\boldsymbol{A}=\begin{pmatrix}2&4&0\\1&0&1\end{pmatrix},\ \boldsymbol{B}=\begin{pmatrix}2&4\\1&0\end{pmatrix},\ \boldsymbol{C}=\begin{pmatrix}1&4&0\\1&-1&0\end{pmatrix},$$

则 $\boldsymbol{A}$ 与 $\boldsymbol{C}$ 是同型矩阵, $\boldsymbol{A}$ 与 $\boldsymbol{B}$ 不是同型矩阵.

定义 2.2 两个同型矩阵 $\boldsymbol{A}=(a_{ij})_{m\times n}$ 和 $\boldsymbol{B}=(b_{ij})_{m\times n}$ 在对应位置上的元素都相等,即

$$a_{ij}=b_{ij}\quad (i=1,\ 2,\ \cdots,\ m;\ j=1,\ 2,\ \cdots,\ n),$$

则称矩阵 $\boldsymbol{A}$ 和矩阵 $\boldsymbol{B}$ **相等**, 记作 $\boldsymbol{A}=\boldsymbol{B}$.

二、几种特殊的矩阵

1. 方矩阵

在矩阵定义 2.1 中, 若 $m=n$, 即

$$\boldsymbol{A}=\begin{pmatrix}a_{11}&a_{12}&\cdots&a_{1n}\\a_{21}&a_{22}&\cdots&a_{2n}\\\vdots&\vdots&\ddots&\vdots\\a_{n1}&a_{n2}&\cdots&a_{nn}\end{pmatrix},$$

则称 $\boldsymbol{A}$ 为 n 阶(方)矩阵,简称**方阵**,也可记作 $\boldsymbol{A}_n$. 在方阵中,从左上角到右下角的对角线称为矩阵的**主对角线**,在主对角线上的元素 a_{11}, a_{22}, $\cdots$, a_{nn} 称为**主对角元**.

当 $m=n=1$ 时,即 $\boldsymbol{A}=(a_{11})$,此时矩阵退化为一个数 a_{11}.

2. 三角矩阵

对于 n 阶矩阵 $\boldsymbol{A}=(a_{ij})$,

(1) 当 $i>j$ 时, $a_{ij}=0$,则称 $\boldsymbol{A}$ 为**上三角矩阵**;

(2) 当 $i<j$ 时, $a_{ij}=0$,则称 $\boldsymbol{A}$ 为**下三角矩阵**.

上三角矩阵和下三角矩阵的形状是

$$\boldsymbol{A}=\begin{pmatrix}a_{11}&a_{12}&\cdots&a_{1n}\\0&a_{22}&\cdots&a_{2n}\\\vdots&\vdots&\ddots&\vdots\\0&0&\cdots&a_{nn}\end{pmatrix}\text{和}\boldsymbol{A}=\begin{pmatrix}a_{11}&0&\cdots&0\\a_{21}&a_{22}&\cdots&0\\\vdots&\vdots&\ddots&\vdots\\a_{n1}&a_{n2}&\cdots&a_{nn}\end{pmatrix}.$$

3. 对角矩阵

对于 n 阶矩阵 $\boldsymbol{A}=(a_{ij})$, 当 $i\neq j$ 时, $a_{ij}=0$, 则称 $\boldsymbol{A}$ 为**对角矩阵**,其形状是

$$A=\begin{pmatrix} a_{11} & 0 & \cdots & 0 \\ 0 & a_{22} & \cdots & 0 \\ \vdots & \vdots & \ddots & \vdots \\ 0 & 0 & \cdots & a_{nn} \end{pmatrix},$$

对角矩阵可记作 $A = \mathrm{diag}(a_{11}, a_{22}, \cdots, a_{nn})$.

特别地,主对角元相等的对角矩阵称为**数量矩阵**,即

$$A=\begin{pmatrix} a & 0 & \cdots & 0 \\ 0 & a & \cdots & 0 \\ \vdots & \vdots & \ddots & \vdots \\ 0 & 0 & \cdots & a \end{pmatrix}.$$

4. 单位矩阵

主对角元都为 1 的对角矩阵称为(n 阶)**单位矩阵**,记作 I 或 I_n,即

$$I=\begin{pmatrix} 1 & 0 & \cdots & 0 \\ 0 & 1 & \cdots & 0 \\ \vdots & \vdots & \ddots & \vdots \\ 0 & 0 & \cdots & 1 \end{pmatrix}.$$

5. 零矩阵

所有元素都为零的矩阵称为**零矩阵**,一般记作 O 或 $O_{m\times n}$.

注意,不同型的零矩阵是不相等的. 例如 $O_{2\times 3}=\begin{pmatrix} 0 & 0 & 0 \\ 0 & 0 & 0 \end{pmatrix} \neq O_{2\times 2}=\begin{pmatrix} 0 & 0 \\ 0 & 0 \end{pmatrix}$.

在下面我们会看到,零矩阵和单位矩阵在矩阵运算中所起的作用类似于 0 和 1 在数的运算中所起的作用.

6. 行、列矩阵

只有一行的矩阵(即 $m=1$)称为**行矩阵**(或**行向量**,见第三章),如

$$A=(a_1, a_2, \cdots, a_n).$$

只有一列的矩阵(即 $n=1$)称为**列矩阵**(或**列向量**,见第三章),如

$$A=\begin{pmatrix} a_1 \\ a_2 \\ \vdots \\ a_m \end{pmatrix}.$$

7. 对称矩阵和反对称矩阵

在 n 阶方阵 $\boldsymbol{A}=(a_{ij})$ 中,若元素 $a_{ij}=a_{ji}\quad(i, j=1, 2, \cdots, n)$,则称 $\boldsymbol{A}$ 为**对称矩阵**. 若元素 $a_{ij}=-a_{ji}(i, j=1, 2, \cdots, n)$,则称 $\boldsymbol{A}$ 为**反对称矩阵**,显然反对称矩阵的主对角元都是零. 例如

$$\begin{pmatrix}5 & 1 & 0\\ 1 & -3 & -7\\ 0 & -7 & 1\end{pmatrix},\ \begin{pmatrix}0 & 1 & -2\\ -1 & 0 & 3\\ 2 & -3 & 0\end{pmatrix}$$

分别为三阶的对称矩阵和反对称矩阵.

§2.2 矩阵的基本运算

矩阵之所以成为研究一些问题的有力工具,不仅在于用它来描述一些问题,而且还在于可以定义它的一些基本运算. 本节我们要介绍的是矩阵的一些最基本运算.

一、矩阵的加减法

定义 2.3 设 $\boldsymbol{A}=(a_{ij})$ 和 $\boldsymbol{B}=(b_{ij})$ 是两个 $m\times n$ 同型矩阵. $\boldsymbol{A}$ 与 $\boldsymbol{B}$ 的**加法**(或称和),记作 $\boldsymbol{A}+\boldsymbol{B}$,定义为一个 $m\times n$ 的矩阵 $\boldsymbol{C}=(c_{ij})=\boldsymbol{A}+\boldsymbol{B}$, 其中

$$c_{ij}=a_{ij}+b_{ij}\quad(i=1, 2, \cdots, m;\ j=1, 2, \cdots, n),$$

即

$$\boldsymbol{A}+\boldsymbol{B}=\begin{pmatrix}a_{11}+b_{11} & a_{12}+b_{12} & \cdots & a_{1n}+b_{1n}\\ a_{21}+b_{21} & a_{22}+b_{22} & \cdots & a_{2n}+b_{2n}\\ \vdots & \vdots & & \vdots\\ a_{m1}+b_{m1} & a_{m2}+b_{m2} & \cdots & a_{mn}+b_{mn}\end{pmatrix}.$$

例如,设 $\boldsymbol{A}=\begin{pmatrix}5 & -1\\ 0 & 2\end{pmatrix}$, $\boldsymbol{B}=\begin{pmatrix}-2 & 1\\ 0 & 4\end{pmatrix}$,则

$$\boldsymbol{A}+\boldsymbol{B}=\begin{pmatrix}5 & -1\\ 0 & 2\end{pmatrix}+\begin{pmatrix}-2 & 1\\ 0 & 4\end{pmatrix}=\begin{pmatrix}3 & 0\\ 0 & 6\end{pmatrix}.$$

矩阵的减法可以通过负矩阵的加法来定义.

负矩阵 设 $\boldsymbol{A}=(a_{ij})_{m\times n}$,称矩阵

$$-\boldsymbol{A}=(-a_{ij})$$

为矩阵 $\boldsymbol{A}$ 的负矩阵. 于是**矩阵的减法**可以定义成

$$\boldsymbol{A}-\boldsymbol{B}=\boldsymbol{A}+(-\boldsymbol{B}),$$

即

$$\boldsymbol{A}-\boldsymbol{B}=\begin{pmatrix} a_{11}-b_{11} & a_{12}-b_{12} & \cdots & a_{1n}-b_{1n} \\ a_{21}-b_{21} & a_{22}-b_{22} & \cdots & a_{2n}-b_{2n} \\ \vdots & \vdots & & \vdots \\ a_{m1}-b_{m1} & a_{m2}-b_{m2} & \cdots & a_{mn}-b_{mn} \end{pmatrix}.$$

矩阵加法的性质(其中 $\boldsymbol{A}$, $\boldsymbol{B}$, $\boldsymbol{C}$, $\boldsymbol{O}$ 为同型矩阵).

(1) 交换律 $\boldsymbol{A}+\boldsymbol{B}=\boldsymbol{B}+\boldsymbol{A}$;

(2) 结合律 $(\boldsymbol{A}+\boldsymbol{B})+\boldsymbol{C}=\boldsymbol{A}+(\boldsymbol{B}+\boldsymbol{C})$;

(3) $\boldsymbol{A}+\boldsymbol{O}=\boldsymbol{A}$;

(4) $\boldsymbol{A}-\boldsymbol{A}=\boldsymbol{O}$.

以上性质由矩阵加法的定义容易验证.

二、矩阵的数乘

定义 2.4 数 λ 与矩阵 $\boldsymbol{A}=(a_{ij})_{m\times n}$ 的**数乘**,记作 $\lambda\boldsymbol{A}$ 或 $\boldsymbol{A}\lambda$,定义为一个 $m\times n$ 的矩阵 $\boldsymbol{C}=(c_{ij})=\lambda\boldsymbol{A}=\boldsymbol{A}\lambda$, 其中

$$c_{ij}=\lambda a_{ij}\quad(i=1,2,\cdots,m;\ j=1,2,\cdots,n),$$

即

$$\lambda\boldsymbol{A}=\boldsymbol{A}\lambda=\begin{pmatrix} \lambda a_{11} & \lambda a_{12} & \cdots & \lambda a_{1n} \\ \lambda a_{21} & \lambda a_{22} & \cdots & \lambda a_{2n} \\ \vdots & \vdots & & \vdots \\ \lambda a_{m1} & \lambda a_{m2} & \cdots & \lambda a_{mn} \end{pmatrix}.$$

矩阵数乘的性质(设 $\boldsymbol{A}$, $\boldsymbol{B}$, $\boldsymbol{O}$ 是同型矩阵,λ, μ, 0 是数):

(1) 数对矩阵的分配律 $\lambda(\boldsymbol{A}+\boldsymbol{B})=\lambda\boldsymbol{A}+\lambda\boldsymbol{B}$;

(2) 矩阵对数的分配律 $(\lambda+\mu)\boldsymbol{A}=\lambda\boldsymbol{A}+\mu\boldsymbol{A}$;

(3) 结合律 $(\lambda\mu)\boldsymbol{A}=\lambda(\mu\boldsymbol{A})$;

(4) $0\cdot\boldsymbol{A}=\boldsymbol{O}$.

以上性质由矩阵数乘的定义容易验证.

例 1 设矩阵

$$A=\begin{pmatrix}3&-1&2\\1&5&7\\5&4&-3\end{pmatrix},B=\begin{pmatrix}7&5&-4\\5&1&9\\3&-2&1\end{pmatrix}$$

满足 $\boldsymbol{A}+2\boldsymbol{X}=\boldsymbol{B}$,求矩阵 $\boldsymbol{X}$.

解　在等式 $\boldsymbol{A}+2\boldsymbol{X}=\boldsymbol{B}$ 两边减去 $\boldsymbol{A}$,并乘以 $\frac{1}{2}$,可得 $\boldsymbol{X}=\frac{1}{2}(\boldsymbol{B}-\boldsymbol{A})$. 而

$$\boldsymbol{B}-\boldsymbol{A}=\begin{pmatrix}4&6&-6\\4&-4&2\\-2&-6&4\end{pmatrix},$$

故 $\boldsymbol{X}=\frac{1}{2}(\boldsymbol{B}-\boldsymbol{A})=\begin{pmatrix}2&3&-3\\2&-2&1\\-1&-3&2\end{pmatrix}$.

三、矩阵乘法

定义 2.5　设 $\boldsymbol{A}=(a_{ij})$ 是一个 $m\times s$ 矩阵,$\boldsymbol{B}=(b_{ij})$ 是一个 $s\times n$ 矩阵,$\boldsymbol{A}$ 与 $\boldsymbol{B}$ 的**乘法**,记作 $\boldsymbol{AB}$,定义为一个 $m\times n$ 的矩阵 $\boldsymbol{C}=\boldsymbol{AB}=(c_{ij})$,其中

$$c_{ij}=a_{i1}b_{1j}+a_{i2}b_{2j}+\cdots+a_{is}b_{sj}=\sum_{k=1}^{s}a_{ik}b_{kj}\ (i=1,2,\cdots,m;\ j=1,2,\cdots,n). \tag{2.1}$$

两个矩阵相乘的规则可以直观地表示如下:

$$\begin{pmatrix}c_{11}&\cdots&c_{1j}&\cdots&c_{1n}\\\vdots&&\vdots&&\vdots\\c_{i1}&\cdots&\boxed{c_{ij}}&\cdots&c_{in}\\\vdots&&\vdots&&\vdots\\c_{m1}&\cdots&c_{mj}&\cdots&c_{mn}\end{pmatrix}=\begin{pmatrix}a_{11}&a_{12}&\cdots&a_{1s}\\\vdots&\vdots&&\vdots\\\boxed{a_{i1}\quad a_{i2}\quad\cdots\quad a_{is}}\\\vdots&\vdots&&\vdots\\a_{m1}&a_{m2}&\cdots&a_{ms}\end{pmatrix}\begin{pmatrix}b_{11}&\cdots&b_{1j}&\cdots&b_{1n}\\b_{21}&\cdots&b_{2j}&\cdots&b_{2n}\\\vdots&&\vdots&&\vdots\\b_{s1}&\cdots&b_{sj}&\cdots&b_{sn}\end{pmatrix}.$$

由定义,不难看出:

(1) 只有在左矩阵 $\boldsymbol{A}$ 的列数和右矩阵 $\boldsymbol{B}$ 的行数相等时,才能定义乘法 $\boldsymbol{AB}$;

(2) 矩阵 $\boldsymbol{C}=\boldsymbol{AB}$ 的行数是 $\boldsymbol{A}$ 的行数,列数则是 $\boldsymbol{B}$ 的列数;

(3) 矩阵 $\boldsymbol{C}=\boldsymbol{AB}$ 的元素 c_{ij} 等于 $\boldsymbol{A}$ 的第 i 行元素与 $\boldsymbol{B}$ 的第 j 列对应元素的

乘积之和.

例 2　设矩阵

$$A=\begin{pmatrix}1&0&3&-1\\2&1&0&2\end{pmatrix},\ B=\begin{pmatrix}4&1&0\\-1&1&3\\2&0&1\\1&3&4\end{pmatrix},$$

求 $\boldsymbol{AB}$ 和 $\boldsymbol{BA}$.

解　由于 $\boldsymbol{A}$ 的列数为 4, $\boldsymbol{B}$ 的行数为 4,故 $\boldsymbol{AB}$ 有定义,且 $\boldsymbol{AB}$ 应是一个 2×3 矩阵. 根据乘法公式(2.1),得

$$C=AB=\begin{pmatrix}1&0&3&-1\\2&1&0&2\end{pmatrix}\begin{pmatrix}4&1&0\\-1&1&3\\2&0&1\\1&3&4\end{pmatrix}=\begin{pmatrix}9&-2&-1\\9&9&11\end{pmatrix}.$$

而 $\boldsymbol{BA}$ 无意义,这是因为 $\boldsymbol{B}$ 的列数是 3,而 $\boldsymbol{A}$ 的行数是 2.

例 3　设 $\boldsymbol{A}$ 是 $1\times n$ 的行矩阵,$\boldsymbol{B}$ 是 $n\times1$ 的列矩阵, 即

$$A=(a_1,a_2,\cdots,a_n),\ B=\begin{pmatrix}b_1\\b_2\\\vdots\\b_n\end{pmatrix},$$

求 $\boldsymbol{AB}$ 和 $\boldsymbol{BA}$.

解　根据乘法定义,$\boldsymbol{AB}$ 和 $\boldsymbol{BA}$ 都是有定义的. 由公式(2.1),得

$$AB=(a_1,a_2,\cdots,a_n)\begin{pmatrix}b_1\\b_2\\\vdots\\b_n\end{pmatrix}=a_1b_1+a_2b_2+\cdots+a_nb_n,$$

即 $\boldsymbol{AB}$ 的结果是一个数. 而

$$BA=\begin{pmatrix}b_1\\b_2\\\vdots\\b_n\end{pmatrix}(a_1,a_2,\cdots,a_n)=\begin{pmatrix}a_1b_1&a_2b_1&\cdots&a_nb_1\\a_1b_2&a_2b_2&\cdots&a_nb_2\\\vdots&\vdots&&\vdots\\a_1b_n&a_2b_n&\cdots&a_nb_n\end{pmatrix},$$

即 $\boldsymbol{BA}$ 的结果是一个 n 阶方阵.

例 4 设矩阵

$$\boldsymbol{A}=\begin{pmatrix}2&4\\1&2\end{pmatrix},\boldsymbol{B}=\begin{pmatrix}2&-2\\-1&1\end{pmatrix},$$

求 $\boldsymbol{AB}$ 和 $\boldsymbol{BA}$.

解 由公式(2.1),

$$\boldsymbol{AB}=\begin{pmatrix}2&4\\1&2\end{pmatrix}\begin{pmatrix}2&-2\\-1&1\end{pmatrix}=\begin{pmatrix}0&0\\0&0\end{pmatrix},\boldsymbol{BA}=\begin{pmatrix}2&-2\\-1&1\end{pmatrix}\begin{pmatrix}2&4\\1&2\end{pmatrix}=\begin{pmatrix}2&4\\-1&-2\end{pmatrix}.$$

上述几个例子显示,当 $\boldsymbol{AB}$ 有意义时,$\boldsymbol{BA}$ 不一定有意义(见例 2);即使 $\boldsymbol{AB}$ 和 $\boldsymbol{BA}$ 都有意义(见例 3),且有相同的矩阵阶数(见例 4),$\boldsymbol{AB}$ 和 $\boldsymbol{BA}$ 也不一定相等.因此在一般情况下矩阵乘法**不满足交换律**,即 $\boldsymbol{AB}\neq\boldsymbol{BA}$.

对于有些矩阵,可能成立 $\boldsymbol{AB}=\boldsymbol{BA}$.若两个矩阵 $\boldsymbol{A}$ 和 $\boldsymbol{B}$ 满足

$$\boldsymbol{AB}=\boldsymbol{BA},$$

则称矩阵 $\boldsymbol{A}$ 和 $\boldsymbol{B}$ 是**可交换的**,如单位矩阵 $\boldsymbol{I}$,成立 $\boldsymbol{AI}=\boldsymbol{IA}$,即单位矩阵与任何一个同阶矩阵都是可交换的.

例 5 设矩阵 $\boldsymbol{A}=\begin{pmatrix}0&1&0\\0&0&1\\0&0&0\end{pmatrix}$,求与 $\boldsymbol{A}$ 可交换的一切矩阵.

解 显然与 $\boldsymbol{A}$ 可交换的矩阵是三阶方阵,设为 $\boldsymbol{B}=\begin{pmatrix}b_{11}&b_{12}&b_{13}\\b_{21}&b_{22}&b_{23}\\b_{31}&b_{32}&b_{33}\end{pmatrix}$,则

$$\boldsymbol{AB}=\begin{pmatrix}0&1&0\\0&0&1\\0&0&0\end{pmatrix}\begin{pmatrix}b_{11}&b_{12}&b_{13}\\b_{21}&b_{22}&b_{23}\\b_{31}&b_{32}&b_{33}\end{pmatrix}=\begin{pmatrix}b_{21}&b_{22}&b_{23}\\b_{31}&b_{32}&b_{33}\\0&0&0\end{pmatrix},$$

$$\boldsymbol{BA}=\begin{pmatrix}b_{11}&b_{12}&b_{13}\\b_{21}&b_{22}&b_{23}\\b_{31}&b_{32}&b_{33}\end{pmatrix}\begin{pmatrix}0&1&0\\0&0&1\\0&0&0\end{pmatrix}=\begin{pmatrix}0&b_{11}&b_{12}\\0&b_{21}&b_{22}\\0&b_{31}&b_{32}\end{pmatrix}.$$

根据 $\boldsymbol{AB}=\boldsymbol{BA}$,可解得 $b_{21}=b_{31}=b_{32}=0$, $b_{11}=b_{22}=b_{33}$, $b_{12}=b_{23}$,故所求矩阵为

$$\boldsymbol{B}=\begin{pmatrix} b_{11} & b_{12} & b_{13} \\ 0 & b_{11} & b_{12} \\ 0 & 0 & b_{11} \end{pmatrix}.$$

可以证明任何两个对角矩阵也都是可交换的,见习题(A)第 8 题.

例 4 还显示,当 $\boldsymbol{A}\neq\boldsymbol{O}$, $\boldsymbol{B}\neq\boldsymbol{O}$ 时,也可能成立 $\boldsymbol{AB}=\boldsymbol{O}$;即由 $\boldsymbol{AB}=\boldsymbol{O}$,并不能推出 $\boldsymbol{A}=\boldsymbol{O}$ 或 $\boldsymbol{B}=\boldsymbol{O}$. 进一步,当 $\boldsymbol{AB}=\boldsymbol{AC}$(或 $BA=CA$),且 $\boldsymbol{A}\neq\boldsymbol{O}$ 时,不能推出 $\boldsymbol{B}=\boldsymbol{C}$. 这表明矩阵乘法也**不满足消去律**.

矩阵乘法的性质(假设下面运算都有意义,即左矩阵的列数与右矩阵的行数相等):

(1) 分配律　　$\boldsymbol{A}(\boldsymbol{B}+\boldsymbol{C})=\boldsymbol{AB}+\boldsymbol{AC}$;$(\boldsymbol{B}+\boldsymbol{C})\boldsymbol{A}=\boldsymbol{BA}+\boldsymbol{CA}$;

(2) 结合律　　$(\boldsymbol{AB})\boldsymbol{C}=\boldsymbol{A}(\boldsymbol{BC})$;

(3) 数乘结合律　　$\lambda(\boldsymbol{AB})=(\lambda\boldsymbol{A})\boldsymbol{B}=\boldsymbol{A}(\lambda\boldsymbol{B})$,其中 λ 是一个数;

(4) 存在单位阵 $\boldsymbol{I}_m$ 与 $\boldsymbol{I}_n$,使 $\boldsymbol{I}_m\boldsymbol{A}_{m\times n}=\boldsymbol{AI}_n=\boldsymbol{A}$.

下面我们只证明第(2)条性质,其余证明留给读者完成.

(2)的证明　设 $\boldsymbol{A}=(a_{ij})$ 是 $m\times s$ 矩阵,$\boldsymbol{B}=(b_{ij})$ 是 $s\times t$ 矩阵,$\boldsymbol{C}=(c_{ij})$ 是 $t\times n$ 矩阵,则 $\boldsymbol{D}=(d_{ij})=\boldsymbol{AB}$ 是 $m\times t$ 矩阵,故 $(\boldsymbol{AB})\boldsymbol{C}$ 是 $m\times n$ 矩阵;另一方面,$\boldsymbol{E}=(e_{ij})=\boldsymbol{BC}$ 是 $s\times n$ 矩阵,从而 $\boldsymbol{A}(\boldsymbol{BC})$ 是 $m\times n$ 矩阵,即 $(\boldsymbol{AB})\boldsymbol{C}$ 和 $\boldsymbol{A}(\boldsymbol{BC})$ 是 同型矩阵.

记 $\boldsymbol{F}=(\boldsymbol{AB})\boldsymbol{C}=\boldsymbol{DC}$, $\boldsymbol{G}=\boldsymbol{A}(\boldsymbol{BC})=\boldsymbol{AE}$. 由乘法公式(2.1),得

$$d_{ik}=\sum_{l=1}^{s}a_{il}b_{lk},\ e_{lj}=\sum_{k=1}^{t}b_{lk}c_{kj},$$

于是

$$f_{ij}=\sum_{k=1}^{t}d_{ik}c_{kj}=\sum_{k=1}^{t}\Big(\sum_{l=1}^{s}a_{il}b_{lk}\Big)c_{kj}=\sum_{k=1}^{t}\sum_{l=1}^{s}a_{il}b_{lk}c_{kj},$$

$$g_{ij}=\sum_{l=1}^{s}a_{il}e_{lj}=\sum_{l=1}^{s}a_{il}\Big(\sum_{k=1}^{t}b_{lk}c_{kj}\Big)=\sum_{l=1}^{s}\sum_{k=1}^{t}a_{il}b_{lk}c_{kj}=\sum_{k=1}^{t}\sum_{l=1}^{s}a_{il}b_{lk}c_{kj},$$

故 $f_{ij}=g_{ij}$, $(i=1,2,\cdots,m;\ j=1,2,\cdots,n)$,从而

$$\boldsymbol{F}=\boldsymbol{G},\text{即}(\boldsymbol{AB})\boldsymbol{C}=\boldsymbol{A}(\boldsymbol{BC}).$$ ▌

利用矩阵的乘法,还可以把线性方程组写成矩阵的形式.

例 6 设 n 个未知量、m 个方程的线性方程组

$$\begin{cases} a_{11}x_1+a_{12}x_2+\cdots+a_{1n}x_n=b_1, \\ a_{21}x_1+a_{22}x_2+\cdots+a_{2n}x_n=b_2, \\ \cdots\cdots\cdots\cdots \\ a_{m1}x_1+a_{m2}x_2+\cdots+a_{mn}x_n=b_m. \end{cases} \tag{2.2}$$

我们把方程组的系数 a_{ij} ($m\times n$ 个)、右端项 b_i (m 个)和未知量 x_j (n 个)分别构造成矩阵

$$\boldsymbol{A}=\begin{pmatrix} a_{11} & a_{12} & \cdots & a_{1n} \\ a_{21} & a_{22} & \cdots & a_{2n} \\ \vdots & \vdots & & \vdots \\ a_{m1} & a_{m2} & \cdots & a_{mn} \end{pmatrix},\ \boldsymbol{B}=\begin{pmatrix} b_1 \\ b_2 \\ \vdots \\ b_m \end{pmatrix},\ \boldsymbol{X}=\begin{pmatrix} x_1 \\ x_2 \\ \vdots \\ x_n \end{pmatrix},$$

按照矩阵的乘法与相等,方程组(2.2)可写成矩阵形式

$$\boldsymbol{AX}=\boldsymbol{B}. \tag{2.3}$$

例如,方程组 $\begin{cases} 2x_1-\ x_2+2x_3=3 \\ x_1+2x_2-3x_3=0 \\ x_1+3x_2+\ x_3=1 \end{cases}$ 可用矩阵形式表示为

$$\begin{pmatrix} 2 & -1 & 2 \\ 1 & 2 & -3 \\ 1 & 3 & 1 \end{pmatrix}\begin{pmatrix} x_1 \\ x_2 \\ x_3 \end{pmatrix}=\begin{pmatrix} 3 \\ 0 \\ 1 \end{pmatrix}.$$

由矩阵乘法,可以定义**方阵的幂**. 设 $\boldsymbol{A}$ 是 n 阶方阵,定义:

$$\boldsymbol{A}^1=\boldsymbol{A},\ \boldsymbol{A}^2=\boldsymbol{AA},\ \cdots,\ \boldsymbol{A}^{k+1}=\boldsymbol{A}(\boldsymbol{A}^k),$$

其中,k 是正整数. 特别规定当 $\boldsymbol{A}\neq\boldsymbol{O}$ 时,$\boldsymbol{A}^0=\boldsymbol{I}$. 由于矩阵乘法满足结合律,有

$$\boldsymbol{A}^{k+l}=\boldsymbol{A}^k\boldsymbol{A}^l,\ (\boldsymbol{A}^k)^l=\boldsymbol{A}^{kl}\quad(\text{其中 } k,\ l \text{ 是正整数}).$$

但由于矩阵乘法不满足交换律,故一般 $(\boldsymbol{AB})^k\neq\boldsymbol{A}^k\boldsymbol{B}^k$.

例 7 设矩阵

$$\boldsymbol{A}=\begin{pmatrix} 2 & 4 \\ 1 & 2 \end{pmatrix},$$

求 $\boldsymbol{A}^3$.

解 由定义,$\boldsymbol{A}^2=\begin{pmatrix} 2 & 4 \\ 1 & 2 \end{pmatrix}\begin{pmatrix} 2 & 4 \\ 1 & 2 \end{pmatrix}=\begin{pmatrix} 8 & 16 \\ 4 & 8 \end{pmatrix}$,

$$\boldsymbol{A}^3=\boldsymbol{AA}^2=\begin{pmatrix} 2 & 4 \\ 1 & 2 \end{pmatrix}\begin{pmatrix} 8 & 16 \\ 4 & 8 \end{pmatrix}=\begin{pmatrix} 32 & 64 \\ 16 & 32 \end{pmatrix}.$$

例 8 设矩阵 $\boldsymbol{A}=\begin{pmatrix} 1 \\ 1 \\ 0 \end{pmatrix}$, $\boldsymbol{B}=(2,\ 0,\ -1)$,计算 $(\boldsymbol{AB})^{10}$.

解　$\boldsymbol{AB}=\begin{pmatrix}1\\1\\0\end{pmatrix}(2,\ 0,\ -1)=\begin{pmatrix}2&0&-1\\2&0&-1\\0&0&0\end{pmatrix}$，若直接计算$(\boldsymbol{AB})^{10}=$ $\begin{pmatrix}2&0&-1\\2&0&-1\\0&0&0\end{pmatrix}^{10}$ 是相当麻烦的. 我们可以简化，因为

$$(\boldsymbol{AB})^{10}=\underbrace{(\boldsymbol{AB})\cdots(\boldsymbol{AB})}_{10个}=\boldsymbol{A}(\boldsymbol{BA})^9\boldsymbol{B},$$

注意到 $\boldsymbol{BA}$ 的结果是一个数，即 $\boldsymbol{BA}=(2,\ 0,\ -1)\begin{pmatrix}1\\1\\0\end{pmatrix}=2$，如此，我们可以得到

$$(\boldsymbol{AB})^{10}=\boldsymbol{A}(\boldsymbol{BA})^9\boldsymbol{B}=\boldsymbol{A}2^9\boldsymbol{B}=2^9\boldsymbol{AB}=2^9\begin{pmatrix}2&0&-1\\2&0&-1\\0&0&0\end{pmatrix}=\begin{pmatrix}2^{10}&0&-2^9\\2^{10}&0&-2^9\\0&0&0\end{pmatrix}.$$

设 $\boldsymbol{A}$ 是 n 阶方阵，$f(x)=a_mx^m+a_{m-1}x^{m-1}+\cdots+a_1x+a_0$ 是 x 的 m 次多项式，称

$$f(\boldsymbol{A})=a_m\boldsymbol{A}^m+a_{m-1}\boldsymbol{A}^{m-1}+\cdots+a_1\boldsymbol{A}+a_0\boldsymbol{I}_n$$

为矩阵 $\boldsymbol{A}$ 的多项式，其值是一个 n 阶方阵.

例 9　设三次多项式 $f(x)=2x^3-x^2+5$，求例 7 中矩阵 $\boldsymbol{A}$ 的多项式 $f(\boldsymbol{A})$.

解　$f(\boldsymbol{A})=2\boldsymbol{A}^3-\boldsymbol{A}^2+5\boldsymbol{I}=2\begin{pmatrix}2&4\\1&2\end{pmatrix}^3-\begin{pmatrix}2&4\\1&2\end{pmatrix}^2+5\begin{pmatrix}1&0\\0&1\end{pmatrix}$

$$=2\begin{pmatrix}32&64\\16&32\end{pmatrix}-\begin{pmatrix}8&16\\4&8\end{pmatrix}+\begin{pmatrix}5&0\\0&5\end{pmatrix}=\begin{pmatrix}61&112\\28&61\end{pmatrix}.$$

四、矩阵的转置

定义 2.6　设 $\boldsymbol{A}$ 是 $m\times n$ 矩阵，

$$\boldsymbol{A}=\begin{pmatrix}a_{11}&a_{12}&\cdots&a_{1n}\\a_{21}&a_{22}&\cdots&a_{2n}\\\vdots&\vdots&&\vdots\\a_{m1}&a_{m2}&\cdots&a_{mn}\end{pmatrix},$$

将 $\boldsymbol{A}$ 的行和列对应互换得到的 $n\times m$ 矩阵,称为 $\boldsymbol{A}$ 的**转置矩阵**,记作 $\boldsymbol{A}^{\mathrm{T}}$,即

$$\boldsymbol{A}^{\mathrm{T}}=\begin{pmatrix} a_{11} & a_{21} & \cdots & a_{m1} \\ a_{12} & a_{22} & \cdots & a_{m2} \\ \vdots & \vdots & & \vdots \\ a_{1n} & a_{2n} & \cdots & a_{mn} \end{pmatrix}.$$

例 10 设矩阵 $\boldsymbol{A}=\begin{pmatrix} 4 & -1 \\ 0 & 2 \\ -3 & 2 \end{pmatrix}$, $\boldsymbol{B}=\begin{pmatrix} 2 & 1 \\ 3 & 4 \end{pmatrix}$,求 $(\boldsymbol{AB})^{\mathrm{T}}$, $\boldsymbol{B}^{\mathrm{T}}\boldsymbol{A}^{\mathrm{T}}$ 和 $\boldsymbol{A}^{\mathrm{T}}\boldsymbol{B}^{\mathrm{T}}$.

解 由于 $\boldsymbol{AB}=\begin{pmatrix} 4 & -1 \\ 0 & 2 \\ -3 & 2 \end{pmatrix}\begin{pmatrix} 2 & 1 \\ 3 & 4 \end{pmatrix}=\begin{pmatrix} 5 & 0 \\ 6 & 8 \\ 0 & 5 \end{pmatrix}$,故

$$(\boldsymbol{AB})^{\mathrm{T}}=\begin{pmatrix} 5 & 6 & 0 \\ 0 & 8 & 5 \end{pmatrix}.$$

又因为 $\boldsymbol{A}^{\mathrm{T}}=\begin{pmatrix} 4 & 0 & -3 \\ -1 & 2 & 2 \end{pmatrix}$, $\boldsymbol{B}^{\mathrm{T}}=\begin{pmatrix} 2 & 3 \\ 1 & 4 \end{pmatrix}$,所以

$$\boldsymbol{B}^{\mathrm{T}}\boldsymbol{A}^{\mathrm{T}}=\begin{pmatrix} 2 & 3 \\ 1 & 4 \end{pmatrix}\begin{pmatrix} 4 & 0 & -3 \\ -1 & 2 & 2 \end{pmatrix}=\begin{pmatrix} 5 & 6 & 0 \\ 0 & 8 & 5 \end{pmatrix}.$$

由于 $\boldsymbol{A}^{\mathrm{T}}$ 的列数是 3, $\boldsymbol{B}^{\mathrm{T}}$ 的行数是 2,故 $\boldsymbol{A}^{\mathrm{T}}\boldsymbol{B}^{\mathrm{T}}$ 没有意义.

从上述例子中,我们看到 $(\boldsymbol{AB})^{\mathrm{T}}=\boldsymbol{B}^{\mathrm{T}}\boldsymbol{A}^{\mathrm{T}}$ 成立,而 $(\boldsymbol{AB})^{\mathrm{T}}=\boldsymbol{A}^{\mathrm{T}}\boldsymbol{B}^{\mathrm{T}}$ 并不成立.事实上,这是转置运算的性质.

矩阵转置的性质:

(1) $(\boldsymbol{A}^{\mathrm{T}})^{\mathrm{T}}=\boldsymbol{A}$;

(2) $(\boldsymbol{A}+\boldsymbol{B})^{\mathrm{T}}=\boldsymbol{A}^{\mathrm{T}}+\boldsymbol{B}^{\mathrm{T}}$;

(3) $(\lambda\boldsymbol{A})^{\mathrm{T}}=\lambda(\boldsymbol{A}^{\mathrm{T}})$, λ 是数;

(4) $(\boldsymbol{AB})^{\mathrm{T}}=\boldsymbol{B}^{\mathrm{T}}\boldsymbol{A}^{\mathrm{T}}$.

(1)、(2)、(3)的结论容易验证,而(4)的证明留给读者完成(见习题(A)第 12 题).

显然, n 阶方阵 $\boldsymbol{A}=(a_{ij})$ 是对称矩阵的充分必要条件是 $\boldsymbol{A}^{\mathrm{T}}=\boldsymbol{A}$; n 阶方阵 $\boldsymbol{B}=(b_{ij})$ 是反对称矩阵的充分必要条件是 $\boldsymbol{B}^{\mathrm{T}}=-\boldsymbol{B}$.

五、方阵的行列式

定义 2.7 设 $\boldsymbol{A}=(a_{ij})$ 是 n 阶方阵,由矩阵 $\boldsymbol{A}$ 的元素按原排列构成的 n 阶

行列式

$$\begin{vmatrix} a_{11} & a_{12} & \cdots & a_{1n} \\ a_{21} & a_{22} & \cdots & a_{2n} \\ \vdots & \vdots & & \vdots \\ a_{n1} & a_{n2} & \cdots & a_{nn} \end{vmatrix},$$

称为**方阵 $\boldsymbol{A}$ 的行列式**,记作 $|\boldsymbol{A}|$ 或 $\det(\boldsymbol{A})$.

n 阶方阵 $\boldsymbol{A}$ 和 $\boldsymbol{B}$ 的行列式有以下性质:

(1) $|\boldsymbol{A}^{\mathrm{T}}|=|\boldsymbol{A}|$;

(2) $|\lambda\boldsymbol{A}|=\lambda^n|\boldsymbol{A}|$, λ 是数;

(3) $|\boldsymbol{AB}|=|\boldsymbol{A}|\cdot|\boldsymbol{B}|$.

利用行列式的性质很容易证明性质(1)、(2),性质(3)的证明较繁,我们将其略去,但结论很重要.

例 11 设矩阵 $\boldsymbol{A}=\begin{pmatrix} 2 & -1 \\ 3 & 1 \end{pmatrix}$, $\boldsymbol{B}=\begin{pmatrix} 1 & 3 \\ 2 & -2 \end{pmatrix}$,求 $|\boldsymbol{AB}|$, $|\boldsymbol{A}|\cdot|\boldsymbol{B}|$.

解 由于 $\boldsymbol{AB}=\begin{pmatrix} 0 & 8 \\ 5 & 7 \end{pmatrix}$,于是 $|\boldsymbol{AB}|=-40$. 而 $|\boldsymbol{A}|=5$, $|\boldsymbol{B}|=-8$,故成立 $|\boldsymbol{AB}|=|\boldsymbol{A}|\cdot|\boldsymbol{B}|=-40$.

六、伴随矩阵

定义 2.8 设 $\boldsymbol{A}=(a_{ij})$ 为 n 阶方阵,由行列式 $|\boldsymbol{A}|=|a_{ij}|$ 中元素 a_{ij} 的代数余子式 A_{ij} 所构成的矩阵

$$\boldsymbol{A}^*=\begin{pmatrix} A_{11} & A_{21} & \cdots & A_{n1} \\ A_{12} & A_{22} & \cdots & A_{n2} \\ \vdots & \vdots & & \vdots \\ A_{1n} & A_{2n} & \cdots & A_{nn} \end{pmatrix},$$

称为矩阵 $\boldsymbol{A}$ 的**伴随矩阵**.

求矩阵 $\boldsymbol{A}$ 的伴随矩阵 $\boldsymbol{A}^*$ 时,要注意 $\boldsymbol{A}^*$ 的第 i 行元素是 $|\boldsymbol{A}|$ 中第 i 列元素的代数余子式.

定理 2.1 设 $\boldsymbol{A}=(a_{ij})$ 为 n 阶方阵,$\boldsymbol{A}^*$ 为其伴随矩阵,则

$$\boldsymbol{AA}^*=\boldsymbol{A}^*\boldsymbol{A}=|\boldsymbol{A}|\boldsymbol{I}. \tag{2.4}$$

证明 记 $\boldsymbol{B}=\boldsymbol{AA}^*$,由矩阵的乘法及行列式展开定理 1.3 及推论,得

$$b_{ij}=a_{i1}A_{j1}+a_{i2}A_{j2}+\cdots+a_{in}A_{jn}=\begin{cases}|A|, & j=i,\\ 0, & j\neq i.\end{cases}$$

于是

$$\boldsymbol{B}=\boldsymbol{A}\boldsymbol{A}^*=\begin{pmatrix}|\boldsymbol{A}| & 0 & \cdots & 0\\ 0 & |\boldsymbol{A}| & \cdots & 0\\ \vdots & \vdots & \ddots & \vdots\\ 0 & 0 & \cdots & |\boldsymbol{A}|\end{pmatrix}=|\boldsymbol{A}|\boldsymbol{I}.$$

同理可证，$\boldsymbol{A}^*\boldsymbol{A}=|\boldsymbol{A}|\boldsymbol{I}$. ▎

例 12 求矩阵 $\boldsymbol{A}=\begin{pmatrix}1 & -2 & 3\\ 2 & 2 & 1\\ 3 & 4 & 3\end{pmatrix}$ 的伴随矩阵，并验证(2.4)式.

解 按伴随矩阵的定义，先计算出 $|\boldsymbol{A}|$ 中各元素的代数余子式

$$A_{11}=\begin{vmatrix}2 & 1\\ 4 & 3\end{vmatrix}=2,\ A_{12}=-\begin{vmatrix}2 & 1\\ 3 & 3\end{vmatrix}=-3,\ A_{13}=\begin{vmatrix}2 & 2\\ 3 & 4\end{vmatrix}=2,$$

同样计算得 $A_{21}=18,\ A_{22}=-6,\ A_{23}=-10,$

$A_{31}=-8,\ A_{32}=5,\quad A_{33}=6.$

所以

$$\boldsymbol{A}^*=\begin{pmatrix}2 & 18 & -8\\ -3 & -6 & 5\\ 2 & -10 & 6\end{pmatrix}.$$

注意到 $|\boldsymbol{A}|=14$，故

$$\boldsymbol{A}^*\boldsymbol{A}=\begin{pmatrix}2 & 18 & -8\\ -3 & -6 & 5\\ 2 & -10 & 6\end{pmatrix}\begin{pmatrix}1 & -2 & 3\\ 2 & 2 & 1\\ 3 & 4 & 3\end{pmatrix}=\begin{pmatrix}14 & 0 & 0\\ 0 & 14 & 0\\ 0 & 0 & 14\end{pmatrix}=14\boldsymbol{I}=|\boldsymbol{A}|\boldsymbol{I}.$$

同理可验证 $\boldsymbol{A}\boldsymbol{A}^*=|\boldsymbol{A}|\boldsymbol{I}$. ▎

§2.3 逆矩阵

逆矩阵在矩阵理论与应用中扮演着重要角色. 在矩阵运算中，其类似于数

$a(a\neq 0)$的 a^{-1}运算. 在本节中,我们先给出逆矩阵的定义,之后给出逆矩阵存在的一个充分必要条件.

一、逆矩阵的概念

定义 2.9 设 $\boldsymbol{A}$ 是 n 阶方阵,若存在矩阵 $\boldsymbol{B}$,使得

$$\boldsymbol{AB}=\boldsymbol{BA}=\boldsymbol{I},$$

则称矩阵 $\boldsymbol{B}$ 是矩阵 $\boldsymbol{A}$ 的**逆矩阵**(简称逆阵);并称 $\boldsymbol{A}$ 为**可逆矩阵**(或称矩阵 $\boldsymbol{A}$ 是可逆的).

例 13 设矩阵 $\boldsymbol{A}=\begin{pmatrix}2&1\\-1&0\end{pmatrix}$,求 $\boldsymbol{A}$ 的逆矩阵.

解 设 $\boldsymbol{B}=\begin{pmatrix}a&b\\c&d\end{pmatrix}$是矩阵 $\boldsymbol{A}$ 的逆阵,则由

$$\boldsymbol{AB}=\begin{pmatrix}2&1\\-1&0\end{pmatrix}\begin{pmatrix}a&b\\c&d\end{pmatrix}=\begin{pmatrix}2a+c&2b+d\\-a&-d\end{pmatrix}=\boldsymbol{I}=\begin{pmatrix}1&0\\0&1\end{pmatrix},$$

得知 $$2a+c=1,\ 2b+d=0,\ -a=0,\ -d=1.$$

解得 $a=0,\ b=-1,\ c=1,\ d=2$,即

$$\boldsymbol{B}=\begin{pmatrix}0&-1\\1&2\end{pmatrix}.$$

容易验证,$\boldsymbol{BA}=\boldsymbol{I}$ 也成立. 由定义 2.9 知矩阵 $\boldsymbol{B}$ 是矩阵 $\boldsymbol{A}$ 的逆矩阵.

定理 2.2 逆矩阵是唯一的.

证明 设 $\boldsymbol{B}$, $\boldsymbol{C}$ 均是 $\boldsymbol{A}$ 的逆矩阵,则有

$$\boldsymbol{AB}=\boldsymbol{BA}=\boldsymbol{I},\ \boldsymbol{AC}=\boldsymbol{CA}=\boldsymbol{I},$$

那么 $$\boldsymbol{B}=\boldsymbol{BI}=\boldsymbol{B}(\boldsymbol{AC})=(\boldsymbol{BA})\boldsymbol{C}=\boldsymbol{IC}=\boldsymbol{C}.$$

所以逆矩阵是唯一的. ▌

我们把矩阵 $\boldsymbol{A}$ 唯一的逆矩阵记作 $\boldsymbol{A}^{-1}$(读作"$\boldsymbol{A}$ 逆"). 若 $\boldsymbol{B}=\boldsymbol{A}^{-1}$,由定义可知,矩阵 $\boldsymbol{B}$ 也是可逆的,且其逆阵为 $\boldsymbol{A}$,即 $\boldsymbol{B}^{-1}=\boldsymbol{A}$.

例 14 设矩阵 $\boldsymbol{A}=\begin{pmatrix}1&0\\0&0\end{pmatrix}$,由于

$$\boldsymbol{A}\begin{pmatrix}a&b\\c&d\end{pmatrix}=\begin{pmatrix}1&0\\0&0\end{pmatrix}\begin{pmatrix}a&b\\c&d\end{pmatrix}=\begin{pmatrix}a&b\\0&0\end{pmatrix},$$

上式不可能等于 $\boldsymbol{I}=\begin{pmatrix}1&0\\0&1\end{pmatrix}$，因此矩阵 $\boldsymbol{A}$ 没有逆矩阵.

从上例可知，并非所有矩阵都是可逆的，类似于数一样，a^{-1} 并非都是有意义的，只有当 $a\neq 0$ 时，a^{-1} 才存在. 那么要使 $\boldsymbol{A}^{-1}$ 存在，需要什么条件?

二、逆矩阵存在的充分必要条件

定理 2.3 矩阵 $\boldsymbol{A}$ 是可逆的充分必要条件是其行列式 $|\boldsymbol{A}|\neq 0$，且在 $|\boldsymbol{A}|\neq 0$ 时，

$$\boldsymbol{A}^{-1}=\frac{1}{|\boldsymbol{A}|}\boldsymbol{A}^{*}.$$

证明 必要性：因为 $\boldsymbol{A}$ 可逆，存在 $\boldsymbol{A}^{-1}$，使得 $\boldsymbol{A}\boldsymbol{A}^{-1}=\boldsymbol{I}$，由矩阵乘积行列式性质，得

$$|\boldsymbol{A}||\boldsymbol{A}^{-1}|=|\boldsymbol{A}\boldsymbol{A}^{-1}|=|\boldsymbol{I}|=1,$$

由于 $|\boldsymbol{A}|$，$|\boldsymbol{A}^{-1}|$ 都是数，故 $|\boldsymbol{A}|\neq 0$.

充分性：由定理 2.1，$\boldsymbol{A}\boldsymbol{A}^{*}=\boldsymbol{A}^{*}\boldsymbol{A}=|\boldsymbol{A}|\boldsymbol{I}$. 由于 $|\boldsymbol{A}|\neq 0$，成立

$$\boldsymbol{A}\left(\frac{1}{|\boldsymbol{A}|}\boldsymbol{A}^{*}\right)=\left(\frac{1}{|\boldsymbol{A}|}\boldsymbol{A}^{*}\right)\boldsymbol{A}=\boldsymbol{I},$$

故 $\boldsymbol{A}$ 的逆矩阵存在，且 $\boldsymbol{A}^{-1}=\dfrac{1}{|\boldsymbol{A}|}\boldsymbol{A}^{*}$. ▎

这样，我们可以用矩阵的行列式是否为零来判断矩阵是否可逆. 如例 13 中，$|\boldsymbol{A}|\neq 0$，故 $\boldsymbol{A}$ 可逆；而例 14 中，$|\boldsymbol{A}|=0$，则 A 不可逆. 可逆矩阵也称为**非奇异矩阵**；不可逆矩阵(即 $|\boldsymbol{A}|=0$ 时) 称为**奇异矩阵**.

在例 13、例 14 中，我们是根据逆矩阵的定义用待定系数法求逆矩阵的. 用此法求一个 n 阶方阵的逆矩阵需要求解一个 n^2 个方程 n^2 个未知量的线性方程组，当 n 较大时，不仅计算量大，且方程组是否有解也难以判定. 事实上，定理2.3 不仅给出了一个矩阵可逆的条件，同时也给出了求逆阵的一种方法，我们称之为伴随矩阵法.

例 15 求矩阵 $\boldsymbol{A}=\begin{pmatrix}1&-2&3\\2&2&1\\3&4&3\end{pmatrix}$ 的逆矩阵.

解 按定理 2.3，只需求出 $\boldsymbol{A}$ 的伴随矩阵及行列式. 由例 12，我们已有 $\boldsymbol{A}$ 的伴随矩阵及行列式，于是 $\boldsymbol{A}$ 的逆矩阵是

$$A^{-1}=\frac{1}{|A|}A^{*}=\frac{1}{14}\begin{pmatrix}2 & 18 & -8\\ -3 & -6 & 5\\ 2 & -10 & 6\end{pmatrix}.$$

一般来说,利用伴随矩阵来求逆矩阵还是比较麻烦的. 在§2.5节,我们将介绍用矩阵的初等变换来求逆矩阵,那是一种更方便的方法.

推论 若 $AB=I$(或 $BA=I$),则 A 可逆,且 $B=A^{-1}$.

证明 因为 $|A||B|=|AB|=|I|=1$,故 $|A|\neq 0$,从而 A^{-1} 存在. 于是

$$B=IB=(A^{-1}A)B=A^{-1}(AB)=A^{-1}I=A^{-1}. \quad ▌$$

这一结论表明,要判别矩阵 B 是否是矩阵 A 的逆矩阵, 只要验证一个等式 $AB=I$(或 $BA=I$),不必按定义验证两个等式.

例 16 设矩阵 A 与 B 分别满足: $A^2+3A-4I=O$ 和 $B^k=O$ (k 是正整数). 判别 A 与 $(I-B)$ 是否可逆,若可逆,则求出它们的逆矩阵.

解 由 $A^2+3A-4I=O\Rightarrow A\dfrac{(A+3I)}{4}=I$,所以 A 可逆,且 $A^{-1}=\dfrac{(A+3I)}{4}$.

同样, 由 $B^k=O\Rightarrow(I-B)(I+B+B^2+\cdots+B^{k-1})=I$,所以 $(I-B)$ 可逆,且

$$(I-B)^{-1}=I+B+B^2+\cdots+B^{k-1}.$$

例 17 设 A, B, C 为 n 阶方阵,且 A 为可逆矩阵,证明:

(1) 若 $AB=O$,则 $B=O$;

(2) 若 $AB=AC$,则 $B=C$.

证明 因为矩阵 A 可逆,从而 A^{-1} 存在.

(1) 用 A^{-1} 左乘等式 $AB=O$ 两端,得 $B=A^{-1}AB=A^{-1}O=O$.

(2) 用 A^{-1} 左乘等式 $AB=AC$ 两端,得 $B=A^{-1}AB=A^{-1}AC=C$. ▌

此例表明,当某一矩阵可逆时,矩阵乘法的消去律是成立的.

利用方程组(2.2)的矩阵形式(2.3), 在 $m=n$ 情形下(即 n 个方程 n 个未知量的方程组),方程组的解可以用逆矩阵表示并求之. 注意到在 $m=n$ 情形下,系数矩阵,右端矩阵和未知量矩阵是

$$A=\begin{pmatrix}a_{11} & a_{12} & \cdots & a_{1n}\\ a_{21} & a_{22} & \cdots & a_{2n}\\ \vdots & \vdots & & \vdots\\ a_{n1} & a_{n2} & \cdots & a_{nn}\end{pmatrix},\ B=\begin{pmatrix}b_1\\ b_2\\ \vdots\\ b_n\end{pmatrix},\ X=\begin{pmatrix}x_1\\ x_2\\ \vdots\\ x_n\end{pmatrix},$$

方程组的矩阵形式

$$AX = B.$$

若系数矩阵A的行列式$|A| \neq 0$,即A^{-1}存在,用A^{-1}左乘上式,得$A^{-1}AX = A^{-1}B$,于是可得方程组的解$X = A^{-1}B$.

例 18 求方程组的解:

$$\begin{cases} x_1 - 2x_2 + 3x_3 = -2, \\ 2x_1 + 2x_2 + x_3 = 1, \\ 3x_1 + 4x_2 + 3x_3 = 3. \end{cases}$$

解 把方程组写成矩阵形式:$AX = B$,即

$$\begin{pmatrix} 1 & -2 & 3 \\ 2 & 2 & 1 \\ 3 & 4 & 3 \end{pmatrix} \begin{pmatrix} x_1 \\ x_2 \\ x_3 \end{pmatrix} = \begin{pmatrix} -2 \\ 1 \\ 3 \end{pmatrix},$$

注意到方程组的系数矩阵为例 15 的矩阵,于是方程组的解为

$$X = A^{-1}B = \frac{1}{14}\begin{pmatrix} 2 & 18 & -8 \\ -3 & -6 & 5 \\ 2 & -10 & 6 \end{pmatrix}\begin{pmatrix} -2 \\ 1 \\ 3 \end{pmatrix} = \frac{1}{14}\begin{pmatrix} -10 \\ 15 \\ 4 \end{pmatrix}.$$

方阵的逆阵有以下性质:

(1) 若A可逆,则A^{-1}亦可逆,且$(A^{-1})^{-1} = A$;

(2) 若A可逆,数$\lambda \neq 0$,则λA亦可逆,且$(\lambda A)^{-1} = \frac{1}{\lambda}A^{-1}$;

(3) 若A, B可逆,则AB亦可逆,且$(AB)^{-1} = B^{-1}A^{-1}$;

(4) 若A可逆,则A^{T}亦可逆,且$(A^{T})^{-1} = (A^{-1})^{T}$;

(5) 若A可逆,则$|A^{-1}| = \frac{1}{|A|}$.

由逆矩阵的定义或推论容易证明以上性质.

方阵的负幂 设$|A| \neq 0$,定义

$$A^{-k} = (A^{-1})^{k} \quad (k \text{ 是正整数}).$$

例 19 设A为n阶方阵,且$|A| = 3$,求$|2A^{*} - 7A^{-1}|$.

解 由于$A^{*} = |A|A^{-1} = 3A^{-1}$,所以

$$|2A^{*} - 7A^{-1}| = |6A^{-1} - 7A^{-1}| = |-A^{-1}| = (-1)^{n}|A^{-1}|$$
$$= (-1)^{n}\frac{1}{|A|} = \frac{(-1)^{n}}{3}.$$

§2.4 矩阵的分块

在处理行列数较大的矩阵时，把一个大矩阵看成是由一些小矩阵组成，或者说把一个大矩阵划分成一些小矩阵，会使矩阵显得结构简单而清晰，会给问题的处理带来方便. 这种把一个矩阵划分成一些小矩阵的过程，就是所谓的**矩阵分块**；而把具有分块形式的矩阵称之为**分块矩阵**.

例如，对四阶矩阵 $\boldsymbol{A}$ 进行分块

$$\boldsymbol{A}=\left(\begin{array}{cc:cc} 1 & 0 & 0 & 0 \\ 0 & 1 & 0 & 0 \\ \hdashline -1 & 2 & 1 & 0 \\ 1 & 1 & 0 & 1 \end{array}\right),$$

记 $\boldsymbol{A}$ 的子块(2×2 小矩阵)为

$$\boldsymbol{I}_2=\begin{pmatrix}1 & 0\\0 & 1\end{pmatrix},\ \boldsymbol{A}_1=\begin{pmatrix}-1 & 2\\1 & 1\end{pmatrix},\ \boldsymbol{O}=\begin{pmatrix}0 & 0\\0 & 0\end{pmatrix},$$

则矩阵 $\boldsymbol{A}$ 可表示为

$$\boldsymbol{A}=\begin{pmatrix}\boldsymbol{I}_2 & \boldsymbol{O}\\ \boldsymbol{A}_1 & \boldsymbol{I}_2\end{pmatrix}, \tag{2.5}$$

称(2.5)式为 $\boldsymbol{A}$ 的分块矩阵.

显然我们也可以把矩阵 $\boldsymbol{A}$ 按下列形式划分成 4 个列矩阵：

$$\boldsymbol{A}=\left(\begin{array}{c:c:c:c} 1 & 0 & 0 & 0 \\ 0 & 1 & 0 & 0 \\ -1 & 2 & 1 & 0 \\ 1 & 1 & 0 & 1 \end{array}\right)=(\boldsymbol{A}_1,\boldsymbol{A}_2,\boldsymbol{A}_3,\boldsymbol{A}_4), \tag{2.6}$$

其中

$$\boldsymbol{A}_1=\begin{pmatrix}1\\0\\-1\\1\end{pmatrix},\ \boldsymbol{A}_2=\begin{pmatrix}0\\1\\2\\1\end{pmatrix},\ \boldsymbol{A}_3=\begin{pmatrix}0\\0\\1\\0\end{pmatrix},\ \boldsymbol{A}_4=\begin{pmatrix}0\\0\\0\\1\end{pmatrix}.$$

一般来说，一个矩阵可以划分成多种不同形式的分块矩阵. 把矩阵划分成如

何形式,这要视具体问题、具体矩阵来决定. 我们就矩阵的乘法来说明这一问题. 取上述矩阵 $\boldsymbol{A}$ 和矩阵

$$\boldsymbol{B}=\begin{pmatrix}1&0&3&2\\-1&2&0&1\\1&0&4&1\\-1&-1&2&0\end{pmatrix},$$

我们希望计算 $\boldsymbol{AB}$.

划分一 把矩阵 $\boldsymbol{A}$ 按(2.5)式划分成 4 个 2×2 小矩阵,把 $\boldsymbol{B}$ 作同样划分:

$$\boldsymbol{B}=\left(\begin{array}{cc:cc}1&0&3&2\\-1&2&0&1\\ \hdashline 1&0&4&1\\-1&-1&2&0\end{array}\right)=\begin{pmatrix}\boldsymbol{B}_{11}&\boldsymbol{B}_{12}\\\boldsymbol{B}_{21}&\boldsymbol{B}_{22}\end{pmatrix},$$

其中

$$\boldsymbol{B}_{11}=\begin{pmatrix}1&0\\-1&2\end{pmatrix},\ \boldsymbol{B}_{12}=\begin{pmatrix}3&2\\0&1\end{pmatrix},\ \boldsymbol{B}_{21}=\begin{pmatrix}1&0\\-1&-1\end{pmatrix},\ \boldsymbol{B}_{22}=\begin{pmatrix}4&1\\2&0\end{pmatrix}.$$

对矩阵 $\boldsymbol{A}$, $\boldsymbol{B}$ 进行乘积运算时,把这些小矩阵看作数一样来处理,则由矩阵乘法运算规则

$$\boldsymbol{AB}=\begin{pmatrix}\boldsymbol{I}_2&\boldsymbol{O}\\\boldsymbol{A}_1&\boldsymbol{I}_2\end{pmatrix}\begin{pmatrix}\boldsymbol{B}_{11}&\boldsymbol{B}_{12}\\\boldsymbol{B}_{21}&\boldsymbol{B}_{22}\end{pmatrix}=\begin{pmatrix}\boldsymbol{B}_{11}&\boldsymbol{B}_{12}\\\boldsymbol{A}_1\boldsymbol{B}_{11}+\boldsymbol{B}_{21}&\boldsymbol{A}_1\boldsymbol{B}_{12}+\boldsymbol{B}_{22}\end{pmatrix},$$

而 $\boldsymbol{A}_1\boldsymbol{B}_{11}+\boldsymbol{B}_{21}=\begin{pmatrix}-2&4\\-1&1\end{pmatrix}$, $\boldsymbol{A}_1\boldsymbol{B}_{12}+\boldsymbol{B}_{22}=\begin{pmatrix}1&1\\5&3\end{pmatrix}$, 于是我们得到

$$\boldsymbol{AB}=\left(\begin{array}{cc:cc}1&0&3&2\\-1&2&0&1\\ \hdashline -2&4&1&1\\-1&1&5&3\end{array}\right).$$

同样,我们也可以进行加法和数乘的运算:

$$\boldsymbol{A}+\boldsymbol{B}=\begin{pmatrix}\boldsymbol{I}_2+\boldsymbol{B}_{11}&\boldsymbol{B}_{12}\\\boldsymbol{A}_1+\boldsymbol{B}_{21}&\boldsymbol{I}_2+\boldsymbol{B}_{22}\end{pmatrix}=\left(\begin{array}{cc:cc}2&0&3&2\\-1&3&0&1\\ \hdashline 0&2&5&1\\0&0&2&1\end{array}\right),$$

$$3A=\begin{pmatrix}3I_2 & O\\ 3A_1 & 3I_2\end{pmatrix}=\left(\begin{array}{cc:cc}3&0&0&0\\0&3&0&0\\ \hdashline -3&6&3&0\\3&3&0&3\end{array}\right).$$

划分二 把矩阵 A 按(2.6)式划分成 4 个列矩阵，把 B 也作同样划分：

$$B=\left(\begin{array}{c:c:c:c}1&0&3&2\\-1&2&0&1\\1&0&4&1\\-1&-1&2&0\end{array}\right)=(B_1,B_2,B_3,B_4),$$

其中

$$B_1=\begin{pmatrix}1\\-1\\1\\-1\end{pmatrix},\ B_2=\begin{pmatrix}0\\2\\0\\-1\end{pmatrix},\ B_3=\begin{pmatrix}3\\0\\4\\2\end{pmatrix},\ B_4=\begin{pmatrix}2\\1\\1\\0\end{pmatrix}.$$

在这样的划分下，仍然把这些小矩阵看作数进行矩阵乘积计算

$$AB=(A_1,A_2,A_3,A_4)(B_1,B_2,B_3,B_4),$$

按规则，上式不能进行乘法运算. 但可以进行加法运算：

$$A+B=(A_1+B_1,A_2+B_2,A_3+B_3,A_4+B_4)=\left(\begin{array}{c:c:c:c}2&0&3&2\\-1&3&0&1\\0&2&5&1\\0&0&2&1\end{array}\right).$$

划分三 把矩阵 A 与 B 按下列形式划分成 4 个小矩阵：

$$A=\left(\begin{array}{ccc:c}1&0&0&0\\0&1&0&0\\ \hdashline -1&2&1&0\\1&1&0&1\end{array}\right)=\begin{pmatrix}A_{11}&A_{12}\\A_{21}&A_{22}\end{pmatrix},\ B=\left(\begin{array}{ccc:c}1&0&3&2\\-1&2&0&1\\1&0&4&1\\ \hdashline -1&-1&2&0\end{array}\right)=\begin{pmatrix}B_{11}&B_{12}\\B_{21}&B_{22}\end{pmatrix},$$

其中

$$A_{11}=\begin{pmatrix}1&0&0\\0&1&0\end{pmatrix}_{2\times3},\ A_{12}=\begin{pmatrix}0\\0\end{pmatrix}_{2\times1},\ A_{21}=\begin{pmatrix}-1&2&1\\1&1&0\end{pmatrix}_{2\times3},\ A_{22}=\begin{pmatrix}0\\1\end{pmatrix}_{2\times1};$$

$$\boldsymbol{B}_{11}=\begin{pmatrix}1&0&3\\-1&2&0\\1&0&4\end{pmatrix}_{3\times3},\ \boldsymbol{B}_{12}=\begin{pmatrix}2\\1\\1\end{pmatrix}_{3\times1},\ \boldsymbol{B}_{21}=(-1,-1,2)_{1\times3},\ \boldsymbol{B}_{22}=(0)_{1\times1}.$$

在这样的划分下,对分块矩阵进行乘法运算,即

$$\boldsymbol{AB}=\begin{pmatrix}\boldsymbol{A}_{11}&\boldsymbol{A}_{12}\\\boldsymbol{A}_{21}&\boldsymbol{A}_{22}\end{pmatrix}\begin{pmatrix}\boldsymbol{B}_{11}&\boldsymbol{B}_{12}\\\boldsymbol{B}_{21}&\boldsymbol{B}_{22}\end{pmatrix}=\begin{pmatrix}\boldsymbol{A}_{11}\boldsymbol{B}_{11}+\boldsymbol{A}_{12}\boldsymbol{B}_{21}&\boldsymbol{A}_{11}\boldsymbol{B}_{12}+\boldsymbol{A}_{12}\boldsymbol{B}_{22}\\\boldsymbol{A}_{21}\boldsymbol{B}_{11}+\boldsymbol{A}_{22}\boldsymbol{B}_{21}&\boldsymbol{A}_{21}\boldsymbol{B}_{12}+\boldsymbol{A}_{22}\boldsymbol{B}_{22}\end{pmatrix}.$$

此时所有的小矩阵乘积运算都可以进行. 但此时小矩阵之间的乘法运算并没有给我们带来方便,不如划分一那样简单. 又在如此划分下,加法运算是不能分块计算的.

因此在对矩阵进行分块运算时,矩阵的划分应考虑:

(1) 小矩阵的行列对应,以保证小矩阵的运算可以进行;

(2) 针对矩阵的结构进行划分,以给运算带来方便.

在利用分块矩阵处理其他一些问题时,也要注意到采用何种划分能使问题简单明了.

作为矩阵分块的另一个例子,我们求下列矩阵的逆矩阵.

例 20 设 $\boldsymbol{D}$ 是一个$(t+s)$阶矩阵,其有分块形式

$$\boldsymbol{D}=\begin{pmatrix}\boldsymbol{A}&\boldsymbol{O}\\\boldsymbol{C}&\boldsymbol{B}\end{pmatrix},$$

其中$\boldsymbol{A}$, $\boldsymbol{B}$分别是 s 阶和 t 阶的可逆矩阵,$\boldsymbol{C}$是 $t\times s$ 矩阵,$\boldsymbol{O}$是 $s\times t$ 零矩阵,求 $\boldsymbol{D}^{-1}$.

解　首先假定 $\boldsymbol{D}$ 有逆矩阵 $\boldsymbol{X}$,将 $\boldsymbol{X}$ 按 $\boldsymbol{D}$ 的分法进行分块:

$$\boldsymbol{X}=\begin{pmatrix}\boldsymbol{X}_{11}&\boldsymbol{X}_{12}\\\boldsymbol{X}_{21}&\boldsymbol{X}_{22}\end{pmatrix},$$

那么有

$$\boldsymbol{DX}=\begin{pmatrix}\boldsymbol{A}&\boldsymbol{O}\\\boldsymbol{C}&\boldsymbol{B}\end{pmatrix}\begin{pmatrix}\boldsymbol{X}_{11}&\boldsymbol{X}_{12}\\\boldsymbol{X}_{21}&\boldsymbol{X}_{22}\end{pmatrix}=\begin{pmatrix}\boldsymbol{I}_s&\boldsymbol{O}\\\boldsymbol{O}&\boldsymbol{I}_t\end{pmatrix}=\boldsymbol{I}.$$

乘出并比较等式两边,得

$$\begin{cases}\boldsymbol{AX}_{11}=\boldsymbol{I}_s,\\\boldsymbol{AX}_{12}=\boldsymbol{O},\\\boldsymbol{CX}_{11}+\boldsymbol{BX}_{21}=\boldsymbol{O},\\\boldsymbol{CX}_{12}+\boldsymbol{BX}_{22}=\boldsymbol{I}_t.\end{cases}$$

由于 $\boldsymbol{A}$, $\boldsymbol{B}$ 都是可逆矩阵,可以解得

$$\begin{cases}\boldsymbol{X}_{11}=\boldsymbol{A}^{-1},\\ \boldsymbol{X}_{12}=\boldsymbol{O},\\ \boldsymbol{X}_{21}=-\boldsymbol{B}^{-1}\boldsymbol{C}\boldsymbol{A}^{-1},\\ \boldsymbol{X}_{22}=\boldsymbol{B}^{-1},\end{cases}$$

于是

$$\boldsymbol{X}=\begin{pmatrix}\boldsymbol{A}^{-1} & \boldsymbol{O}\\ -\boldsymbol{B}^{-1}\boldsymbol{C}\boldsymbol{A}^{-1} & \boldsymbol{B}^{-1}\end{pmatrix}. \tag{2.7}$$

容易验证 $\boldsymbol{DX}=\boldsymbol{XD}=\boldsymbol{I}$,即 $\boldsymbol{D}$ 是可逆的,且 $\boldsymbol{X}$ 为 $\boldsymbol{D}$ 的逆矩阵.

特别地,当 $\boldsymbol{C}=\boldsymbol{O}$ 时,有

$$\begin{pmatrix}\boldsymbol{A} & \boldsymbol{O}\\ \boldsymbol{O} & \boldsymbol{B}\end{pmatrix}^{-1}=\begin{pmatrix}\boldsymbol{A}^{-1} & \boldsymbol{O}\\ \boldsymbol{O} & \boldsymbol{B}^{-1}\end{pmatrix}.$$

例 21 设 $\boldsymbol{D}=\begin{pmatrix}5 & 0 & 0\\ 1 & 3 & 1\\ 0 & 2 & 1\end{pmatrix}$,求 $\boldsymbol{D}^{-1}$.

解 取 $\boldsymbol{A}=5$, $\boldsymbol{B}=\begin{pmatrix}3 & 1\\ 2 & 1\end{pmatrix}$, $\boldsymbol{C}=\begin{pmatrix}1\\ 0\end{pmatrix}$,显然 $\boldsymbol{A}$, $\boldsymbol{B}$ 非奇异,且

$$\boldsymbol{A}^{-1}=5^{-1},\ \boldsymbol{B}^{-1}=\begin{pmatrix}1 & -1\\ -2 & 3\end{pmatrix},\ -\boldsymbol{B}^{-1}\boldsymbol{C}\boldsymbol{A}^{-1}=5^{-1}\begin{pmatrix}-1\\ 2\end{pmatrix},$$

于是由(2.7)式

$$\boldsymbol{D}^{-1}=\begin{pmatrix}1/5 & 0 & 0\\ -1/5 & 1 & -1\\ 2/5 & -2 & 3\end{pmatrix}.$$

这些结论可以推广到一般情况:

$$\boldsymbol{A}=\begin{pmatrix}\boldsymbol{A}_{11} & \boldsymbol{O} & \cdots & \boldsymbol{O}\\ \boldsymbol{A}_{21} & \boldsymbol{A}_{22} & \cdots & \boldsymbol{O}\\ \vdots & \vdots & \ddots & \vdots\\ \boldsymbol{A}_{p1} & \boldsymbol{A}_{p2} & \cdots & \boldsymbol{A}_{pp}\end{pmatrix},$$

矩阵 $\boldsymbol{A}$ 称为**块下三角矩阵**,其逆矩阵(若存在的话)一定也是块下三角矩阵. 下列形式的矩阵称为**块对角矩阵**,且当 $\boldsymbol{A}_i\,(i=1,\,2,\,\cdots,\,p)$ 可逆时,

$$\begin{pmatrix} \boldsymbol{A}_1 & \boldsymbol{O} & \cdots & \boldsymbol{O} \\ \boldsymbol{O} & \boldsymbol{A}_2 & \cdots & \boldsymbol{O} \\ \vdots & \vdots & \ddots & \vdots \\ \boldsymbol{O} & \boldsymbol{O} & \cdots & \boldsymbol{A}_p \end{pmatrix}^{-1} = \begin{pmatrix} \boldsymbol{A}_1^{-1} & \boldsymbol{O} & \cdots & \boldsymbol{O} \\ \boldsymbol{O} & \boldsymbol{A}_2^{-1} & \cdots & \boldsymbol{O} \\ \vdots & \vdots & \ddots & \vdots \\ \boldsymbol{O} & \boldsymbol{O} & \cdots & \boldsymbol{A}_p^{-1} \end{pmatrix}.$$

如此,计算大矩阵的逆矩阵可以通过小矩阵的逆矩阵得到.

例 22 设

$$\boldsymbol{A} = \begin{pmatrix} \boldsymbol{A}_{11} & \boldsymbol{A}_{12} & \cdots & \boldsymbol{A}_{1p} \\ \boldsymbol{A}_{21} & \boldsymbol{A}_{22} & \cdots & \boldsymbol{A}_{2p} \\ \vdots & \vdots & & \vdots \\ \boldsymbol{A}_{q1} & \boldsymbol{A}_{q2} & \cdots & \boldsymbol{A}_{qp} \end{pmatrix},$$

则

$$\boldsymbol{A}^{\mathrm{T}} = \begin{pmatrix} \boldsymbol{A}_{11}^{\mathrm{T}} & \boldsymbol{A}_{21}^{\mathrm{T}} & \cdots & \boldsymbol{A}_{q1}^{\mathrm{T}} \\ \boldsymbol{A}_{12}^{\mathrm{T}} & \boldsymbol{A}_{22}^{\mathrm{T}} & \cdots & \boldsymbol{A}_{q2}^{\mathrm{T}} \\ \vdots & \vdots & & \vdots \\ \boldsymbol{A}_{1p}^{\mathrm{T}} & \boldsymbol{A}_{2p}^{\mathrm{T}} & \cdots & \boldsymbol{A}_{qp}^{\mathrm{T}} \end{pmatrix}.$$

例 23 记 n 阶方阵 $\boldsymbol{A}$ 有列分块形式

$$\boldsymbol{A} = \left(\begin{array}{c:c:c:c} a_{11} & a_{12} & \cdots & a_{1n} \\ a_{21} & a_{22} & \cdots & a_{2n} \\ \vdots & \vdots & \ddots & \vdots \\ a_{n1} & a_{n2} & \cdots & a_{nn} \end{array}\right) = (\boldsymbol{A}_1,\, \boldsymbol{A}_2,\, \cdots,\, \boldsymbol{A}_n).$$

将 n 阶单位矩阵 $\boldsymbol{I}$ 也按列划分:

$$\boldsymbol{I} = \left(\begin{array}{c:c:c:c} 1 & 0 & \cdots & 0 \\ 0 & 1 & \cdots & 0 \\ \vdots & \vdots & \ddots & \vdots \\ 0 & 0 & \cdots & 1 \end{array}\right) = (\boldsymbol{E}_1,\, \boldsymbol{E}_2,\, \cdots,\, \boldsymbol{E}_n).$$

则有

$$\boldsymbol{AI} = \boldsymbol{A}(\boldsymbol{E}_1,\, \boldsymbol{E}_2,\, \cdots,\, \boldsymbol{E}_n) = (\boldsymbol{AE}_1,\, \boldsymbol{AE}_2,\, \cdots,\, \boldsymbol{AE}_n) = \boldsymbol{A} = (\boldsymbol{A}_1,\, \boldsymbol{A}_2,\, \cdots,\, \boldsymbol{A}_n),$$

即成立 $\boldsymbol{AE}_j=\boldsymbol{A}_j\quad(j=1,2,\cdots,n)$.

例 24 将 n 阶方阵 $\boldsymbol{A}$ 和 $n\times1$ 矩阵 $\boldsymbol{X}$ 分别按下列形式划分

$$\boldsymbol{A}=\begin{pmatrix}\boldsymbol{A}_{11}&\boldsymbol{A}_{12}\\\boldsymbol{A}_{21}&\boldsymbol{A}_{22}\end{pmatrix},\ \boldsymbol{X}=\begin{pmatrix}\boldsymbol{X}_1\\\boldsymbol{X}_2\end{pmatrix},$$

其中 $\boldsymbol{A}_{11}$ 和 $\boldsymbol{X}_1$ 分别是 k 阶方阵和 $k\times1$ 列矩阵,则

$$\begin{aligned}\boldsymbol{X}^{\mathrm{T}}\boldsymbol{AX}&=(\boldsymbol{X}_1^{\mathrm{T}},\ \boldsymbol{X}_2^{\mathrm{T}})\begin{pmatrix}\boldsymbol{A}_{11}&\boldsymbol{A}_{12}\\\boldsymbol{A}_{21}&\boldsymbol{A}_{22}\end{pmatrix}\begin{pmatrix}\boldsymbol{X}_1\\\boldsymbol{X}_2\end{pmatrix}=(\boldsymbol{X}_1^{\mathrm{T}},\ \boldsymbol{X}_2^{\mathrm{T}})\begin{pmatrix}\boldsymbol{A}_{11}\boldsymbol{X}_1+\boldsymbol{A}_{12}\boldsymbol{X}_2\\\boldsymbol{A}_{21}\boldsymbol{X}_1+\boldsymbol{A}_{22}\boldsymbol{X}_2\end{pmatrix}\\&=\boldsymbol{X}_1^{\mathrm{T}}\boldsymbol{A}_{11}\boldsymbol{X}_1+\boldsymbol{X}_1^{\mathrm{T}}\boldsymbol{A}_{12}\boldsymbol{X}_2+\boldsymbol{X}_2^{\mathrm{T}}\boldsymbol{A}_{21}\boldsymbol{X}_1+\boldsymbol{X}_2^{\mathrm{T}}\boldsymbol{A}_{22}\boldsymbol{X}_2.\end{aligned}$$

§2.5 矩阵的初等变换

矩阵的初等变换是一种十分重要的矩阵运算,它在矩阵理论的研究中起着重要作用.本节主要介绍矩阵的初等变换、初等矩阵、矩阵的等价、矩阵的标准形等概念和性质,建立矩阵的初等变换与初等矩阵的联系,并在这个基础上,给出用初等变换求逆矩阵的方法.

一、矩阵的初等变换与初等矩阵

定义 2.10 对矩阵进行以下 3 种变换,称为矩阵的**初等变换**:

(1) 对换:互换矩阵中两行(列)元素的位置;

(2) 倍乘:用一个非零数 k 乘矩阵的某一行(列)元素;

(3) 倍加:矩阵的某一行(列)元素加上另一行(列)对应元素的 k 倍.

为了表述方便,引入类似于行列式中的记号 $r_i\leftrightarrow r_j$(或 $c_i\leftrightarrow c_j$)表示互换矩阵中第 i 行(列)和第 j 行(列)的变换;$r_i\times k$(或 $c_i\times k$)表示用一个非零数 k 乘矩阵的第 i 行(列)的变换;kr_j+r_i(或 kc_j+c_i)表示矩阵的第 i 行(列)的元素上加上第 j 行(列)对应元素的 k 倍的变换.

定义中对行进行的变换也称为行变换;对列进行的变换也称为列变换.矩阵的初等变换还可以用初等矩阵来描述.

定义 2.11 对单位矩阵 $\boldsymbol{I}_n$ 施行一次初等变换后得到的矩阵,称为**初等矩阵**.由于初等变换有 3 种类型,故有 3 种形式的初等矩阵:

(1) 互换 $\boldsymbol{I}_n$ 的第 i 行(列)和第 j 行(列)元素的位置,得

$$
\boldsymbol{P}(i,\ j)=\begin{pmatrix}
1 & & & & & & & & \\
 & \ddots & & & & & & & \\
 & & 1 & & & & & & \\
 & & & 0 & \cdots & 1 & \cdots & \cdots & \cdots \\
 & & & & 1 & & & & \\
 & & & \vdots & \ddots & \vdots & & & \\
 & & & & & 1 & & & \\
 & & & 1 & \cdots & 0 & \cdots & \cdots & \cdots \\
 & & & \vdots & & \vdots & 1 & & \\
 & & & \vdots & & \vdots & & \ddots & \\
 & & & \vdots & & \vdots & & & 1
\end{pmatrix}\begin{matrix} \\ \\ \\ i\text{行} \\ \\ \\ \\ j\text{行} \\ \\ \\ \\ \end{matrix},
$$

$$
\qquad\qquad\qquad i\text{列} \qquad\quad j\text{列}
$$

称为**对换矩阵**;

(2) 在 $\boldsymbol{I}_n$ 的第 i 行(列)倍乘一个非零数 k,得

$$
\boldsymbol{P}(i(k))=\begin{pmatrix}
1 & & & & & \\
 & \ddots & & & & \\
 & & 1 & & & \\
 & & & k & \cdots & \cdots & \cdots \\
 & & & \vdots & 1 & & \\
 & & & \vdots & & \ddots & \\
 & & & \vdots & & & 1
\end{pmatrix}\begin{matrix} \\ \\ \\ i\text{行}; \\ \\ \\ \\ \end{matrix}
$$

$$
\qquad\qquad i\text{列}
$$

称为**倍乘矩阵**;

(3) $\boldsymbol{I}_n$ 的第 i 行(j 列)的元素加上第 j 行(i 列)对应元素的 k 倍,得

$$
\boldsymbol{P}(j(k)+i)=\begin{pmatrix}
1 & & & & & \\
 & \ddots & & & & \\
 & & 1 & \cdots & k & \cdots & \cdots \\
 & & & \ddots & \vdots & & \\
 & & \vdots & & 1 & \cdots & \cdots \\
 & & \vdots & & \vdots & \ddots & \\
 & & \vdots & & \vdots & & 1
\end{pmatrix}\begin{matrix} \\ \\ i\text{行} \\ \\ j\text{行} \\ \\ \\ \end{matrix},
$$

$$
\qquad\qquad i\text{列} \qquad j\text{列}
$$

称为**倍加矩阵**.

由矩阵的乘法运算的特点,我们发现,对某一矩阵施以初等行(列)变换可用初等矩阵与该矩阵作乘法运算来实现.

定理 2.4 对一个 $m\times n$ 矩阵 $\boldsymbol{A}$ 作一次初等行变换相当于在 $\boldsymbol{A}$ 的左边乘上相应的 m 阶初等矩阵;对矩阵 $\boldsymbol{A}$ 作一次初等列变换相当于在 $\boldsymbol{A}$ 的右边乘上相应的 n 阶初等矩阵.

证明 我们只证行变换的情形,列变换的情形类似可证.

设 $\boldsymbol{B}=(b_{ij})$ 为任一个 m 阶矩阵. 将 $m\times n$ 矩阵 $\boldsymbol{A}$ 按行分块,

$$\boldsymbol{A}=\begin{pmatrix}\boldsymbol{A}_1\\ \boldsymbol{A}_2\\ \vdots\\ \boldsymbol{A}_m\end{pmatrix},$$

则由矩阵的分块乘法,有

$$\boldsymbol{BA}=\begin{pmatrix}b_{11}\boldsymbol{A}_1+b_{12}\boldsymbol{A}_2+\cdots+b_{1m}\boldsymbol{A}_m\\ b_{21}\boldsymbol{A}_1+b_{22}\boldsymbol{A}_2+\cdots+b_{2m}\boldsymbol{A}_m\\ \vdots\\ b_{m1}\boldsymbol{A}_1+b_{m2}\boldsymbol{A}_2+\cdots+b_{mm}\boldsymbol{A}_m\end{pmatrix}. \tag{2.8}$$

特别地,在(2.8)式中令 $\boldsymbol{B}=\boldsymbol{P}(i,\ j)$,得

$$\boldsymbol{P}(i,\ j)\boldsymbol{A}=\begin{pmatrix}\boldsymbol{A}_1\\ \vdots\\ \boldsymbol{A}_j\\ \vdots\\ \boldsymbol{A}_i\\ \vdots\\ \boldsymbol{A}_m\end{pmatrix}\begin{matrix}\\ \\ i\text{ 行}\\ \\ j\text{ 行}\\ \\ \\ \end{matrix},$$

这相当于把 $\boldsymbol{A}$ 的第 i 行与第 j 行的元素互换位置. 在(2.8)式中令 $\boldsymbol{B}=\boldsymbol{P}(i(k))$,得

$$P(i(k))A=\begin{pmatrix}A_1\\ \vdots\\ kA_i\\ \vdots\\ A_m\end{pmatrix}i\text{ 行},$$

这相当于用一个非零数 k 乘 A 的第 i 行. 在(2.8)式中令 $B=P(j(k)+i)$,得

$$P(j(k)+i)A=\begin{pmatrix}A_1\\ \vdots\\ A_i+kA_j\\ \vdots\\ A_j\\ \vdots\\ A_m\end{pmatrix}\begin{matrix}\\ \\ i\text{ 行}\\ \\ j\text{ 行}\\ \\ \\ \end{matrix},$$

这相当于把 A 的第 i 行的元素加上第 j 行对应元素的 k 倍. ▌

下面我们用三阶矩阵来图示定理 2.4 的一些结果.

$$\begin{pmatrix}a_{11}&a_{12}&a_{13}\\a_{21}&a_{22}&a_{23}\\a_{31}&a_{32}&a_{33}\end{pmatrix}\xrightarrow{r_1\leftrightarrow r_3}\begin{pmatrix}a_{31}&a_{32}&a_{33}\\a_{21}&a_{22}&a_{23}\\a_{11}&a_{12}&a_{13}\end{pmatrix}=\begin{pmatrix}0&0&1\\0&1&0\\1&0&0\end{pmatrix}\begin{pmatrix}a_{11}&a_{12}&a_{13}\\a_{21}&a_{22}&a_{23}\\a_{31}&a_{32}&a_{33}\end{pmatrix},$$

$$\begin{pmatrix}a_{11}&a_{12}&a_{13}\\a_{21}&a_{22}&a_{23}\\a_{31}&a_{32}&a_{33}\end{pmatrix}\xrightarrow{c_2\times k}\begin{pmatrix}a_{11}&ka_{12}&a_{13}\\a_{21}&ka_{22}&a_{23}\\a_{31}&ka_{32}&a_{33}\end{pmatrix}=\begin{pmatrix}a_{11}&a_{12}&a_{13}\\a_{21}&a_{22}&a_{23}\\a_{31}&a_{32}&a_{33}\end{pmatrix}\begin{pmatrix}1&0&0\\0&k&0\\0&0&1\end{pmatrix},$$

$$\begin{pmatrix}a_{11}&a_{12}&a_{13}\\a_{21}&a_{22}&a_{23}\\a_{31}&a_{32}&a_{33}\end{pmatrix}\xrightarrow{kr_3+r_1}\begin{pmatrix}a_{11}+ka_{31}&a_{12}+ka_{32}&a_{13}+ka_{33}\\a_{21}&a_{22}&a_{23}\\a_{31}&a_{32}&a_{33}\end{pmatrix}=\begin{pmatrix}1&0&k\\0&1&0\\0&0&1\end{pmatrix}\begin{pmatrix}a_{11}&a_{12}&a_{13}\\a_{21}&a_{22}&a_{23}\\a_{31}&a_{32}&a_{33}\end{pmatrix}.$$

不难验证,初等矩阵有下列性质.

性质 1 3 种初等矩阵的行列式值分别如下:

$$|P(i,j)|=-1,\ |P(i(k))|=k\neq 0,\ |P(j(k)+i)|=1.$$

性质 2 初等矩阵都是可逆矩阵. 它们的逆矩阵也是同类型的初等矩阵,且

$$P^{-1}(i,j)=P(i,j),\ P^{-1}(i(k))=P\left(i\left(\frac{1}{k}\right)\right),\ P^{-1}(j(k)+i)=P(j(-k)+i).$$

这是因为对初等矩阵再作一次同类型的初等变换都可化为单位矩阵，即

$$P(i,j)P(i,j)=I,\ P\left(i\left(\frac{1}{k}\right)\right)P(i(k))=I,\ P(j(-k)+i)P(j(k)+i)=I.$$

由此可见，初等矩阵的逆矩阵还是同类型的初等矩阵.

例 25 设 A 是 n 阶可逆矩阵，将 A 的第 i 行与第 j 行对换后得到的矩阵记作 B.

(1) 证明 B 可逆；

(2) 求 AB^{-1}.

解 (1) 因为 $|A|\neq 0$，由行列式性质 7 知，$|B|=-|A|\neq 0$，所以 B 可逆.

(2) 因为 $B=P(i,j)A$，从而

$$AB^{-1}=A(P(i,j)A)^{-1}=AA^{-1}P^{-1}(i,j)=IP^{-1}(i,j)=P^{-1}(i,j)=P(i,j).$$

二、矩阵的等价

定义 2.12 若矩阵 A 经过有限次初等变换化为矩阵 B，则称 A 与 B 等价，记作 $A\to B$.

矩阵的等价有以下 3 个性质：

(1) 自反性：对任一矩阵 A，有 $A\to A$；

(2) 对称性：若 $A\to B$，则 $B\to A$；故 $A\leftrightarrow B$；

(3) 传递性：若 $A\to B$，$B\to C$，则 $A\to C$.

证明 (1) 显然.

(2) 由于 $A\to B$，由定理 2.4，存在初等矩阵 $P_1,\cdots,P_s,Q_1,\cdots,Q_m$，使得

$$B=P_s\cdots P_1AQ_1\cdots Q_m,$$

由于初等矩阵都是可逆的，故由上式，成立

$$A=P_1^{-1}\cdots P_s^{-1}BQ_m^{-1}\cdots Q_1^{-1},$$

因为初等矩阵的逆阵也是初等矩阵，故上式表明矩阵 B 与 A 等价. ▌

(3) 的证明作为习题(见习题(B)第 15 题).

例 26 判别下列矩阵的等价性

$$A=\begin{pmatrix}1&2&1\\1&3&-1\\1&1&3\end{pmatrix};\ B=\begin{pmatrix}1&0&0\\0&1&0\\0&0&0\end{pmatrix}.$$

解

$$A\xrightarrow[(-1)r_1+r_3]{(-1)r_1+r_2}\begin{pmatrix}1&2&1\\0&1&-2\\0&-1&2\end{pmatrix}\xrightarrow[r_2+r_3]{(-2)r_2+r_1}$$

$$\begin{pmatrix}1&0&5\\0&1&-2\\0&0&0\end{pmatrix}\xrightarrow[(2)c_2+c_3]{(-5)c_1+c_3}\begin{pmatrix}1&0&0\\0&1&0\\0&0&0\end{pmatrix}=B.$$

所以 A 与 B 等价.

注意到矩阵 B 的特征,其左上角为一单位矩阵(二阶),而其余元素都为零,一般我们称其为矩阵 A 的标准形. 事实上我们有下列重要的结论.

定理 2.5 任意一个 $m\times n$ 非零矩阵 A 都可经有限次初等变换化为下列形式的 $m\times n$ 矩阵:

$$\begin{pmatrix}1&0&\cdots&0&0&\cdots&0\\0&1&\cdots&0&0&\cdots&0\\\vdots&\vdots&\ddots&\vdots&\cdots&\cdots&\cdots\\0&0&\cdots&1&0&\cdots&0\\0&0&\cdots&0&0&\cdots&0\\\vdots&\vdots&&\vdots&\vdots&&\vdots\\0&0&\cdots&0&0&\cdots&0\end{pmatrix}=\begin{pmatrix}I_r&O\\O&O\end{pmatrix}\quad(1\leqslant r\leqslant\min(m,\ n)),$$

称为矩阵 A 的**标准形矩阵**,即任意一个非零矩阵与它的标准形矩阵是等价的.

证明 因 $A\neq O$, 不妨设 $a_{11}\neq 0$, 这是因为,假如 $a_{11}=0$, 我们总可以用对换初等变换,将 A 中的某一非零元素调换到第 1 行第 1 列上去. 对 A 施行初等行变换,得

$$A=\begin{pmatrix}a_{11}&a_{12}&\cdots&a_{1n}\\a_{21}&a_{22}&\cdots&a_{2n}\\\vdots&\vdots&&\vdots\\a_{m1}&a_{m2}&\cdots&a_{mn}\end{pmatrix}\xrightarrow{r_1\times\frac{1}{a_{11}}}\begin{pmatrix}1&b_{12}&\cdots&b_{1n}\\a_{21}&a_{22}&\cdots&a_{2n}\\\vdots&\vdots&&\vdots\\a_{m1}&a_{m2}&\cdots&a_{mn}\end{pmatrix}$$

$$\xrightarrow[(i=2,\cdots,m)]{(-a_{i1})r_1+r_i}\begin{pmatrix}1 & b_{12} & \cdots & b_{1n}\\ 0 & b_{22} & \cdots & b_{2n}\\ \vdots & \vdots & & \vdots\\ 0 & b_{m2} & \cdots & b_{mn}\end{pmatrix}\xrightarrow[(j=2,\cdots,n)]{(-b_{1j})c_1+c_j}\begin{pmatrix}1 & 0 & \cdots & 0\\ 0 & b_{22} & \cdots & b_{2n}\\ \vdots & \vdots & & \vdots\\ 0 & b_{m2} & \cdots & b_{mn}\end{pmatrix}$$

$$=\begin{pmatrix}1 & \boldsymbol{O}\\ \boldsymbol{O} & \boldsymbol{A}_1\end{pmatrix}=\boldsymbol{B}.$$

如果 $\boldsymbol{A}_1=\begin{pmatrix}b_{22} & \cdots & b_{2n}\\ \vdots & & \vdots\\ b_{m2} & \cdots & b_{mn}\end{pmatrix}=\boldsymbol{O}$,则 $\boldsymbol{A}$ 已化为标准形 $\boldsymbol{B}$,如果 $\boldsymbol{A}_1\neq\boldsymbol{O}$, 同样可不妨设 $b_{22}\neq 0$, 继续对 $\boldsymbol{B}$ 进行初等变换,得

$$\boldsymbol{B}\xrightarrow{r_2\times\frac{1}{b_{22}}}\begin{pmatrix}1 & 0 & 0 & \cdots & 0\\ 0 & 1 & c_{23} & \cdots & c_{2n}\\ 0 & b_{32} & b_{33} & \cdots & b_{3n}\\ \vdots & \vdots & \vdots & & \vdots\\ 0 & b_{m2} & b_{m3} & \cdots & b_{mn}\end{pmatrix}\xrightarrow[(i=3,\cdots,m)]{(-b_{i2})r_2+r_i}\begin{pmatrix}1 & 0 & 0 & \cdots & 0\\ 0 & 1 & c_{23} & \cdots & c_{2n}\\ 0 & 0 & c_{33} & \cdots & c_{3n}\\ \vdots & \vdots & \vdots & & \vdots\\ 0 & 0 & c_{m3} & \cdots & c_{mn}\end{pmatrix}$$

$$\xrightarrow[(j=3,\cdots,n)]{(-c_{2j})c_2+c_j}\begin{pmatrix}1 & 0 & 0 & \cdots & 0\\ 0 & 1 & 0 & \cdots & 0\\ 0 & 0 & c_{33} & \cdots & c_{3n}\\ \vdots & \vdots & \vdots & & \vdots\\ 0 & 0 & c_{m3} & \cdots & c_{mn}\end{pmatrix}=\begin{pmatrix}\boldsymbol{I}_2 & \boldsymbol{O}\\ \boldsymbol{O} & \boldsymbol{A}_2\end{pmatrix}=\boldsymbol{C}.$$

如果 $\boldsymbol{A}_2=\begin{pmatrix}c_{33} & \cdots & c_{3n}\\ \vdots & & \vdots\\ c_{m3} & \cdots & c_{mn}\end{pmatrix}=\boldsymbol{O}$,则 $\boldsymbol{A}$ 已化为标准形 $\boldsymbol{C}$,如果 $\boldsymbol{A}_2\neq\boldsymbol{O}$, 重复上述步骤,必可得到矩阵 A 的标准形 $\begin{pmatrix}\boldsymbol{I}_r & \boldsymbol{O}\\ \boldsymbol{O} & \boldsymbol{O}\end{pmatrix}$. ∎

矩阵 $\boldsymbol{A}$ 的标准形中 1 的个数 r 是多少,这将取决于矩阵 A 的固有特性,我们在第三章中将给予介绍.

推论 设 $\boldsymbol{A}$ 是 $m\times n$ 非零矩阵,则存在 m 阶可逆矩阵 $\boldsymbol{P}$ 和 n 阶可逆矩阵 $\boldsymbol{Q}$,使 $\boldsymbol{PAQ}=\begin{pmatrix}\boldsymbol{I}_r & \boldsymbol{O}\\ \boldsymbol{O} & \boldsymbol{O}\end{pmatrix}$.

证明 由定理 2.4、定理 2.5,存在初等矩阵 $\boldsymbol{P}_1,\cdots,\boldsymbol{P}_s,\boldsymbol{Q}_1,\cdots,\boldsymbol{Q}_t$,使得

$$P_s\cdots P_1AQ_1\cdots Q_t=\begin{pmatrix}I_r & O\\ O & O\end{pmatrix},$$

记 $P=P_s\cdots P_1$, $Q=Q_1\cdots Q_t$, 即得证. ▎

例 27 化矩阵 $A=\begin{pmatrix}1 & -2 & 3 & -4\\ 0 & 1 & -1 & 1\\ 1 & 3 & -2 & -3\\ -2 & 1 & -3 & 1\end{pmatrix}$ 为标准形.

解 $$A\xrightarrow[2r_1+r_4]{(-1)r_1+r_3}\begin{pmatrix}1 & -2 & 3 & -4\\ 0 & 1 & -1 & 1\\ 0 & 5 & -5 & 1\\ 0 & -3 & 3 & -7\end{pmatrix}\xrightarrow[\substack{3r_2+r_4\\(-1)r_3+r_4}]{(-5)r_2+r_3}\begin{pmatrix}1 & -2 & 3 & -4\\ 0 & 1 & -1 & 1\\ 0 & 0 & 0 & -4\\ 0 & 0 & 0 & 0\end{pmatrix}\equiv B$$

$$\xrightarrow[\substack{(-1)r_3+r_2\\4r_3+r_1}]{r_3\left(-\frac{1}{4}\right)}\begin{pmatrix}1 & -2 & 3 & 0\\ 0 & 1 & -1 & 0\\ 0 & 0 & 0 & 1\\ 0 & 0 & 0 & 0\end{pmatrix}\xrightarrow{2r_2+r_1}\begin{pmatrix}1 & 0 & 1 & 0\\ 0 & 1 & -1 & 0\\ 0 & 0 & 0 & 1\\ 0 & 0 & 0 & 0\end{pmatrix}\equiv C$$

$$\xrightarrow[c_2+c_3]{(-1)c_1+c_3}\begin{pmatrix}1 & 0 & 0 & 0\\ 0 & 1 & 0 & 0\\ 0 & 0 & 0 & 1\\ 0 & 0 & 0 & 0\end{pmatrix}\xrightarrow{c_3\leftrightarrow c_4}\begin{pmatrix}1 & 0 & 0 & 0\\ 0 & 1 & 0 & 0\\ 0 & 0 & 1 & 0\\ 0 & 0 & 0 & 0\end{pmatrix}=\begin{pmatrix}I_3 & O\\ O & 0\end{pmatrix}.$$

我们注意到在变换的过程中,我们是先进行行的变换,把 A 化至上述过程中的矩阵 B 和 C,最后在 C 的基础上再通过列的变换化至标准形. 我们对具有 B 和 C 结构的矩阵下定义.

定义 2.13 若一个矩阵满足:

(1) 元素全为零的行(若有的话)全部集中在矩阵的最下方;

(2) 自上而下每一行的第一个非零元素的列足标严格递增.

则称此矩阵为**阶梯形矩阵**.

例如,上例中的矩阵 B 就是一个阶梯形矩阵.

再如, $\begin{pmatrix}2 & 3 & 7 & 0 & 3\\ 0 & -2 & 4 & 2 & 1\\ 0 & 0 & 0 & 1 & 2\\ 0 & 0 & 0 & 0 & 3\end{pmatrix}$ 也是一个阶梯形矩阵,而 $\begin{pmatrix}1 & 2 & -1 & 3 & 4\\ 0 & 3 & 4 & 8 & 0\\ 0 & 3 & 8 & 1 & -2\\ 0 & 0 & 0 & 0 & 0\end{pmatrix}$,

$$\begin{pmatrix}1&2&4&0\\0&0&0&1\\0&3&0&-2\\0&0&0&0\end{pmatrix}$$都不是阶梯形矩阵.

定义 2.14 若一个矩阵满足：

(1) 具有阶梯形矩阵的结构；

(2) 所有非零行的第一个非零元素均为 1，且其所在列中的其他元素都是零；

则称此矩阵为**最简阶梯形矩阵**.

例如，上例中的矩阵 $\boldsymbol{C}$ 就是一个最简阶梯形矩阵.

须指出的是，矩阵的阶梯形和最简阶梯形，只需经初等行变换即可化到，而无需初等列变换.

定理 2.6 任意一个非零矩阵总可经过初等行变换化为阶梯形矩阵和最简阶梯形矩阵.

定理的具体证明不再给出. 我们可以通过下面具体的例子来说明.

例 28 化下列矩阵依次为阶梯形矩阵、最简阶梯形矩阵及标准形：

$$\boldsymbol{A}=\begin{pmatrix}1&1&1\\1&2&1\\1&1&3\end{pmatrix};\ \boldsymbol{B}=\begin{pmatrix}1&0&3&1&2\\-1&3&0&-2&1\\2&1&7&2&5\\4&2&14&0&10\end{pmatrix}.$$

解 $\boldsymbol{A}\xrightarrow[(-1)r_1+r_3]{(-1)r_1+r_2}\begin{pmatrix}1&1&1\\0&1&0\\0&0&2\end{pmatrix}$（阶梯形矩阵）$\xrightarrow[r_3\times\frac{1}{2}]{(-1)r_2+r_1}\begin{pmatrix}1&0&1\\0&1&0\\0&0&1\end{pmatrix}$

$\xrightarrow{(-1)r_3+r_1}\begin{pmatrix}1&0&0\\0&1&0\\0&0&1\end{pmatrix}=\boldsymbol{I}_3$（既是最简阶梯形矩阵也是标准形）；

$\boldsymbol{B}\xrightarrow[\substack{(-2)r_1+r_3\\(-4)r_1+r_4}]{r_1+r_2}\begin{pmatrix}1&0&3&1&2\\0&3&3&-1&3\\0&1&1&0&1\\0&2&2&-4&2\end{pmatrix}\xrightarrow{r_2\leftrightarrow r_3}\begin{pmatrix}1&0&3&1&2\\0&1&1&0&1\\0&3&3&-1&3\\0&2&2&-4&2\end{pmatrix}\xrightarrow[(-2)r_2+r_4]{(-3)r_2+r_3}$

$$\begin{pmatrix}1&0&3&1&2\\0&1&1&0&1\\0&0&0&-1&0\\0&0&0&-4&0\end{pmatrix}\xrightarrow{(-4)r_3+r_4}\begin{pmatrix}1&0&3&1&2\\0&1&1&0&1\\0&0&0&-1&0\\0&0&0&0&0\end{pmatrix}(\text{阶梯形矩阵})\xrightarrow{r_3+r_1}$$

$$\begin{pmatrix}1&0&3&0&2\\0&1&1&0&1\\0&0&0&-1&0\\0&0&0&0&0\end{pmatrix}\xrightarrow{r_3\times(-1)}\begin{pmatrix}1&0&3&0&2\\0&1&1&0&1\\0&0&0&1&0\\0&0&0&0&0\end{pmatrix}(\text{最简阶梯形矩阵})\xrightarrow[(-2)c_1+c_5]{(-3)c_1+c_3}$$

$$\begin{pmatrix}1&0&0&0&0\\0&1&1&0&1\\0&0&0&1&0\\0&0&0&0&0\end{pmatrix}\xrightarrow[(-1)c_2+c_5]{(-1)c_2+c_3}\begin{pmatrix}1&0&0&0&0\\0&1&0&0&0\\0&0&0&1&0\\0&0&0&0&0\end{pmatrix}\xrightarrow{c_3\leftrightarrow c_4}\begin{pmatrix}1&0&0&0&0\\0&1&0&0&0\\0&0&1&0&0\\0&0&0&0&0\end{pmatrix}(\text{标准形}).$$

注意到在化矩阵 $\boldsymbol{A}$ 为标准形时,我们只需要用初等行变换就可以了,无需使用初等列变换,这是由于 $\boldsymbol{A}$ 是可逆矩阵的缘故,因为此时最简阶梯形就是标准形了;但这对于一般的矩阵则做不到(如矩阵 $\boldsymbol{B}$),下面的定理说明了这一点.

定理 2.7 (1) n 阶可逆矩阵 $\boldsymbol{A}$ 的标准形是单位矩阵 $\boldsymbol{I}_n$;

(2) n 阶可逆矩阵 $\boldsymbol{A}$ 可表示为一系列初等矩阵乘积;

(3) n 阶可逆矩阵 $\boldsymbol{A}$ 仅需初等行变换即可化为单位矩阵 $\boldsymbol{I}_n$.

证明 (1) 由定理 2.5 推论,存在可逆矩阵 $\boldsymbol{P}, \boldsymbol{Q}$,使得 $\boldsymbol{PAQ}=\begin{pmatrix}\boldsymbol{I}_r&\boldsymbol{O}\\\boldsymbol{O}&\boldsymbol{O}\end{pmatrix}$,所以

$$\begin{vmatrix}\boldsymbol{I}_r&\boldsymbol{O}\\\boldsymbol{O}&\boldsymbol{O}\end{vmatrix}=|\boldsymbol{PAQ}|=|\boldsymbol{P}||\boldsymbol{A}||\boldsymbol{Q}|\neq 0,$$

要使等式左边行列式不等于零,必须有 $r=n$, 即 $\begin{pmatrix}\boldsymbol{I}_r&\boldsymbol{O}\\\boldsymbol{O}&\boldsymbol{O}\end{pmatrix}=\boldsymbol{I}_n$, 故标准形是单位矩阵 $\boldsymbol{I}_n$.

(2) 由定理 2.5 及(1),存在初等矩阵 $\boldsymbol{P}_1, \cdots, \boldsymbol{P}_s, \boldsymbol{Q}_1, \cdots, \boldsymbol{Q}_t$,使得 $\boldsymbol{P}_s\cdots\boldsymbol{P}_1\boldsymbol{A}\boldsymbol{Q}_1\cdots\boldsymbol{Q}_t=\boldsymbol{I}$, 所以

$$\boldsymbol{A}=\boldsymbol{P}_1^{-1}\cdots\boldsymbol{P}_s^{-1}\boldsymbol{I}\boldsymbol{Q}_t^{-1}\cdots\boldsymbol{Q}_1^{-1}=\boldsymbol{P}_1^{-1}\cdots\boldsymbol{P}_s^{-1}\boldsymbol{Q}_t^{-1}\cdots\boldsymbol{Q}_1^{-1},$$

因为初等矩阵的逆阵也是初等矩阵,得证.

(3) 由(2)知,可逆矩阵 $\boldsymbol{A}$ 可表示为初等矩阵的乘积, $\boldsymbol{A}=\boldsymbol{P}_1\cdots\boldsymbol{P}_m=\boldsymbol{P}_1\cdots\boldsymbol{P}_m\boldsymbol{I}$, 左乘初等矩阵的逆矩阵,得 $\boldsymbol{P}_1^{-1}\cdots\boldsymbol{P}_m^{-1}\boldsymbol{A}=\boldsymbol{I}$, 这就表明 $\boldsymbol{A}$ 可经初等行变换化为单位矩阵. ▌

由此,我们有下述定理.

定理 2.8 $m\times n$ 矩阵 $\boldsymbol{A}$ 和 $\boldsymbol{B}$ 等价的充要条件是:存在 m 阶可逆矩阵 $\boldsymbol{P}$ 和 n 阶可逆矩阵 $\boldsymbol{Q}$,使得 $\boldsymbol{PAQ}=\boldsymbol{B}$.

证明留给读者.

三、初等变换的一些应用

1. 求逆阵:设 $\boldsymbol{A}$ 是 n 阶可逆矩阵,则存在初等矩阵 $\boldsymbol{P}_1,\cdots,\boldsymbol{P}_s$,使得

$$\boldsymbol{P}_s\cdots\boldsymbol{P}_1\boldsymbol{A}=\boldsymbol{I},\tag{2.9}$$

所以 $\boldsymbol{P}_s\cdots\boldsymbol{P}_1=\boldsymbol{A}^{-1}$,也即

$$\boldsymbol{P}_s\cdots\boldsymbol{P}_1\boldsymbol{I}=\boldsymbol{A}^{-1}.\tag{2.10}$$

(2.9)式和(2.10)式表明,在把 $\boldsymbol{A}$ 化为单位矩阵时,用同样的初等行变换可把单位矩阵化为 $\boldsymbol{A}$ 的逆矩阵 $\boldsymbol{A}^{-1}$,因此我们可以构造 $n\times 2n$ 矩阵:$(\boldsymbol{A},\boldsymbol{I})$,对其进行初等行变换,目标是把 $\boldsymbol{A}$ 化为单位矩阵,由于(2.9)式和(2.10)式成立,即

$$\boldsymbol{P}_s\cdots\boldsymbol{P}_1(\boldsymbol{A},\boldsymbol{I})=(\boldsymbol{P}_s\cdots\boldsymbol{P}_1\boldsymbol{A},\boldsymbol{P}_s\cdots\boldsymbol{P}_1\boldsymbol{I})=(\boldsymbol{I},\boldsymbol{A}^{-1}).$$

上式表明在对矩阵$(\boldsymbol{A},\boldsymbol{I})$进行一系列初等行变换时,当把子块 $\boldsymbol{A}$ 化为单位阵 $\boldsymbol{I}$ 的同时,子块 $\boldsymbol{I}$ 也就变换为 $\boldsymbol{A}^{-1}$了.

例 29 设 $\boldsymbol{A}=\begin{pmatrix}1&1&1\\1&2&1\\1&1&3\end{pmatrix}$,求其逆矩阵 $\boldsymbol{A}^{-1}$.

解 构造 3×6 矩阵$(\boldsymbol{A},\boldsymbol{I})$,并对其进行初等行变换

$$(\boldsymbol{A},\boldsymbol{I})=\left(\begin{array}{ccc:ccc}1&1&1&1&0&0\\1&2&1&0&1&0\\1&1&3&0&0&1\end{array}\right)\xrightarrow[(-1)r_1+r_3]{(-1)r_1+r_2}\begin{pmatrix}1&1&1&1&0&0\\0&1&0&-1&1&0\\0&0&2&-1&0&1\end{pmatrix}$$

$$\xrightarrow{(-1)r_2+r_1}\begin{pmatrix}1&0&1&2&-1&0\\0&1&0&-1&1&0\\0&0&2&-1&0&1\end{pmatrix}\xrightarrow{r_3\times\frac{1}{2}}\begin{pmatrix}1&0&1&2&-1&0\\0&1&0&-1&1&0\\0&0&1&-\frac{1}{2}&0&\frac{1}{2}\end{pmatrix}$$

$$\xrightarrow{(-1)r_3+r_1}\left(\begin{array}{ccc:ccc}1&0&0&\frac{5}{2}&-1&-\frac{1}{2}\\0&1&0&-1&1&0\\0&0&1&-\frac{1}{2}&0&\frac{1}{2}\end{array}\right)\Rightarrow\boldsymbol{A}^{-1}=\begin{pmatrix}\frac{5}{2}&-1&-\frac{1}{2}\\-1&1&0\\-\frac{1}{2}&0&\frac{1}{2}\end{pmatrix}.$$

例 30 设 $A=\begin{pmatrix}1&-1&0&0\\0&1&-1&0\\0&0&1&-1\\0&0&0&1\end{pmatrix}$, $B=\begin{pmatrix}2&1&3&4\\0&2&1&3\\0&0&2&1\\0&0&0&2\end{pmatrix}$,且有 $X(I-B^{-1}A)^{T}B^{T}=I$,求 X.

解 先化简, $X(I-B^{-1}A)^{T}B^{T}=X(I-A^{T}(B^{-1})^{T})B^{T}=X(B^{T}-A^{T}(B^{T})^{-1}B^{T})=X(B^{T}-A^{T})=X(B-A)^{T}=I\Rightarrow X=((B-A)^{T})^{-1}$.

因为 $(B-A)^{T}=\begin{pmatrix}1&0&0&0\\2&1&0&0\\3&2&1&0\\4&3&2&1\end{pmatrix}$,

$$((B-A)^{T},I)=\left(\begin{array}{cccc:cccc}1&0&0&0&1&0&0&0\\2&1&0&0&0&1&0&0\\3&2&1&0&0&0&1&0\\4&3&2&1&0&0&0&1\end{array}\right)$$

$$\xrightarrow[(-4)r_1+r_4]{\substack{(-2)r_1+r_2\\(-3)r_1+r_3}}\begin{pmatrix}1&0&0&0&1&0&0&0\\0&1&0&0&-2&1&0&0\\0&2&1&0&-3&0&1&0\\0&3&2&1&-4&0&0&1\end{pmatrix}$$

$$\xrightarrow[(-3)r_2+r_4]{(-2)r_2+r_3}\begin{pmatrix}1&0&0&0&1&0&0&0\\0&1&0&0&-2&1&0&0\\0&0&1&0&1&-2&1&0\\0&0&2&1&2&-3&0&1\end{pmatrix}$$

$$\xrightarrow{(-2)r_3+r_4}\left(\begin{array}{cccc:cccc}1&0&0&0&1&0&0&0\\0&1&0&0&-2&1&0&0\\0&0&1&0&1&-2&1&0\\0&0&0&1&0&1&-2&1\end{array}\right),$$

所以 $X=((B-A)^{T})^{-1}=\begin{pmatrix}1&0&0&0\\-2&1&0&0\\1&-2&1&0\\0&1&-2&1\end{pmatrix}$.

例 31 试判断矩阵 $\boldsymbol{A}=\begin{pmatrix}1&2&3\\1&-3&5\\1&22&-5\end{pmatrix}$ 是否可逆,若可逆,求其逆阵 $\boldsymbol{A}^{-1}$.

解 $$(\boldsymbol{A},\ \boldsymbol{I})=\left(\begin{array}{ccc:ccc}1&2&3&1&0&0\\1&-3&5&0&1&0\\1&22&-5&0&0&1\end{array}\right)$$

$$\xrightarrow[(-1)r_1+r_3]{(-1)r_1+r_2}\begin{pmatrix}1&2&3&1&0&0\\0&-5&2&-1&1&0\\0&20&-8&-1&0&1\end{pmatrix}$$

$$\xrightarrow{4r_2+r_3}\left(\begin{array}{ccc:ccc}1&2&3&2&-1&0\\0&-5&2&-1&1&0\\0&0&0&-5&4&1\end{array}\right).$$

到此左边子块无法再化为单位矩阵了,这表明矩阵 $\boldsymbol{A}$ 一定不可逆. 请读者思考为什么?

2. 解矩阵方程

(1) 矩阵方程 $\boldsymbol{AX}=\boldsymbol{B}$, 其中 $\boldsymbol{A}$ 是 n 阶可逆矩阵, $\boldsymbol{B}$ 是 $n\times m$ 矩阵, $\boldsymbol{X}$ 则是要求解的 $n\times m$ 未知矩阵,显然,当 $m=1$ 时,方程便是通常的线性方程组.

由方程 $\boldsymbol{AX}=\boldsymbol{B}$, 有 $\boldsymbol{A}^{-1}(\boldsymbol{AX})=\boldsymbol{A}^{-1}\boldsymbol{B}$, 故所求矩阵 $\boldsymbol{X}=\boldsymbol{A}^{-1}\boldsymbol{B}$.

构造 $n\times(n+m)$ 矩阵: $(\boldsymbol{A},\ \boldsymbol{B})$, 由于 $\boldsymbol{A}^{-1}(\boldsymbol{A},\ \boldsymbol{B})=(\boldsymbol{I},\ \boldsymbol{A}^{-1}\boldsymbol{B})$, 而 $\boldsymbol{A}^{-1}$ 可表示为初等矩阵 $\boldsymbol{P}_1,\ \cdots,\ \boldsymbol{P}_s$ 的乘积: $\boldsymbol{P}_s\cdots\boldsymbol{P}_1=\boldsymbol{A}^{-1}$, 故

$$\boldsymbol{P}_s\cdots\boldsymbol{P}_1(\boldsymbol{A},\ \boldsymbol{B})=(\boldsymbol{P}_s\cdots\boldsymbol{P}_1\boldsymbol{A},\ \boldsymbol{P}_s\cdots\boldsymbol{P}_1\boldsymbol{B})=(\boldsymbol{I},\ \boldsymbol{A}^{-1}\boldsymbol{B}).$$

上式表明在对矩阵 $(\boldsymbol{A},\ \boldsymbol{B})$ 进行一系列初等行变换时,在把子块 $\boldsymbol{A}$ 化为单位阵 $\boldsymbol{I}$ 的同时,子块 $\boldsymbol{B}$ 也就变换为 $\boldsymbol{A}^{-1}\boldsymbol{B}$ 了.

例 32 求解下列矩阵方程:

$$\begin{pmatrix}2&1&-1\\2&1&0\\1&-1&1\end{pmatrix}\boldsymbol{X}=\begin{pmatrix}1&4\\-1&3\\3&2\end{pmatrix}.$$

解 $$\left(\begin{array}{ccc:cc}2&1&-1&1&4\\2&1&0&-1&3\\1&-1&1&3&2\end{array}\right)\xrightarrow{r_1\leftrightarrow r_3}\begin{pmatrix}1&-1&1&3&2\\2&1&0&-1&3\\2&1&-1&1&4\end{pmatrix}$$

$$\xrightarrow[(-2)r_1+r_3]{(-2)r_1+r_2}\begin{pmatrix}1&-1&1&3&2\\0&3&-2&-7&-1\\0&3&-3&-5&0\end{pmatrix}\xrightarrow{(-1)r_2+r_3}\begin{pmatrix}1&-1&1&3&2\\0&3&-2&-7&-1\\0&0&-1&2&1\end{pmatrix}$$

$$\xrightarrow[r_3+r_1]{(-2)r_3+r_2}\begin{pmatrix}1&-1&0&5&3\\0&3&0&-11&-3\\0&0&-1&2&1\end{pmatrix}\xrightarrow[r_3\times(-1)]{r_2\times\frac{1}{3}}\begin{pmatrix}1&-1&0&5&3\\0&1&0&-\frac{11}{3}&-1\\0&0&1&-2&-1\end{pmatrix}$$

$$\xrightarrow{r_2+r_1}\left(\begin{array}{ccc:cc}1&0&0&\frac{4}{3}&2\\0&1&0&-\frac{11}{3}&-1\\0&0&1&-2&-1\end{array}\right)\Rightarrow \boldsymbol{X}=\begin{pmatrix}\frac{4}{3}&2\\-\frac{11}{3}&-1\\-2&-1\end{pmatrix}.$$

(2) 矩阵方程 $\boldsymbol{XA}=\boldsymbol{B}$，其中 $\boldsymbol{A}$ 是 n 阶可逆矩阵，$\boldsymbol{B}$ 是 $m\times n$ 矩阵，$\boldsymbol{X}$ 则是要求解的 $m\times n$ 未知矩阵.

由方程 $\boldsymbol{XA}=\boldsymbol{B}$，有 $(\boldsymbol{XA})\boldsymbol{A}^{-1}=\boldsymbol{BA}^{-1}$，故所求矩阵 $\boldsymbol{X}=\boldsymbol{BA}^{-1}$.

构造 $(n+m)\times n$ 矩阵：$\begin{pmatrix}\boldsymbol{A}\\\boldsymbol{B}\end{pmatrix}$，由于 $\begin{pmatrix}\boldsymbol{A}\\\boldsymbol{B}\end{pmatrix}\boldsymbol{A}^{-1}=\begin{pmatrix}\boldsymbol{AA}^{-1}\\\boldsymbol{BA}^{-1}\end{pmatrix}=\begin{pmatrix}\boldsymbol{I}\\\boldsymbol{BA}^{-1}\end{pmatrix}$，而 $\boldsymbol{A}^{-1}$ 可表示为初等矩阵 $\boldsymbol{P}_1,\cdots,\boldsymbol{P}_s$ 的乘积：$\boldsymbol{A}^{-1}=\boldsymbol{P}_1\cdots\boldsymbol{P}_s$，故

$$\begin{pmatrix}\boldsymbol{A}\\\boldsymbol{B}\end{pmatrix}\boldsymbol{P}_1\cdots\boldsymbol{P}_s=\begin{pmatrix}\boldsymbol{AP}_1\cdots\boldsymbol{P}_s\\\boldsymbol{BP}_1\cdots\boldsymbol{P}_s\end{pmatrix}=\begin{pmatrix}\boldsymbol{I}\\\boldsymbol{BA}^{-1}\end{pmatrix}.$$

上式表明在对矩阵 $\begin{pmatrix}\boldsymbol{A}\\\boldsymbol{B}\end{pmatrix}$ 进行一系列初等列变换时，在把子块 $\boldsymbol{A}$ 化为单位阵 $\boldsymbol{I}$ 的同时，子块 $\boldsymbol{B}$ 也就变换为 $\boldsymbol{BA}^{-1}$ 了. 不过通常都习惯作初等行变换，对方程 $\boldsymbol{XA}=\boldsymbol{B}$ 两边取转置，得 $\boldsymbol{A}^{\mathrm{T}}\boldsymbol{X}^{\mathrm{T}}=\boldsymbol{B}^{\mathrm{T}}$，然后用(1)的方法求得 $\boldsymbol{X}^{\mathrm{T}}$，最后再转置得 $\boldsymbol{X}$.

例 33 求解矩阵方程：

$$\begin{pmatrix}1&4\\-1&2\end{pmatrix}\boldsymbol{X}\begin{pmatrix}2&0\\-1&1\end{pmatrix}=\begin{pmatrix}3&1\\0&1\end{pmatrix}.$$

解 若把方程记作 $\boldsymbol{AXB}=\boldsymbol{C}$，$\boldsymbol{XB}=\boldsymbol{Y}$，则 $\boldsymbol{AY}=\boldsymbol{C}$. 先求 $\boldsymbol{Y}$.

$$(\boldsymbol{A},\boldsymbol{C})=\begin{pmatrix}1&4&3&1\\-1&2&0&1\end{pmatrix}\xrightarrow{r_1+r_2}\begin{pmatrix}1&4&3&1\\0&6&3&2\end{pmatrix}\xrightarrow{r_2\times\frac{1}{6}}\begin{pmatrix}1&4&3&1\\0&1&\frac{1}{2}&\frac{1}{3}\end{pmatrix}$$

$$\xrightarrow{(-4)r_2+r_1}\left(\begin{array}{cc:cc}1 & 0 & 1 & -\frac{1}{3} \\ 0 & 1 & \frac{1}{2} & \frac{1}{3}\end{array}\right)\Rightarrow \boldsymbol{Y}=\begin{pmatrix}1 & -\frac{1}{3} \\ \frac{1}{2} & \frac{1}{3}\end{pmatrix},$$

对 $\boldsymbol{XB}=\boldsymbol{Y}$ 转置，得 $\boldsymbol{B}^{\mathrm{T}}\boldsymbol{X}^{\mathrm{T}}=\boldsymbol{Y}^{\mathrm{T}}$，再求 $\boldsymbol{X}^{\mathrm{T}}$.

$$(\boldsymbol{B}^{\mathrm{T}},\boldsymbol{Y}^{\mathrm{T}})=\left(\begin{array}{cc:cc}2 & -1 & 1 & \frac{1}{2} \\ 0 & 1 & -\frac{1}{3} & \frac{1}{3}\end{array}\right)\xrightarrow{r_2+r_1}\left(\begin{array}{cccc}2 & 0 & \frac{2}{3} & \frac{5}{6} \\ 0 & 1 & -\frac{1}{3} & \frac{1}{3}\end{array}\right)$$

$$\xrightarrow{r_1\times\frac{1}{2}}\left(\begin{array}{cc:cc}1 & 0 & \frac{1}{3} & \frac{5}{12} \\ 0 & 1 & -\frac{1}{3} & \frac{1}{3}\end{array}\right)$$

$$\Rightarrow \boldsymbol{X}^{\mathrm{T}}=\begin{pmatrix}\frac{1}{3} & \frac{5}{12} \\ -\frac{1}{3} & \frac{1}{3}\end{pmatrix}\Rightarrow \boldsymbol{X}=\begin{pmatrix}\frac{1}{3} & -\frac{1}{3} \\ \frac{5}{12} & \frac{1}{3}\end{pmatrix}.$$

背景资料(2)

矩阵(matrix)是数学中的一个重要的基本概念，是代数学的一个主要研究对象，也是数学研究和应用的一个重要工具."矩阵"(该词来源于拉丁语，表示一排数的意思)这一术语是英格兰数学家西尔维斯特(J. J. Sylvester, 1814—1897)在1850年首先使用的，他是为了将数字的矩形阵列区别于行列式而发明了这个术语.由于西尔维斯特是犹太人，故他在取得剑桥大学数学荣誉会考第二名的优异成绩时，仍被禁止在剑桥大学任教.从1841年起他接受过一些较低的教授职位，也担任过书记官和律师.经过一些年的努力，他终于成为霍布金斯大学的教授，并于1884年70岁时重返英格兰成为牛津大学的教授.他开创了美国纯数学研究，并创办了《美国数学杂志》.在长达50多年的时间内，他是行列式和矩阵论始终不渝的作者之一.

实际上，矩阵这个课题在诞生之前就已经发展得很好了.从行列式的大量工作中明显地表现出来，为了很多目的，不管行列式的值是否与问题有关，方阵本身都可以研究和使用，矩阵的许多基本性质也是在行列式的发展中建立起来的.在逻辑上，矩阵的概念应先于行列式的概念，然而在历史上次序正好相反.

矩阵作为线性方程组系数的排列形式可以追溯到古代(我国《九章算术》一

书中已有类似形式). 在18世纪,这种排列形式在线性方程组和行列式计算中应用日广. 最早利用矩阵概念的属意大利数学家拉格朗日(J. L. Lagrange, 1736—1813,后移居法国),这一工作在其双线性型研究中得到体现.

从19世纪50年代开始,英国数学家凯莱和西尔维斯特进一步发展了矩阵理论,且把矩阵作为极为重要的研究工具. 凯莱一般被公认为是矩阵论的创立者,因为他首先把矩阵作为一个独立的数学概念提出来,并首先发表了关于这个题目的一系列文章. 1858年,他发表了关于这一课题的第一篇论文《矩阵论的研究报告》,系统地阐述了关于矩阵的理论. 文中他给出了现在通用的一系列定义,如两个矩阵的相等、零矩阵、单位矩阵、两个矩阵的和、一个数与一个矩阵的数量积、两个矩阵的积、矩阵的逆矩阵、转置矩阵等. 凯莱注意到矩阵乘法是可结合的,但一般不可交换. 凯莱出生于一个古老而有才能的英国家庭,剑桥大学三一学院大学毕业后留校讲授数学,3年后他转从律师职业,工作卓有成效,并利用业余时间研究数学,发表了大量的数学论文.

矩阵由最初作为一种工具经过两个多世纪的发展,现在已成为独立的一门数学分支——矩阵论. 而矩阵论又可分为矩阵方程论、矩阵分解论和广义逆矩阵论等矩阵的现代理论. 矩阵及其理论现已应用于自然科学、工程技术、社会科学等许多领域. 如在观测、导航、机器人的位移、化学分子结构的稳定性分析、密码通讯、模糊识别、计算机层析及X射线照相术等方面都有广泛的应用. 随着现代数字计算机的飞速发展和广泛应用,许多实际问题可以通过离散化的数值计算得到定量的解决. 于是作为处理离散问题的线性代数和矩阵计算,成为从事科学研究和工程设计的科技人员必备的数学基础.

习 题 二

(A)

1. 设 $\boldsymbol{A}=\begin{pmatrix}2&1&2\\3&1&3\\1&-1&2\end{pmatrix}$, $\boldsymbol{B}=\begin{pmatrix}2&9&2\\-1&-6&3\\-2&2&-1\end{pmatrix}$, $\boldsymbol{C}=\begin{pmatrix}-2&3&0\\0&1&-1\\-1&2&1\end{pmatrix}$,

(1) 计算 $\boldsymbol{A}-\boldsymbol{B}+\boldsymbol{C}$, $\boldsymbol{A}-2\boldsymbol{B}$, $-\boldsymbol{A}+3\boldsymbol{B}+2\boldsymbol{C}$;

(2) 求矩阵 $\boldsymbol{X}$,使得 $\boldsymbol{A}-\boldsymbol{B}+10\boldsymbol{I}+\boldsymbol{X}=\boldsymbol{O}$;

(3) 求矩阵 $\boldsymbol{X}, \boldsymbol{Y}$,使得 $\begin{cases}\boldsymbol{A}-\boldsymbol{X}=\boldsymbol{C},\\ \boldsymbol{X}+\boldsymbol{Y}=\boldsymbol{B}.\end{cases}$

2. 设 $\boldsymbol{A}=\begin{pmatrix}1&2&-4\\5&10&-1\end{pmatrix}$, $\boldsymbol{B}=\begin{pmatrix}3&6&-12\\15&30&-3\end{pmatrix}$,求数 k,使得 $\boldsymbol{B}=k\boldsymbol{A}$.

3. 设 $\boldsymbol{A}=\begin{pmatrix}2&1&0\\1&1&2\\-1&2&1\end{pmatrix}$, $\boldsymbol{B}=\begin{pmatrix}3&1&-2\\3&-2&4\\-3&5&-1\end{pmatrix}$.

(1) 计算 $\boldsymbol{AB}-\boldsymbol{BA}$；(2) 计算 $\boldsymbol{A}^2-\boldsymbol{A}-\boldsymbol{I}$.

4. 设 $\boldsymbol{A}=\begin{pmatrix}2&1&-1\\1&3&0\\1&-2&1\end{pmatrix}$, $\boldsymbol{B}=\begin{pmatrix}1\\0\\0\end{pmatrix}$, $\boldsymbol{C}=\begin{pmatrix}3\\2\\1\end{pmatrix}$, $\boldsymbol{D}=\begin{pmatrix}2&2&-1\\2&1&0\\-1&0&3\end{pmatrix}$,

$\boldsymbol{X}=\begin{pmatrix}x_1\\x_2\\x_3\end{pmatrix}$.

(1) 计算 $\boldsymbol{AB}$, $\boldsymbol{B}^{\mathrm{T}}\boldsymbol{A}$, $\boldsymbol{B}^{\mathrm{T}}\boldsymbol{C}$, $\boldsymbol{BC}^{\mathrm{T}}$；乘积 $\boldsymbol{BC}$ 是否可以运算，为什么？

(2) 计算 $\boldsymbol{AX}$, $\boldsymbol{X}^{\mathrm{T}}\boldsymbol{DX}$.

5. 用 2×2 的矩阵，说明下列结论不成立：

(1) 若 $\boldsymbol{AB}=\boldsymbol{O}$, 则 $\boldsymbol{A}=\boldsymbol{O}$, 或 $\boldsymbol{B}=\boldsymbol{O}$;

(2) $\boldsymbol{AB}=\boldsymbol{BA}$;

(3) 若 $\boldsymbol{A}^2=\boldsymbol{O}$, 则 $\boldsymbol{A}=\boldsymbol{O}$;

(4) 若 $\boldsymbol{A}^2=\boldsymbol{A}$, 则 $\boldsymbol{A}=\boldsymbol{O}$, 或 $\boldsymbol{A}=\boldsymbol{I}$;

(5) 若 $\boldsymbol{AB}=\boldsymbol{AC}$, 则 $\boldsymbol{A}=\boldsymbol{O}$, 或 $\boldsymbol{B}=\boldsymbol{C}$.

6. 计算矩阵的 n 次幂：

(1) $\begin{pmatrix}1&1\\0&1\end{pmatrix}^n$; (2) $\begin{pmatrix}\cos\theta&\sin\theta\\-\sin\theta&\cos\theta\end{pmatrix}^n$; (3) $\begin{pmatrix}0&1&0\\0&0&1\\0&0&0\end{pmatrix}^n$.

7. 求与下列矩阵 $\boldsymbol{A}$ 可交换的所有矩阵：

(1) $\boldsymbol{A}=\begin{pmatrix}1&1\\0&1\end{pmatrix}$; (2) $\boldsymbol{A}=\begin{pmatrix}0&1&0\\0&0&1\\0&0&0\end{pmatrix}$.

8. (1) 设 $\boldsymbol{A}=\mathrm{diag}(a_1, \cdots, a_n)$，其中 $a_i\neq a_j(i\neq j)$. 证明与 $\boldsymbol{A}$ 可交换的矩阵一定是对角矩阵.

(2) 证明：与任意(同阶)矩阵可交换的矩阵一定是数量矩阵.

9. 证明：

(1) 若 $\boldsymbol{B}$ 与 $\boldsymbol{A}$ 可交换，则 $\boldsymbol{B}^k$ 与 $\boldsymbol{A}$ 也可交换(k 为正整数)；

(2) 若 $\boldsymbol{B}$, $\boldsymbol{C}$ 与 $\boldsymbol{A}$ 可交换，则 $\boldsymbol{B}+\boldsymbol{C}$, $\boldsymbol{BC}$ 与 $\boldsymbol{A}$ 也可交换.

10. 证明：

(1) 若对任意 $n\times 1$ 矩阵 $\boldsymbol{X}$ 成立 $\boldsymbol{AX}=\boldsymbol{O}$,则 $\boldsymbol{A}=\boldsymbol{O}$;

(2) 若对任意 $n\times 1$ 矩阵 $\boldsymbol{X}$ 成立 $\boldsymbol{AX}=\boldsymbol{X}$,则 $\boldsymbol{A}=\boldsymbol{I}$.

11. 设 $\boldsymbol{A}$ 是 n 阶矩阵,证明 $\boldsymbol{A}=\boldsymbol{O}$ 的充分必要条件是 $\boldsymbol{A}^{\mathrm{T}}\boldsymbol{A}=\boldsymbol{O}$.

12. 证明:$(\boldsymbol{AB})^{\mathrm{T}}=\boldsymbol{B}^{\mathrm{T}}\boldsymbol{A}^{\mathrm{T}}$.

13. 设 $\boldsymbol{A}$ 是方矩阵.

(1) 证明 $\boldsymbol{A}+\boldsymbol{A}^{\mathrm{T}}$, $\boldsymbol{AA}^{\mathrm{T}}$, $\boldsymbol{A}^{\mathrm{T}}\boldsymbol{A}$ 均是对称矩阵；

(2) 若 $\boldsymbol{A}$ 是对称矩阵,则 $\boldsymbol{B}^{\mathrm{T}}\boldsymbol{AB}$ 也是对称矩阵.

14. 设 $\boldsymbol{A}$, $\boldsymbol{B}$ 是对称矩阵,则 $\boldsymbol{AB}$ 是对称矩阵的充分必要条件是 $\boldsymbol{AB}=\boldsymbol{BA}$.

15. 设 $\boldsymbol{A}$ 是三阶矩阵,$\boldsymbol{A}^*$ 是 $\boldsymbol{A}$ 的伴随矩阵,$|\boldsymbol{A}|=\dfrac{1}{2}$,求$|(3\boldsymbol{A})^{-1}-2\boldsymbol{A}^*|$.

16. 设方阵 $\boldsymbol{A}$ 满足 $\boldsymbol{A}^2-3\boldsymbol{A}-2\boldsymbol{I}=\boldsymbol{O}$. 试问矩阵 $\boldsymbol{A}$ 是否可逆？若可逆,写出 $\boldsymbol{A}^{-1}$的表达式.

17. 设方阵 $\boldsymbol{A}$ 满足 $\boldsymbol{A}^2-2\boldsymbol{A}-4\boldsymbol{I}=\boldsymbol{O}$. 证明 $\boldsymbol{A}+\boldsymbol{I}$ 非奇异;并写出$(\boldsymbol{A}-3\boldsymbol{I})^{-1}$的表达式.

18. 设方阵 $\boldsymbol{A}$, $\boldsymbol{B}$ 满足 $\boldsymbol{A}^2+\boldsymbol{AB}+\boldsymbol{B}^2=\boldsymbol{O}$,且 $\boldsymbol{B}$ 非奇异. 证明 $\boldsymbol{A}$ 与 $\boldsymbol{A}+\boldsymbol{B}$ 均非奇异.

19. 用伴随矩阵法求 $\boldsymbol{A}^{-1}$：

(1) $\boldsymbol{A}=\begin{pmatrix}1&2\\-3&5\end{pmatrix}$; (2) $\boldsymbol{A}=\begin{pmatrix}3&0&0\\0&-2&0\\0&0&2\end{pmatrix}$; (3) $\boldsymbol{A}=\begin{pmatrix}1&0&0\\1&2&0\\2&1&3\end{pmatrix}$;

(4) $\boldsymbol{A}=\begin{pmatrix}5&2&0&0\\2&1&0&0\\0&0&8&3\\0&0&5&2\end{pmatrix}$; (5) $\boldsymbol{A}=\begin{pmatrix}1&3&0&0&0&0&0\\-1&2&0&0&0&0&0\\0&0&1&0&0&0&0\\0&0&0&1&0&0&0\\0&0&0&0&1&0&0\\0&0&0&0&0&2&5\\0&0&0&0&0&1&3\end{pmatrix}$.

20. 按矩阵 $\boldsymbol{A}(\boldsymbol{B})$的指定分块,对矩阵 $\boldsymbol{B}(\boldsymbol{A})$作相应的分块,并利用分块矩阵的乘法求出 $\boldsymbol{AB}$：

(1) $\boldsymbol{A}=\left(\begin{array}{c:cc}2&1&0\\1&0&1\\0&2&1\\0&0&3\end{array}\right)$, $\boldsymbol{B}=\begin{pmatrix}1&2&1&0\\-1&0&0&1\\0&-1&0&0\end{pmatrix}$;

(2) $\boldsymbol{A}=\begin{pmatrix}0&1&2\\2&1&3\\1&-1&0\end{pmatrix}$, $\boldsymbol{B}=\left(\begin{array}{cc}0&1\\ \hdashline 1&0\\0&1\end{array}\right)$.

21. 求$\begin{pmatrix}\boldsymbol{O}&\boldsymbol{A}\\\boldsymbol{B}&\boldsymbol{O}\end{pmatrix}$的逆矩阵,其中$\boldsymbol{A}$, $\boldsymbol{B}$是可逆矩阵.

22. 利用初等变换方法求$\boldsymbol{A}^{-1}$:

(1) $\boldsymbol{A}=\begin{pmatrix}0&2&-1\\1&1&2\\-1&-1&-1\end{pmatrix}$; (2) $\boldsymbol{A}=\begin{pmatrix}1&2&-3\\3&2&-4\\2&-1&0\end{pmatrix}$;

(3) $\boldsymbol{A}=\begin{pmatrix}1&2&3&4\\2&3&1&2\\1&1&1&-1\\1&0&-2&-6\end{pmatrix}$.

23. 求矩阵$\boldsymbol{X}$,使得

(1) $\begin{pmatrix}2&5\\1&3\end{pmatrix}\boldsymbol{X}=\begin{pmatrix}4&-6\\2&1\end{pmatrix}$; (2) $\boldsymbol{X}\begin{pmatrix}1&3\\-1&2\end{pmatrix}=\begin{pmatrix}0&-5\\10&5\\-15&0\end{pmatrix}$;

(3) $\begin{pmatrix}0&1&0\\1&0&0\\0&0&1\end{pmatrix}\boldsymbol{X}\begin{pmatrix}1&0&0\\0&0&1\\0&1&0\end{pmatrix}=\begin{pmatrix}1&-4&3\\2&0&-10\\1&-2&0\end{pmatrix}$.

24. 利用逆矩阵,求下列方程组的解:

(1) $\begin{cases}x_1+x_2+x_3=0,\\x_1+2x_2+2x_3=-1,\\x_1+2x_2+3x_3=-2;\end{cases}$ (2) $\begin{cases}-2x_1+x_2=-1,\\x_1-2x_2+x_3=0,\\x_2-2x_3=-1.\end{cases}$

25. 设矩阵

$$\boldsymbol{A}=\begin{pmatrix}2&1&0\\-1&1&0\\1&0&1\end{pmatrix},\ \boldsymbol{B}=\begin{pmatrix}1&0&0\\2&-1&0\\1&0&2\end{pmatrix},$$

计算:(1) $\boldsymbol{A}^{-\mathrm{T}}(\boldsymbol{A}^{-\mathrm{T}}+\boldsymbol{I})^{-1}$; (2) $(\boldsymbol{B}^{-1}\boldsymbol{A}+\boldsymbol{I})^{-1}\boldsymbol{B}^{-1}$.

26. 利用矩阵的初等行变换,化矩阵为阶梯形矩阵和最简阶梯形矩阵:

(1) $\begin{pmatrix}1&2&3\\3&1&2\\2&3&1\end{pmatrix}$; (2) $\begin{pmatrix}2&3&4&3\\-4&0&8&6\\1&1&-1&-1\end{pmatrix}$;

(3) $\begin{pmatrix} 2 & 0 & 3 & 1 & 4 \\ 3 & -5 & 4 & 2 & 7 \\ 1 & 5 & 2 & 0 & 1 \end{pmatrix}$；(4) $\begin{pmatrix} 2 & 1 & -30 & 5 \\ 1 & 0 & 4 & -1 \\ -3 & -2 & 10 & -11 \\ -1 & 1 & -15 & 8 \end{pmatrix}$.

27. 利用矩阵的初等变换,化矩阵为标准形：

(1) $\begin{pmatrix} 1 & 0 & 0 \\ 1 & 2 & 0 \\ 2 & 1 & 0 \end{pmatrix}$；(2) $\begin{pmatrix} 5 & 2 & 0 & 0 \\ 2 & 1 & 0 & 0 \\ 0 & 0 & 8 & 3 \\ 0 & 0 & 5 & 2 \end{pmatrix}$；

(3) $\begin{pmatrix} 1 & -1 & 3 & -4 & 3 \\ 3 & -3 & 5 & -4 & 1 \\ 2 & -2 & 3 & -2 & 0 \\ 3 & -3 & 4 & -2 & -1 \end{pmatrix}$.

(B)

1. 设 $\boldsymbol{A}$, $\boldsymbol{B}$ 是 n 阶矩阵,证明 $\boldsymbol{AB}-\boldsymbol{BA}$ 的主对角元之和等于零.

2. 设 $\boldsymbol{A}=\begin{pmatrix} 1 & 1 & 0 \\ 0 & 1 & 1 \\ 0 & 0 & 1 \end{pmatrix}$.

(1) 若 $f(x)=3x^5-2x^3+x-5$, 计算 $f(\boldsymbol{A})$；

(2) 计算矩阵 $\boldsymbol{A}$ 的 n 次幂 $\boldsymbol{A}^n$；

(3) 若 $g(x)=a_kx^k+a_{k-1}x^{k-1}+\cdots+a_1x+a_0$, 计算 $g(\boldsymbol{A})$.

3. 设 $\boldsymbol{A}=\begin{pmatrix} 1 & 0 & 0 \\ 1 & 0 & 1 \\ 0 & 1 & 0 \end{pmatrix}$,证明:当 $n\geqslant 3$ 时,恒有 $\boldsymbol{A}^n=\boldsymbol{A}^{n-2}+\boldsymbol{A}^2-\boldsymbol{I}$, 并求 $\boldsymbol{A}^{100}$.

4. 设 $\boldsymbol{A}=\begin{pmatrix} a & b \\ 0 & c \end{pmatrix}$,其中 a, b, c 为实数,试求 a, b, c 的一切可能值,使得 $\boldsymbol{A}^{100}=\boldsymbol{I}$.

5. 证明:不存在奇数阶的可逆反对称矩阵.

6. 设 $\boldsymbol{A}=\begin{pmatrix} 0 & a_1 & 0 & \cdots & 0 \\ 0 & 0 & a_2 & \cdots & 0 \\ \vdots & \vdots & \vdots & \ddots & \vdots \\ 0 & 0 & 0 & \cdots & a_{n-1} \\ a_n & 0 & 0 & \cdots & 0 \end{pmatrix}$,其中 $a_i\neq 0$, $i=1, 2, \cdots, n$. 求 $\boldsymbol{A}^{-1}$.

7. (1) 设$\boldsymbol{A}$, $\boldsymbol{B}$是上三角矩阵,证明$\boldsymbol{AB}$也是上三角矩阵,且$\boldsymbol{AB}$的主对角元等于$\boldsymbol{A}$的主对角元与$\boldsymbol{B}$的主对角元的乘积;

(2) 设$\boldsymbol{A}$是非奇异上三角矩阵,证明$\boldsymbol{A}^{-1}$也是上三角矩阵,且$\boldsymbol{A}^{-1}$的主对角元等于$\boldsymbol{A}$的主对角元倒数.

8. 证明:若$\boldsymbol{A}$可逆,则$|\boldsymbol{A}^{-1}| = \dfrac{1}{|\boldsymbol{A}|}$.

9. 设$\boldsymbol{A}$是n阶方阵,$\boldsymbol{A}^*$是$\boldsymbol{A}$的伴随矩阵.

(1) 证明:$|\boldsymbol{A}^*| = |\boldsymbol{A}|^{n-1}$;

(2) 用$\boldsymbol{A}$表示$(\boldsymbol{A}^*)^*$,并求$|(\boldsymbol{A}^*)^*|$.

10. 设$\boldsymbol{A}$, $\boldsymbol{B}$是n阶可逆阵.

(1) $\boldsymbol{A}+\boldsymbol{B}$是否可逆?

(2) 若$\boldsymbol{A}+\boldsymbol{B}$可逆,证明$\boldsymbol{A}^{-1}+\boldsymbol{B}^{-1}$也可逆,并求出其逆阵;

(3) 若$\boldsymbol{I}+\boldsymbol{AB}$可逆,证明$\boldsymbol{I}+\boldsymbol{BA}$也可逆,且$(\boldsymbol{I}+\boldsymbol{BA})^{-1} = \boldsymbol{I}-\boldsymbol{B}(\boldsymbol{I}+\boldsymbol{AB})^{-1}\boldsymbol{A}$.

11. 设$\boldsymbol{A}$, $\boldsymbol{B}$是n阶矩阵. 证明:$\begin{vmatrix} \boldsymbol{A} & \boldsymbol{B} \\ \boldsymbol{B} & \boldsymbol{A} \end{vmatrix} = |\boldsymbol{A}+\boldsymbol{B}|\,|\boldsymbol{A}-\boldsymbol{B}|$.

12. 设$\boldsymbol{A}$, $\boldsymbol{B}$, $\boldsymbol{C}$, $\boldsymbol{D}$均为n阶方阵,证明:

(1) 分块矩阵$\boldsymbol{U} = \begin{pmatrix} \boldsymbol{A} & \boldsymbol{B} \\ \boldsymbol{B} & \boldsymbol{A} \end{pmatrix}$可逆的充分必要条件是$\boldsymbol{A}+\boldsymbol{B}$与$\boldsymbol{A}-\boldsymbol{B}$都可逆;

(2) 若$\boldsymbol{A}$, $\boldsymbol{B}$均可逆,则分块矩阵$\boldsymbol{V} = \begin{pmatrix} \boldsymbol{A} & \boldsymbol{D} \\ \boldsymbol{C} & \boldsymbol{B} \end{pmatrix}$可逆的充分必要条件是$\boldsymbol{A}-\boldsymbol{DB}^{-1}\boldsymbol{C}$和$\boldsymbol{B}-\boldsymbol{CA}^{-1}\boldsymbol{D}$都可逆.

13. 设$\boldsymbol{A}$, $\boldsymbol{B}$是$m \times n$矩阵.

(1) 证明:$\boldsymbol{A}$, $\boldsymbol{B}$等价的充分必要条件是$\boldsymbol{A}$, $\boldsymbol{B}$有相同的标准形;

(2) 判别$\boldsymbol{A} = \begin{pmatrix} 0 & 1 & 2 \\ 1 & 1 & 4 \\ 2 & -1 & 0 \end{pmatrix}$与$\boldsymbol{B} = \begin{pmatrix} 1 & 0 & 0 \\ 0 & 1 & 0 \\ 3 & 2 & 1 \end{pmatrix}$的等价性.

14. 证明:初等矩阵的转置矩阵仍是同种类型的初等矩阵.

15. 证明:若矩阵$\boldsymbol{A}$与$\boldsymbol{B}$等价,且$\boldsymbol{B}$与$\boldsymbol{C}$等价,则$\boldsymbol{A}$与$\boldsymbol{C}$等价.

第三章 向量空间简介

向量空间的理论起源于对线性方程组解的研究. 本章将首先引入向量和向量空间的基本概念,介绍向量的线性运算,讨论向量组的线性相关性,然后介绍极大线性无关组、向量组的秩、矩阵的秩的定义及其一些基本性质. 最后我们用向量的内积定义给出正交向量组的概念. 本章的重点是向量组的线性相关性;难点是线性无关向量组的正交化方法.

§3.1 n 维向量

一、n 维向量的定义

定义 3.1 由 n 个实数组成的有序数组

$$(a_1, a_2, \cdots, a_n)$$

称为 **n 维向量**,其中 a_i 称为向量的第 i 个分量. 向量一般用 $\boldsymbol{\alpha}, \boldsymbol{\beta}, \boldsymbol{\gamma}, \cdots$ 等小写的希腊字母表示.

向量既可以写成一行 $\boldsymbol{\alpha}=(a_1, a_2, \cdots, a_n)$,称为**行向量**;也可以写成一列

$$\boldsymbol{\beta}=\begin{pmatrix} b_1 \\ b_2 \\ \vdots \\ b_n \end{pmatrix},$$

称为**列向量**. 它们都是矩阵的特殊情况,可以把列向量看成一个列矩阵,行向量看成一个行矩阵,利用矩阵的转置,有

$$\boldsymbol{\alpha}=(a_1, a_2, \cdots, a_n)=\begin{pmatrix} a_1 \\ a_2 \\ \vdots \\ a_n \end{pmatrix}^{\mathrm{T}} \text{ 或 } \boldsymbol{\beta}=\begin{pmatrix} b_1 \\ b_2 \\ \vdots \\ b_n \end{pmatrix}=(b_1, b_2, \cdots, b_n)^{\mathrm{T}}.$$

在解析几何中，我们把既有大小又有方向的量称为**向量**. 例如，在平面直角坐标系中，以坐标原点 O 为起点、以点 $P(x, y)$ 为终点的有向线段 $\overrightarrow{OP}$ 称为**二维向量**，记作 (x, y)，如图 3-1 所示.

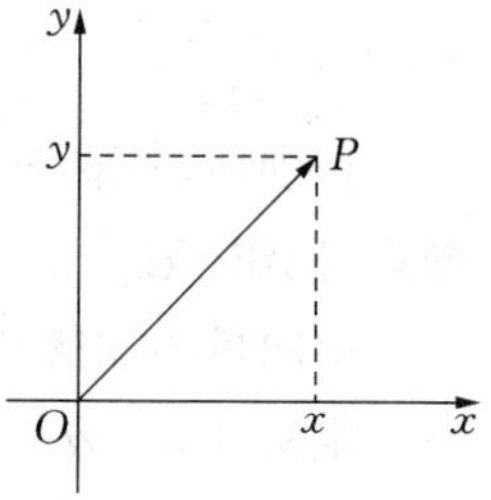

图 3-1

同样，在空间直角坐标系中，以坐标原点 O 为起点、以点 $P(x, y, z)$ 为终点的有向线段 $\overrightarrow{OP}$ 称为**三维向量**，记作 (x, y, z). 几何上的向量可以认为是 n 维向量的特殊情形，即 $n=2, 3$. 在 $n>3$ 时，n 维向量就没有直观的几何意义了. 我们之所以仍称它为向量，一方面固然是由于它包含通常的向量作为特殊情形，另一方面也由于它与通常的向量却有许多共同的性质，因而采用这样一个几何的名词有好处.

本书在没有特别说明时，向量均指列向量.

分量都是零的向量称为**零向量**，记作 $\mathbf{0}$，即

$$\mathbf{0}=\begin{pmatrix}0\\0\\\vdots\\0\end{pmatrix}=(0, 0, \cdots, 0)^{\mathrm{T}}.$$

既然向量是特殊的矩阵，因此容易给出如下向量相等及向量线性运算的定义.

定义 3.2　如果两个 n 维向量

$$\boldsymbol{\alpha}=(a_1, a_2, \cdots, a_n)^{\mathrm{T}},\ \boldsymbol{\beta}=(b_1, b_2, \cdots, b_n)^{\mathrm{T}}$$

的对应分量相等，即 $a_i=b_i\ (i=1, 2, \cdots, n)$，则称 $\boldsymbol{\alpha}$ 与 $\boldsymbol{\beta}$ 是**相等**的，记作 $\boldsymbol{\alpha}=\boldsymbol{\beta}$.

二、向量的线性运算

定义 3.3　两个 n 维向量

$$\boldsymbol{\alpha}=(a_1, a_2, \cdots, a_n)^{\mathrm{T}},\ \boldsymbol{\beta}=(b_1, b_2, \cdots, b_n)^{\mathrm{T}}$$

的各对应分量之和所组成的向量，称为向量 $\boldsymbol{\alpha}$ 与 $\boldsymbol{\beta}$ 的**和**，记作 $\boldsymbol{\alpha}+\boldsymbol{\beta}$，即

$$\boldsymbol{\alpha}+\boldsymbol{\beta}=(a_1+b_1, a_2+b_2, \cdots, a_n+b_n)^{\mathrm{T}}.$$

定义 3.4　n 维向量

$$\boldsymbol{\alpha}=(a_1, a_2, \cdots, a_n)^{\mathrm{T}}$$

的各个分量都乘以 k(k 为任意实数)所组成的向量,称为 k 与 $\boldsymbol{\alpha}$ 的**数乘**,记作 $k\boldsymbol{\alpha}$,即

$$k\boldsymbol{\alpha} = (ka_1, ka_2, \cdots, ka_n)^{\mathrm{T}}.$$

特别地,若取 $k=-1$,向量 $(-1)\boldsymbol{\alpha} = (-a_1, -a_2, \cdots, -a_n)^{\mathrm{T}}$ 称为 $\boldsymbol{\alpha}$ 的**负向量**,记作 $-\boldsymbol{\alpha}$.

由向量的加法及负向量的定义,我们可以定义向量的减法.

定义 3.5 $\boldsymbol{\alpha}-\boldsymbol{\beta} = \boldsymbol{\alpha}+(-\boldsymbol{\beta})$ 称为向量 $\boldsymbol{\alpha}$ 与 $\boldsymbol{\beta}$ 的差.

向量的加法、减法及数乘运算,统称为**向量的线性运算**.

定义 3.6 所有 n 维实向量组成的集合称为 **n 维实向量空间**,记作 $\mathbf{R}^n$. 它是指在 $\mathbf{R}^n$ 中定义的加法及数乘运算是封闭的,并且这两种运算满足以下 8 条运算规则:

(1) $\boldsymbol{\alpha}+\boldsymbol{\beta} = \boldsymbol{\beta}+\boldsymbol{\alpha}$;

(2) $(\boldsymbol{\alpha}+\boldsymbol{\beta})+\boldsymbol{\gamma} = \boldsymbol{\alpha}+(\boldsymbol{\beta}+\boldsymbol{\gamma})$;

(3) $\boldsymbol{\alpha}+\mathbf{0} = \boldsymbol{\alpha}$;

(4) $\boldsymbol{\alpha}+(-\boldsymbol{\alpha}) = \mathbf{0}$;

(5) $1\cdot\boldsymbol{\alpha} = \boldsymbol{\alpha}$;

(6) $k(l\boldsymbol{\alpha}) = (kl)\boldsymbol{\alpha}$;

(7) $(k+l)\boldsymbol{\alpha} = k\boldsymbol{\alpha}+l\boldsymbol{\alpha}$;

(8) $k(\boldsymbol{\alpha}+\boldsymbol{\beta}) = k\boldsymbol{\alpha}+k\boldsymbol{\beta}$.

其中 $\boldsymbol{\alpha}, \boldsymbol{\beta}, \boldsymbol{\gamma}$ 都是 n 维向量,k, l 为实数.

当 $n=2$ 时,$\mathbf{R}^2$ 就是二维几何空间,即平面;当 $n=3$ 时,$\mathbf{R}^3$ 就是三维几何空间.

本书中所提到的向量都是实向量空间中的向量.

例 1 二维实向量加法与数乘的几何意义. 设在平面直角坐标系内有两个向量 $\boldsymbol{\alpha} = (a_1, a_2)$, $\boldsymbol{\beta} = (b_1, b_2)$,则 $\boldsymbol{\alpha}+\boldsymbol{\beta} = (a_1+b_1, a_2+b_2)$, 如图 3-2 所示,这与用平行四边形法则求两个向量的和所得的结果是一致的. 而 $k\boldsymbol{\alpha} = (ka_1, ka_2)$ 表示将向量 $\boldsymbol{\alpha}$ 伸长 k 倍. 若 $k>0$, 则表示 $\boldsymbol{\alpha}$ 在正方向伸长 k 倍,如图 3-3 所示;若 $k<0$, 则表示 $\boldsymbol{\alpha}$ 在反方向伸长 $|k|$ 倍.

例 2 设向量 $\boldsymbol{\alpha} = (1, 1, 0)^{\mathrm{T}}$, $\boldsymbol{\beta} = (2, 0, -1)^{\mathrm{T}}$,向量 $\boldsymbol{\gamma}$ 满足 $2\boldsymbol{\alpha}-\boldsymbol{\beta}+3\boldsymbol{\gamma} = \mathbf{0}$,求 向量 $\boldsymbol{\gamma}$.

解 因为 $2\boldsymbol{\alpha}-\boldsymbol{\beta}+3\boldsymbol{\gamma} = \mathbf{0}$, 所以

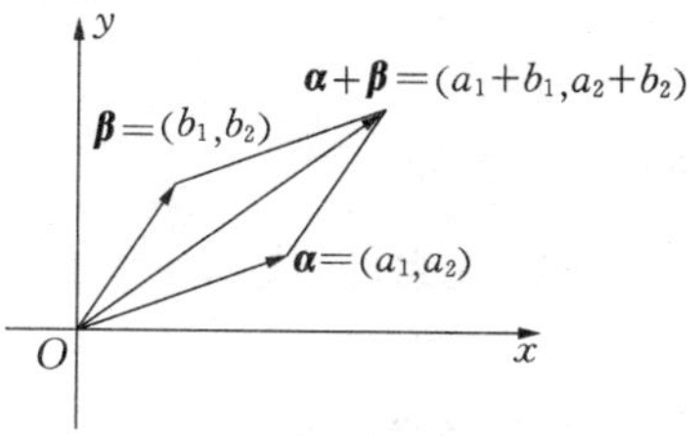

图 3-2

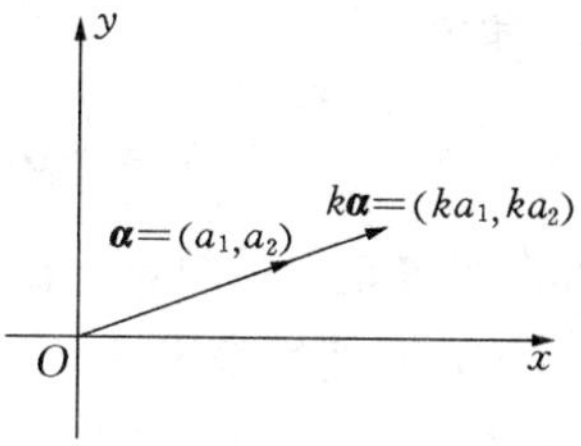

图 3-3

$$\gamma=\frac{1}{3}(\beta-2\alpha)=\frac{1}{3}\beta-\frac{2}{3}\alpha=\left(\frac{2}{3},0,-\frac{1}{3}\right)^{\mathrm{T}}-\left(\frac{2}{3},\frac{2}{3},0\right)^{\mathrm{T}}$$
$$=\left(0,-\frac{2}{3},-\frac{1}{3}\right)^{\mathrm{T}}.$$

§3.2　向量组的线性关系

一些同维数的列向量(或行向量)所组成的集合称为**向量组**. 例如,一个 $m\times n$ 矩阵

$$A=\begin{pmatrix}a_{11} & a_{12} & \cdots & a_{1n}\\ a_{21} & a_{22} & \cdots & a_{2n}\\ \vdots & \vdots & & \vdots\\ a_{m1} & a_{m2} & \cdots & a_{mn}\end{pmatrix}$$

的每一列 $\alpha_j=(a_{1j},a_{2j},\cdots,a_{mj})^{\mathrm{T}}$ $(j=1,2,\cdots,n)$ 都是 m 维向量,它们组成的向量组 $\alpha_1,\alpha_2,\cdots,\alpha_n$ 称为矩阵 A 的列向量组.

$m\times n$ 矩阵 $A=(a_{ij})$ 的每一行 $\beta_i=(a_{i1},a_{i2},\cdots,a_{in})$ $(i=1,2,\cdots,m)$ 都是 n 维行向量,它们组成的向量组 $\beta_1,\beta_2,\cdots,\beta_m$ 称为矩阵 A 的行向量组.

反之,由有限个同维数的向量所组成的向量组也可以构成一个矩阵. 例如

$$A=\begin{pmatrix}a_{11} & a_{12} & \cdots & a_{1n}\\ a_{21} & a_{22} & \cdots & a_{2n}\\ \vdots & \vdots & & \vdots\\ a_{m1} & a_{m2} & \cdots & a_{mn}\end{pmatrix}=(\alpha_1,\alpha_2,\cdots,\alpha_n)=\begin{pmatrix}\beta_1\\ \beta_2\\ \vdots\\ \beta_m\end{pmatrix}.$$

一、向量的线性组合

定义 3.7　设 $\beta,\alpha_1,\alpha_2,\cdots,\alpha_s$ 为 n 维向量组,如果存在一组数 k_1,

$k_2, \cdots, k_s$,使得

$$\boldsymbol{\beta} = k_1\boldsymbol{\alpha}_1 + k_2\boldsymbol{\alpha}_2 + \cdots + k_s\boldsymbol{\alpha}_s$$

成立,则称向量 $\boldsymbol{\beta}$ 是向量组 $\boldsymbol{\alpha}_1, \boldsymbol{\alpha}_2, \cdots, \boldsymbol{\alpha}_s$ 的**线性组合**,或称向量 $\boldsymbol{\beta}$ 可以由向量组 $\boldsymbol{\alpha}_1, \boldsymbol{\alpha}_2, \cdots, \boldsymbol{\alpha}_s$ **线性表出**.

由定义不难验证,每一个向量都可以经它自身线性表出.

例 3 任何一个 n 维向量 $\boldsymbol{\alpha} = (a_1, a_2, \cdots, a_n)^{\mathrm{T}}$ 是 n 维向量组 $\boldsymbol{\varepsilon}_1 = (1, 0, \cdots, 0)^{\mathrm{T}}, \boldsymbol{\varepsilon}_2 = (0, 1, 0, \cdots, 0)^{\mathrm{T}}, \cdots, \boldsymbol{\varepsilon}_n = (0, 0, \cdots, 0, 1)^{\mathrm{T}}$ 的线性组合.

证明 因为 $\boldsymbol{\alpha} = a_1\boldsymbol{\varepsilon}_1 + a_2\boldsymbol{\varepsilon}_2 + \cdots + a_n\boldsymbol{\varepsilon}_n$. ▌

这里的 $\boldsymbol{\varepsilon}_1, \boldsymbol{\varepsilon}_2, \cdots, \boldsymbol{\varepsilon}_n$ 称为 **n 维单位向量组**.

例 4 零向量可以被任何向量组 $\boldsymbol{\alpha}_1, \boldsymbol{\alpha}_2, \cdots, \boldsymbol{\alpha}_s$ 线性表出.

证明 这是因为 $\mathbf{0} = 0\boldsymbol{\alpha}_1 + 0\boldsymbol{\alpha}_2 + \cdots + 0\boldsymbol{\alpha}_s$. ▌

设 m 维向量组为

$$\boldsymbol{\alpha}_1 = \begin{pmatrix} a_{11} \\ a_{21} \\ \vdots \\ a_{m1} \end{pmatrix}, \boldsymbol{\alpha}_2 = \begin{pmatrix} a_{12} \\ a_{22} \\ \vdots \\ a_{m2} \end{pmatrix}, \cdots, \boldsymbol{\alpha}_n = \begin{pmatrix} a_{1n} \\ a_{2n} \\ \vdots \\ a_{mn} \end{pmatrix}, \boldsymbol{\beta} = \begin{pmatrix} b_1 \\ b_2 \\ \vdots \\ b_m \end{pmatrix},$$

则由向量的线性运算,知下式

$$x_1\begin{pmatrix} a_{11} \\ a_{21} \\ \vdots \\ a_{m1} \end{pmatrix} + x_2\begin{pmatrix} a_{12} \\ a_{22} \\ \vdots \\ a_{m2} \end{pmatrix} + \cdots + x_n\begin{pmatrix} a_{1n} \\ a_{2n} \\ \vdots \\ a_{mn} \end{pmatrix} = \begin{pmatrix} b_1 \\ b_2 \\ \vdots \\ b_m \end{pmatrix}$$

为 n 元线性方程组

$$\begin{cases} a_{11}x_1 + a_{12}x_2 + \cdots + a_{1n}x_n = b_1, \\ a_{21}x_1 + a_{22}x_2 + \cdots + a_{2n}x_n = b_2, \\ \cdots\cdots\cdots\cdots \\ a_{m1}x_1 + a_{m2}x_2 + \cdots + a_{mn}x_n = b_m. \end{cases} \tag{3.1}$$

于是方程组(3.1)可以写成如下形式

$$x_1\boldsymbol{\alpha}_1 + x_2\boldsymbol{\alpha}_2 + \cdots + x_n\boldsymbol{\alpha}_n = \boldsymbol{\beta}, \tag{3.2}$$

称(3.2)为线性方程组(3.1)的向量形式.

如果方程组(3.1)有解 $x_j = k_j\ (j = 1, 2, \cdots, n)$，则

$$k_1\boldsymbol{\alpha}_1 + k_2\boldsymbol{\alpha}_2 + \cdots + k_n\boldsymbol{\alpha}_n = \boldsymbol{\beta},$$

即向量 $\boldsymbol{\beta}$ 可由向量组 $\boldsymbol{\alpha}_1, \boldsymbol{\alpha}_2, \cdots, \boldsymbol{\alpha}_n$ 线性表出. 反之，若存在一组数 $k_1, k_2, \cdots, k_n$ 使得上式成立，则 $x_j = k_j\ (j = 1, 2, \cdots, n)$ 必为线性方程组(3.1)的解. 由此可知，线性方程组(3.1)有解的充分必要条件是向量 $\boldsymbol{\beta}$ 可由向量组 $\boldsymbol{\alpha}_1, \boldsymbol{\alpha}_2, \cdots, \boldsymbol{\alpha}_n$ 线性表出.

以上讨论表明了线性方程组解的存在性问题和向量线性表出之间的密切关系.

二、线性相关与线性无关

定义 3.8　设 $\boldsymbol{\alpha}_1, \boldsymbol{\alpha}_2, \cdots, \boldsymbol{\alpha}_s$ 为 n 维向量组，如果存在一组不全为零的数 $k_1, k_2, \cdots, k_s$，使得

$$k_1\boldsymbol{\alpha}_1 + k_2\boldsymbol{\alpha}_2 + \cdots + k_s\boldsymbol{\alpha}_s = \mathbf{0},$$

则称 $\boldsymbol{\alpha}_1, \boldsymbol{\alpha}_2, \cdots, \boldsymbol{\alpha}_s$ **线性相关**，否则称 $\boldsymbol{\alpha}_1, \boldsymbol{\alpha}_2, \cdots, \boldsymbol{\alpha}_s$ **线性无关**.

由定义可知，向量组 $\boldsymbol{\alpha}_1, \boldsymbol{\alpha}_2, \cdots, \boldsymbol{\alpha}_s$ 称为线性无关，如果

$$k_1\boldsymbol{\alpha}_1 + k_2\boldsymbol{\alpha}_2 + \cdots + k_s\boldsymbol{\alpha}_\sigma = \mathbf{0}$$

只有当 $k_1 = k_2 = \cdots = k_s = 0$ 时才成立.

若向量组仅含有一个向量 $\boldsymbol{\alpha}$，由定义 3.8 可得：当 $\boldsymbol{\alpha}$ 为零向量时是线性相关的；当 $\boldsymbol{\alpha}$ 为非零向量时是线性无关的.

若向量组仅含有两个向量 $\boldsymbol{\alpha}, \boldsymbol{\beta}$，由定义 3.8 可得：$\boldsymbol{\alpha}$ 与 $\boldsymbol{\beta}$ 线性相关的充分必要条件是 $\boldsymbol{\alpha}$ 与 $\boldsymbol{\beta}$ 的对应分量成比例，即 $\boldsymbol{\beta} = k\boldsymbol{\alpha}$.

例 5　判断向量组 $\boldsymbol{\alpha}_1 = (1, 0)^T, \boldsymbol{\alpha}_2 = (1, 1)^T$ 是否线性相关.

解　考察 $k_1\boldsymbol{\alpha}_1 + k_2\boldsymbol{\alpha}_2 = k_1(1, 0)^T + k_2(1, 1)^T = \mathbf{0}$，解得 $k_1 = k_2 = 0$，所以向量组 $\boldsymbol{\alpha}_1 = (1, 0)^T, \boldsymbol{\alpha}_2 = (1, 1)^T$ 线性无关. 很显然，$\boldsymbol{\alpha}_1$ 与 $\boldsymbol{\alpha}_2$ 不成比例.

例 6　证明：包含零向量的向量组一定线性相关.

证明　考虑 n 维向量组 $\mathbf{0}, \boldsymbol{\alpha}_1, \boldsymbol{\alpha}_2, \cdots, \boldsymbol{\alpha}_s$. 由例 4 知

$$\mathbf{0} = 0\boldsymbol{\alpha}_1 + 0\boldsymbol{\alpha}_2 + \cdots + 0\boldsymbol{\alpha}_s,$$

即

$$1 \cdot \mathbf{0} + 0\boldsymbol{\alpha}_1 + 0\boldsymbol{\alpha}_2 + \cdots + 0\boldsymbol{\alpha}_s = \mathbf{0},$$

其中 $k_1 = 1, k_2 = k_3 = \cdots = k_{s+1} = 0$ 不全为零，从而向量组 $\mathbf{0}, \boldsymbol{\alpha}_1, \boldsymbol{\alpha}_2, \cdots, \boldsymbol{\alpha}_s$

线性相关. ∎

例 7 证明:n 维单位向量组 $\boldsymbol{\varepsilon}_1, \boldsymbol{\varepsilon}_2, \cdots, \boldsymbol{\varepsilon}_n$ 必线性无关.

证明 设 $k_1\boldsymbol{\varepsilon}_1+k_2\boldsymbol{\varepsilon}_2+\cdots+k_n\boldsymbol{\varepsilon}_n=\mathbf{0}$, 即

$$k_1(1, 0, \cdots, 0)^{\mathrm{T}}+k_2(0, 1, 0, \cdots, 0)^{\mathrm{T}}+\cdots+k_n(0, 0, \cdots, 0, 1)^{\mathrm{T}}$$
$$=(k_1, k_2, \cdots, k_n)^{\mathrm{T}}=\mathbf{0}.$$

于是 $k_1=k_2=\cdots=k_n=0$, 从而向量组 $\boldsymbol{\varepsilon}_1, \boldsymbol{\varepsilon}_2, \cdots, \boldsymbol{\varepsilon}_n$ 线性无关. ∎

例 8 设向量组 $\boldsymbol{\alpha}_1, \boldsymbol{\alpha}_2, \boldsymbol{\alpha}_3, \boldsymbol{\alpha}_4$ 线性无关,又向量组 $\boldsymbol{\beta}_1=\boldsymbol{\alpha}_1+\boldsymbol{\alpha}_2, \boldsymbol{\beta}_2=\boldsymbol{\alpha}_2+\boldsymbol{\alpha}_3, \boldsymbol{\beta}_3=\boldsymbol{\alpha}_3+\boldsymbol{\alpha}_4, \boldsymbol{\beta}_4=\boldsymbol{\alpha}_4+\boldsymbol{\alpha}_1$. 试讨论向量组 $\boldsymbol{\beta}_1, \boldsymbol{\beta}_2, \boldsymbol{\beta}_3, \boldsymbol{\beta}_4$ 的线性相关性.

解 从定义出发,考察

$$k_1\boldsymbol{\beta}_1+k_2\boldsymbol{\beta}_2+k_3\boldsymbol{\beta}_3+k_4\boldsymbol{\beta}_4=\mathbf{0},$$

由于

$$k_1\boldsymbol{\beta}_1+k_2\boldsymbol{\beta}_2+k_3\boldsymbol{\beta}_3+k_4\boldsymbol{\beta}_4=k_1(\boldsymbol{\alpha}_1+\boldsymbol{\alpha}_2)+k_2(\boldsymbol{\alpha}_2+\boldsymbol{\alpha}_3)+k_3(\boldsymbol{\alpha}_3+\boldsymbol{\alpha}_4)+k_4(\boldsymbol{\alpha}_4+\boldsymbol{\alpha}_1)$$
$$=(k_1+k_4)\boldsymbol{\alpha}_1+(k_1+k_2)\boldsymbol{\alpha}_2+(k_2+k_3)\boldsymbol{\alpha}_3+(k_3+k_4)\boldsymbol{\alpha}_4=\mathbf{0},$$

由 $\boldsymbol{\alpha}_1, \boldsymbol{\alpha}_2, \boldsymbol{\alpha}_3, \boldsymbol{\alpha}_4$ 线性无关,可得齐次线性方程组

$$\begin{cases} k_1+\qquad\qquad k_4=0, \\ k_1+k_2 \qquad\qquad =0, \\ \qquad k_2+k_3 \qquad =0, \\ \qquad\qquad k_3+k_4=0. \end{cases} \tag{3.3}$$

容易看出 $k_1=k_3=1$, $k_2=k_4=-1$ 是齐次线性方程组(3.3)的非零解,从而向量组 $\boldsymbol{\beta}_1, \boldsymbol{\beta}_2, \boldsymbol{\beta}_3, \boldsymbol{\beta}_4$ 线性相关.

定理 3.1 如果向量组中有一部分向量(称为部分组)线性相关,则整个向量组线性相关.

证明 设向量组 $\boldsymbol{\alpha}_1, \boldsymbol{\alpha}_2, \cdots, \boldsymbol{\alpha}_s$ 中有 r $(r\leqslant s)$ 个向量组成的部分组线性相关. 不妨设 $\boldsymbol{\alpha}_1, \boldsymbol{\alpha}_2, \cdots, \boldsymbol{\alpha}_r$ 线性相关,则存在不全为零的数 $k_1, k_2, \cdots, k_r$,使得

$$k_1\boldsymbol{\alpha}_1+k_2\boldsymbol{\alpha}_2+\cdots+k_r\boldsymbol{\alpha}_r=\mathbf{0}.$$

因而存在一组不全为零的数 $k_1, k_2, \cdots, k_r, 0, 0, \cdots, 0$,使得

$$k_1\boldsymbol{\alpha}_1+k_2\boldsymbol{\alpha}_2+\cdots+k_r\boldsymbol{\alpha}_r+0\cdot\boldsymbol{\alpha}_{r+1}+\cdots+0\cdot\boldsymbol{\alpha}_s=\mathbf{0},$$

即 $\boldsymbol{\alpha}_1, \boldsymbol{\alpha}_2, \cdots, \boldsymbol{\alpha}_s$ 线性相关. ∎

推论　线性无关的向量组中任何一部分组线性无关.

定理 3.2　设 $\boldsymbol{\alpha}_j=(a_{1j},a_{2j},\cdots,a_{mj})^{\mathrm{T}}$，$\boldsymbol{\beta}_j=(a_{1j},a_{2j},\cdots,a_{mj},b_j)^{\mathrm{T}}$（$j=1,2,\cdots,s$）. 如果向量组 $\boldsymbol{\alpha}_1,\boldsymbol{\alpha}_2,\cdots,\boldsymbol{\alpha}_s$ 线性无关，则其接长向量组 $\boldsymbol{\beta}_1,\boldsymbol{\beta}_2,\cdots,\boldsymbol{\beta}_s$ 必线性无关.

证明　设 $k_1\boldsymbol{\beta}_1+k_2\boldsymbol{\beta}_2+\cdots+k_s\boldsymbol{\beta}_s=\mathbf{0}$，即

$$\begin{cases}a_{11}k_1+a_{12}k_2+\cdots+a_{1s}k_s=0,\\a_{21}k_1+a_{22}k_2+\cdots+a_{2s}k_s=0,\\\cdots\cdots\cdots\cdots\\a_{m1}k_1+a_{m2}k_2+\cdots+a_{ms}k_s=0,\\b_1k_1+b_2k_2+\cdots+b_sk_s=0.\end{cases}$$

由前面 m 个方程得

$$k_1\boldsymbol{\alpha}_1+k_2\boldsymbol{\alpha}_2+\cdots+k_s\boldsymbol{\alpha}_s=\mathbf{0}.$$

因为 $\boldsymbol{\alpha}_1,\boldsymbol{\alpha}_2,\cdots,\boldsymbol{\alpha}_s$ 线性无关，所以 $k_1=k_2=\cdots=k_s=0$，因此 $\boldsymbol{\beta}_1,\boldsymbol{\beta}_2,\cdots,\boldsymbol{\beta}_s$ 线性无关. ▌

推论　如果向量组 $\boldsymbol{\beta}_1,\boldsymbol{\beta}_2,\cdots,\boldsymbol{\beta}_s$ 线性相关，则其截短向量组 $\boldsymbol{\alpha}_1,\boldsymbol{\alpha}_2,\cdots,\boldsymbol{\alpha}_s$ 必线性相关.

定理 3.3　$n+1$ 个 n 维向量必线性相关.

证明　若 $n+1$ 个向量中包含零向量，由例 6 知一定线性相关. 不妨设 $n+1$ 个向量中没有零向量，下面用数学归纳法证明它们线性相关.

当 $n=1$ 时，一维向量即常数. 设两个一维向量为 $\boldsymbol{\alpha}_1=a$，$\boldsymbol{\alpha}_2=b$，因为 $\boldsymbol{\alpha}_1$，$\boldsymbol{\alpha}_2$ 都是非零向量，所以 $a\neq0$，$b\neq0$. 从而有 $\boldsymbol{\alpha}_1-\dfrac{a}{b}\boldsymbol{\alpha}_2=0$，即 $\boldsymbol{\alpha}_1,\boldsymbol{\alpha}_2$ 线性相关.

假设任意 n 个 $n-1$ 维向量都线性相关.

考虑 $n+1$ 个 n 维向量

$$\boldsymbol{\alpha}_1=\begin{pmatrix}a_{11}\\a_{21}\\\vdots\\a_{n1}\end{pmatrix},\ \boldsymbol{\alpha}_2=\begin{pmatrix}a_{12}\\a_{22}\\\vdots\\a_{n2}\end{pmatrix},\ \cdots,\ \boldsymbol{\alpha}_{n+1}=\begin{pmatrix}a_{1n+1}\\a_{2n+1}\\\vdots\\a_{nn+1}\end{pmatrix}.$$

因为 $\boldsymbol{\alpha}_1\neq\mathbf{0}$，所以 $\boldsymbol{\alpha}_1$ 的分量中至少有一个分量不为零，不妨设 $a_{11}\neq0$. 构造向量

$$\boldsymbol{\beta}_1=\boldsymbol{\alpha}_2-\frac{a_{12}}{a_{11}}\boldsymbol{\alpha}_1=\begin{pmatrix}0\\b_{11}\\\vdots\\b_{n-11}\end{pmatrix},\ \boldsymbol{\beta}_2=\boldsymbol{\alpha}_3-\frac{a_{13}}{a_{11}}\boldsymbol{\alpha}_1=\begin{pmatrix}0\\b_{12}\\\vdots\\b_{n-12}\end{pmatrix},\cdots,$$

$$\boldsymbol{\beta}_n=\boldsymbol{\alpha}_{n+1}-\frac{a_{1n+1}}{a_{11}}\boldsymbol{\alpha}_1=\begin{pmatrix}0\\b_{1n}\\\vdots\\b_{n-1n}\end{pmatrix},$$

其中 $b_{ij}=a_{i+1j+1}-\frac{a_{1j+1}}{a_{11}}a_{i+11}$ $(i=1,2,\cdots,n-1;\ j=1,2,\cdots,n)$. 令

$$\boldsymbol{\gamma}_1=\begin{pmatrix}b_{11}\\b_{21}\\\vdots\\b_{n-11}\end{pmatrix},\ \boldsymbol{\gamma}_2=\begin{pmatrix}b_{12}\\b_{22}\\\vdots\\b_{n-12}\end{pmatrix},\cdots,\ \boldsymbol{\gamma}_n=\begin{pmatrix}b_{1n}\\b_{2n}\\\vdots\\b_{n-1n}\end{pmatrix},$$

这里的 $\boldsymbol{\gamma}_1,\boldsymbol{\gamma}_2,\cdots,\boldsymbol{\gamma}_n$ 是 n 个 $n-1$ 维向量,由归纳法假设它们线性相关. 因此存在不全为零的数 $k_1,k_2,\cdots,k_n$,使得

$$k_1\boldsymbol{\gamma}_1+k_2\boldsymbol{\gamma}_2+\cdots+k_n\boldsymbol{\gamma}_n=\mathbf{0}.$$

由于 $\boldsymbol{\beta}_i$ 与 $\boldsymbol{\gamma}_i$ 只相差一个为 0 的分量,故有

$$k_1\boldsymbol{\beta}_1+k_2\boldsymbol{\beta}_2+\cdots+k_n\boldsymbol{\beta}_n=\mathbf{0},$$

即

$$k_1\left(\boldsymbol{\alpha}_2-\frac{a_{12}}{a_{11}}\boldsymbol{\alpha}_1\right)+k_2\left(\boldsymbol{\alpha}_3-\frac{a_{13}}{a_{11}}\boldsymbol{\alpha}_1\right)+\cdots+k_n\left(\boldsymbol{\alpha}_{n+1}-\frac{a_{1n+1}}{a_{11}}\boldsymbol{\alpha}_1\right)=\mathbf{0},$$

整理后,得

$$\left(-k_1\frac{a_{12}}{a_{11}}-k_2\frac{a_{13}}{a_{11}}-\cdots-k_n\frac{a_{1n+1}}{a_{11}}\right)\boldsymbol{\alpha}_1+k_1\boldsymbol{\alpha}_2+k_2\boldsymbol{\alpha}_3+\cdots+k_n\boldsymbol{\alpha}_{n+1}=\mathbf{0}.$$

因为 $k_1,k_2,\cdots,k_n$ 不全为零,所以 $n+1$ 个数 $\left(-k_1\frac{a_{12}}{a_{11}}-k_2\frac{a_{13}}{a_{11}}-\cdots-k_n\frac{a_{1n+1}}{a_{11}}\right)$, $k_1,k_2,\cdots,k_n$ 也不全为零,因此 $\boldsymbol{\alpha}_1,\boldsymbol{\alpha}_2,\cdots,\boldsymbol{\alpha}_{n+1}$ 线性相关. ▎

由此可知,$\mathbf{R}^2$ 中任意 3 个向量一定线性相关;R^3 中任意 4 个向量一定线性相关. 一般地

推论　如果 $m>n$，则 m 个 n 维向量线性相关.

定理 3.4　向量组 $\boldsymbol{\alpha}_1, \boldsymbol{\alpha}_2, \cdots, \boldsymbol{\alpha}_s$ $(s\geqslant 2)$ 线性相关的充分必要条件是 $\boldsymbol{\alpha}_1, \boldsymbol{\alpha}_2, \cdots, \boldsymbol{\alpha}_s$ 中至少有一个向量可以由其余 $s-1$ 个向量线性表出.

证明　充分性：设 $\boldsymbol{\alpha}_1, \boldsymbol{\alpha}_2, \cdots, \boldsymbol{\alpha}_s$ 中至少有一个向量可以由其余 $s-1$ 个向量线性表出. 不妨设 $\boldsymbol{\alpha}_s$ 可以由 $\boldsymbol{\alpha}_1, \boldsymbol{\alpha}_2, \cdots, \boldsymbol{\alpha}_{s-1}$ 线性表出，则存在 $s-1$ 个数 $k_1, k_2, \cdots, k_{s-1}$，使得

$$\boldsymbol{\alpha}_s = k_1\boldsymbol{\alpha}_1 + k_2\boldsymbol{\alpha}_2 + \cdots + k_{s-1}\boldsymbol{\alpha}_{s-1},$$

移项得

$$k_1\boldsymbol{\alpha}_1 + k_2\boldsymbol{\alpha}_2 + \cdots + k_{s-1}\boldsymbol{\alpha}_{s-1} - \boldsymbol{\alpha}_s = \mathbf{0},$$

因为系数 $k_1, k_2, \cdots, k_{s-1}, -1$ 不全为零，所以 $\boldsymbol{\alpha}_1, \boldsymbol{\alpha}_2, \cdots, \boldsymbol{\alpha}_s$ 线性相关.

必要性：设 $\boldsymbol{\alpha}_1, \boldsymbol{\alpha}_2, \cdots, \boldsymbol{\alpha}_s$ 线性相关，则存在一组不全为零的数 $k_1, k_2, \cdots, k_s$，使得

$$k_1\boldsymbol{\alpha}_1 + k_2\boldsymbol{\alpha}_2 + \cdots + k_s\boldsymbol{\alpha}_s = \mathbf{0}.$$

不妨设 $k_1\neq 0$，由上式得

$$\boldsymbol{\alpha}_1 = -\frac{k_2}{k_1}\boldsymbol{\alpha}_2 - \frac{k_3}{k_1}\boldsymbol{\alpha}_3 - \cdots - \frac{k_s}{k_1}\boldsymbol{\alpha}_s,$$

从而 $\boldsymbol{\alpha}_1$ 可以由 $\boldsymbol{\alpha}_2, \boldsymbol{\alpha}_3, \cdots, \boldsymbol{\alpha}_s$ 线性表出. ▌

§3.3 向量组的秩

一、极大无关组

前面我们讨论了向量组的线性关系，由定理可 3.4 知，当一个向量组线性相关时，其中某些向量可由另外一些向量组线性表出. 现在要问：在一个向量组中是否存在某些向量，使向量组中任一向量都可被它们线性表出.

定义 3.9　如果一个向量组(Ⅰ)的一部分向量所组成的向量组(Ⅱ)$\boldsymbol{\alpha}_1, \boldsymbol{\alpha}_2, \cdots, \boldsymbol{\alpha}_r$ 满足以下两个条件：

(1) 向量组(Ⅱ)$\boldsymbol{\alpha}_1, \boldsymbol{\alpha}_2, \cdots, \boldsymbol{\alpha}_r$ 线性无关；

(2) 向量组(Ⅰ)中的每一个向量都可以由(Ⅱ)$\boldsymbol{\alpha}_1, \boldsymbol{\alpha}_2, \cdots, \boldsymbol{\alpha}_r$ 线性表出，则称(Ⅱ)$\boldsymbol{\alpha}_1, \boldsymbol{\alpha}_2, \cdots, \boldsymbol{\alpha}_r$ 是向量组(Ⅰ)的一个**极大线性无关组**，简称**极大无关组**.

例 9　设 $\boldsymbol{\alpha}_1 = (1, 2, -1, 2)^{\mathrm{T}}, \boldsymbol{\alpha}_2 = (2, 4, 1, 1)^{\mathrm{T}}, \boldsymbol{\alpha}_3 = (2, 4, -2,$

$4)^T$, $\boldsymbol{\alpha}_4=(-1,-2,-2,1)^T$, 求向量组 $\boldsymbol{\alpha}_1,\boldsymbol{\alpha}_2,\boldsymbol{\alpha}_3,\boldsymbol{\alpha}_4$ 的一个极大无关组.

解　首先 $\boldsymbol{\alpha}_1\neq 0$, 故 $\boldsymbol{\alpha}_1$ 是一个线性无关的部分组. 又 $\boldsymbol{\alpha}_2$ 与 $\boldsymbol{\alpha}_1$ 不成比例, 即 $\boldsymbol{\alpha}_2$ 不能由 $\boldsymbol{\alpha}_1$ 线性表出, 从而 $\boldsymbol{\alpha}_1,\boldsymbol{\alpha}_2$ 也是一个线性无关的部分组. 而 $\boldsymbol{\alpha}_3=2\boldsymbol{\alpha}_1+0\boldsymbol{\alpha}_2$, 因此 $\boldsymbol{\alpha}_1,\boldsymbol{\alpha}_2,\boldsymbol{\alpha}_3$ 线性相关; $\boldsymbol{\alpha}_4=\boldsymbol{\alpha}_1-\boldsymbol{\alpha}_2$, 因此 $\boldsymbol{\alpha}_1,\boldsymbol{\alpha}_2,\boldsymbol{\alpha}_4$ 也线性相关. 所以 $\boldsymbol{\alpha}_1,\boldsymbol{\alpha}_2$ 就是向量组 $\boldsymbol{\alpha}_1,\boldsymbol{\alpha}_2,\boldsymbol{\alpha}_3,\boldsymbol{\alpha}_4$ 的一个极大无关组.

请读者自行验证, $\boldsymbol{\alpha}_2,\boldsymbol{\alpha}_3$ 也是向量组 $\boldsymbol{\alpha}_1,\boldsymbol{\alpha}_2,\boldsymbol{\alpha}_3,\boldsymbol{\alpha}_4$ 的一个极大线性无关组. 这说明向量组的极大无关组一般不是唯一的.

为了更深入地研究向量组的极大无关组的性质, 我们需要讨论两个向量组之间的关系.

定义 3.10　设有两个向量组(Ⅰ) $\boldsymbol{\alpha}_1,\boldsymbol{\alpha}_2,\cdots,\boldsymbol{\alpha}_s$ 与(Ⅱ) $\boldsymbol{\beta}_1,\boldsymbol{\beta}_2,\cdots,\boldsymbol{\beta}_t$, 如果向量组(Ⅰ)中的每一个向量 $\boldsymbol{\alpha}_i$ 都可以由向量组(Ⅱ)线性表出, 则称向量组(Ⅰ)可由向量组(Ⅱ)线性表出; 如果向量组(Ⅰ)与向量组(Ⅱ)可以互相线性表出, 则称向量组(Ⅰ)和向量组(Ⅱ)**等价**. 记作 $\{\boldsymbol{\alpha}_1,\boldsymbol{\alpha}_2,\cdots,\boldsymbol{\alpha}_s\}\cong\{\boldsymbol{\beta}_1,\boldsymbol{\beta}_2,\cdots,\boldsymbol{\beta}_t\}$, 或(Ⅰ) $\cong$ (Ⅱ).

根据定义, 不难证明向量组的等价具有如下性质:

(1) 自反性: 任一向量组与其自身等价;

(2) 对称性: 如果(Ⅰ) $\cong$ (Ⅱ), 则(Ⅱ) $\cong$ (Ⅰ);

(3) 传递性: 如果(Ⅰ) $\cong$ (Ⅱ), (Ⅱ) $\cong$ (Ⅲ), 则(Ⅰ) $\cong$ (Ⅲ).

由定义 3.9 与定义 3.10 可以得到下述定理.

定理 3.5　向量组和它的极大无关组等价.

推论　向量组的任意两个极大无关组等价.

* **定理 3.6**　如果向量组 $\boldsymbol{\alpha}_1,\boldsymbol{\alpha}_2,\cdots,\boldsymbol{\alpha}_s$ 可由向量组 $\boldsymbol{\beta}_1,\boldsymbol{\beta}_2,\cdots,\boldsymbol{\beta}_t$ 线性表出, 并且 $s>t$, 则向量组 $\boldsymbol{\alpha}_1,\boldsymbol{\alpha}_2,\cdots,\boldsymbol{\alpha}_s$ 线性相关.

证明　因 $\boldsymbol{\alpha}_1,\boldsymbol{\alpha}_2,\cdots,\boldsymbol{\alpha}_s$ 可由向量组 $\boldsymbol{\beta}_1,\boldsymbol{\beta}_2,\cdots,\boldsymbol{\beta}_t$ 线性表出, 即

$$\boldsymbol{\alpha}_1=a_{11}\boldsymbol{\beta}_1+a_{12}\boldsymbol{\beta}_2+\cdots+a_{1t}\boldsymbol{\beta}_t,$$

$$\boldsymbol{\alpha}_2=a_{21}\boldsymbol{\beta}_1+a_{22}\boldsymbol{\beta}_2+\cdots+a_{2t}\boldsymbol{\beta}_t,$$

$$\cdots\cdots\cdots\cdots$$

$$\boldsymbol{\alpha}_s=a_{s1}\boldsymbol{\beta}_1+a_{s2}\boldsymbol{\beta}_2+\cdots+a_{st}\boldsymbol{\beta}_t.$$

考虑 s 个 t 维向量

$$\boldsymbol{\gamma}_1=(a_{11},a_{12},\cdots,a_{1t})^T,$$

$$\boldsymbol{\gamma}_2=(a_{21},a_{22},\cdots,a_{2t})^T,$$

....

$$\boldsymbol{\gamma}_s = (a_{s1}, a_{s2}, \cdots, a_{st})^{\mathrm{T}}.$$

因为 $s > t$，根据定理 3.3 的推论得：$\boldsymbol{\gamma}_1, \boldsymbol{\gamma}_2, \cdots, \boldsymbol{\gamma}_s$ 线性相关，即存在不全为零的数 $k_1, k_2, \cdots, k_s$，使得

$$k_1\boldsymbol{\gamma}_1 + k_2\boldsymbol{\gamma}_2 + \cdots + k_s\boldsymbol{\gamma}_s = \mathbf{0},$$

即

$$\begin{aligned}&k_1(a_{11}, a_{12}, \cdots, a_{1t})^{\mathrm{T}} + k_2(a_{21}, a_{22}, \cdots, a_{2t})^{\mathrm{T}} + \cdots + k_s(a_{s1}, a_{s2}, \cdots, a_{st})^{\mathrm{T}}\\ =& (k_1a_{11} + k_2a_{21} + \cdots + k_sa_{s1}, k_1a_{12} + k_2a_{22} + \cdots + k_sa_{s2}, \cdots, k_1a_{1t} + k_2a_{2t} + \cdots + k_sa_{st})^{\mathrm{T}}\\ =& \mathbf{0}.\end{aligned}$$

于是

$$\begin{aligned}&k_1\boldsymbol{\alpha}_1 + k_2\boldsymbol{\alpha}_2 + \cdots + k_s\boldsymbol{\alpha}_s\\ =& k_1(a_{11}\boldsymbol{\beta}_1 + a_{12}\boldsymbol{\beta}_2 + \cdots + a_{1t}\boldsymbol{\beta}_t) + k_2(a_{21}\boldsymbol{\beta}_1 + a_{22}\boldsymbol{\beta}_2 + \cdots + a_{2t}\boldsymbol{\beta}_t) + \cdots\\ &+ k_s(a_{s1}\boldsymbol{\beta}_1 + a_{s2}\boldsymbol{\beta}_2 + \cdots + a_{st}\boldsymbol{\beta}_t)\\ =& (k_1a_{11} + k_2a_{21} + \cdots + k_sa_{s1})\boldsymbol{\beta}_1 + (k_1a_{12} + k_2a_{22} + \cdots + k_sa_{s2})\boldsymbol{\beta}_2\\ &+ \cdots + (k_1a_{1t} + k_2a_{2t} + \cdots + k_sa_{st})\boldsymbol{\beta}_t\\ =& 0 \cdot \boldsymbol{\beta}_1 + 0 \cdot \boldsymbol{\beta}_2 + \cdots + 0 \cdot \boldsymbol{\beta}_t = \mathbf{0}.\end{aligned}$$

因为 $k_1, k_2, \cdots, k_s$不全为零，所以 $\boldsymbol{\alpha}_1, \boldsymbol{\alpha}_2, \cdots, \boldsymbol{\alpha}_s$ 线性相关. ▎

推论 如果向量组 $\boldsymbol{\alpha}_1, \boldsymbol{\alpha}_2, \cdots, \boldsymbol{\alpha}_s$ 线性无关，并且可由向量组 $\boldsymbol{\beta}_1, \boldsymbol{\beta}_2, \cdots, \boldsymbol{\beta}_t$ 线性表出，则 $s \leqslant t$.

二、向量组的秩

从例 9 中可以看出，向量组的极大无关组不一定唯一，但是我们有如下定理.

定理 3.7 向量组的任意两个极大无关组所含的向量个数相同.

证明 设 $\boldsymbol{\alpha}_1, \boldsymbol{\alpha}_2, \cdots, \boldsymbol{\alpha}_s$ 与 $\boldsymbol{\beta}_1, \boldsymbol{\beta}_2, \cdots, \boldsymbol{\beta}_t$ 是同一个向量组的两个极大无关组. 由定理 3.5 的推论知：$\boldsymbol{\alpha}_1, \boldsymbol{\alpha}_2, \cdots, \boldsymbol{\alpha}_s$ 与 $\boldsymbol{\beta}_1, \boldsymbol{\beta}_2, \cdots, \boldsymbol{\beta}_t$ 等价，故 $\boldsymbol{\alpha}_1, \boldsymbol{\alpha}_2, \cdots, \boldsymbol{\alpha}_s$ 可由向量组 $\boldsymbol{\beta}_1, \boldsymbol{\beta}_2, \cdots, \boldsymbol{\beta}_t$ 线性表出，由定理 3.6 的推论得 $s \leqslant t$；同理，$\boldsymbol{\beta}_1, \boldsymbol{\beta}_2, \cdots, \boldsymbol{\beta}_t$ 可由向量组 $\boldsymbol{\alpha}_1, \boldsymbol{\alpha}_2, \cdots, \boldsymbol{\alpha}_s$ 线性表出，所以 $t \leqslant s$. 因此 $s = t$. ▎

该定理表明，一个向量组的所有极大无关组所含的向量个数都是相同的，这是向量组的一个重要特征. 因此有必要引入

定义 3.11 向量组 $\boldsymbol{\alpha}_1, \boldsymbol{\alpha}_2, \cdots, \boldsymbol{\alpha}_m$ 的极大无关组所含的向量个数称为该向量组的**秩**. 记作 $r(\boldsymbol{\alpha}_1, \boldsymbol{\alpha}_2, \cdots, \boldsymbol{\alpha}_m)$.

例如,例 9 中向量组 $\boldsymbol{\alpha}_1, \boldsymbol{\alpha}_2, \boldsymbol{\alpha}_3, \boldsymbol{\alpha}_4$ 的秩为 $r(\boldsymbol{\alpha}_1, \boldsymbol{\alpha}_2, \boldsymbol{\alpha}_3, \boldsymbol{\alpha}_4) = 2$.

例 10 n 维向量空间 $\mathbf{R}^n$ 中,因为单位向量组 $\boldsymbol{\varepsilon}_1, \boldsymbol{\varepsilon}_2, \cdots, \boldsymbol{\varepsilon}_n$ 线性无关,且任意一个 n 维向量都可以由它们表示,所以 $\boldsymbol{\varepsilon}_1, \boldsymbol{\varepsilon}_2, \cdots, \boldsymbol{\varepsilon}_n$ 是 $\mathbf{R}^n$ 极大无关组,因此,$\mathbf{R}^n$ 的秩为 n.

因为仅由零向量组成的向量组不含有极大无关组,所以规定由零向量组成的向量组的秩为零. 显然,任一向量组 $\boldsymbol{\alpha}_1, \boldsymbol{\alpha}_2, \cdots, \boldsymbol{\alpha}_m$ 的秩满足: $0 \leqslant r(\boldsymbol{\alpha}_1, \boldsymbol{\alpha}_2, \cdots, \boldsymbol{\alpha}_m) \leqslant m$.

定理 3.8 如果向量组 $\boldsymbol{\alpha}_1, \boldsymbol{\alpha}_2, \cdots, \boldsymbol{\alpha}_s$ 可由向量组 $\boldsymbol{\beta}_1, \boldsymbol{\beta}_2, \cdots, \boldsymbol{\beta}_t$ 线性表出,则

$$r(\boldsymbol{\alpha}_1, \boldsymbol{\alpha}_2, \cdots, \boldsymbol{\alpha}_s) \leqslant r(\boldsymbol{\beta}_1, \boldsymbol{\beta}_2, \cdots, \boldsymbol{\beta}_t).$$

证明 设 $r(\boldsymbol{\alpha}_1, \boldsymbol{\alpha}_2, \cdots, \boldsymbol{\alpha}_s) = k$, $r(\boldsymbol{\beta}_1, \boldsymbol{\beta}_2, \cdots, \boldsymbol{\beta}_t) = l$, 且 $\boldsymbol{\alpha}_1, \boldsymbol{\alpha}_2, \cdots, \boldsymbol{\alpha}_s$ 和 $\boldsymbol{\beta}_1, \boldsymbol{\beta}_2, \cdots, \boldsymbol{\beta}_t$ 的极大无关组分别为 $\boldsymbol{\alpha}_{i_1}, \boldsymbol{\alpha}_{i_2}, \cdots, \boldsymbol{\alpha}_{i_k}$ 和 $\boldsymbol{\beta}_{j_1}, \boldsymbol{\beta}_{j_2}, \cdots, \boldsymbol{\beta}_{j_l}$. 根据条件 $\boldsymbol{\alpha}_1, \boldsymbol{\alpha}_2, \cdots, \boldsymbol{\alpha}_s$ 可由 $\boldsymbol{\beta}_1, \boldsymbol{\beta}_2, \cdots, \boldsymbol{\beta}_t$ 线性表出知,$\boldsymbol{\alpha}_{i_1}, \boldsymbol{\alpha}_{i_2}, \cdots, \boldsymbol{\alpha}_{i_k}$ 也可由 $\boldsymbol{\beta}_{j_1}, \boldsymbol{\beta}_{j_2}, \cdots, \boldsymbol{\beta}_{j_l}$ 线性表出,故由定理 3.6 的推论可得 $k \leqslant l$, 此即

$$r(\boldsymbol{\alpha}_1, \boldsymbol{\alpha}_2, \cdots, \boldsymbol{\alpha}_s) \leqslant r(\boldsymbol{\beta}_1, \boldsymbol{\beta}_2, \cdots, \boldsymbol{\beta}_t).$$ ▌

推论 等价向量组的秩相同.

§3.4 矩阵的秩

矩阵的秩是刻画矩阵内在特性的重要概念,也是建立线性方程组理论的重要指标. 在这一节里,我们介绍矩阵秩的概念及其求法.

一、矩阵的行秩、列秩

定义 3.12 矩阵 $\boldsymbol{A} = (a_{ij})_{m \times n}$ 的列向量组 $\boldsymbol{\alpha}_1, \boldsymbol{\alpha}_2, \cdots, \boldsymbol{\alpha}_n$ 的秩称为矩阵 $\boldsymbol{A}$ 的**列秩**;$\boldsymbol{A}$ 的行向量组 $\boldsymbol{\beta}_1, \boldsymbol{\beta}_2, \cdots, \boldsymbol{\beta}_m$ 的秩称为矩阵 $\boldsymbol{A}$ 的**行秩**.

例 11 设 $\boldsymbol{A} = \begin{pmatrix} 1 & 0 & 2 \\ 1 & 2 & 4 \\ 1 & 5 & 7 \end{pmatrix}$, 求 $\boldsymbol{A}$ 的列向量组与行向量组的极大无关组及 $\boldsymbol{A}$ 的列秩与行秩.

解　设 $\boldsymbol{A}=\begin{pmatrix}1&0&2\\1&2&4\\1&5&7\end{pmatrix}=(\boldsymbol{\alpha}_1,\boldsymbol{\alpha}_2,\boldsymbol{\alpha}_3)=\begin{pmatrix}\boldsymbol{\beta}_1\\\boldsymbol{\beta}_2\\\boldsymbol{\beta}_3\end{pmatrix}$，则 $\boldsymbol{\alpha}_1$ 是一个线性无关的部分组.

显然，$\boldsymbol{\alpha}_1=\begin{pmatrix}1\\1\\1\end{pmatrix}$，$\boldsymbol{\alpha}_2=\begin{pmatrix}0\\2\\5\end{pmatrix}$ 线性无关，且 $\boldsymbol{\alpha}_3=2\boldsymbol{\alpha}_1+\boldsymbol{\alpha}_2$，所以 $\boldsymbol{\alpha}_1,\boldsymbol{\alpha}_2$ 是 $\boldsymbol{A}$ 的列向量组的极大无关组，从而 $\boldsymbol{A}$ 的列秩为 2.

同理，$\boldsymbol{\beta}_1=(1,0,2)$，$\boldsymbol{\beta}_2=(1,2,4)$ 线性无关，且 $\boldsymbol{\beta}_3=-\frac{3}{2}\boldsymbol{\beta}_1+\frac{5}{2}\boldsymbol{\beta}_2$，所以 $\boldsymbol{\beta}_1,\boldsymbol{\beta}_2$ 是 $\boldsymbol{A}$ 的行向量组的极大无关组，从而 $\boldsymbol{A}$ 的行秩也为 2.

定理 3.9　初等行(列)变换不改变矩阵的列(行)秩.

证明　这里仅证明初等行变换情形，对于初等列变换的证明留给读者作为习题(见习题(B)第 4 题).

设 $m\times n$ 矩阵 $\boldsymbol{A}$ 的列向量组是 $\boldsymbol{\alpha}_1,\boldsymbol{\alpha}_2,\cdots,\boldsymbol{\alpha}_n$，即 $\boldsymbol{A}=(\boldsymbol{\alpha}_1,\boldsymbol{\alpha}_2,\cdots,\boldsymbol{\alpha}_n)$，$k_1,k_2,\cdots,k_n$ 是 n 个数. 考察

$$k_1\boldsymbol{\alpha}_1+k_2\boldsymbol{\alpha}_2+\cdots+k_n\boldsymbol{\alpha}_n=\boldsymbol{0}\Leftrightarrow(\boldsymbol{\alpha}_1,\boldsymbol{\alpha}_2,\cdots,\boldsymbol{\alpha}_n)\begin{pmatrix}k_1\\k_2\\\vdots\\k_n\end{pmatrix}=\boldsymbol{0}.$$

又设 m 阶矩阵 $\boldsymbol{P}$ 为初等矩阵，由定理 2.4 知对 $m\times n$ 矩阵 $\boldsymbol{A}$ 作一次初等行变换相当于在 $\boldsymbol{A}$ 的左边乘上相应的初等矩阵，注意到初等矩阵都是可逆矩阵，所以有

$$(\boldsymbol{\alpha}_1,\boldsymbol{\alpha}_2,\cdots,\boldsymbol{\alpha}_n)\begin{pmatrix}k_1\\k_2\\\vdots\\k_n\end{pmatrix}=\boldsymbol{0}\Leftrightarrow P(\boldsymbol{\alpha}_1,\boldsymbol{\alpha}_2,\cdots,\boldsymbol{\alpha}_n)\begin{pmatrix}k_1\\k_2\\\vdots\\k_n\end{pmatrix}=\boldsymbol{0}.$$

这表明向量组 $\boldsymbol{\alpha}_1,\boldsymbol{\alpha}_2,\cdots,\boldsymbol{\alpha}_n$ 与向量组 $\boldsymbol{P\alpha}_1,\boldsymbol{P\alpha}_2,\cdots,\boldsymbol{P\alpha}_n$ 有相同的线性相关性，故

$$\mathrm{r}(\boldsymbol{\alpha}_1,\boldsymbol{\alpha}_2,\cdots,\boldsymbol{\alpha}_n)=\mathrm{r}(\boldsymbol{P\alpha}_1,\boldsymbol{P\alpha}_2,\cdots,\boldsymbol{P\alpha}_n).$$ ▎

该定理为我们指出了求向量组秩的一种方法，即可以把每一个向量作为一列(或一行)排成一个矩阵，用矩阵的初等行变换(或列变换)将其化为阶梯形，则阶梯形矩阵中非零行数即为向量组的秩. 下例中我们介绍的方法，可以同时求出

向量组的秩、极大无关组以及将向量组的其余向量用极大无关组线性表出.

例 12 求向量组 $\boldsymbol{\alpha}_1=(2,1,3,-1)^{\mathrm{T}}$, $\boldsymbol{\alpha}_2=(3,-1,2,0)^{\mathrm{T}}$, $\boldsymbol{\alpha}_3=(1,3,4,-2)^{\mathrm{T}}$, $\boldsymbol{\alpha}_4=(4,-3,1,1)^{\mathrm{T}}$ 的秩、一个极大无关组,并将其余向量表示为该极大无关组的线性组合.

解 以 $\boldsymbol{\alpha}_1,\boldsymbol{\alpha}_2,\boldsymbol{\alpha}_3,\boldsymbol{\alpha}_4$ 为列,构造矩阵 $\boldsymbol{A}$,再对 $\boldsymbol{A}$ 施以初等行变换化为最简阶梯形矩阵

$$\boldsymbol{A}=\begin{pmatrix}2&3&1&4\\1&-1&3&-3\\3&2&4&1\\-1&0&-2&1\end{pmatrix}\xrightarrow{r_1\leftrightarrow r_2}\begin{pmatrix}1&-1&3&-3\\2&3&1&4\\3&2&4&1\\-1&0&-2&1\end{pmatrix}$$

$$\xrightarrow[\substack{(-3)r_1+r_3\\ r_1+r_4}]{(-2)r_1+r_2}\begin{pmatrix}1&-1&3&-3\\0&5&-5&10\\0&5&-5&10\\0&-1&1&-2\end{pmatrix}\xrightarrow{r_2\times\frac{1}{5}}\begin{pmatrix}1&-1&3&-3\\0&1&-1&2\\0&5&-5&10\\0&-1&1&-2\end{pmatrix}$$

$$\xrightarrow[\substack{(-5)r_2+r_3\\ r_2+r_4}]{r_2+r_1}\begin{pmatrix}1&0&2&-1\\0&1&-1&2\\0&0&0&0\\0&0&0&0\end{pmatrix}=\boldsymbol{B}.$$

因此, $\mathrm{r}(\boldsymbol{\alpha}_1,\boldsymbol{\alpha}_2,\boldsymbol{\alpha}_3,\boldsymbol{\alpha}_4)=2$, 即极大无关组中包含两个向量. 矩阵 $\boldsymbol{B}$ 的两个非零行的首非零元在第 1、第 2 列,而矩阵 $\boldsymbol{A}$, $\boldsymbol{B}$ 的列向量组具有相同的线性相关性,故 $\boldsymbol{\alpha}_1,\boldsymbol{\alpha}_2$ 就是该向量组的一个极大无关组. 从矩阵 $\boldsymbol{A}$ 的最简阶梯形矩阵 $\boldsymbol{B}$ 的第 3、第 4 列容易得到

$$\boldsymbol{\alpha}_3=2\boldsymbol{\alpha}_1-\boldsymbol{\alpha}_2,\ \boldsymbol{\alpha}_4=-\boldsymbol{\alpha}_1+2\boldsymbol{\alpha}_2.$$

二、矩阵的秩及其性质

定义 3.13 在 $m\times n$ 矩阵 $\boldsymbol{A}$ 中任取 k 行 k 列 $(k\leqslant\min\{m,n\})$,位于这些行列交叉处的 k^2 个元素按原来的顺序组成 k 阶行列式,称为矩阵 $\boldsymbol{A}$ 的 **k 阶子式**.

一个 $m\times n$ 矩阵 $\boldsymbol{A}$ 共有 $\mathrm{C}_m^k\cdot\mathrm{C}_n^k$ 个 k 阶子式.

例如,设矩阵

$$\boldsymbol{A}=\begin{pmatrix}1&2&3&4\\1&-1&2&1\\2&1&5&5\end{pmatrix},$$

取矩阵第1、第3行和第2、第4列相交处的元素所构成的二阶子式为

$$\begin{vmatrix} 2 & 4 \\ 1 & 5 \end{vmatrix}.$$

定义 3.14　设 $\boldsymbol{A}$ 为 $m\times n$ 矩阵. $\boldsymbol{A}$ 中非零子式的最大阶数称为矩阵 $\boldsymbol{A}$ 的**秩**,记作 $\mathrm{r}(\boldsymbol{A})$ 或 $\mathrm{rank}(\boldsymbol{A})$.

规定零矩阵的秩为零.

由定义不难看出矩阵的秩有以下简单的性质:

(1) 一个矩阵的秩是唯一的;

(2) 若 $\boldsymbol{A}$ 中有一个 r 阶子式不为零,而 $\boldsymbol{A}$ 中所有 $r+1$ 阶子式(如果有的话)都为零,则 $\mathrm{r}(\boldsymbol{A})=r$;

(3) 若 $\boldsymbol{A}$ 中有一个 r 阶子式不为零,则 $\mathrm{r}(\boldsymbol{A})\geqslant r$; 若 $\boldsymbol{A}$ 中所有 r 阶子式都为零,则 $\mathrm{r}(\boldsymbol{A})<r$;

(4) $\mathrm{r}(\boldsymbol{A})=\mathrm{r}(\boldsymbol{A}^{\mathrm{T}})$;

(5) $0\leqslant \mathrm{r}(\boldsymbol{A}_{m\times n})\leqslant \min\{m, n\}$.

如果 $\mathrm{r}(\boldsymbol{A}_{m\times n})=\min\{m, n\}=m$, 则称 $\boldsymbol{A}$ 为**行满秩矩阵**;如果 $\mathrm{r}(\boldsymbol{A}_{m\times n})=\min\{m, n\}=n$, 则称 $\boldsymbol{A}$ 为**列满秩矩阵**. 行满秩矩阵和列满秩矩阵统称为**满秩矩阵**.

设 $\boldsymbol{A}$ 为 n 阶方阵, $\mathrm{r}(\boldsymbol{A})=n$, 则称 $\boldsymbol{A}$ 为 n 阶**满秩方阵**. n 阶方阵 $\boldsymbol{A}$ 满秩的充分必要条件是 $\boldsymbol{A}$ 可逆,即 $|\boldsymbol{A}|\neq 0$.

例 13　用定义求矩阵

$$\boldsymbol{A}=\begin{pmatrix} 1 & 2 & 3 & 4 \\ 1 & -1 & 2 & 1 \\ 2 & 1 & 5 & 5 \end{pmatrix}$$

的秩.

解　因为 $\boldsymbol{A}$ 中有二阶子式 $\begin{vmatrix} 2 & 4 \\ 1 & 5 \end{vmatrix}=6\neq 0$, 又由于 $\boldsymbol{A}$ 的第1行加第2行正好等于第3行,根据行列式性质可知, $\boldsymbol{A}$ 的所有三阶子式都为零,因此, $\mathrm{r}(\boldsymbol{A})=2$.

注意到在例11中,矩阵 $\boldsymbol{A}$ 的行秩、列秩相等,且容易验证它还等于矩阵 $\boldsymbol{A}$ 的秩. 这不是偶然的,其实这一结论对任一矩阵均成立.

定理 3.10　矩阵的行秩与列秩相等且为矩阵的秩.

该定理的证明较繁琐,故从略.

由定理 3.9 及定理 3.10 立刻推知.

定理 3.11 初等变换不改变矩阵的秩.

定理 3.12 设 $\boldsymbol{A}$, $\boldsymbol{B}$ 是任意两个 $m\times n$ 矩阵,则 $\mathrm{r}(\boldsymbol{A}+\boldsymbol{B})\leqslant \mathrm{r}(\boldsymbol{A})+\mathrm{r}(\boldsymbol{B})$.

证明 设 $\boldsymbol{A}$ 和 $\boldsymbol{B}$ 的列向量组分别是 $\boldsymbol{\alpha}_1, \boldsymbol{\alpha}_2, \cdots, \boldsymbol{\alpha}_n$ 和 $\boldsymbol{\beta}_1, \boldsymbol{\beta}_2, \cdots, \boldsymbol{\beta}_n$,即 $\boldsymbol{A}=(\boldsymbol{\alpha}_1, \boldsymbol{\alpha}_2, \cdots, \boldsymbol{\alpha}_n)$, $\boldsymbol{B}=(\boldsymbol{\beta}_1, \boldsymbol{\beta}_2, \cdots, \boldsymbol{\beta}_n)$,则

$$\boldsymbol{A}+\boldsymbol{B}=(\boldsymbol{\alpha}_1+\boldsymbol{\beta}_1, \boldsymbol{\alpha}_2+\boldsymbol{\beta}_2, \cdots, \boldsymbol{\alpha}_n+\boldsymbol{\beta}_n),$$

再设 $\boldsymbol{A}$ 和 $\boldsymbol{B}$ 的列向量组的极大无关组分别是 $\boldsymbol{\alpha}_{i_1}, \boldsymbol{\alpha}_{i_2}, \cdots, \boldsymbol{\alpha}_{i_s}$ 和 $\boldsymbol{\beta}_{j_1}, \boldsymbol{\beta}_{j_2}, \cdots, \boldsymbol{\beta}_{j_t}$,则向量组

$$\boldsymbol{\alpha}_1+\boldsymbol{\beta}_1, \boldsymbol{\alpha}_2+\boldsymbol{\beta}_2, \cdots, \boldsymbol{\alpha}_n+\boldsymbol{\beta}_n$$

可由向量组

$$\boldsymbol{\alpha}_{i_1}, \boldsymbol{\alpha}_{i_2}, \cdots, \boldsymbol{\alpha}_{i_s}, \boldsymbol{\beta}_{j_1}, \boldsymbol{\beta}_{j_2}, \cdots, \boldsymbol{\beta}_{j_t}$$

线性表出,由定理 3.8 知

$$\mathrm{r}(\boldsymbol{\alpha}_1+\boldsymbol{\beta}_1, \boldsymbol{\alpha}_2+\boldsymbol{\beta}_2, \cdots, \boldsymbol{\alpha}_n+\boldsymbol{\beta}_n)\leqslant \mathrm{r}(\boldsymbol{\alpha}_{i_1}, \boldsymbol{\alpha}_{i_2}, \cdots, \boldsymbol{\alpha}_{i_s}, \boldsymbol{\beta}_{j_1}, \boldsymbol{\beta}_{j_2}, \cdots, \boldsymbol{\beta}_{j_t})\leqslant s+t,$$

此即 $\mathrm{r}(\boldsymbol{A}+\boldsymbol{B})\leqslant \mathrm{r}(\boldsymbol{A})+\mathrm{r}(\boldsymbol{B})$. ▍

定理 3.13 设 $\boldsymbol{A}$ 是 $m\times s$ 矩阵,$\boldsymbol{B}$ 是 $s\times n$ 矩阵,则 $\mathrm{r}(\boldsymbol{AB})\leqslant \min\{\mathrm{r}(\boldsymbol{A}), \mathrm{r}(\boldsymbol{B})\}$.

证明 设 $\boldsymbol{A}$ 的列向量组为 $\boldsymbol{\alpha}_1, \boldsymbol{\alpha}_2, \cdots, \boldsymbol{\alpha}_s$, $\boldsymbol{AB}$ 的列向量组为 $\boldsymbol{\beta}_1, \boldsymbol{\beta}_2, \cdots, \boldsymbol{\beta}_n$, $\boldsymbol{B}$ 的元素为 b_{ij},即

$$\boldsymbol{A}=(\boldsymbol{\alpha}_1, \boldsymbol{\alpha}_2, \cdots, \boldsymbol{\alpha}_s), \boldsymbol{AB}=(\boldsymbol{\beta}_1, \boldsymbol{\beta}_2, \cdots, \boldsymbol{\beta}_n), \boldsymbol{B}=(b_{ij}),$$

则

$$\boldsymbol{AB}=(\boldsymbol{\beta}_1, \boldsymbol{\beta}_2, \cdots, \boldsymbol{\beta}_n)=(\boldsymbol{\alpha}_1, \boldsymbol{\alpha}_2, \cdots, \boldsymbol{\alpha}_s)\begin{pmatrix} b_{11} & b_{12} & \cdots & b_{1n} \\ b_{21} & b_{22} & \cdots & b_{2n} \\ \vdots & \vdots & & \vdots \\ b_{s1} & b_{s2} & \cdots & b_{sn} \end{pmatrix}.$$

因此

$$\boldsymbol{\beta}_j=b_{1j}\boldsymbol{\alpha}_1+b_{2j}\boldsymbol{\alpha}_2+\cdots+b_{sj}\boldsymbol{\alpha}_s\ (j=1, 2, \cdots, n),$$

即向量组 $\boldsymbol{\beta}_1, \boldsymbol{\beta}_2, \cdots, \boldsymbol{\beta}_n$ 可由向量组 $\boldsymbol{\alpha}_1, \boldsymbol{\alpha}_2, \cdots, \boldsymbol{\alpha}_s$ 线性表出,由定理 3.8 知

$$\mathrm{r}(\boldsymbol{AB})=\mathrm{r}(\boldsymbol{\beta}_1, \boldsymbol{\beta}_2, \cdots, \boldsymbol{\beta}_n)\leqslant \mathrm{r}(\boldsymbol{\alpha}_1, \boldsymbol{\alpha}_2, \cdots, \boldsymbol{\alpha}_s)=\mathrm{r}(\boldsymbol{A}).$$

类似可证,$\mathrm{r}(\boldsymbol{AB})\leqslant \mathrm{r}(\boldsymbol{B})$.

综合上面得,$\mathrm{r}(\boldsymbol{AB})\leqslant \min\{\mathrm{r}(\boldsymbol{A}), \mathrm{r}(\boldsymbol{B})\}$. ▍

若按定义来求 $m\times n$ 矩阵 $\boldsymbol{A}$ 的秩，在 m，n 较大时，可不是一件容易的事. 而对于阶梯形矩阵，秩的确定就容易得多.

例 14 求阶梯形矩阵

$$\boldsymbol{A}=\begin{pmatrix}1&-2&0&-1&2\\0&-4&5&3&0\\0&0&0&-3&3\\0&0&0&0&0\end{pmatrix}\text{的秩.}$$

解　由 $\boldsymbol{A}$ 的前三行及第 1、第 2、第 4 列构成的三阶子式

$$\begin{vmatrix}1&-2&-1\\0&-4&3\\0&0&-3\end{vmatrix}=12\neq 0,$$

显然，$\boldsymbol{A}$ 的所有四阶子式都为零，故该矩阵的秩 $\mathrm{r}(\boldsymbol{A})=3$.

从本例可知，对于阶梯形矩阵，它的秩就等于非零行的行数，一看便知. 因此，为了计算一个矩阵的秩，只要用初等变换(通常只须用行变换)把它变成阶梯形，由定理 3.11 便可求得矩阵的秩.

例 15 设 $\boldsymbol{A}=\begin{pmatrix}2&0&3&1&4\\3&-5&4&2&7\\1&5&2&0&1\end{pmatrix}$，求 $\mathrm{r}(\boldsymbol{A})$.

解　对 $\boldsymbol{A}$ 施以初等行变换，化为阶梯形矩阵

$$\boldsymbol{A}=\begin{pmatrix}2&0&3&1&4\\3&-5&4&2&7\\1&5&2&0&1\end{pmatrix}\xrightarrow{r_1\leftrightarrow r_3}\begin{pmatrix}1&5&2&0&1\\3&-5&4&2&7\\2&0&3&1&4\end{pmatrix}$$

$$\xrightarrow[(-2)r_1+r_3]{(-3)r_1+r_2}\begin{pmatrix}1&5&2&0&1\\0&-20&-2&2&4\\0&-10&-1&1&2\end{pmatrix}\xrightarrow{\left(-\frac{1}{2}\right)r_2+r_3}\begin{pmatrix}1&5&2&0&1\\0&-20&-2&2&4\\0&0&0&0&0\end{pmatrix}.$$

因为阶梯形矩阵有两个非零行，所以 $\mathrm{r}(\boldsymbol{A})=2$.

例 16 设矩阵 $\boldsymbol{A}=\begin{pmatrix}-2&2k&-2&4k\\1&-1&k&-2\\k&-1&1&-2\end{pmatrix}$，问 k 为何值时，可使

(1) $\mathrm{r}(\boldsymbol{A})=1$；(2) $\mathrm{r}(\boldsymbol{A})=2$；(3) $\mathrm{r}(\boldsymbol{A})=3$？

解　对 $\boldsymbol{A}$ 施以初等行变换，化为阶梯形矩阵

$$\boldsymbol{A}=\begin{pmatrix}-2 & 2k-2 & 4k\\ 1 & -1 & k & -2\\ k & -1 & 1 & -2\end{pmatrix}\xrightarrow{r_1\leftrightarrow r_2}\begin{pmatrix}1 & -1 & k & -2\\ -2 & 2k & -2 & 4k\\ k & -1 & 1 & -2\end{pmatrix}\xrightarrow[(-k)r_1+r_3]{2r_1+r_2}$$

$$\begin{pmatrix}1 & -1 & k & -2\\ 0 & 2k-2 & 2k-2 & 4k-4\\ 0 & k-1 & 1-k^2 & 2k-2\end{pmatrix}\xrightarrow{r_2\times\frac{1}{2}}\begin{pmatrix}1 & -1 & k & -2\\ 0 & k-1 & k-1 & 2k-2\\ 0 & k-1 & 1-k^2 & 2k-2\end{pmatrix}\xrightarrow{-r_2+r_3}$$

$$\begin{pmatrix}1 & -1 & k & -2\\ 0 & k-1 & k-1 & 2k-2\\ 0 & 0 & (k+2)(1-k) & 0\end{pmatrix}.$$

当 $k=1$ 时,$\boldsymbol{A}\rightarrow\cdots\rightarrow\begin{pmatrix}1 & -1 & 1 & -2\\ 0 & 0 & 0 & 0\\ 0 & 0 & 0 & 0\end{pmatrix}$,

此时 $\mathrm{r}(\boldsymbol{A})=1$;

当 $k\neq1$ 时,$\boldsymbol{A}\rightarrow\cdots\rightarrow\begin{pmatrix}1 & -1 & k & -2\\ 0 & 1 & 1 & 2\\ 0 & 0 & k+2 & 0\end{pmatrix}$.

所以,当 $k=-2$ 时,$\mathrm{r}(\boldsymbol{A})=2$;当 $k\neq1$ 且 $k\neq-2$ 时,$\mathrm{r}(\boldsymbol{A})=3$.

* §3.5 正交向量组与正交矩阵

正交向量组与正交矩阵是线性代数中的两个基本概念. 在这一节中,我们用向量的内积定义向量的长度与夹角,进而给出正交向量组的概念,然后讨论正交矩阵的性质以及正交矩阵与正交向量组之间的关系.

一、向量的内积与夹角

在§3.1中,我们定义了 n 维向量空间 $\mathbf{R}^n$ 中向量的线性关系. 为了描述 $\mathbf{R}^n$ 中向量的长度和夹角,需引入向量内积的概念.

定义 3.15 在 n 维向量空间 $\mathbf{R}^n$ 中,设向量 $\boldsymbol{\alpha}=(a_1, a_2, \cdots, a_n)^{\mathrm{T}}$, $\boldsymbol{\beta}=(b_1, b_2, \cdots, b_n)^{\mathrm{T}}$, 实数

$$a_1b_1+a_2b_2+\cdots+a_nb_n=\sum_{i=1}^{n}a_ib_i,$$

称为向量 $\boldsymbol{\alpha}$ 和 $\boldsymbol{\beta}$ 的内积,记作 $(\boldsymbol{\alpha}, \boldsymbol{\beta})$,即

$$(\boldsymbol{\alpha}, \boldsymbol{\beta}) = \boldsymbol{\alpha}^{\mathrm{T}}\boldsymbol{\beta} = a_1b_1 + a_2b_2 + \cdots + a_nb_n = \sum_{i=1}^{n} a_ib_i.$$

例如,设 $\boldsymbol{\alpha} = (2, 0, 1, -1)^{\mathrm{T}}$, $\boldsymbol{\beta} = (1, -1, 0, 3)^{\mathrm{T}}$, 则 $\boldsymbol{\alpha}$ 和 $\boldsymbol{\beta}$ 的内积为

$$(\boldsymbol{\alpha}, \boldsymbol{\beta}) = \boldsymbol{\alpha}^{\mathrm{T}}\boldsymbol{\beta} = 2\times 1 + 0\times(-1) + 1\times 0 + (-1)\times 3 = -1.$$

根据上述定义,容易验证内积具有下列性质:

(1) $(\boldsymbol{\alpha}, \boldsymbol{\beta}) = (\boldsymbol{\beta}, \boldsymbol{\alpha})$;

(2) $(k\boldsymbol{\alpha}, \boldsymbol{\beta}) = k(\boldsymbol{\alpha}, \boldsymbol{\beta})$;

(3) $(\boldsymbol{\alpha} + \boldsymbol{\beta}, \boldsymbol{\gamma}) = (\boldsymbol{\alpha}, \boldsymbol{\gamma}) + (\boldsymbol{\beta}, \boldsymbol{\gamma})$;

(4) $(\boldsymbol{\alpha}, \boldsymbol{\alpha}) \geqslant 0$,当且仅当 $\boldsymbol{\alpha} = 0$ 时,有$(\boldsymbol{\alpha}, \boldsymbol{\alpha}) = 0$.

其中 $\boldsymbol{\alpha}, \boldsymbol{\beta}, \boldsymbol{\gamma}$ 为 $\mathbf{R}^n$ 中的任意向量,k 为任意实数.

由于对任一向量 $\boldsymbol{\alpha}$, $(\boldsymbol{\alpha}, \boldsymbol{\alpha}) \geqslant 0$, 因此可引入向量长度的概念.

定义 3.16　设 $\boldsymbol{\alpha} = (a_1, a_2, \cdots, a_n)^{\mathrm{T}}$ 为 $\mathbf{R}^n$ 中任意向量,非负实数 $\sqrt{(\boldsymbol{\alpha}, \boldsymbol{\alpha})}$ 称为向量 $\boldsymbol{\alpha}$ 的**长度**(也称为**范数**),记作 $\|\alpha\|$,即

$$\|\boldsymbol{\alpha}\| = \sqrt{(\boldsymbol{\alpha}, \boldsymbol{\alpha})} = \sqrt{a_1^2 + a_2^2 + \cdots + a_n^2} = \sqrt{\sum_{i=1}^{n} a_i^2}.$$

例如,在 $\mathbf{R}^2$ 中向量 $\boldsymbol{\alpha}=(3, -4)^{\mathrm{T}}$ 的长度

$$\|\boldsymbol{\alpha}\| = \sqrt{(\boldsymbol{\alpha}, \boldsymbol{\alpha})} = \sqrt{3^2 + (-4)^2} = 5.$$

显然,在 $\mathbf{R}^2$ 中向量 $\boldsymbol{\alpha}$ 的长度,就是坐标平面上对应的点到原点的距离.

向量的长度具有下列性质:

(1) $\|\boldsymbol{\alpha}\| \geqslant 0$,当且仅当 $\boldsymbol{\alpha} = 0$ 时,有 $\|\boldsymbol{\alpha}\| = 0$;

(2) $\|k\boldsymbol{\alpha}\| = |k| \cdot \|\boldsymbol{\alpha}\|$;

(3) $|(\boldsymbol{\alpha}, \boldsymbol{\beta})| \leqslant \|\boldsymbol{\alpha}\| \cdot \|\boldsymbol{\beta}\|$,当且仅当 $\boldsymbol{\alpha}, \boldsymbol{\beta}$ 线性相关时,等号成立.

其中 $\boldsymbol{\alpha}, \boldsymbol{\beta}$ 为 R^n 中的任意向量,k 为任意实数.

证明　(1)、(2)的证明留给读者去完成,下面对(3)进行证明.

若 $\boldsymbol{\alpha}, \boldsymbol{\beta}$ 线性相关,即 $\boldsymbol{\alpha}$ 与 $\boldsymbol{\beta}$ 成比例,设 $\boldsymbol{\beta} = k\boldsymbol{\alpha}$ $(k \in \mathbf{R})$,则 $\|\boldsymbol{\beta}\| = |k| \cdot \|\boldsymbol{\alpha}\|$. 因而

$$|(\boldsymbol{\alpha}, \boldsymbol{\beta})| = |(\boldsymbol{\alpha}, k\boldsymbol{\alpha})| = |k| \cdot |(\boldsymbol{\alpha}, \boldsymbol{\alpha})| = |k| \cdot \|\boldsymbol{\alpha}\|^2 = \|\boldsymbol{\alpha}\| \cdot \|\boldsymbol{\beta}\|,$$

即(3)中的等号成立.

若 $\boldsymbol{\alpha}, \boldsymbol{\beta}$ 线性无关,则对任意实数 t,向量 $t\boldsymbol{\alpha} - \boldsymbol{\beta} \neq \mathbf{0}$, 因而

$$0 < (t\boldsymbol{\alpha} - \boldsymbol{\beta}, t\boldsymbol{\alpha} - \boldsymbol{\beta}) = t^2(\boldsymbol{\alpha}, \boldsymbol{\alpha}) - 2t(\boldsymbol{\alpha}, \boldsymbol{\beta}) + (\boldsymbol{\beta}, \boldsymbol{\beta}).$$

上式右边是关于 t 的二次三项式,且对任意实数 t 该式都大于零,所以判别式

$$\Delta = [-2(\boldsymbol{\alpha}, \boldsymbol{\beta})]^2 - 4(\boldsymbol{\alpha}, \boldsymbol{\alpha})(\boldsymbol{\beta}, \boldsymbol{\beta}) < 0,$$

由此可得

$$|(\boldsymbol{\alpha}, \boldsymbol{\beta})| < \sqrt{(\boldsymbol{\alpha}, \boldsymbol{\alpha})(\boldsymbol{\beta}, \boldsymbol{\beta})} = \|\boldsymbol{\alpha}\| \cdot \|\boldsymbol{\beta}\|,$$

即(3)中的不等号成立. ▎

如果 $\boldsymbol{\alpha} = (a_1, a_2, \cdots, a_n)^{\mathrm{T}}$, $\boldsymbol{\beta} = (b_1, b_2, \cdots, b_n)^{\mathrm{T}}$, 上面(3)中的不等式可写为

$$\left|\sum_{i=1}^{n} a_i b_i\right| \leqslant \sqrt{\sum_{i=1}^{n} a_i^2} \cdot \sqrt{\sum_{i=1}^{n} b_i^2},$$

这一不等式称为**柯西-许瓦兹(Cauchy-Schwarz)不等式**. 它表明任意两个向量的内积与它们长度之间的关系.

特别地,长度为 1 的向量称为**单位向量**. 对于 $\mathbf{R}^n$ 中任一非零向量 $\boldsymbol{\alpha}$, 向量 $\dfrac{\boldsymbol{\alpha}}{\|\boldsymbol{\alpha}\|}$ 必是一个单位向量. 事实上,利用性质(2),有

$$\left\|\frac{\boldsymbol{\alpha}}{\|\boldsymbol{\alpha}\|}\right\| = \frac{1}{\|\boldsymbol{\alpha}\|} \cdot \|\boldsymbol{\alpha}\| = 1.$$

像这样得到的单位向量的方法,通常称为把向量 $\boldsymbol{\alpha}$ **单位化(标准化)**.

与向量的长度密切相关的概念还有两个向量之间的距离.

定义 3.17 设 $\mathbf{R}^n$ 中的向量 $\boldsymbol{\alpha} = (a_1, a_2, \cdots, a_n)^{\mathrm{T}}$ 与 $\boldsymbol{\beta} = (b_1, b_2, \cdots, b_n)^{\mathrm{T}}$, 则称非负实数

$$\sqrt{(a_1 - b_1)^2 + (a_2 - b_2)^2 + \cdots + (a_n - b_n)^2}$$

为向量 $\boldsymbol{\alpha}$ 与 $\boldsymbol{\beta}$ 间的**距离**,记作 d.

由定义易知,向量 $\boldsymbol{\alpha}$ 与 $\boldsymbol{\beta}$ 之间的距离等于向量 $\boldsymbol{\alpha} - \boldsymbol{\beta}$ 的长度,即

$$d = \|\boldsymbol{\alpha} - \boldsymbol{\beta}\|.$$

定义 3.18 设 $\boldsymbol{\alpha}, \boldsymbol{\beta}$ 为 $\mathbf{R}^n$ 中的非零向量,则记

$$\langle \boldsymbol{\alpha}, \boldsymbol{\beta} \rangle = \arccos \frac{(\boldsymbol{\alpha}, \boldsymbol{\beta})}{\|\boldsymbol{\alpha}\| \cdot \|\boldsymbol{\beta}\|} \ (0 \leqslant \langle \boldsymbol{\alpha}, \boldsymbol{\beta} \rangle \leqslant \pi),$$

并称此为向量 $\boldsymbol{\alpha}$ 与 $\boldsymbol{\beta}$ 的**夹角**.

特别地,平面直角坐标系中,两个向量 $\boldsymbol{\alpha}=(a_1, a_2)$ 与 $\boldsymbol{\beta}=(b_1, b_2)$ 间的距离 d 和夹角 θ,如图 3-4 所示. 此时夹角公式等价于余弦定理,即

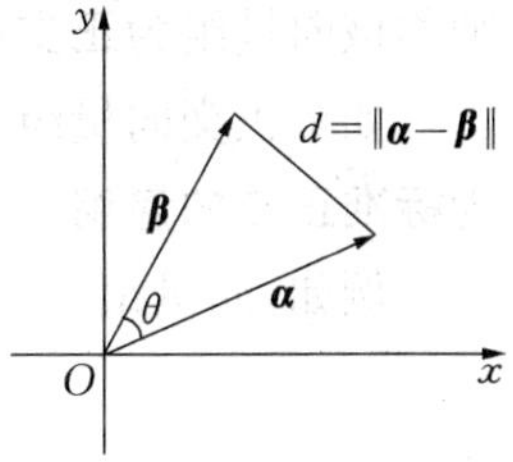

图 3-4

$$\langle\boldsymbol{\alpha},\boldsymbol{\beta}\rangle=\arccos\frac{(\boldsymbol{\alpha},\boldsymbol{\beta})}{\|\boldsymbol{\alpha}\|\cdot\|\boldsymbol{\beta}\|}$$

$$\Leftrightarrow\cos\theta=\frac{\|\boldsymbol{\alpha}\|^2+\|\boldsymbol{\beta}\|^2-\|\boldsymbol{\alpha}-\boldsymbol{\beta}\|^2}{2\|\boldsymbol{\alpha}\|\cdot\|\boldsymbol{\beta}\|}.$$

证明留给读者.

例 17 在 $\mathbf{R}^4$ 中,求向量 $\boldsymbol{\alpha}=(1, 1, -1, 1)$ 与 $\boldsymbol{\beta}=(5, -1, 1, 3)$ 间的距离和夹角.

解

$$d=\sqrt{(1-5)^2+(1+1)^2+(-1-1)^2+(1-3)^2}=2\sqrt{7}$$

$$\|\boldsymbol{\alpha}\|=2,\ \|\boldsymbol{\beta}\|=6,\ (\boldsymbol{\alpha},\boldsymbol{\beta})=6,$$

$$\langle\boldsymbol{\alpha},\boldsymbol{\beta}\rangle=\arccos\frac{(\boldsymbol{\alpha},\boldsymbol{\beta})}{\|\boldsymbol{\alpha}\|\cdot\|\boldsymbol{\beta}\|}=\arccos\frac{1}{2}=\frac{\pi}{3}.$$

定义 3.19 若 $\mathbf{R}^n$ 中任意两个非零向量 $\boldsymbol{\alpha}$ 与 $\boldsymbol{\beta}$ 的夹角 $\langle\boldsymbol{\alpha},\boldsymbol{\beta}\rangle=\frac{\pi}{2}$,则称向量 $\boldsymbol{\alpha}$ 与 $\boldsymbol{\beta}$ 正交(或垂直),记作 $\boldsymbol{\alpha}\perp\boldsymbol{\beta}$.

定理 3.14 $\mathbf{R}^n$ 中任意两个非零向量 $\boldsymbol{\alpha}$ 与 $\boldsymbol{\beta}$ 正交的充分必要条件是它们的内积等于零,即 $(\boldsymbol{\alpha},\boldsymbol{\beta})=0$.

证明　必要性:若 $\boldsymbol{\alpha}$ 与 $\boldsymbol{\beta}$ 正交,即 $\langle\boldsymbol{\alpha},\boldsymbol{\beta}\rangle=\frac{\pi}{2}$,则 $\cos\langle\boldsymbol{\alpha},\boldsymbol{\beta}\rangle=\frac{(\boldsymbol{\alpha},\boldsymbol{\beta})}{\|\boldsymbol{\alpha}\|\cdot\|\boldsymbol{\beta}\|}=0$,所以$(\boldsymbol{\alpha},\boldsymbol{\beta})=0$.

充分性:若 $(\boldsymbol{\alpha},\boldsymbol{\beta})=0$, 则

$$\langle\boldsymbol{\alpha},\boldsymbol{\beta}\rangle=\arccos\frac{(\boldsymbol{\alpha},\boldsymbol{\beta})}{\|\boldsymbol{\alpha}\|\cdot\|\boldsymbol{\beta}\|}=\arccos 0=\frac{\pi}{2},$$

所以 $\boldsymbol{\alpha}$ 与 $\boldsymbol{\beta}$ 正交. ▌

零向量与任意向量的内积为零,因此零向量与任意向量正交.

二、正交向量组

定义 3.20 如果 R^n 中的非零向量组 $\boldsymbol{\alpha}_1, \boldsymbol{\alpha}_2, \cdots, \boldsymbol{\alpha}_s$ 两两正交,即

$$(\boldsymbol{\alpha}_i, \boldsymbol{\alpha}_j)=0\quad(i\neq j;\ i, j=1, 2, \cdots, s),$$

则称该向量组为**正交向量组**.

如果正交向量组 $\boldsymbol{\alpha}_1, \boldsymbol{\alpha}_2, \cdots, \boldsymbol{\alpha}_s$ 中的向量又都是单位向量,则称该向量组为**标准正交向量组**.

例如,向量组

$$\boldsymbol{\alpha}_1 = \begin{pmatrix} 1 \\ 0 \\ 0 \end{pmatrix}, \boldsymbol{\alpha}_2 = \begin{pmatrix} 0 \\ 1 \\ 0 \end{pmatrix}, \boldsymbol{\alpha}_3 = \begin{pmatrix} 0 \\ 0 \\ 1 \end{pmatrix}$$

就是 $\mathbf{R}^3$ 中的一个标准正交向量组. 而向量组

$$\boldsymbol{\beta}_1 = \begin{pmatrix} -1 \\ 1 \\ 0 \end{pmatrix}, \boldsymbol{\beta}_2 = \begin{pmatrix} 1 \\ 1 \\ 0 \end{pmatrix}, \boldsymbol{\beta}_3 = \begin{pmatrix} 0 \\ 0 \\ 1 \end{pmatrix}$$

是 $\mathbf{R}^3$ 中的正交向量组,但不是标准正交向量组.

定理 3.15 向量空间 $\mathbf{R}^n$ 中的正交向量组必线性无关.

证明 设 $\boldsymbol{\alpha}_1, \boldsymbol{\alpha}_2, \cdots, \boldsymbol{\alpha}_s$ 为 $\mathbf{R}^n$ 中的正交向量组,且有数 $k_1, k_2, \cdots, k_s$,使得

$$k_1\boldsymbol{\alpha}_1 + k_2\boldsymbol{\alpha}_2 + \cdots + k_s\boldsymbol{\alpha}_s = \mathbf{0},$$

由

$$(k_1\boldsymbol{\alpha}_1 + k_2\boldsymbol{\alpha}_2 + \cdots + k_s\boldsymbol{\alpha}_s, \boldsymbol{\alpha}_i) = (0, \boldsymbol{\alpha}_i) = 0 \quad (i = 1, 2, \cdots, s),$$

注意到 $(\boldsymbol{\alpha}_i, \boldsymbol{\alpha}_j) = 0\ (i \neq j)$,上式可写为

$$(k_i\boldsymbol{\alpha}_i, \boldsymbol{\alpha}_i) = k_i(\boldsymbol{\alpha}_i, \boldsymbol{\alpha}_i) = 0\ (i = 1, 2, \cdots, s).$$

由正交向量组的定义可知 $\boldsymbol{\alpha}_i \neq \mathbf{0}$,故有 $(\boldsymbol{\alpha}_i, \boldsymbol{\alpha}_i) > 0$. 所以 $k_i = 0\ (i = 1, 2, \cdots, s)$,从而 $\boldsymbol{\alpha}_1, \boldsymbol{\alpha}_2, \cdots, \boldsymbol{\alpha}_s$ 线性无关. ▌

需注意的是,线性无关向量组不一定是正交向量组(如例 5 中的 $\boldsymbol{\alpha}_1, \boldsymbol{\alpha}_2$). 下面介绍的**格拉姆-施密特(Gram-Schmidt)正交化方法**是把一个线性无关向量组 $\boldsymbol{\alpha}_1, \boldsymbol{\alpha}_2, \cdots, \boldsymbol{\alpha}_s$ 变成一个标准正交向量组 $\boldsymbol{\eta}_1, \boldsymbol{\eta}_2, \cdots, \boldsymbol{\eta}_s$ 的方法,且这两个向量组是等价的. 具体步骤如下:

设 $\boldsymbol{\alpha}_1, \boldsymbol{\alpha}_2, \cdots, \boldsymbol{\alpha}_s$ 是线性无关的向量组 $(s \geqslant 2)$

(1) 正交化:

令 $\boldsymbol{\beta}_1 = \boldsymbol{\alpha}_1$,

$$\boldsymbol{\beta}_2 = \boldsymbol{\alpha}_2 - \frac{(\boldsymbol{\alpha}_2, \boldsymbol{\beta}_1)}{(\boldsymbol{\beta}_1, \boldsymbol{\beta}_1)}\boldsymbol{\beta}_1,$$

$$\boldsymbol{\beta}_3=\boldsymbol{\alpha}_3-\frac{(\boldsymbol{\alpha}_3,\boldsymbol{\beta}_1)}{(\boldsymbol{\beta}_1,\boldsymbol{\beta}_1)}\boldsymbol{\beta}_1-\frac{(\boldsymbol{\alpha}_3,\boldsymbol{\beta}_2)}{(\boldsymbol{\beta}_2,\boldsymbol{\beta}_2)}\boldsymbol{\beta}_2,$$

…………

$$\boldsymbol{\beta}_s=\boldsymbol{\alpha}_s-\frac{(\boldsymbol{\alpha}_s,\boldsymbol{\beta}_1)}{(\boldsymbol{\beta}_1,\boldsymbol{\beta}_1)}\boldsymbol{\beta}_1-\frac{(\boldsymbol{\alpha}_s,\boldsymbol{\beta}_2)}{(\boldsymbol{\beta}_2,\boldsymbol{\beta}_2)}\boldsymbol{\beta}_2-\cdots-\frac{(\boldsymbol{\alpha}_s,\boldsymbol{\beta}_{s-1})}{(\boldsymbol{\beta}_{s-1},\boldsymbol{\beta}_{s-1})}\boldsymbol{\beta}_{s-1}.$$

(2) 单位化：

令 $\boldsymbol{\eta}_i=\frac{1}{\|\boldsymbol{\beta}_i\|}\boldsymbol{\beta}_i\ (i=1,2,\cdots,s)$.

容易证明 $\boldsymbol{\beta}_1,\boldsymbol{\beta}_2,\cdots,\boldsymbol{\beta}_s$ 正交向量组，而 $\boldsymbol{\eta}_1,\boldsymbol{\eta}_2,\cdots,\boldsymbol{\eta}_s$ 标准正交向量组，且向量组 $\boldsymbol{\alpha}_1,\boldsymbol{\alpha}_2,\cdots,\boldsymbol{\alpha}_s$ 与 $\boldsymbol{\eta}_1,\boldsymbol{\eta}_2,\cdots,\boldsymbol{\eta}_s$ 是等价向量组.

事实上，取 $\boldsymbol{\beta}_1=\boldsymbol{\alpha}_1$，$\boldsymbol{\beta}_2=\boldsymbol{\alpha}_2+k\boldsymbol{\beta}_1$($k$ 为待定系数)，使 $\boldsymbol{\beta}_2$ 与 $\boldsymbol{\beta}_1$ 正交，有

$$(\boldsymbol{\beta}_2,\boldsymbol{\beta}_1)=(\boldsymbol{\alpha}_2+k\boldsymbol{\beta}_1,\boldsymbol{\beta}_1)=(\boldsymbol{\alpha}_2,\boldsymbol{\beta}_1)+k(\boldsymbol{\beta}_1,\boldsymbol{\beta}_1)=0,$$

解得

$$k=-\frac{(\boldsymbol{\alpha}_2,\boldsymbol{\beta}_1)}{(\boldsymbol{\beta}_1,\boldsymbol{\beta}_1)},$$

于是

$$\boldsymbol{\beta}_2=\boldsymbol{\alpha}_2-\frac{(\boldsymbol{\alpha}_2,\boldsymbol{\beta}_1)}{(\boldsymbol{\beta}_1,\boldsymbol{\beta}_1)}\boldsymbol{\beta}_1.$$

显然 $\boldsymbol{\beta}_2\neq\mathbf{0}$(否则 $\boldsymbol{\alpha}_2$ 可由 $\boldsymbol{\alpha}_1$ 线性表出，这与 $\boldsymbol{\alpha}_1,\boldsymbol{\alpha}_2$ 线性无关矛盾)，且 $\boldsymbol{\beta}_1,\boldsymbol{\beta}_2$ 与 $\boldsymbol{\alpha}_1,\boldsymbol{\alpha}_2$ 可互相线性表出，从而 $\boldsymbol{\beta}_1,\boldsymbol{\beta}_2$ 是与 $\boldsymbol{\alpha}_1,\boldsymbol{\alpha}_2$ 等价的正交向量组.

再取 $\boldsymbol{\beta}_3=\boldsymbol{\alpha}_3+k_1\boldsymbol{\beta}_1+k_2\boldsymbol{\beta}_2$ (k_1,k_2 为待定系数)，使 $\boldsymbol{\beta}_3$ 与 $\boldsymbol{\beta}_1,\boldsymbol{\beta}_2$ 都正交，有

$$(\boldsymbol{\beta}_3,\boldsymbol{\beta}_1)=0\text{ 和}(\boldsymbol{\beta}_3,\boldsymbol{\beta}_2)=0,$$

将 $\boldsymbol{\beta}_3=\boldsymbol{\alpha}_3+k_1\boldsymbol{\beta}_1+k_2\boldsymbol{\beta}_2$ 代入，与上面类似可解得

$$k_1=-\frac{(\boldsymbol{\alpha}_3,\boldsymbol{\beta}_1)}{(\boldsymbol{\beta}_1,\boldsymbol{\beta}_1)},\ k_2=-\frac{(\boldsymbol{\alpha}_3,\boldsymbol{\beta}_2)}{(\boldsymbol{\beta}_2,\boldsymbol{\beta}_2)}.$$

于是

$$\boldsymbol{\beta}_3=\boldsymbol{\alpha}_3-\frac{(\boldsymbol{\alpha}_3,\boldsymbol{\beta}_1)}{(\boldsymbol{\beta}_1,\boldsymbol{\beta}_1)}\boldsymbol{\beta}_1-\frac{(\boldsymbol{\alpha}_3,\boldsymbol{\beta}_2)}{(\boldsymbol{\beta}_2,\boldsymbol{\beta}_2)}\boldsymbol{\beta}_2.$$

同理，$\boldsymbol{\beta}_3\neq\mathbf{0}$，且 $\boldsymbol{\beta}_1,\boldsymbol{\beta}_2,\boldsymbol{\beta}_3$ 与 $\boldsymbol{\alpha}_1,\boldsymbol{\alpha}_2,\boldsymbol{\alpha}_3$ 可互相线性表出，从而 $\boldsymbol{\beta}_1,\boldsymbol{\beta}_2,\boldsymbol{\beta}_3$ 是与 $\boldsymbol{\alpha}_1,\boldsymbol{\alpha}_2,\boldsymbol{\alpha}_3$ 等价的正交向量组.

归纳地，可以得

$$\boldsymbol{\beta}_i=\boldsymbol{\alpha}_i-\frac{(\boldsymbol{\alpha}_i,\boldsymbol{\beta}_1)}{(\boldsymbol{\beta}_1,\boldsymbol{\beta}_1)}\boldsymbol{\beta}_1-\frac{(\boldsymbol{\alpha}_i,\boldsymbol{\beta}_2)}{(\boldsymbol{\beta}_2,\boldsymbol{\beta}_2)}\boldsymbol{\beta}_2-\cdots-\frac{(\boldsymbol{\alpha}_i,\boldsymbol{\beta}_{i-1})}{(\boldsymbol{\beta}_{i-1},\boldsymbol{\beta}_{i-1})}\boldsymbol{\beta}_{i-1}\quad(i=1,2,\cdots,s),$$

且 $\boldsymbol{\beta}_1,\boldsymbol{\beta}_2,\cdots,\boldsymbol{\beta}_s$ 是与 $\boldsymbol{\alpha}_1,\boldsymbol{\alpha}_2,\cdots,\boldsymbol{\alpha}_s$ 等价的正交向量组.从而进一步可知向量组 $\boldsymbol{\eta}_1,\boldsymbol{\eta}_2,\cdots,\boldsymbol{\eta}_s$ 是与 $\boldsymbol{\alpha}_1,\boldsymbol{\alpha}_2,\cdots,\boldsymbol{\alpha}_s$ 等价的标准正交向量组.

例 18 设线性无关的向量组

$$\boldsymbol{\alpha}_1=\begin{pmatrix}1\\-1\\0\end{pmatrix},\boldsymbol{\alpha}_2=\begin{pmatrix}1\\0\\1\end{pmatrix},\boldsymbol{\alpha}_3=\begin{pmatrix}-1\\1\\1\end{pmatrix},$$

试将 $\boldsymbol{\alpha}_1,\boldsymbol{\alpha}_2,\boldsymbol{\alpha}_3$ 标准正交化.

解 利用施密特正交化方法,先正交化:

$$\boldsymbol{\beta}_1=\boldsymbol{\alpha}_1=\begin{pmatrix}1\\-1\\0\end{pmatrix},$$

$$\boldsymbol{\beta}_2=\boldsymbol{\alpha}_2-\frac{(\boldsymbol{\alpha}_2,\boldsymbol{\beta}_1)}{(\boldsymbol{\beta}_1,\boldsymbol{\beta}_1)}\boldsymbol{\beta}_1=\begin{pmatrix}1\\0\\1\end{pmatrix}-\frac{1}{2}\begin{pmatrix}1\\-1\\0\end{pmatrix}=\begin{pmatrix}\frac{1}{2}\\\frac{1}{2}\\1\end{pmatrix},$$

$$\boldsymbol{\beta}_3=\boldsymbol{\alpha}_3-\frac{(\boldsymbol{\alpha}_3,\boldsymbol{\beta}_1)}{(\boldsymbol{\beta}_1,\boldsymbol{\beta}_1)}\boldsymbol{\beta}_1-\frac{(\boldsymbol{\alpha}_3,\boldsymbol{\beta}_2)}{(\boldsymbol{\beta}_2,\boldsymbol{\beta}_2)}\boldsymbol{\beta}_2=\begin{pmatrix}-1\\1\\1\end{pmatrix}-\frac{(-2)}{2}\begin{pmatrix}1\\-1\\0\end{pmatrix}-\frac{2}{3}\begin{pmatrix}\frac{1}{2}\\\frac{1}{2}\\1\end{pmatrix}=\begin{pmatrix}-\frac{1}{3}\\-\frac{1}{3}\\\frac{1}{3}\end{pmatrix},$$

再单位化:

$$\boldsymbol{\eta}_1=\frac{1}{\|\boldsymbol{\beta}_1\|}\boldsymbol{\beta}_1=\frac{1}{\sqrt{2}}\begin{pmatrix}1\\-1\\0\end{pmatrix},\boldsymbol{\eta}_2=\frac{1}{\|\boldsymbol{\beta}_2\|}\boldsymbol{\beta}_2=\frac{1}{\sqrt{6}}\begin{pmatrix}1\\1\\2\end{pmatrix},$$

$$\boldsymbol{\eta}_3=\frac{1}{\|\boldsymbol{\beta}_3\|}\boldsymbol{\beta}_3=\frac{1}{\sqrt{3}}\begin{pmatrix}-1\\-1\\1\end{pmatrix}.$$

三、正交矩阵

定义 3.21　设 Q 为 n 阶实矩阵,如果 $Q^{T}Q=I$,则称 Q 为**正交矩阵**.

正交矩阵具有下列性质:

(1) 若 Q 为正交矩阵,则 Q 必可逆,且有 $|Q|=1$ 或 $|Q|=-1$;

(2) 实矩阵 Q 为正交矩阵的充分必要条件是 $Q^{-1}=Q^{T}$;

(3) 实矩阵 Q 为正交矩阵,则 Q^{T}, Q^{-1}, Q^{*} 也是正交矩阵;

(4) 若 P 与 Q 都是 n 阶正交矩阵,则 PQ 也是 n 阶正交矩阵.

证明　(1),(2)的证明留给读者完成.

(3) 因为 Q 是正交矩阵,由(2)的必要性知 $Q^{-1}=Q^{T}$,而

$$(Q^{T})^{-1}=(Q^{-1})^{T}=(Q^{T})^{T},$$

即 $(Q^{T})^{-1}=(Q^{T})^{T}$,由(2)的充分性知 Q^{T} 也是正交矩阵.

又因为 $Q^{-1}=Q^{T}$,由刚得到的结论知 Q^{-1} 也是正交矩阵.

另外由 $Q^{*}=|Q|Q^{-1}$, $Q^{-1}=Q^{T}$ 及(1),则

$$(Q^{*})^{T}Q^{*}=(|Q|Q^{-1})^{T}(|Q|Q^{-1})=|Q|^{2}(Q^{-1})^{T}(Q^{-1})=|Q|^{2}I=I,$$

由定义可知 Q^{*} 也是正交矩阵.

(4) 因为 $P^{T}P=I$, $Q^{T}Q=I$,而

$$(PQ)^{T}(PQ)=Q^{T}(P^{T}P)Q=Q^{T}IQ=Q^{T}Q=I,$$

所以 PQ 也是正交矩阵.　▌

定理 3.16　实矩阵 Q 为正交矩阵的充分必要条件是 Q 的列(或行)向量组是标准正交向量组.

证明　设 Q 为 n 阶实矩阵,将 Q 按列分块.记为 $Q=(\boldsymbol{\alpha}_1, \boldsymbol{\alpha}_2, \cdots, \boldsymbol{\alpha}_n)$,则有

$$Q^{T}=\begin{pmatrix}\boldsymbol{\alpha}_1^{T}\\ \boldsymbol{\alpha}_2^{T}\\ \vdots\\ \boldsymbol{\alpha}_n^{T}\end{pmatrix}.$$

因而

$$Q^{T}Q=\begin{pmatrix}\boldsymbol{\alpha}_1^{T}\\ \boldsymbol{\alpha}_2^{T}\\ \vdots\\ \boldsymbol{\alpha}_n^{T}\end{pmatrix}(\boldsymbol{\alpha}_1, \boldsymbol{\alpha}_2, \cdots, \boldsymbol{\alpha}_n)=\begin{pmatrix}\boldsymbol{\alpha}_1^{T}\boldsymbol{\alpha}_1 & \boldsymbol{\alpha}_1^{T}\boldsymbol{\alpha}_2 & \cdots & \boldsymbol{\alpha}_1^{T}\boldsymbol{\alpha}_n\\ \boldsymbol{\alpha}_2^{T}\boldsymbol{\alpha}_1 & \boldsymbol{\alpha}_2^{T}\boldsymbol{\alpha}_2 & \cdots & \boldsymbol{\alpha}_2^{T}\boldsymbol{\alpha}_n\\ \vdots & \vdots & \ddots & \vdots\\ \boldsymbol{\alpha}_n^{T}\boldsymbol{\alpha}_1 & \boldsymbol{\alpha}_n^{T}\boldsymbol{\alpha}_2 & \cdots & \boldsymbol{\alpha}_n^{T}\boldsymbol{\alpha}_n\end{pmatrix}.$$

按定义,矩阵 Q 为正交矩阵的充要条件是 $Q^{\mathrm{T}}Q = I$, 即

$$(\boldsymbol{\alpha}_i, \boldsymbol{\alpha}_j) = \boldsymbol{\alpha}_i^{\mathrm{T}}\boldsymbol{\alpha}_j = \begin{cases} 1 & (i = j), \\ 0 & (i \neq j), \end{cases}$$

此即 $\boldsymbol{\alpha}_1, \boldsymbol{\alpha}_2, \cdots, \boldsymbol{\alpha}_n$ 为标准正交向量组.

由 Q 为正交矩阵时 Q^{T} 也是正交矩阵可知,正交矩阵的行向量组也是标准正交向量组. ▎

例 19 设 $A = (a_{ij})$ 为三阶非零实矩阵,且 $a_{ij} = A_{ij}$,其中 A_{ij} 是 $|A|$ 中元素 $a_{ij}(i, j = 1, 2, 3)$ 的代数余子式. 证明 $|A| = 1$,且 A 是正交矩阵.

证明 由 $A = (a_{ij}) = (A_{ij})$ 得 $A^{\mathrm{T}} = A^*$, 所以

$$AA^{\mathrm{T}} = AA^* = |A| I.$$

两边取行列式,得

$$|AA^{\mathrm{T}}| = |A|^2 = ||A| I| = |A|^3 |I| = |A|^3.$$

所以 $|A|$ 可能的取值为 0, 1. 又由于 A 为非零实矩阵,故 A 中至少有一个元素不为零,不妨设第 i 行中至少有一个元素不为零,将行列式 $|A|$ 按第 i 行展开

$$|A| = a_{i1}A_{i1} + a_{i2}A_{i2} + a_{i3}A_{i3} = a_{i1}^2 + a_{i2}^2 + a_{i3}^2 \neq 0,$$

所以 $|A| = 1$,且 $AA^{\mathrm{T}} = I$, 即 A 是正交矩阵. ▎

背景资料(3)

向量空间的几何背景是通常解析几何里的平面 $\mathbf{R}^2$ 和空间 $\mathbf{R}^3$. 在这里,一个向量是一个有方向的线段,由长度和方向同时表征. 这样向量可以用来表示物理量,比如力,它可以做加法也可以和标量做乘法. 这就是实数向量空间的第一个例子. 向量空间是线性代数的重要内容,直到 18 世纪末,它研究领域还只限于平面与空间. 19 世纪上半叶才完成了到 n 维向量空间的过渡. 现代向量空间的定义是由意大利数学家皮亚诺(Peano, Giuseppe, 1858—1932)于 1888 年提出的. 德国数学家托普利茨(Toplitz, Otto, 1881—1940)将线性代数的主要定理推广到任意体上的最一般的向量空间中. 作为证明定理而使用的纯抽象概念,向量空间(线性空间)属于抽象代数的一部分,而且已经非常好地融入了这个领域. 一些显著的例子有:不可逆线性映射或矩阵的群,向量空间的线性映射的环. 线性代数也在数学分析中扮演着重要角色,特别在向量分析中描述高阶导数,研究张量积和可交换映射等领域.

数学家试图研究向量代数，但在任意维数中并没有两个向量乘积的自然定义. 第一个涉及一个不可交换向量积（既 $V\times W$ 不等于 $W\times V$）的向量代数是由德国数学家格拉斯曼(Grassmann, Hermann, 1809—1877)在他的《线性扩张论》一书中提出的(1844)，从而产生了现在称为多项式环的结构. 这些成就对后来的数学发展有重大影响，然而却超出了当时数学家们的接受能力，直到他逝世前后才受到重视，并得到应用. 1854 年，法国数学家埃尔米特(C. Hermite, 1822—1901)使用了"正交矩阵"这一术语，但它的正式定义直到 1878 年才由德国数学家费罗贝尼乌斯(F. G. Frobenius, 1849—1917)发表. 1879 年，费罗贝尼乌斯引入了矩阵的秩的概念.

在 19 世纪末美国数学物理学家吉伯斯(Willard Gibbs, 1839—1903)发表了关于《向量分析基础》的著名论述. 其后英国数学物理学家狄拉克(P. A. M. Dirac, 1902—1984)提出了行向量和列向量的乘积为标量. 我们习惯的列矩阵和向量都是在 20 世纪由物理学家给出的.

习　题　三

(A)

1. 已知向量 $\boldsymbol{\alpha}=(1, -2, 3)^{\mathrm{T}}$, $\boldsymbol{\beta}=(4, 3, -2)^{\mathrm{T}}$, $\boldsymbol{\gamma}=(5, 3, -1)^{\mathrm{T}}$，求 $2\boldsymbol{\alpha}-\boldsymbol{\beta}+3\boldsymbol{\gamma}$.

2. 已知 $2\boldsymbol{\alpha}+3\boldsymbol{\beta}=(1, 3, 2, -1)^{\mathrm{T}}$, $3\boldsymbol{\alpha}+4\boldsymbol{\beta}=(2, 1, 1, 2)^{\mathrm{T}}$，求 $\boldsymbol{\alpha}$, $\boldsymbol{\beta}$.

3. 判断向量 $\boldsymbol{\beta}=(1, 1, 1)^{\mathrm{T}}$ 能否被向量组 $\boldsymbol{\alpha}_1=(1, 2, 0)^{\mathrm{T}}$, $\boldsymbol{\alpha}_2=(2, 3, 0)^{\mathrm{T}}$, $\boldsymbol{\alpha}_3=(0, 0, 1)^{\mathrm{T}}$ 线性表出，若能，写出它的一种表示式.

4. 判断下列各向量组的线性相关性：

(1) $\boldsymbol{\alpha}_1=(3, 2, 1)^{\mathrm{T}}$, $\boldsymbol{\alpha}_2=(0, 0, 0)^{\mathrm{T}}$;

(2) $\boldsymbol{\alpha}_1=(1, 2)^{\mathrm{T}}$, $\boldsymbol{\alpha}_2=(3, 4)^{\mathrm{T}}$, $\boldsymbol{\alpha}_3=(5, 6)^{\mathrm{T}}$.

5. 设向量组 $\boldsymbol{\alpha}_1$, $\boldsymbol{\alpha}_2$, $\boldsymbol{\alpha}_3$ 线性无关，证明：$\boldsymbol{\alpha}_1+\boldsymbol{\alpha}_2$, $\boldsymbol{\alpha}_2+\boldsymbol{\alpha}_3$, $\boldsymbol{\alpha}_3+\boldsymbol{\alpha}_1$ 也线性无关.

6. 求下列向量组的秩和一个极大无关组，并将其余向量用该极大无关组线性表出：

(1) $\boldsymbol{\alpha}_1=(1, -2, 5)^{\mathrm{T}}$, $\boldsymbol{\alpha}_2=(3, 2, -1)^{\mathrm{T}}$, $\boldsymbol{\alpha}_3=(3, 10, -17)^{\mathrm{T}}$;

(2) $\boldsymbol{\alpha}_1=(1, 1, 1, 1)^{\mathrm{T}}$, $\boldsymbol{\alpha}_2=(1, 1, -1, -1)^{\mathrm{T}}$, $\boldsymbol{\alpha}_3=(1, -1, -1, 1)^{\mathrm{T}}$, $\boldsymbol{\alpha}_4=(-1, -1, 1, 1)^{\mathrm{T}}$;

(3) $\boldsymbol{\alpha}_1=(3, 2, -2, 4)^{\mathrm{T}}$, $\boldsymbol{\alpha}_2=(11, 4, -10, 18)^{\mathrm{T}}$, $\boldsymbol{\alpha}_3=(-5, 0, 6, -10)^{\mathrm{T}}$, $\boldsymbol{\alpha}_4=(-1, 1, 2, -3)^{\mathrm{T}}$;

(4) $\boldsymbol{\alpha}_1=(1, 2, -2, 1)^{\mathrm{T}}$, $\boldsymbol{\alpha}_2=(2, -3, 2, 1)^{\mathrm{T}}$, $\boldsymbol{\alpha}_3=(2, 4, -2, 4)^{\mathrm{T}}$, $\boldsymbol{\alpha}_4=(-1, 2, 0, 3)^{\mathrm{T}}$.

7. 设矩阵 $\boldsymbol{A}=\begin{pmatrix}2 & -1 & 4 & -1\\ 4 & -2 & 5 & 4\\ 2 & -1 & 3 & 1\end{pmatrix}$，求 $\boldsymbol{A}$ 的列向量组与行向量组的极大无关组及 $\boldsymbol{A}$ 的列秩与行秩.

8. 用定义确定下列矩阵的秩 r,并给出一个 r 阶非零子式:

(1) $\boldsymbol{A}=\begin{pmatrix}3 & 1\\ 6 & 2\end{pmatrix}$;

(2) $\boldsymbol{B}=\begin{pmatrix}2 & -3 & 1\\ -1 & 2 & 4\end{pmatrix}$;

(3) $\boldsymbol{C}=\begin{pmatrix}3 & 2 & 2\\ 6 & 4 & 4\\ -5 & -4 & -6\\ 10 & 7 & 8\end{pmatrix}$.

9. 用初等变换求下列矩阵 $\boldsymbol{A}$ 的秩:

(1) $\boldsymbol{A}=\begin{pmatrix}2 & -1 & 4\\ 4 & -2 & 5\\ 2 & -1 & 3\end{pmatrix}$;　　(2) $\boldsymbol{A}=\begin{pmatrix}1 & 1 & -1\\ 3 & 4 & -2\\ 2 & 4 & 0\\ 0 & 1 & 1\end{pmatrix}$;

(3) $\boldsymbol{A}=\begin{pmatrix}2 & 3 & 4 & 4\\ 1 & -1 & 2 & -3\\ 3 & 2 & 6 & 1\\ -1 & 0 & -2 & 1\end{pmatrix}$;　(4) $\boldsymbol{A}=\begin{pmatrix}-1 & 2 & 1 & 0\\ 1 & -2 & -1 & 0\\ -1 & 0 & 1 & 1\\ -2 & 0 & 2 & 0\end{pmatrix}$;

(5) $\boldsymbol{A}=\begin{pmatrix}1 & -1 & 2 & -2 & 3\\ 2 & -1 & 3 & -6 & 9\\ 3 & -5 & 8 & -2 & 3\end{pmatrix}$;　(6) $\boldsymbol{A}=\begin{pmatrix}0 & 1 & 1 & -1 & 2\\ 0 & 2 & 2 & -2 & 0\\ 0 & -1 & -1 & 1 & 1\\ 1 & 1 & 0 & 1 & -1\end{pmatrix}$.

10. 已知 $\mathrm{r}(\boldsymbol{A})=3$, $\boldsymbol{A}=\begin{pmatrix}1 & 1 & 1 & 1\\ 1 & 2 & a & -2\\ 2 & 3 & 2 & b\\ -1 & 1 & -1 & -7\end{pmatrix}$，求 a, b 的值.

11. 已知 $\boldsymbol{A}=\begin{pmatrix}1&1&4&3&3\\-1&0&1&-2&0\\-2&1&a&-1&-3\\2&1&5&4&6\end{pmatrix}$，试对 a 的不同取值，计算 $\boldsymbol{A}$ 的秩.

12. 设 $\mathbf{R}^4$ 中向量

$$\boldsymbol{\alpha}_1=\begin{pmatrix}1\\1\\1\\2\end{pmatrix},\ \boldsymbol{\alpha}_2=\begin{pmatrix}2\\1\\3\\2\end{pmatrix},\ \boldsymbol{\alpha}_3=\begin{pmatrix}1\\2\\2\\3\end{pmatrix},\ \boldsymbol{\beta}_1=\begin{pmatrix}3\\1\\-1\\0\end{pmatrix},\ \boldsymbol{\beta}_2=\begin{pmatrix}1\\2\\-2\\1\end{pmatrix},\ \boldsymbol{\beta}_3=\begin{pmatrix}3\\1\\5\\1\end{pmatrix},$$

试求：(1) $(\boldsymbol{\alpha}_1, \boldsymbol{\beta}_1)$，$(\boldsymbol{\alpha}_2, \boldsymbol{\beta}_2)$，$(\boldsymbol{\alpha}_3, \boldsymbol{\beta}_3)$；

(2) $\|\boldsymbol{\alpha}_1\|$，$\|\boldsymbol{\beta}_1\|$，$\|\boldsymbol{\alpha}_3\|$，$\|\boldsymbol{\alpha}_1-\boldsymbol{\beta}_1\|$，$\|\boldsymbol{\alpha}_2-\boldsymbol{\beta}_2\|$；

(3) $\langle\boldsymbol{\alpha}_1, \boldsymbol{\beta}_1\rangle$，$\langle\boldsymbol{\alpha}_2, \boldsymbol{\beta}_2\rangle$，$\langle\boldsymbol{\alpha}_3, \boldsymbol{\beta}_3\rangle$.

13. 将下列线性无关的向量组标准正交化：

(1) $\boldsymbol{\alpha}_1=\begin{pmatrix}0\\1\\1\end{pmatrix},\ \boldsymbol{\alpha}_2=\begin{pmatrix}1\\0\\1\end{pmatrix},\ \boldsymbol{\alpha}_3=\begin{pmatrix}1\\1\\0\end{pmatrix}$；

(2) $\boldsymbol{\alpha}_1=\begin{pmatrix}1\\-2\\2\end{pmatrix},\ \boldsymbol{\alpha}_2=\begin{pmatrix}-1\\0\\-1\end{pmatrix},\ \boldsymbol{\alpha}_3=\begin{pmatrix}5\\-3\\-7\end{pmatrix}$；

(3) $\boldsymbol{\alpha}_1=\begin{pmatrix}1\\1\\0\\0\end{pmatrix},\ \boldsymbol{\alpha}_2=\begin{pmatrix}1\\0\\1\\0\end{pmatrix},\ \boldsymbol{\alpha}_3=\begin{pmatrix}-1\\0\\0\\1\end{pmatrix},\ \boldsymbol{\alpha}_4=\begin{pmatrix}1\\-1\\-1\\1\end{pmatrix}$；

(4) $\boldsymbol{\alpha}_1=\begin{pmatrix}1\\2\\2\\-1\end{pmatrix},\ \boldsymbol{\alpha}_2=\begin{pmatrix}1\\1\\-5\\3\end{pmatrix},\ \boldsymbol{\alpha}_3=\begin{pmatrix}3\\2\\8\\-7\end{pmatrix}$.

14. 设 $\boldsymbol{\alpha}_1$，$\boldsymbol{\alpha}_2$ 是 n 维列向量空间 $\mathbf{R}^n$ 中的任意两个向量，证明：对任一 n 阶正交矩阵 $\boldsymbol{A}$，总有 $(\boldsymbol{A}\boldsymbol{\alpha}_1, \boldsymbol{A}\boldsymbol{\alpha}_2)=(\boldsymbol{\alpha}_1, \boldsymbol{\alpha}_2)$.

15. 设 $\boldsymbol{\alpha}_1$，$\boldsymbol{\alpha}_2$，…，$\boldsymbol{\alpha}_n$ 是 n 维列向量空间 $\mathbf{R}^n$ 中的一组标准正交向量组，$\boldsymbol{A}$ 是 n 阶正交矩阵，证明：$\boldsymbol{A}\boldsymbol{\alpha}_1$，$\boldsymbol{A}\boldsymbol{\alpha}_2$，…，$\boldsymbol{A}\boldsymbol{\alpha}_n$ 也是 $\mathbf{R}^n$ 中的一组标准正交向量组.

16. 设

$$A=\begin{pmatrix} a & b & c & d \\ -b & a & -d & c \\ -c & d & a & -b \\ -d & -c & b & a \end{pmatrix}.$$

(1) 试问 a, b, c, d 满足什么条件时,$\boldsymbol{A}$ 为正交矩阵?

(2) 求$|\boldsymbol{A}|$.

(B)

1. 设向量组 $\boldsymbol{\alpha}_1$, $\boldsymbol{\alpha}_2$, $\boldsymbol{\alpha}_3$ 线性无关,向量组 $\boldsymbol{\alpha}_2$, $\boldsymbol{\alpha}_3$, $\boldsymbol{\alpha}_4$ 线性相关,试证:

(1) $\boldsymbol{\alpha}_4$ 可由 $\boldsymbol{\alpha}_1$, $\boldsymbol{\alpha}_2$, $\boldsymbol{\alpha}_3$ 线性表出;

(2) $\boldsymbol{\alpha}_1$ 不能由 $\boldsymbol{\alpha}_2$, $\boldsymbol{\alpha}_3$, $\boldsymbol{\alpha}_4$ 线性表出.

2. 设向量 $\boldsymbol{\beta}$ 可由向量组 $\boldsymbol{\alpha}_1$, $\boldsymbol{\alpha}_2$, $\cdots$, $\boldsymbol{\alpha}_s$ 线性表出,证明:表示法是唯一的充分必要条件是 $\boldsymbol{\alpha}_1$, $\boldsymbol{\alpha}_2$, $\cdots$, $\boldsymbol{\alpha}_s$ 线性无关.

3. 设 $\boldsymbol{\alpha}_1$, $\boldsymbol{\alpha}_2$, $\cdots$, $\boldsymbol{\alpha}_n$ 是一组 n 维向量,已知单位向量 $\boldsymbol{\varepsilon}_1$, $\boldsymbol{\varepsilon}_2$, $\cdots$, $\boldsymbol{\varepsilon}_n$ 可被它们线性表出,证明:$\boldsymbol{\alpha}_1$, $\boldsymbol{\alpha}_2$, $\cdots$, $\boldsymbol{\alpha}_n$ 线性无关.

4. 初等列变换不改变矩阵的行秩.

5. 设 $\boldsymbol{A}$ 是 n 阶方阵,又 $f(x)=a_mx^m+a_{m-1}x^{m-1}+\cdots+a_1x+a_0$, $f(0)=0$,试证 $\mathrm{r}(f(\boldsymbol{A}))\leqslant\mathrm{r}(\boldsymbol{A})$.

6. 设 $\boldsymbol{\alpha}$, $\boldsymbol{\beta}$ 是两个 n 维实向量,证明:$\|\boldsymbol{\alpha}+\boldsymbol{\beta}\|\leqslant\|\boldsymbol{\alpha}\|+\|\boldsymbol{\beta}\|$.

7. 设 $\boldsymbol{\alpha}$ 与 $\boldsymbol{\beta}$ 是正交向量,证明:

(1) $\|\boldsymbol{\alpha}+\boldsymbol{\beta}\|^2=\|\boldsymbol{\alpha}\|^2+\|\boldsymbol{\beta}\|^2$;

(2) $\|\boldsymbol{\alpha}+\boldsymbol{\beta}\|=\|\boldsymbol{\alpha}-\boldsymbol{\beta}\|$.

8. 设 $\boldsymbol{A}$ 为 n 阶实对称矩阵,若 $\boldsymbol{A}^2=\boldsymbol{I}$, 求证 $\boldsymbol{A}$ 是正交矩阵.

9. 若 $\boldsymbol{A}$ 为实对称矩阵,且 $\boldsymbol{A}^2+6\boldsymbol{A}+8\boldsymbol{I}=\boldsymbol{O}$, 证明 $\boldsymbol{A}+3\boldsymbol{I}$ 是正交矩阵.

10. 设 $\boldsymbol{I}$ 为 n 阶单位矩阵,$\boldsymbol{\alpha}$ 是 n 维单位列向量,证明矩阵 $\boldsymbol{H}=I-2\boldsymbol{\alpha}\boldsymbol{\alpha}^{\mathrm{T}}$ 是正交矩阵.

11. 设 $\boldsymbol{x}_1$, $\boldsymbol{x}_2$ 是两个 n 维实向量,$\boldsymbol{Q}$ 是 n 阶正交矩阵,且 $\boldsymbol{y}_i=\boldsymbol{Q}\boldsymbol{x}_i$ $(i=1,2)$. 证明:

(1) $\|\boldsymbol{x}_i\|=\|\boldsymbol{y}_i\|$;

(2) $\langle\boldsymbol{x}_1,\boldsymbol{x}_2\rangle=\langle\boldsymbol{y}_1,\boldsymbol{y}_2\rangle$.

第四章 线性方程组

第一章中介绍的克莱姆法则以及第二章中介绍的用逆矩阵解线性方程组的方法,处理的是一类特殊的线性方程组(方程的个数与未知量个数相等且系数行列式不等于零),在有了向量空间和矩阵的秩等理论准备之后,我们可以全面分析一般 n 元线性方程组的问题.本章将讨论线性方程组的解的一般求法——消元法,解的判定以及解的结构.

§4.1 消元法

设 n 个未知量、m 个方程组成的线性方程组为

$$\begin{cases} a_{11}x_1+a_{12}x_2+\cdots+a_{1n}x_n=b_1, \\ a_{21}x_1+a_{22}x_2+\cdots+a_{2n}x_n=b_2, \\ \cdots\cdots\cdots\cdots \\ a_{m1}x_1+a_{m2}x_2+\cdots+a_{mn}x_n=b_m. \end{cases} \tag{4.1}$$

记

$$\boldsymbol{A}=\begin{pmatrix} a_{11} & a_{12} & \cdots & a_{1n} \\ a_{21} & a_{22} & \cdots & a_{2n} \\ \vdots & \vdots & & \vdots \\ a_{m1} & a_{m2} & \cdots & a_{mn} \end{pmatrix}, \ \overline{\boldsymbol{A}}=\left(\begin{array}{cccc:c} a_{11} & a_{12} & \cdots & a_{1n} & b_1 \\ a_{21} & a_{22} & \cdots & a_{2n} & b_2 \\ \vdots & \vdots & & \vdots & \vdots \\ a_{m1} & a_{m2} & \cdots & a_{mn} & b_m \end{array}\right), \ \boldsymbol{X}=\begin{pmatrix} x_1 \\ x_2 \\ \vdots \\ x_n \end{pmatrix}, \ \boldsymbol{B}=\begin{pmatrix} b_1 \\ b_2 \\ \vdots \\ b_m \end{pmatrix},$$

其中 $\boldsymbol{A}$ 称为线性方程组(4.1)的**系数矩阵**,$\overline{\boldsymbol{A}}$ 称为**增广矩阵**,$\boldsymbol{X}$ 称为**未知量矩阵**,$\boldsymbol{B}$ 称为**常数项矩阵**.方程组(4.1)可用矩阵形式表示为

$$\boldsymbol{AX}=\boldsymbol{B}.$$

显然,线性方程组(4.1)唯一地被其增广矩阵 $\overline{\boldsymbol{A}}$ 所确定;反之,一个矩阵也完全刻画了一个线性方程组.

例 1 已知某线性方程组对应于下列矩阵,试写出该方程组

$$\bar{A}=\begin{pmatrix}1&2&-5&19\\2&8&3&-22\\1&3&2&-11\end{pmatrix}.$$

解 该线性方程组应有 3 个未知量、3 个方程:

$$\begin{cases}x_1+2x_2-5x_3=19,\\2x_1+8x_2+3x_3=-22,\\x_1+3x_2+2x_3=-11.\end{cases}$$

在中学代数中,已经学过用消元法解简单的线性方程组,这一方法也适用于求解一般的线性方程组(4.1),它由两个过程组成:先把方程组等价地化成上三角形的方程组(称之为消元过程);然后求解上三角形的方程组(称之为回代过程),由此即可求出原方程组的解.下面我们用一个具体的例子来介绍这个方法.

例 2 试用消元法求解例 1 中的线性方程组.

解 为了便于对照,我们把方程组的消元过程与方程组对应增广矩阵的初等行变换过程,分别列在左右两侧.

$$\begin{cases}x_1+2x_2-5x_3=19\\2x_1+8x_2+3x_3=-22\\x_1+3x_2+2x_3=-11\end{cases}\begin{matrix}\times(-2)\\\times(-1)\end{matrix}\qquad \bar{A}=\left(\begin{array}{ccc:c}1&2&-5&19\\2&8&3&-22\\1&3&2&-11\end{array}\right)$$

$$\Rightarrow\begin{cases}x_1+2x_2-5x_3=19\\4x_2+13x_3=-60\\x_2+7x_3=-30\end{cases}\qquad \xrightarrow[(-1)r_1+r_3]{(-2)r_1+r_2}\left(\begin{array}{ccc:c}1&2&-5&19\\0&4&13&-60\\0&1&7&-30\end{array}\right)$$

$$\Rightarrow\begin{cases}x_1+2x_2-5x_3=19\\x_2+7x_3=-30\\4x_2+13x_3=-60\end{cases}\times(-4)\qquad \xrightarrow{r_2\leftrightarrow r_3}\left(\begin{array}{ccc:c}1&2&-5&19\\0&1&7&-30\\0&4&13&-60\end{array}\right)$$

$$\Rightarrow\begin{cases}x_1+2x_2-5x_3=19\\x_2+7x_3=-30\\-15x_3=60\end{cases}\times\left(-\frac{1}{15}\right)\qquad \xrightarrow{(-4)r_2+r_3}\left(\begin{array}{ccc:c}1&2&-5&19\\0&1&7&-30\\0&0&-15&60\end{array}\right)$$

$$\Rightarrow\begin{cases}x_1+2x_2-5x_3=19\\x_2+7x_3=-30\\x_3=-4\end{cases}\begin{matrix}\times5\\\times(-7)\end{matrix}\qquad \xrightarrow{r_3\times\left(-\frac{1}{15}\right)}\left(\begin{array}{ccc:c}1&2&-5&19\\0&1&7&-30\\0&0&1&-4\end{array}\right)$$

$$\Rightarrow\begin{cases}x_1+2x_2 & =-1 \\ \quad\ \ x_2 & =-2 \quad \times(-2) \\ \qquad\quad x_3 & =-4\end{cases} \qquad \xrightarrow[5r_3+r_1]{(-7)r_3+r_2}\left(\begin{array}{ccc:c}1 & 2 & 0 & -1 \\ 0 & 1 & 0 & -2 \\ 0 & 0 & 1 & -4\end{array}\right)$$

$$\Rightarrow\begin{cases}x_1 & = 3 \\ \quad x_2 & =-2 \\ \qquad x_3 & =-4\end{cases} \qquad \xrightarrow{(-2)r_2+r_1}\left(\begin{array}{ccc:c}1 & 0 & 0 & 3 \\ 0 & 1 & 0 & -2 \\ 0 & 0 & 1 & -4\end{array}\right)$$

所以,线性方程组的解为 $x_1=3$, $x_2=-2$, $x_3=-4$.

这种解线性方程组的方法称为**高斯消元法(或称高斯-约当消元法)**. 注意到在用消元法解线性方程组的整个过程与对其增广矩阵施行相应的初等行变换是完全一致的. 为了书写简明,今后在用消元法解线性方程组时,只写出方程组的增广矩阵的变换过程即可. 需要指出的是,对该方程组的增广矩阵施以仅限于初等行变换(请读者考虑为什么不能作列变换),且这种变换不会改变方程组的同解性.

下面再用高斯消元法举几个解方程组例子,看一下求解中可能出现的其他情形.

例 3 解线性方程组

$$\begin{cases}x_1+3x_2-2x_3= 4, \\ 3x_1+2x_2-5x_3= 11, \\ x_1-4x_2-x_3= 3, \\ -2x_1+x_2+3x_3=-7.\end{cases}$$

解 对增广矩阵施以初等行变换

$$\bar{A}=\left(\begin{array}{ccc:c}1 & 3 & -2 & 4 \\ 3 & 2 & -5 & 11 \\ 1 & -4 & -1 & 3 \\ -2 & 1 & 3 & -7\end{array}\right)\xrightarrow[2r_1+r_4]{\substack{(-3)r_1+r_2 \\ (-1)r_1+r_3}}\left(\begin{array}{ccc:c}1 & 3 & -2 & 4 \\ 0 & -7 & 1 & -1 \\ 0 & -7 & 1 & -1 \\ 0 & 7 & -1 & 1\end{array}\right)$$

$$\xrightarrow{\substack{(-1)r_2+r_3 \\ r_2+r_4}}\left(\begin{array}{ccc:c}1 & 3 & -2 & 4 \\ 0 & -7 & 1 & -1 \\ 0 & 0 & 0 & 0 \\ 0 & 0 & 0 & 0\end{array}\right)\xrightarrow{r_2\times\left(-\frac{1}{7}\right)}\left(\begin{array}{ccc:c}1 & 3 & -2 & 4 \\ 0 & 1 & -\frac{1}{7} & \frac{1}{7} \\ 0 & 0 & 0 & 0 \\ 0 & 0 & 0 & 0\end{array}\right)$$

$$\xrightarrow{(-3)r_2+r_1}\left(\begin{array}{ccc:c}1 & 0 & -\frac{11}{7} & \frac{25}{7} \\ 0 & 1 & -\frac{1}{7} & \frac{1}{7} \\ 0 & 0 & 0 & 0 \\ 0 & 0 & 0 & 0\end{array}\right).$$

最后得到的最简阶梯形矩阵所对应的线性方程组为

$$\begin{cases} x_1 - \frac{11}{7}x_3 = \frac{25}{7}, \\ x_2 - \frac{1}{7}x_3 = \frac{1}{7}. \end{cases}$$

原来第 3、第 4 个方程都化为“0 = 0”,即说明这两个方程为原方程组的“多余”方程,故不再写出. 若将上述方程组改写为

$$\begin{cases} x_1 = \frac{25}{7} + \frac{11}{7}x_3, \\ x_2 = \frac{1}{7} + \frac{1}{7}x_3. \end{cases}$$

从中可以看出:只要任意给定 x_3 的值,即可唯一地确定 x_1 与 x_2 的值,从而得到原方程组的一组解. 因此,原方程组有无穷多解.

例 4 解线性方程组

$$\begin{cases} 2x_1 - x_2 + 3x_3 = 1, \\ 4x_1 - 2x_2 + 5x_3 = 4, \\ 2x_1 - x_2 + 4x_3 = 0. \end{cases}$$

解 对增广矩阵施以初等行变换

$$\bar{A} = \left(\begin{array}{ccc:c}2 & -1 & 3 & 1 \\ 4 & -2 & 5 & 4 \\ 2 & -1 & 4 & 0\end{array}\right) \xrightarrow[(-1)r_1+r_3]{(-2)r_1+r_2} \left(\begin{array}{ccc:c}2 & -1 & 3 & 1 \\ 0 & 0 & -1 & 2 \\ 0 & 0 & 1 & -1\end{array}\right) \xrightarrow{r_2+r_3} \left(\begin{array}{ccc:c}2 & -1 & 3 & 1 \\ 0 & 0 & -1 & 2 \\ 0 & 0 & 0 & 1\end{array}\right).$$

最后得到的阶梯形矩阵所对应的线性方程组为

$$\begin{cases} 2x_1 - x_2 + 3x_3 = 1, \\ -x_3 = 2, \\ 0 = 1. \end{cases}$$

这是一个矛盾方程组，无解. 从而原方程组也无解.

例 2、例 3、例 4 中的 3 个方程组，用 Gauss 消元法得到了方程组解的 3 种不同情形：方程组有唯一解、有无穷多组解、无解. 这是我们在求解过程中才知道的结果. 一个自然的问题是：我们是否可以在求解方程组之前就能判别出方程组解的情形呢？答案是肯定的，这就是下节要讨论的内容.

§4.2 线性方程组解的判定

分析上节求解线性方程组的过程，我们来讨论如何判定一般的线性方程组 (4.1) 解的情形.

由第二章定理 2.6 可知，方程组(4.1)的增广矩阵 $\overline{\mathbf{A}}$ 可以经过一系列初等行变换化为阶梯形矩阵，若有必要，可重新调整方程组中未知量的次序，终究可以得到如下形状的阶梯形矩阵

$$\overline{\mathbf{A}} \to \cdots \to \left(\begin{array}{ccccccc|c} a'_{11} & a'_{12} & \cdots & a'_{1r} & a'_{1r+1} & \cdots & a'_{1n} & d_1 \\ 0 & a'_{22} & \cdots & a'_{2r} & a'_{2r+1} & \cdots & a'_{2n} & d_2 \\ \vdots & \vdots & \ddots & \vdots & \vdots & & \vdots & \vdots \\ 0 & 0 & \cdots & a'_{rr} & a'_{rr+1} & \cdots & a'_{rn} & d_r \\ 0 & 0 & \cdots & 0 & 0 & \cdots & 0 & d_{r+1} \\ 0 & 0 & \cdots & 0 & 0 & \cdots & 0 & 0 \\ \vdots & \vdots & & \vdots & 0 & & \vdots & \vdots \\ 0 & 0 & \cdots & 0 & 0 & \cdots & 0 & 0 \end{array}\right),$$

其中 $a'_{ii} \neq 0\ (i = 1, 2, \cdots, r)$.

其相应的方程组为

$$\begin{cases} a'_{11}x_1 + a'_{12}x_2 + \cdots + a'_{1r}x_r + a'_{1r+1}x_{r+1} + \cdots + a'_{1n}x_n = d_1, \\ \qquad a'_{22}x_2 + \cdots + a'_{2r}x_r + a'_{2r+1}x_{r+1} + \cdots + a'_{2n}x_n = d_2, \\ \qquad\qquad \cdots\cdots\cdots\cdots \\ \qquad\qquad a'_{rr}x_r + a'_{rr+1}x_{r+1} + \cdots + a'_{rn}x_n = d_r, \\ \qquad\qquad\qquad 0 = d_{r+1}, \\ \qquad\qquad\qquad 0 = 0, \\ \qquad\qquad\qquad \cdots\cdots \\ \qquad\qquad\qquad 0 = 0, \end{cases} \tag{4.2}$$

其中 $a'_{ii} \neq 0\ (i = 1, 2, \cdots, r)$.

从上节讨论可知,方程组(4.2)与原方程组(4.1)是同解的方程组.

由(4.2)可见,化为“0 = 0”形式的方程是多余的方程,去掉它们不影响原方程组的解.我们只需讨论方程组(4.2)的解的各种情形,便可知道原方程组(4.1)的解的情形:

定理 4.1 n 元线性方程组(4.1)有解的充分必要条件为 $\mathrm{r}(\boldsymbol{A}) = \mathrm{r}(\bar{\boldsymbol{A}})$,且当 $\mathrm{r}(\boldsymbol{A}) = \mathrm{r}(\bar{\boldsymbol{A}}) = n$ 时,线性方程组(4.1)有唯一解;当 $\mathrm{r}(\boldsymbol{A}) = \mathrm{r}(\bar{\boldsymbol{A}}) < n$ 时,线性方程组(4.1)有无穷多解,且有 $n - \mathrm{r}(\boldsymbol{A})$ 个自由未知量.

证明　显然方程组(4.2)有解的充要条件为 $d_{r+1} = 0$,而 $d_{r+1} = 0$ 的充要条件为 $\mathrm{r}(\boldsymbol{A}) = \mathrm{r}(\bar{\boldsymbol{A}})$,所以原方程组(4.1)有解的充要条件为 $\mathrm{r}(\boldsymbol{A}) = \mathrm{r}(\bar{\boldsymbol{A}})$.

当 $\mathrm{r}(\boldsymbol{A}) = \mathrm{r}(\bar{\boldsymbol{A}}) = r = n$ 时,方程组(4.2)可以写成

$$\begin{cases} a'_{11}x_1 + a'_{12}x_2 + \cdots + a'_{1n}x_n = d_1, \\ \qquad\quad a'_{22}x_2 + \cdots + a'_{2n}x_n = d_2, \\ \qquad\qquad \cdots\cdots\cdots\cdots \\ \qquad\qquad\qquad\quad a'_{nn}x_n = d_n. \end{cases} \tag{4.3}$$

因 $a'_{ii} \neq 0\ (i = 1, 2, \cdots, n)$,故方程组(4.3)的系数行列式不等于零,根据克莱姆法则方程组(4.3)有唯一解,从而方程组(4.1)有唯一解.

当 $\mathrm{r}(\boldsymbol{A}) = \mathrm{r}(\bar{\boldsymbol{A}}) = r < n$ 时,方程组(4.2)可写成

$$\begin{cases} a'_{11}x_1 + a'_{12}x_2 + \cdots + a'_{1r}x_r = d_1 - a'_{1r+1}x_{r+1} - \cdots - a'_{1n}x_n, \\ \qquad\quad a'_{22}x_2 + \cdots + a'_{2r}x_r = d_2 - a'_{2r+1}x_{r+1} - \cdots - a'_{2n}x_n, \\ \qquad\qquad \cdots\cdots\cdots\cdots \\ \qquad\qquad\qquad\quad a'_{rr}x_r = d_r - a'_{rr+1}x_{r+1} - \cdots - a'_{rn}x_n. \end{cases} \tag{4.4}$$

由克莱姆法则可知,任给 $x_{r+1}, x_{r+2}, \cdots, x_n$ 一组值,就能唯一地求出 $x_1, x_2, \cdots, x_r$ 的值,也就是求出方程组(4.1)的一个解.一般地,通过(4.4)式 $x_1, x_2, \cdots, x_r$ 可经 $x_{r+1}, x_{r+2}, \cdots, x_n$ 表示出来

$$\begin{cases} x_1 = k_1 - k_{1r+1}x_{r+1} - \cdots - k_{1n}x_n, \\ x_2 = k_2 - k_{2r+1}x_{r+1} - \cdots - k_{2n}x_n, \\ \qquad \cdots\cdots\cdots\cdots \\ x_r = k_r - k_{rr+1}x_{r+1} - \cdots - k_{rn}x_n. \end{cases} \tag{4.5}$$

这时,$n-r$ 个变量 $x_{r+1}, \cdots, x_n$ 称为**自由未知量**,它们取不同值而得不同的解.也就是说,方程组(4.1)有无穷多解,(4.5)式常被称为方程组(4.1)的**一般解**. ▌

例如，对于三元线性方程组. 在例 2 中，由于 $r(\mathbf{A})=r(\bar{\mathbf{A}})=3$，故方程组有唯一解；在例 3 中，由于 $r(\mathbf{A})=r(\bar{\mathbf{A}})=2<3$，故方程组有无穷多解；在例 4 中，由于 $r(\mathbf{A})=2\neq r(\bar{\mathbf{A}})=3$，因此方程组无解.

例 5 解线性方程组

$$\begin{cases}3x_1-5x_2+5x_3-3x_4=2,\\ x_1-2x_2+3x_3-x_4=1,\\ 2x_1-3x_2+2x_3-2x_4=1.\end{cases}$$

解 对增广矩阵施以初等行变换

$$\bar{\mathbf{A}}=\left(\begin{array}{cccc:c}3&-5&5&-3&2\\1&-2&3&-1&1\\2&-3&2&-2&1\end{array}\right)\xrightarrow{r_1\leftrightarrow r_2}\left(\begin{array}{cccc:c}1&-2&3&-1&1\\3&-5&5&-3&2\\2&-3&2&-2&1\end{array}\right)$$

$$\xrightarrow[(-2)r_1+r_3]{(-3)r_1+r_2}\left(\begin{array}{cccc:c}1&-2&3&-1&1\\0&1&-4&0&-1\\0&1&-4&0&-1\end{array}\right)\xrightarrow{-r_2+r_3}\left(\begin{array}{cccc:c}1&-2&3&-1&1\\0&1&-4&0&-1\\0&0&0&0&0\end{array}\right)$$

$$\xrightarrow{2r_2+r_1}\left(\begin{array}{cccc:c}1&0&-5&-1&-1\\0&1&-4&0&-1\\0&0&0&0&0\end{array}\right).$$

因为 $r(\mathbf{A})=r(\bar{\mathbf{A}})=2<4$，方程组有无穷多解. 与原方程组同解的线性方程组是

$$\begin{cases}x_1\qquad-5x_3-x_4=-1,\\ \qquad x_2-4x_3\qquad=-1.\end{cases}$$

将含未知量 x_3，x_4 的项移到等式右端，得方程组一般解

$$\begin{cases}x_1=-1+5x_3+x_4,\\ x_2=-1+4x_3,\end{cases}\quad x_3，x_4 \text{ 是自由未知量}.$$

故方程组的全部解为

$$\begin{cases}x_1=-1+5c_1+c_2,\\ x_2=-1+4c_1,\\ x_3=c_1,\\ x_4=c_2,\end{cases}\quad c_1，c_2 \text{ 为任意常数}.$$

例 6 解线性方程组

$$\begin{cases} x_1-2x_2-\ \ x_3-\ \ x_4=\ \ 2, \\ 2x_1-4x_2+\ 5x_3+\ 3x_4=\ \ 0, \\ 3x_1-6x_2+\ 4x_3+\ 3x_4=\ \ 3, \\ 4x_1-8x_2+17x_3+11x_4=-1. \end{cases}$$

解 对增广矩阵施以初等行变换

$$\bar{\mathbf{A}}=\left(\begin{array}{cccc:c} 1 & -2 & -1 & -1 & 2 \\ 2 & -4 & 5 & 3 & 0 \\ 3 & -6 & 4 & 3 & 3 \\ 4 & -8 & 17 & 11 & -1 \end{array}\right) \xrightarrow[(-4)r_1+r_4]{\substack{(-2)r_1+r_2 \\ (-3)r_1+r_3}} \left(\begin{array}{cccc:c} 1 & -2 & -1 & -1 & 2 \\ 0 & 0 & 7 & 5 & -4 \\ 0 & 0 & 7 & 6 & -3 \\ 0 & 0 & 21 & 15 & -9 \end{array}\right)$$

$$\xrightarrow{\substack{-r_2+r_3 \\ (-3)r_2+r_4}} \left(\begin{array}{cccc:c} 1 & -2 & -1 & -1 & 2 \\ 0 & 0 & 7 & 5 & -4 \\ 0 & 0 & 0 & 1 & 1 \\ 0 & 0 & 0 & 0 & 3 \end{array}\right).$$

可见 $r(\mathbf{A})=3$, $r(\bar{\mathbf{A}})=4$,所以 $r(\mathbf{A})\neq r(\bar{\mathbf{A}})$,原方程组无解.

例 7 设线性方程组

$$\begin{cases} x_1\qquad +\quad x_3=2, \\ x_1+2x_2-\ x_3=0, \\ 2x_1+\ x_2-ax_3=b. \end{cases}$$

(1) 确定当 a, b 分别为何值时,方程组无解、有唯一解、有无穷多解;(2)求方程组的解.

解

$$(1)\ \bar{\mathbf{A}}=\left(\begin{array}{ccc:c} 1 & 0 & 1 & 2 \\ 1 & 2 & -1 & 0 \\ 2 & 1 & -a & b \end{array}\right) \xrightarrow{\substack{-r_1+r_2 \\ (-2)r_1+r_3}} \left(\begin{array}{ccc:c} 1 & 0 & 1 & 2 \\ 0 & 2 & -2 & -2 \\ 0 & 1 & -a-2 & b-4 \end{array}\right)$$

$$\xrightarrow{r_2\times\frac{1}{2}} \left(\begin{array}{ccc:c} 1 & 0 & 1 & 2 \\ 0 & 1 & -1 & -1 \\ 0 & 1 & -a-2 & b-4 \end{array}\right) \xrightarrow{-r_2+r_3} \left(\begin{array}{ccc:c} 1 & 0 & 1 & 2 \\ 0 & 1 & -1 & -1 \\ 0 & 0 & -a-1 & b-3 \end{array}\right)=\mathbf{B}.$$

由此可知:

当 $a=-1$ 且 $b\neq 3$ 时, $r(\mathbf{A})=2$ 而 $r(\bar{\mathbf{A}})=3$, 方程组无解;

当 $a \neq -1$ 时，$r(\boldsymbol{A}) = r(\bar{\boldsymbol{A}}) = 3$，方程组有唯一解；

当 $a = -1$ 且 $b = 3$ 时，$r(\boldsymbol{A}) = r(\bar{\boldsymbol{A}}) = 2 < 3$，方程组有无穷多解.

(2) 当 $a \neq -1$ 时，

$$\bar{\boldsymbol{A}} \to \boldsymbol{B} = \left(\begin{array}{ccc:c} 1 & 0 & 1 & 2 \\ 0 & 1 & -1 & -1 \\ 0 & 0 & -a-1 & b-3 \end{array}\right) \xrightarrow{r_3 \times \left(\frac{-1}{a+1}\right)} \left(\begin{array}{ccc:c} 1 & 0 & 1 & 2 \\ 0 & 1 & -1 & -1 \\ 0 & 0 & 1 & \dfrac{3-b}{a+1} \end{array}\right)$$

$$\xrightarrow[r_3+r_2]{-r_3+r_1} \left(\begin{array}{ccc:c} 1 & 0 & 0 & \dfrac{2a+b-1}{a+1} \\ 0 & 1 & 0 & \dfrac{2-a-b}{a+1} \\ 0 & 0 & 1 & \dfrac{3-b}{a+1} \end{array}\right).$$

唯一解为
$$\begin{cases} x_1 = \dfrac{2a+b-1}{a+1}, \\ x_2 = \dfrac{2-a-b}{a+1}, \\ x_3 = \dfrac{3-b}{a+1}. \end{cases}$$

当 $a = -1$ 且 $b = 3$ 时，

$$\bar{\boldsymbol{A}} \to \boldsymbol{B} = \begin{pmatrix} 1 & 0 & 1 & 2 \\ 0 & 1 & -1 & -1 \\ 0 & 0 & 0 & 0 \end{pmatrix}.$$

得到一般解

$$\begin{cases} x_1 = 2 - x_3, \\ x_2 = -1 + x_3, \end{cases} \quad x_3 \text{ 是自由未知量.}$$

所以方程组的全部解为

$$\begin{cases} x_1 = 2 - c, \\ x_2 = -1 + c, \quad c \text{ 为任意常数.} \\ x_3 = c, \end{cases}$$

当 n 元线性方程组(4.1)中的常数项均为零时，这样的线性方程组称为**齐次**

线性方程组,其一般形式为

$$\begin{cases} a_{11}x_1 + a_{12}x_2 + \cdots + a_{1n}x_n = 0, \\ a_{21}x_1 + a_{22}x_2 + \cdots + a_{2n}x_n = 0, \\ \cdots\cdots\cdots\cdots \\ a_{m1}x_1 + a_{m2}x_2 + \cdots + a_{mn}x_n = 0. \end{cases} \tag{4.6}$$

由于齐次线性方程组的增广矩阵 $\bar{\boldsymbol{A}}$ 最后一列全为 0,因此 $\mathrm{r}(\bar{\boldsymbol{A}}) = \mathrm{r}(\boldsymbol{A})$,所以方程组(4.6)恒有解,因为它至少有零解,即 $x_1 = x_2 = \cdots = x_n = 0$.

将定理 4.1 应用到 n 元齐次线性方程组,于是有以下定理.

定理 4.2 n 元齐次线性方程组(4.6)的系数矩阵为 $\boldsymbol{A}$,则

当 $\mathrm{r}(\boldsymbol{A}) = n$ 时,方程组(4.6)仅有零解;

当 $\mathrm{r}(\boldsymbol{A}) < n$ 时,线性方程组(4.6)有无穷多解,即有非零解.

推论 在齐次线性方程组(4.6)中,方程的个数少于未知量个数,即 $m < n$,则方程组(4.6)必有非零解.

证明 对于 $m \times n$ 矩阵 $\boldsymbol{A}$ 有 $\mathrm{r}(\boldsymbol{A}) \leqslant \min(m, n) < n$,由定理 4.2 得证. ▮

特别地,齐次线性方程组(4.6)中的方程个数等于未知量个数,即

$$\begin{cases} a_{11}x_1 + a_{12}x_2 + \cdots + a_{1n}x_n = 0, \\ a_{21}x_1 + a_{22}x_2 + \cdots + a_{2n}x_n = 0, \\ \cdots\cdots\cdots\cdots \\ a_{n1}x_1 + a_{n2}x_2 + \cdots + a_{nn}x_n = 0. \end{cases} \tag{4.7}$$

此时其系数矩阵 $\boldsymbol{A}$ 就是一个 n 阶方阵. 由克莱姆法则和定理 4.2 可以得到:

定理 4.3 含有 n 个方程 n 个未知量的齐次线性方程组(4.7)有非零解的充分必要条件是其系数矩阵 $\boldsymbol{A}$ 的行列式 $|\boldsymbol{A}| = 0$.

证明 必要性:用反证法. 假设齐次线性方程组(4.7)的系数行列式 $|\boldsymbol{A}| \neq 0$,则由克莱姆法则(定理 1.5)知,方程组(4.7)仅有零解,与方程组有非零解的条件矛盾. 因此,当方程组(4.7)有非零解时,其系数行列式 $|\boldsymbol{A}| = 0$.

充分性:如果方程组(4.7)的系数行列式 $|\boldsymbol{A}| = 0$,由矩阵秩的定义知 $\mathrm{r}(\boldsymbol{A}) < n$,再由定理 4.2 的结论可推出方程组(4.7)一定存在非零解. ▮

在解齐次线性方程组时,因为增广矩阵 $\bar{\boldsymbol{A}}$ 最后一列全为 0,故只需对系数矩阵 $\boldsymbol{A}$ 施以初等行变换化成最简阶梯形矩阵,便能写出它的解.

例 8 判别齐次线性方程组是否有非零解:

$$\begin{cases} x_1-2x_2+x_3-x_4=0, \\ 2x_1+x_2-x_3+x_4=0, \\ x_1+2x_3-x_4=0, \\ x_2-x_3-x_4=0. \end{cases}$$

解法一　对系数矩阵施以初等行变换：

$$\boldsymbol{A}=\begin{pmatrix} 1 & -2 & 1 & -1 \\ 2 & 1 & -1 & 1 \\ 1 & 0 & 2 & -1 \\ 0 & 1 & -1 & -1 \end{pmatrix} \xrightarrow[-r_1+r_3]{(-2)r_1+r_2} \begin{pmatrix} 1 & -2 & 1 & -1 \\ 0 & 5 & -3 & 3 \\ 0 & 2 & 1 & 0 \\ 0 & 1 & -1 & -1 \end{pmatrix}$$

$$\xrightarrow{r_2\leftrightarrow r_4} \begin{pmatrix} 1 & -2 & 1 & -1 \\ 0 & 1 & -1 & -1 \\ 0 & 2 & 1 & 0 \\ 0 & 5 & -3 & 3 \end{pmatrix} \xrightarrow[(-5)r_2+r_4]{(-2)r_2+r_3} \begin{pmatrix} 1 & -2 & 1 & -1 \\ 0 & 1 & -1 & -1 \\ 0 & 0 & 3 & 2 \\ 0 & 0 & 2 & 8 \end{pmatrix}$$

$$\xrightarrow{-r_4+r_3} \begin{pmatrix} 1 & -2 & 1 & -1 \\ 0 & 1 & -1 & -1 \\ 0 & 0 & 1 & -6 \\ 0 & 0 & 2 & 8 \end{pmatrix} \xrightarrow{(-2)r_3+r_4} \begin{pmatrix} 1 & -2 & 1 & -1 \\ 0 & 1 & -1 & -1 \\ 0 & 0 & 1 & -6 \\ 0 & 0 & 0 & 20 \end{pmatrix}.$$

显然，$\mathrm{r}(\boldsymbol{A})=4=n$，原方程组只有零解.

解法二　求系数矩阵的行列式：

$$|\boldsymbol{A}|=\begin{vmatrix} 1 & -2 & 1 & -1 \\ 2 & 1 & -1 & 1 \\ 1 & 0 & 2 & -1 \\ 0 & 1 & -1 & -1 \end{vmatrix} \xlongequal[c_2+c_4]{c_2+c_3} \begin{vmatrix} 1 & -2 & -1 & -3 \\ 2 & 1 & 0 & 2 \\ 1 & 0 & 2 & -1 \\ 0 & 1 & 0 & 0 \end{vmatrix}$$

$$=(-1)^{4+2}\times 1\times \begin{vmatrix} 1 & -1 & -3 \\ 2 & 0 & 2 \\ 1 & 2 & -1 \end{vmatrix}=\begin{vmatrix} 1 & -1 & -3 \\ 2 & 0 & 2 \\ 1 & 2 & -1 \end{vmatrix}$$

$$\xlongequal{-c_1+c_3} \begin{vmatrix} 1 & -1 & -4 \\ 2 & 0 & 0 \\ 1 & 2 & -2 \end{vmatrix}=(-1)^{2+1}\times 2\times \begin{vmatrix} -1 & -4 \\ 2 & -2 \end{vmatrix}=20\neq 0.$$

由定理 4.3 知原方程组只有零解.

例 9 解齐次线性方程组：

$$\begin{cases} x_1+2x_2+2x_3+x_4=0, \\ 2x_1+x_2-2x_3-2x_4=0, \\ x_1-x_2-4x_3-3x_4=0. \end{cases}$$

解　对系数矩阵施以初等行变换

$$\boldsymbol{A}=\begin{pmatrix} 1 & 2 & 2 & 1 \\ 2 & 1 & -2 & -2 \\ 1 & -1 & -4 & -3 \end{pmatrix} \xrightarrow[-r_1+r_3]{(-2)r_1+r_2} \begin{pmatrix} 1 & 2 & 2 & 1 \\ 0 & -3 & -6 & -4 \\ 0 & -3 & -6 & -4 \end{pmatrix}$$

$$\xrightarrow{-r_2+r_3} \begin{pmatrix} 1 & 2 & 2 & 1 \\ 0 & -3 & -6 & -4 \\ 0 & 0 & 0 & 0 \end{pmatrix} \xrightarrow{r_2\times\left(-\frac{1}{3}\right)} \begin{pmatrix} 1 & 2 & 2 & 1 \\ 0 & 1 & 2 & \frac{4}{3} \\ 0 & 0 & 0 & 0 \end{pmatrix}$$

$$\xrightarrow{(-2)r_2+r_1} \begin{pmatrix} 1 & 0 & -2 & -\frac{5}{3} \\ 0 & 1 & 2 & \frac{4}{3} \\ 0 & 0 & 0 & 0 \end{pmatrix}.$$

从而方程组的解为

$$\begin{cases} x_1=2c_1+\frac{5}{3}c_2, \\ x_2=-2c_1-\frac{4}{3}c_2, \\ x_3=c_1, \\ x_4=c_2. \end{cases} c_1,\ c_2 \text{ 为任意常数.}$$

§4.3　线性方程组解的结构

当线性方程组有无穷多解时，能否用有限个解把无穷多个解全部表示出来？这就是线性方程组解的结构问题. 首先讨论齐次线性方程组.

一、齐次线性方程组解的结构

齐次线性方程组(4.6)的矩阵表示为

$$\boldsymbol{AX} = \boldsymbol{0}, \tag{4.8}$$

其中 $m \times n$ 矩阵 $\boldsymbol{A} = (a_{ij})$ 是方程组(4.6)的系数矩阵，$\boldsymbol{X} = (x_1, x_2, \cdots, x_n)^{\mathrm{T}}$ 是 n 维未知量列向量，$\boldsymbol{0}$ 是 m 维零向量.

如果 $x_1 = k_1, x_2 = k_2, \cdots, x_n = k_n$ 为齐次线性方程组(4.6)的解，则 $\boldsymbol{X} = (k_1, k_2, \cdots, k_n)^{\mathrm{T}}$ 称为方程组(4.6)的**解向量**，它也是矩阵方程(4.8)的解.

齐次线性方程组(4.8)的解有下列性质.

性质 1　如果 $\boldsymbol{\eta}_1, \boldsymbol{\eta}_2$ 是齐次线性方程组(4.8)的两个解，则 $\boldsymbol{\eta}_1 + \boldsymbol{\eta}_2$ 也是它的解.

证明　因为 $\boldsymbol{\eta}_1, \boldsymbol{\eta}_2$ 都是方程组(4.8)的解，所以 $\boldsymbol{A\eta}_1 = \boldsymbol{0}$, $\boldsymbol{A\eta}_2 = \boldsymbol{0}$, 于是有

$$\boldsymbol{A}(\boldsymbol{\eta}_1 + \boldsymbol{\eta}_2) = \boldsymbol{A\eta}_1 + \boldsymbol{A\eta}_2 = \boldsymbol{0} + \boldsymbol{0} = \boldsymbol{0},$$

即 $\boldsymbol{\eta}_1 + \boldsymbol{\eta}_2$ 也是方程组(4.8)的解. ▎

性质 2　如果 $\boldsymbol{\eta}$ 是齐次线性方程组(4.8)的解，则 $c\boldsymbol{\eta}$ 也是它的解(c 是常数).

证明　由 $\boldsymbol{A\eta} = \boldsymbol{0}$，得 $\boldsymbol{A}(c\boldsymbol{\eta}) = c(\boldsymbol{A\eta}) = c\boldsymbol{0} = \boldsymbol{0}$, 即 $c\boldsymbol{\eta}$ 也是方程组(4.8)的解. ▎

性质 3　如果 $\boldsymbol{\eta}_1, \boldsymbol{\eta}_2, \cdots, \boldsymbol{\eta}_s$ 都是齐次线性方程组(4.8)的解，则其线性组合

$$c_1\boldsymbol{\eta}_1 + c_2\boldsymbol{\eta}_2 + \cdots + c_s\boldsymbol{\eta}_s$$

也是它的解. 其中 $c_1, c_2, \cdots, c_s$ 为任意常数.

这个性质的证明，留给读者去完成.

由以上性质可知，如果一个齐次线性方程组有非零解，则它就有无穷多解，这无穷多解就构成了一个 n 维向量组. 如果我们能求出这个向量组的一个极大无关组，就能用它的线性组合来表示它的全部解.

定义 4.1　设 $\boldsymbol{\eta}_1, \boldsymbol{\eta}_2, \cdots, \boldsymbol{\eta}_s$ 是齐次线性方程组(4.6)的解向量，如果

(1) $\boldsymbol{\eta}_1, \boldsymbol{\eta}_2, \cdots, \boldsymbol{\eta}_s$ 线性无关;

(2) 齐次线性方程组(4.6)的任意一个解向量都可由 $\boldsymbol{\eta}_1, \boldsymbol{\eta}_2, \cdots, \boldsymbol{\eta}_s$ 线性表出，则称 $\boldsymbol{\eta}_1, \boldsymbol{\eta}_2, \cdots, \boldsymbol{\eta}_s$ 是齐次线性方程组(4.6)的一个**基础解系**.

显然，只有当齐次线性方程组(4.6)存在非零解时，才会存在基础解系.

定理 4.4　如果齐次线性方程组(4.6)的系数矩阵 $\boldsymbol{A}$ 的秩 $\mathrm{r}(\boldsymbol{A}) = r < n$,

则该方程组必存在基础解系，且它的任意一个基础解系由 $n-r$ 个解向量组成.

证明　因为 $\mathrm{r}(\boldsymbol{A})=r<n$，所以对方程组(4.6)的系数矩阵 $\boldsymbol{A}$ 施以初等行变换可化为最简阶梯形矩阵(定理 2.6)，不失一般性，化为如下的形式：

$$\boldsymbol{A}\to\cdots\to\begin{pmatrix}1&0&\cdots&0&a'_{1r+1}&a'_{1r+2}&\cdots&a'_{1n}\\0&1&\cdots&0&a'_{2r+1}&a'_{2r+2}&\cdots&a'_{2n}\\\vdots&\vdots&\ddots&\vdots&\vdots&\vdots&&\vdots\\0&0&\cdots&1&a'_{rr+1}&a'_{rr+2}&\cdots&a'_{rn}\\0&0&\cdots&0&0&0&\cdots&0\\\vdots&\vdots&&\vdots&\vdots&\vdots&&\vdots\\0&0&\cdots&0&0&0&\cdots&0\end{pmatrix},$$

于是得方程组(4.6)的一般解

$$\begin{cases}x_1=-a'_{1r+1}x_{r+1}-a'_{1r+2}x_{r+2}-\cdots-a'_{1n}x_n,\\x_2=-a'_{2r+1}x_{r+1}-a'_{2r+2}x_{r+2}-\cdots-a'_{2n}x_n,\\\vdots\\x_r=-a'_{rr+1}x_{r+1}-a'_{rr+2}x_{r+2}-\cdots-a'_{rn}x_n,\\x_{r+1}=\quad x_{r+1},\\x_{r+2}=\qquad x_{r+2},\\\vdots\qquad\qquad\ddots\\x_n=\qquad\qquad x_n,\end{cases}\tag{4.9}$$

其中 $x_{r+1},x_{r+2},\cdots,x_n$ 为 $n-r$ 个自由未知量.(4.9)式可等价写为

$$\begin{pmatrix}x_1\\x_2\\\vdots\\x_r\\x_{r+1}\\x_{r+2}\\\vdots\\x_n\end{pmatrix}=x_{r+1}\begin{pmatrix}-a'_{1r+1}\\-a'_{2r+1}\\\vdots\\-a'_{rr+1}\\1\\0\\\vdots\\0\end{pmatrix}+x_{r+2}\begin{pmatrix}-a'_{1r+2}\\-a'_{2r+2}\\\vdots\\-a'_{rr+2}\\0\\1\\\vdots\\0\end{pmatrix}+\cdots+x_n\begin{pmatrix}-a'_{1n}\\-a'_{2n}\\\vdots\\-a'_{rn}\\0\\0\\\vdots\\1\end{pmatrix}.$$

记
$$\boldsymbol{\eta}=\begin{pmatrix}x_1\\x_2\\\vdots\\x_r\\x_{r+1}\\x_{r+2}\\\vdots\\x_n\end{pmatrix},\ \boldsymbol{\eta}_1=\begin{pmatrix}-a'_{1r+1}\\-a'_{2r+1}\\\vdots\\-a'_{rr+1}\\1\\0\\\vdots\\0\end{pmatrix},\ \boldsymbol{\eta}_2=\begin{pmatrix}-a'_{1r+2}\\-a'_{2r+2}\\\vdots\\-a'_{rr+2}\\0\\1\\\vdots\\0\end{pmatrix},\ \cdots,\ \boldsymbol{\eta}_{n-r}\begin{pmatrix}-a'_{1n}\\-a'_{2n}\\\vdots\\-a'_{rn}\\0\\0\\\vdots\\1\end{pmatrix}.$$

显然，$\boldsymbol{\eta}_1,\ \boldsymbol{\eta}_2,\ \cdots,\ \boldsymbol{\eta}_{n-r}$是方程组(4.6)的$n-r$个解向量，任一个解向量$\boldsymbol{\eta}$是$\boldsymbol{\eta}_1,\ \boldsymbol{\eta}_2,\ \cdots,\ \boldsymbol{\eta}_{n-r}$的线性组合. 剩下只要证明$\boldsymbol{\eta}_1,\ \boldsymbol{\eta}_2,\ \cdots,\ \boldsymbol{\eta}_{n-r}$线性无关，即证明$\boldsymbol{\eta}_1,\ \boldsymbol{\eta}_2,\ \cdots,\ \boldsymbol{\eta}_{n-r}$就是方程组(4.6)的一个基础解系.

由于$\boldsymbol{\eta}_1,\ \boldsymbol{\eta}_2,\ \cdots,\ \boldsymbol{\eta}_{n-r}$截短的向量组

$$\boldsymbol{\eta}'_1=\begin{pmatrix}1\\0\\\vdots\\0\end{pmatrix},\ \boldsymbol{\eta}'_2=\begin{pmatrix}0\\1\\\vdots\\0\end{pmatrix},\ \cdots,\ \boldsymbol{\eta}'_{n-r}=\begin{pmatrix}0\\0\\\vdots\\1\end{pmatrix}$$

线性无关. 由定理 3.2 知，$\boldsymbol{\eta}_1,\ \boldsymbol{\eta}_2,\ \cdots,\ \boldsymbol{\eta}_{n-r}$线性无关，从而定理得证. ▌

上面给出的证明是一种构造性证明，即在证明过程中同时给出了求齐次线性方程组(4.6)基础解系$\boldsymbol{\eta}_1,\ \boldsymbol{\eta}_2,\ \cdots,\ \boldsymbol{\eta}_{n-r}$的方法. 线性组合$\boldsymbol{\eta}=c_1\boldsymbol{\eta}_1+c_2\boldsymbol{\eta}_2+\cdots+c_{n-r}\boldsymbol{\eta}_{n-r}$是齐次线性方程组(4.6)的全部解，称$\boldsymbol{\eta}$为方程组(4.6)的**通解**，其中$c_1,\ c_2,\ \cdots,\ c_{n-r}$为任意常数.

例 10 求齐次线性方程组

$$\begin{cases}x_1+2x_2+3x_3+4x_4=0,\\2x_1-x_2+x_3-2x_4=0,\\3x_1+x_2+4x_3+2x_4=0\end{cases}$$

的通解及一个基础解系.

解 由于方程组中方程的个数少于未知量的个数，故方程组有非零解. 对系数矩阵施以初等行变换

$$\boldsymbol{A}=\begin{pmatrix}1&2&3&4\\2&-1&1&-2\\3&1&4&2\end{pmatrix}\xrightarrow[(-3)r_1+r_3]{(-2)r_1+r_2}\begin{pmatrix}1&2&3&4\\0&-5&-5&-10\\0&-5&-5&-10\end{pmatrix}\xrightarrow{-r_2+r_3}$$

$$\begin{pmatrix}1&2&3&4\\0&-5&-5&-10\\0&0&0&0\end{pmatrix}\xrightarrow{r_2\times\left(-\frac{1}{5}\right)}\begin{pmatrix}1&2&3&4\\0&1&1&2\\0&0&0&0\end{pmatrix}\xrightarrow{(-2)r_2+r_1}\begin{pmatrix}1&0&1&0\\0&1&1&2\\0&0&0&0\end{pmatrix},$$

得方程组一般解为

$$\begin{cases}x_1=-x_3,\\x_2=-x_3-2x_4,\\x_3=\quad x_3,\\x_4=\qquad\quad x_4,\end{cases}\text{其中 } x_3,\ x_4 \text{ 为自由未知量.}$$

方程组的通解为

$$\begin{pmatrix}x_1\\x_2\\x_3\\x_4\end{pmatrix}=c_1\begin{pmatrix}-1\\-1\\1\\0\end{pmatrix}+c_2\begin{pmatrix}0\\-2\\0\\1\end{pmatrix}\quad(c_1,\ c_2\text{ 为任意常数}).$$

方程组的一个基础解系为 $\boldsymbol{\eta}_1=(-1,-1,1,0)^{\mathrm{T}}$，$\boldsymbol{\eta}_2=(0,-2,0,1)^{\mathrm{T}}$.

例 11 判断向量组 $\boldsymbol{\alpha}_1=(1,1,4,2)^{\mathrm{T}}$，$\boldsymbol{\alpha}_2=(1,-1,-2,4)^{\mathrm{T}}$，$\boldsymbol{\alpha}_3=(0,2,6,-2)^{\mathrm{T}}$，$\boldsymbol{\alpha}_4=(3,1,-3,-4)^{\mathrm{T}}$ 是否线性相关.

解　设

$$x_1\boldsymbol{\alpha}_1+x_2\boldsymbol{\alpha}_2+x_3\boldsymbol{\alpha}_3+x_4\boldsymbol{\alpha}_4=\mathbf{0}.$$

比较分量,得方程组

$$\begin{cases}x_1+\ x_2\qquad\quad+3x_4=0,\\x_1-\ x_2+2x_3+\ x_4=0,\\4x_1-2x_2+6x_3-3x_4=0,\\2x_1+4x_2-2x_3-4x_4=0.\end{cases}$$

对系数矩阵施以初等行变换

$$\boldsymbol{A}=\begin{pmatrix}1&1&0&3\\1&-1&2&1\\4&-2&6&-3\\2&4&-2&-4\end{pmatrix}\xrightarrow[\substack{(-4)r_1+r_3\\(-2)r_1+r_4}]{-r_1+r_2}\begin{pmatrix}1&1&0&3\\0&-2&2&-2\\0&-6&6&-15\\0&2&-2&-10\end{pmatrix}$$

$$\xrightarrow[r_2+r_4]{(-3)r_2+r_3}\begin{pmatrix}1&1&0&3\\0&-2&2&-2\\0&0&0&-9\\0&0&0&-12\end{pmatrix}\xrightarrow[r_3\times\left(-\frac{1}{9}\right)]{r_2\times\left(-\frac{1}{2}\right)}\begin{pmatrix}1&1&0&3\\0&1&-1&1\\0&0&0&1\\0&0&0&-12\end{pmatrix}$$

$$\xrightarrow{-r_2+r_1}\begin{pmatrix}1&0&1&2\\0&1&-1&1\\0&0&0&1\\0&0&0&-12\end{pmatrix}\xrightarrow[\substack{-r_3+r_2\\12r_3+r_4}]{(-2)r_3+r_1}\begin{pmatrix}1&0&1&0\\0&1&-1&0\\0&0&0&1\\0&0&0&0\end{pmatrix}.$$

由于 $r(A)=3<4=n$，因此方程组有非零解. 方程组一般解为

$$\begin{cases}x_1=-x_3,\\x_2=\ \ x_3,\\x_3=\ \ x_3,\\x_4=\ \ 0,\end{cases}\text{其中 } x_3 \text{ 为自由未知量.}$$

令 $x_3=1$ 得一组非零解 $(-1, 1, 1, 0)^{\mathrm{T}}$，即

$$(-1)\boldsymbol{\alpha}_1+\boldsymbol{\alpha}_2+\boldsymbol{\alpha}_3+0\cdot\boldsymbol{\alpha}_4=\mathbf{0}.$$

所以向量组 $\boldsymbol{\alpha}_1, \boldsymbol{\alpha}_2, \boldsymbol{\alpha}_3, \boldsymbol{\alpha}_4$ 是线性相关的.

例 12 设 $\boldsymbol{A}, \boldsymbol{B}$ 分别是 $m\times n$ 和 $n\times l$ 矩阵，且 $\boldsymbol{AB}=\boldsymbol{O}$，试证 $r(\boldsymbol{A})+r(\boldsymbol{B})\leqslant n$.

证明 设 $\boldsymbol{B}$ 的列向量组为 $\boldsymbol{\beta}_1, \boldsymbol{\beta}_2, \cdots, \boldsymbol{\beta}_l$，即 $\boldsymbol{B}=(\boldsymbol{\beta}_1, \boldsymbol{\beta}_2, \cdots, \boldsymbol{\beta}_l)$，由

$$\boldsymbol{AB}=\boldsymbol{A}(\boldsymbol{\beta}_1, \boldsymbol{\beta}_2, \cdots, \boldsymbol{\beta}_l)=(\boldsymbol{A\beta}_1, \boldsymbol{A\beta}_2, \cdots, \boldsymbol{A\beta}_l)=\boldsymbol{O}$$

知 $\boldsymbol{A\beta}_j=\mathbf{0}\ (j=1, 2, \cdots, l)$，即 $\boldsymbol{\beta}_j\,(j=1, 2, \cdots, l)$ 都是齐次线性方程组 $\boldsymbol{AX}=\mathbf{0}$ 的解.

若 $r(\boldsymbol{A})=n$，由定理 4.2 知，n 元齐次线性方程组 $\boldsymbol{AX}=\mathbf{0}$ 只有零解，故 $\boldsymbol{\beta}_1=\boldsymbol{\beta}_2=\cdots=\boldsymbol{\beta}_l=\boldsymbol{O}$，即 $\boldsymbol{B}=\boldsymbol{O}$，所以有 $r(\boldsymbol{A})+r(\boldsymbol{B})=n$.

若 $r(\boldsymbol{A})<n$，则 $\boldsymbol{\beta}_1, \boldsymbol{\beta}_2, \cdots, \boldsymbol{\beta}_l$ 可由 n 元齐次线性方程组 $\boldsymbol{AX}=\mathbf{0}$ 的基础解系线性表出，由定理 4.4 知基础解系中有 $n-r(A)$ 个解向量，再由定理 3.8 得 $r(\boldsymbol{\beta}_1, \boldsymbol{\beta}_2, \cdots, \boldsymbol{\beta}_l)=r(\boldsymbol{B})\leqslant n-r(\boldsymbol{A})$，从而 $r(\boldsymbol{A})+r(\boldsymbol{B})\leqslant n$. ▌

二、非齐次线性方程组解的结构

设 n 元非齐次线性方程组为

$$\begin{cases} a_{11}x_1 + a_{12}x_2 + \cdots + a_{1n}x_n = b_1, \\ a_{21}x_1 + a_{22}x_2 + \cdots + a_{2n}x_n = b_2, \\ \cdots\cdots\cdots\cdots \\ a_{m1}x_1 + a_{m2}x_2 + \cdots + a_{mn}x_n = b_m, \end{cases} \tag{4.10}$$

其中 $b_1, b_2, \cdots, b_m$ 不全为零,方程组(4.10)的矩阵表示为

$$\boldsymbol{AX} = \boldsymbol{B}.$$

定义 4.2 已知非齐次线性方程组 $\boldsymbol{AX} = \boldsymbol{B}$ ($\boldsymbol{B} \neq \boldsymbol{0}$),称齐次线性方程组 $\boldsymbol{AX} = \boldsymbol{0}$ 为它的**导出方程组**,简称**导出组**.

非齐次线性方程组的解与它的导出组的解之间有着密切的联系.

性质 4 如果 $\boldsymbol{\gamma}$ 是非齐次线性方程组 $\boldsymbol{AX} = \boldsymbol{B}$ 的一个解,$\boldsymbol{\eta}$ 是其导出组 $\boldsymbol{AX} = \boldsymbol{0}$ 的一个解,则 $\boldsymbol{\gamma} + \boldsymbol{\eta}$ 也是方程组的 $\boldsymbol{AX} = \boldsymbol{B}$ 的一个解.

证明 由于 $\boldsymbol{\gamma}$ 是非齐次线性方程组 $\boldsymbol{AX} = \boldsymbol{B}$ 的解,故 $\boldsymbol{A\gamma} = \boldsymbol{B}$. 又由于 $\boldsymbol{\eta}$ 是方程组 $\boldsymbol{AX} = \boldsymbol{0}$ 的解,故 $\boldsymbol{A\eta} = \boldsymbol{0}$,于是得到

$$\boldsymbol{A}(\boldsymbol{\gamma} + \boldsymbol{\eta}) = \boldsymbol{A\gamma} + \boldsymbol{A\eta} = \boldsymbol{B} + \boldsymbol{0} = \boldsymbol{B},$$

所以,$\boldsymbol{\gamma} + \boldsymbol{\eta}$ 是非齐次线性方程组 $\boldsymbol{AX} = \boldsymbol{B}$ 的解. ▎

性质 5 如果 $\boldsymbol{\gamma}_1, \boldsymbol{\gamma}_2$ 是非齐次线性方程组 $\boldsymbol{AX} = \boldsymbol{B}$ 的两个解,则 $\boldsymbol{\gamma}_1 - \boldsymbol{\gamma}_2$ 是其导出组 $\boldsymbol{AX} = \boldsymbol{0}$ 的解.

证明 由于

$$\boldsymbol{A}(\boldsymbol{\gamma}_1 - \boldsymbol{\gamma}_2) = \boldsymbol{A\gamma}_1 - \boldsymbol{A\gamma}_2 = \boldsymbol{B} - \boldsymbol{B} = \boldsymbol{0},$$

因此,$\boldsymbol{\gamma}_1 - \boldsymbol{\gamma}_2$ 是非齐次线性方程组 $\boldsymbol{AX} = \boldsymbol{B}$ 的导出组的解. ▎

定理 4.5 如果 $\boldsymbol{\gamma}_0$ 是非齐次线性方程组 $\boldsymbol{AX} = \boldsymbol{B}$ 的一个已知解,则方程组 $\boldsymbol{AX} = \boldsymbol{B}$ 的全部解 $\boldsymbol{\gamma}$ 可表示为 $\boldsymbol{\gamma} = \boldsymbol{\gamma}_0 + \boldsymbol{\eta}$,其中 $\boldsymbol{\eta}$ 是其导出组 $\boldsymbol{AX} = \boldsymbol{0}$ 的通解.

证明 由于

$$\boldsymbol{\gamma} = \boldsymbol{\gamma}_0 + (\boldsymbol{\gamma} - \boldsymbol{\gamma}_0) = \boldsymbol{\gamma}_0 + \boldsymbol{\eta},\text{其中 } \boldsymbol{\eta} = \boldsymbol{\gamma} - \boldsymbol{\gamma}_0.$$

由性质 5 知 $\boldsymbol{\eta} = \boldsymbol{\gamma} - \boldsymbol{\gamma}_0$ 是其导出组 $\boldsymbol{AX} = \boldsymbol{0}$ 的通解,于是定理得证. ▎

由此定理我们知道,如果非齐次线性方程组(4.10)有解,则只需求出它的一个解 $\boldsymbol{\gamma}_0$,称为非齐次方程组(4.10)的**特解**,并求出其导出组的基础解系 $\boldsymbol{\eta}_1, \boldsymbol{\eta}_2, \cdots, \boldsymbol{\eta}_{n-r}$ (r 为方程组系数矩阵的秩),则其全部解可以表示为

$$\boldsymbol{\gamma} = \boldsymbol{\gamma}_0 + c_1\boldsymbol{\eta}_1 + c_2\boldsymbol{\eta}_2 + \cdots + c_{n-r}\boldsymbol{\eta}_{n-r},$$

称为非齐次方程组的**通解**.

由此可见，当非齐次线性方程组有解时，它有唯一解的充分必要条件是其导出组只有零解；它有无穷多解的充分必要条件是其导出组有无穷多解.

例 13 求解 $\begin{cases} x_1-2x_2+x_3-x_4=1 \\ x_1-2x_2+x_3+x_4=-1 \\ x_1-2x_2+x_3+5x_4=-5 \end{cases}$ 的通解.

解 对增广矩阵施以初等行变换

$$\bar{\boldsymbol{A}}=\left(\begin{array}{cccc:c} 1 & -2 & 1 & -1 & 1 \\ 1 & -2 & 1 & 1 & -1 \\ 1 & -2 & 1 & 5 & -5 \end{array}\right) \xrightarrow[-r_1+r_3]{-r_1+r_2} \left(\begin{array}{cccc:c} 1 & -2 & 1 & -1 & 1 \\ 0 & 0 & 0 & 2 & -2 \\ 0 & 0 & 0 & 6 & -6 \end{array}\right)$$

$$\xrightarrow{r_2\times\frac{1}{2}} \left(\begin{array}{cccc:c} 1 & -2 & 1 & -1 & 1 \\ 0 & 0 & 0 & 1 & -1 \\ 0 & 0 & 0 & 6 & -6 \end{array}\right) \xrightarrow[(-6)r_2+r_3]{r_2+r_1} \left(\begin{array}{cccc:c} 1 & -2 & 1 & 0 & 0 \\ 0 & 0 & 0 & 1 & -1 \\ 0 & 0 & 0 & 0 & 0 \end{array}\right).$$

因为 $\mathrm{r}(\boldsymbol{A})=\mathrm{r}(\bar{\boldsymbol{A}})=2<4=n$，方程组有无穷多个解. 方程组一般解为

$$\begin{cases} x_1=2x_2-x_3, \\ x_2=x_2, \\ x_3=x_3, \\ x_4=-1, \end{cases} x_2,\ x_3 \text{ 为自由未知量.}$$

因此，方程组的通解为

$$\boldsymbol{X}=\begin{pmatrix} x_1 \\ x_2 \\ x_3 \\ x_4 \end{pmatrix}=\begin{pmatrix} 0 \\ 0 \\ 0 \\ -1 \end{pmatrix}+c_1\begin{pmatrix} 2 \\ 1 \\ 0 \\ 0 \end{pmatrix}+c_2\begin{pmatrix} -1 \\ 0 \\ 1 \\ 0 \end{pmatrix}=\boldsymbol{\gamma}_0+c_1\boldsymbol{\eta}_1+c_2\boldsymbol{\eta}_2 \quad (c_1,\ c_2 \text{ 为任意常数}),$$

其中 $\boldsymbol{\gamma}_0=(0,\ 0,\ 0,\ -1)^{\mathrm{T}}$ 是方程组的一个特解，$\boldsymbol{\eta}_1=(2,\ 1,\ 0,\ 0)^{\mathrm{T}}$，$\boldsymbol{\eta}_2=(-1,\ 0,\ 1,0)^{\mathrm{T}}$ 是导出组的基础解系.

例 14 设 $\boldsymbol{\alpha}_1=(1,\ 1,\ 4,\ 2)^{\mathrm{T}}$，$\boldsymbol{\alpha}_2=(1,\ -1,\ -2,\ 4)^{\mathrm{T}}$，$\boldsymbol{\alpha}_3=(0,\ 2,\ 6,\ -2)^{\mathrm{T}}$，$\boldsymbol{\alpha}_4=(3,\ 1,\ -3,\ -4)^{\mathrm{T}}$，$\boldsymbol{\beta}=(2,\ 1,\ 8,\ 9)^{\mathrm{T}}$，将向量 $\boldsymbol{\beta}$ 表示成向量组 $\boldsymbol{\alpha}_1$，$\boldsymbol{\alpha}_2$，$\boldsymbol{\alpha}_3$，$\boldsymbol{\alpha}_4$ 的线性组合.

解 设 $$x_1\boldsymbol{\alpha}_1+x_2\boldsymbol{\alpha}_2+x_3\boldsymbol{\alpha}_3+x_4\boldsymbol{\alpha}_4=\boldsymbol{\beta}.$$

比较分量，得方程组

$$\begin{cases} x_1 + x_2 \quad\quad + 3x_4 = 2, \\ x_1 - x_2 + 2x_3 + x_4 = 1, \\ 4x_1 - 2x_2 + 6x_3 - 3x_4 = 8, \\ 2x_1 + 4x_2 - 2x_3 - 4x_4 = 9. \end{cases}$$

对增广矩阵施以初等行变换

$$\overline{\boldsymbol{A}} = \begin{pmatrix} 1 & 1 & 0 & 3 & 2 \\ 1 & -1 & 2 & 1 & 1 \\ 4 & -2 & 6 & -3 & 8 \\ 2 & 4 & -2 & -4 & 9 \end{pmatrix} \xrightarrow[(-2)r_1+r_4]{\substack{-r_1+r_2 \\ (-4)r_1+r_3}} \begin{pmatrix} 1 & 1 & 0 & 3 & 2 \\ 0 & -2 & 2 & -2 & -1 \\ 0 & -6 & 6 & -15 & 0 \\ 0 & 2 & -2 & -10 & 5 \end{pmatrix}$$

$$\xrightarrow[r_2+r_4]{(-3)r_2+r_3} \begin{pmatrix} 1 & 1 & 0 & 3 & 2 \\ 0 & -2 & 2 & -2 & -1 \\ 0 & 0 & 0 & -9 & 3 \\ 0 & 0 & 0 & -12 & 4 \end{pmatrix} \to \cdots \to \begin{pmatrix} 1 & 0 & 1 & 0 & \frac{13}{6} \\ 0 & 1 & -1 & 0 & \frac{5}{6} \\ 0 & 0 & 0 & 1 & -\frac{1}{3} \\ 0 & 0 & 0 & 0 & 0 \end{pmatrix}.$$

因为 $\mathrm{r}(\boldsymbol{A}) = \mathrm{r}(\overline{\boldsymbol{A}}) = 3 < 4 = n$，所以方程组有无穷多个解. 方程组一般解为

$$\begin{cases} x_1 = \frac{13}{6} - x_3, \\ x_2 = \frac{5}{6} + x_3, \\ x_3 = \quad\quad x_3, \\ x_4 = -\frac{1}{3}, \end{cases} \quad \text{其中 } x_3 \text{ 为自由未知量.}$$

令 $x_3 = 0$，得一组解 $\left(\frac{13}{6}, \frac{5}{6}, 0, -\frac{1}{3}\right)^{\mathrm{T}}$；令 $x_3 = \frac{1}{6}$，得另一组解 $\left(2, 1, \frac{1}{6}, -\frac{1}{3}\right)^{\mathrm{T}}$.

所以 $\boldsymbol{\beta}$ 由 $\boldsymbol{\alpha}_1, \boldsymbol{\alpha}_2, \boldsymbol{\alpha}_3, \boldsymbol{\alpha}_4$ 线性表出的方法有无穷多种. 以上两组解得出两种表示法：

$$\boldsymbol{\beta} = \frac{13}{6}\boldsymbol{\alpha}_1 + \frac{5}{6}\boldsymbol{\alpha}_2 + 0 \cdot \boldsymbol{\alpha}_3 - \frac{1}{3}\boldsymbol{\alpha}_4,$$

$$\boldsymbol{\beta} = 2\boldsymbol{\alpha}_1 + \boldsymbol{\alpha}_2 + \frac{1}{6}\boldsymbol{\alpha}_3 - \frac{1}{3}\boldsymbol{\alpha}_4.$$

例 15 已知非齐次线性方程组的系数矩阵的秩为 2，又已知该方程组有两个解向量 $\boldsymbol{\alpha}_1=(0,1,2)^{\mathrm{T}}$，$\boldsymbol{\alpha}_2=(2,3,-1)^{\mathrm{T}}$，求该方程组的通解.

解 设方程组的系数矩阵为 $\boldsymbol{A}$，按所给三维解向量可知该非齐次线性方程组是三元方程组，且系数矩阵的秩 $\mathrm{r}(\boldsymbol{A})=2$，根据定理 4.4，于是导出组的基础解系由 $n-\mathrm{r}(\boldsymbol{A})=3-2=1$ 个解向量组成. 再根据性质 5，得到

$$\boldsymbol{\alpha}=\boldsymbol{\alpha}_1-\boldsymbol{\alpha}_2=\begin{pmatrix}0\\1\\2\end{pmatrix}-\begin{pmatrix}2\\3\\-1\end{pmatrix}=\begin{pmatrix}-2\\-2\\3\end{pmatrix}\neq 0$$

为导出组的解向量. 显然一个解向量 $\boldsymbol{\alpha}$ 是线性无关的，它构成基础解系. 从而可写出所讨论的非齐次线性方程组的通解为

$$\boldsymbol{X}=\boldsymbol{\alpha}_1+c\boldsymbol{\alpha}=\begin{pmatrix}0\\1\\2\end{pmatrix}+c\begin{pmatrix}-2\\-2\\3\end{pmatrix}\quad(c\text{ 为任意常数}).$$

背景资料(4)

线性方程组(system of linear equations)是关于未知量是一次的方程组，这是最简单也是最重要的一类代数方程组. 线性方程组的解法，早在中国古代的数学著作《九章算术·方程》章中已经作了比较完整的论述. 其中所述方法实质相当于现代的对方程组的增广矩阵所施行的初等变换从而消去未知量的方法. 在西方，线性方程组的研究是在 17 世纪后期由莱布尼兹开创的. 他曾研究含两个未知量的 3 个线性方程组成的方程组，证明了当方程组的结式等于零时方程有解. 大约在 1729 年，英国数学家马克劳林(Colin Maclaurin，1698—1746)开始用行列式的方法解含 2—4 个未知量的线性方程组，得到了现在称为克莱姆法则的结果，马克劳林虽然比克莱姆早两年发现这个法则，但不及克莱姆发现的规律明晰。18 世纪 60 年代以后，法国数学家贝祖对线性方程组理论进行了一系列研究，证明了 n 元 n 个方程齐次线性方程组有非零解的条件是系数行列式等于零，还利用消元法将高次方程问题与线性方程组联系起来，提供了某些 n 次方程的解法. 大约在 1800 年，德国数学家、天文学家和物理学家高斯(Carl Friedrich Gauss，1777—1855)提出了高斯消元法并用它解决了天体计算和后来的地球表面测量计算中的最小二乘法问题(这种涉及测量、求取地球形状或当地精确位置的应用数学分支称为测地学). 虽然高斯由于这个技术成功地消去了线性方程的变量而出名，但早在几世纪中国人的手稿中就出现了解释如何运用“高斯”消元的方法求解带有 3 个未知量的三方程系

统.在当时的几年里,高斯消元法一直被认为是测地学发展的一部分,而不是数学.而高斯-约当消元法则最初(1866)是出现在由大地测量学家 Wilhelm Jordan 撰写的测地学手册中.许多人把著名的法国数学家约当(Camille Jordan, 1838—1922)误认为是"高斯-约当"消元法中的约当.

到了 19 世纪,英国数学家史密斯(Henry Smith, 1826—1883)和道奇森(Charels Lutwidge Dodgson, 1832—1898,英国牛津大学数学讲师,虽在数学上并无令人注意的成就,但他在儿童文学创作和趣题及智力游戏方面显露出杰出的才华,他著的童话小说《爱丽丝漫游奇境记》使他名垂青史)继续研究线性方程组理论,前者引进了方程组的增广矩阵和非增广矩阵的概念,后者证明了 n 个未知量 m 个方程的方程组相容的充要条件是系数矩阵和增广矩阵的秩相同.这正是现代方程组理论中的重要结果之一.

大量的科学技术问题,最终往往归结为解线性方程组.因此在线性方程组的数值解法得到发展的同时,线性方程组解的结构等理论性工作也取得了令人满意的进展.现在,线性方程组的数值解法在计算数学中占有重要地位.

习 题 四

(A)

1. 用消元法解下列线性方程组:

(1) $\begin{cases} x_1-x_2+2x_3=0, \\ 3x_1+x_2+2x_3=4, \\ x_1+2x_2-x_3=3; \end{cases}$ (2) $\begin{cases} x_1+x_2+x_3=0, \\ x_1+2x_2+2x_3=0, \\ x_1+3x_2+3x_3=0; \end{cases}$

(3) $\begin{cases} x_1+x_2+2x_3+3x_4=1, \\ x_2+x_3-4x_4=1, \\ x_1+2x_2+3x_3-x_4=4, \\ 2x_1+3x_2-x_3-x_4=-6; \end{cases}$ (4) $\begin{cases} x_1+x_2+2x_3+3x_4=1, \\ x_1+2x_2+3x_3-x_4=-4, \\ 3x_1-x_2-x_3-2x_4=-4, \\ 2x_1+3x_2-x_3-x_4=-6; \end{cases}$

(5) $\begin{cases} 2x_1+x_2+2x_3+3x_4=0, \\ 4x_1+x_2+3x_3+5x_4=0, \\ 2x_1+x_3+2x_4=0; \end{cases}$ (6) $\begin{cases} x_1-x_2+2x_3-3x_4+x_5=2, \\ 2x_1-2x_2+7x_3-10x_4+5x_5=5, \\ 3x_1-3x_2+3x_3-5x_4=5. \end{cases}$

2. 把向量 $\boldsymbol{\beta}$ 表示成向量组 $\boldsymbol{\alpha}_1, \boldsymbol{\alpha}_2, \boldsymbol{\alpha}_3, \boldsymbol{\alpha}_4$ 的线性组合.

(1) $\boldsymbol{\alpha}_1=(1, 1, 1, 1)^{\mathrm{T}}$, $\boldsymbol{\alpha}_2=(1, 1, -1, -1)^{\mathrm{T}}$, $\boldsymbol{\alpha}_3=(1, -1, 1, -1)^{\mathrm{T}}$, $\boldsymbol{\alpha}_4=(1, -1, -1, 1)^{\mathrm{T}}$, $\boldsymbol{\beta}=(1, 2, 3, 4)^{\mathrm{T}}$;

(2) $\boldsymbol{\alpha}_1=(1, 0, 0, 0)^{\mathrm{T}}$, $\boldsymbol{\alpha}_2=(1, -1, 0, 0)^{\mathrm{T}}$, $\boldsymbol{\alpha}_3=(1, 0, 1, 1)^{\mathrm{T}}$, $\boldsymbol{\alpha}_4=$

$(1, 2, 1, 1)^T$，$\boldsymbol{\beta}=(1, 2, 3, 4)^T$；

(3) $\boldsymbol{\alpha}_1=(1, 1, 0, 1)^T$，$\boldsymbol{\alpha}_2=(2, 1, 3, 1)^T$，$\boldsymbol{\alpha}_3=(1, 0, 3, 0)^T$，$\boldsymbol{\alpha}_4=(1, 0, 0, -1)^T$，$\boldsymbol{\beta}=(1, 2, 3, 4)^T$.

3. 判断下列向量组是否线性相关，并说明理由.

(1) $\boldsymbol{\alpha}_1=(2, 2, 7, -1)^T$，$\boldsymbol{\alpha}_2=(1, 2, 1, 1)^T$，$\boldsymbol{\alpha}_3=(2, 1, 0, 1)^T$；

(2) $\boldsymbol{\alpha}_1=(1, 1, 1, 1)^T$，$\boldsymbol{\alpha}_2=(1, 1, -1, -1)^T$，$\boldsymbol{\alpha}_3=(1, -1, 1, -1)^T$，$\boldsymbol{\alpha}_4=(1, -1, -1, 1)^T$；

(3) $\boldsymbol{\alpha}_1=(1, 2, 1, 1)^T$，$\boldsymbol{\alpha}_2=(1, 0, 1, 1)^T$，$\boldsymbol{\alpha}_3=(0, 1, -1, 0)^T$，$\boldsymbol{\alpha}_4=(1, 1, 1, 1)^T$.

4. 问 λ 为何值时，线性方程组 $\begin{cases} x_1-x_2+2x_3=0 \\ x_1-2x_2+3x_3=-1 \\ 2x_1-x_2+\lambda x_3=2 \end{cases}$ 有唯一解、无穷多解、无解？

5. 讨论 a，b 的值使下列线性方程组有解，并求解：

(1) $\begin{cases} ax_1+x_2+x_3=1, \\ x_1+ax_2+x_3=a, \\ x_1+x_2+ax_3=a^2; \end{cases}$ (2) $\begin{cases} x_1+x_2+x_3=a, \\ ax_1+x_2+x_3=1, \\ x_1+x_2+ax_3=1; \end{cases}$

(3) $\begin{cases} ax_1+x_2+x_3=1, \\ 2x_1+x_2+bx_3=3, \\ 2x_1+x_2+3bx_3=1; \end{cases}$ (4) $\begin{cases} x_1+x_2-2x_3+3x_4=0, \\ 2x_1+x_2-6x_3+4x_4=-1, \\ 3x_1+2x_2+ax_3+7x_4=-1, \\ x_1-x_2-6x_3-x_4=b; \end{cases}$

(5) $\begin{cases} x_1+x_2-x_3+3x_4=a, \\ x_1+2x_2-2x_3+2x_4=2, \\ x_2-x_3-x_4=1, \\ x_1-x_2+x_3+5x_4=b; \end{cases}$ (6) $\begin{cases} x_1+x_2+x_3+x_4+x_5=1, \\ 3x_1+2x_2+x_3+x_4-3x_5=a, \\ x_2+2x_3+2x_4+6x_5=3, \\ 5x_1+4x_2+3x_3+3x_4-x_5=6. \end{cases}$

6. 问 λ 为何值时下列齐次线性方程组，只有零解、有非零解？

(1) $\begin{cases} \lambda x_1+x_2=0, \\ 2x_1+x_2+\lambda x_3=0, \\ \lambda x_1+x_2-2x_3=0; \end{cases}$ (2) $\begin{cases} x_1+x_2+x_3+\lambda x_4=0, \\ x_1+x_2+\lambda x_3+x_4=0, \\ x_1+\lambda x_2+x_3+x_4=0, \\ \lambda x_1+x_2+x_3+x_4=0. \end{cases}$

7. 求下列齐次线性方程组的一个基础解系及通解：

(1) $\begin{cases} x_1+x_2-3x_3=0, \\ 3x_1-x_2-3x_3=0, \\ x_1-x_2+x_3=0; \end{cases}$ (2) $\begin{cases} x_1+x_2+x_3=0, \\ 2x_1+x_2-3x_3=0; \end{cases}$

(3) $\begin{cases} x_1 - x_2 - x_3 + x_4 = 0, \\ x_1 - x_2 + x_3 - 3x_4 = 0, \\ x_1 - x_2 - 2x_3 + 3x_4 = 0; \end{cases}$ (4) $\begin{cases} x_1 + 2x_2 + 3x_3 + x_4 = 0, \\ 2x_1 + 4x_2 - x_4 = 0, \\ -x_1 - 2x_2 + 3x_3 + 2x_4 = 0, \\ x_1 + 2x_2 - 9x_3 - 5x_4 = 0. \end{cases}$

8. 证明线性方程组:

$$\begin{cases} x_1 - x_2 = a_1, \\ x_2 - x_3 = a_2, \\ x_3 - x_4 = a_3, \\ x_4 - x_5 = a_4, \\ x_5 - x_1 = a_5 \end{cases}$$

有解的充分必要条件是 $a_1 + a_2 + a_3 + a_4 + a_5 = 0$,并在有解的情形下,求出它的一般解.

9. 用导出组的基础解系表示出下列线性方程组的通解:

(1) $\begin{cases} 2x_1 - x_2 + 3x_3 = 1, \\ 4x_1 - 2x_2 + 5x_3 = 4, \\ 2x_1 - x_2 + 4x_3 = -1; \end{cases}$ (2) $\begin{cases} x_1 + 2x_2 - x_3 + 2x_4 = 1, \\ 2x_1 + 4x_2 + x_3 + x_4 = 5, \\ -x_1 - 2x_2 - 2x_3 + x_4 = -4; \end{cases}$

(3) $\begin{cases} x_1 - 7x_2 + 4x_3 + 2x_4 = 0, \\ 2x_1 - 5x_2 + 3x_3 + 2x_4 = 1, \\ 4x_1 - x_2 + x_3 + 2x_4 = 3, \\ 5x_1 - 8x_2 + 5x_3 + 4x_4 = 3; \end{cases}$ (4) $\begin{cases} x_1 + 3x_3 + x_4 = 2, \\ x_1 - 3x_2 + x_4 = -1, \\ 2x_1 + x_2 + 7x_3 + 2x_4 = 5, \\ 4x_1 + 2x_2 + 14x_3 = 6; \end{cases}$

(5) $\begin{cases} x_1 + x_2 + x_3 + x_4 + x_5 = 7, \\ 3x_1 + 2x_2 + x_3 + x_4 - 3x_5 = -2, \\ x_2 + 2x_3 + 2x_4 + 6x_5 = 23, \\ 5x_1 + 4x_2 - 3x_2 + 3x_4 - x_5 = 12; \end{cases}$

(6) $\begin{cases} 6x_1 - 2x_2 + 2x_3 + 5x_4 + 7x_5 = -3, \\ 9x_1 - 3x_2 + 4x_3 + 8x_4 + 9x_5 = -4, \\ 6x_1 - 2x_2 + 6x_3 + 7x_4 + x_5 = -1, \\ 3x_1 - x_2 + 4x_3 + 4x_4 - x_5 = 0. \end{cases}$

10. 求一个与下列向量组都正交的单位向量:

(1) $\boldsymbol{\alpha}_1 = \begin{pmatrix} 1 \\ 1 \\ -1 \\ -1 \end{pmatrix}, \boldsymbol{\alpha}_2 = \begin{pmatrix} 1 \\ -1 \\ -1 \\ 1 \end{pmatrix}, \boldsymbol{\alpha}_3 = \begin{pmatrix} 1 \\ -1 \\ 1 \\ -1 \end{pmatrix}$;

(2) $\boldsymbol{\beta}_1=\begin{pmatrix}1\\1\\1\\-1\end{pmatrix}$, $\boldsymbol{\beta}_2=\begin{pmatrix}1\\-1\\1\\-1\end{pmatrix}$, $\boldsymbol{\beta}_3=\begin{pmatrix}2\\1\\3\\1\end{pmatrix}$.

(B)

1. 设 $\boldsymbol{u}_1$, $\boldsymbol{u}_2$, $\cdots$, $\boldsymbol{u}_t$ 是某一非齐次线性方程组的解，则 $c_1\boldsymbol{u}_1+\cdots+c_t\boldsymbol{u}_t$ 是其导出组的解，其中 $c_1+c_2+\cdots+c_t=0$.

2. 设 $\boldsymbol{u}_1$, $\boldsymbol{u}_2$, $\cdots$, $\boldsymbol{u}_t$ 是某一非齐次线性方程组的解，则 $c_1\boldsymbol{u}_1+\cdots+c_t\boldsymbol{u}_t$ 也是它的一个解，其中 $c_1+c_2+\cdots+c_t=1$.

3. 如果 $\boldsymbol{\alpha}_1$, $\boldsymbol{\alpha}_2$, $\cdots$, $\boldsymbol{\alpha}_t$ 是齐次线性方程组 $\boldsymbol{AX}=\boldsymbol{0}$ 的一个基础解系，试证 $\boldsymbol{\alpha}_1+\boldsymbol{\alpha}_2$, $\boldsymbol{\alpha}_2+\boldsymbol{\alpha}_3$, $\cdots$, $\boldsymbol{\alpha}_t+\boldsymbol{\alpha}_1$ 也是一个基础解系.

4. 已知非齐次线性方程组的系数矩阵的秩为 3，又知该方程组有 3 个解向量 $\boldsymbol{\alpha}_1$, $\boldsymbol{\alpha}_2$, $\boldsymbol{\alpha}_3$，其中 $\boldsymbol{\alpha}_1=(1,2,3,4)^{\mathrm{T}}$, $\boldsymbol{\alpha}_2+\boldsymbol{\alpha}_3=(2,3,4,5)^{\mathrm{T}}$，试求该方程组的通解.

5. 设 $\boldsymbol{A}$ 是 $m\times n$ 矩阵，$\mathrm{r}(\boldsymbol{A})=r$，证明：存在秩为 $n-r$ 的 n 阶矩阵 $\boldsymbol{B}$，使得 $\boldsymbol{AB}=\boldsymbol{O}$.

6. 设矩阵 $\boldsymbol{A}$ 是 n 阶方阵，如果对于任一个 n 维列向量 $\boldsymbol{\alpha}$，都有 $\boldsymbol{A\alpha}=\boldsymbol{0}$，则 $\boldsymbol{A}=\boldsymbol{O}$.

7. 设齐次线性方程组

$$\begin{cases}a_{11}x_1+a_{12}x_2+\cdots+a_{1n}x_n=0,\\ a_{21}x_1+a_{22}x_2+\cdots+a_{2n}x_n=0,\\ \cdots\cdots\cdots\cdots\\ a_{n1}x_1+a_{n2}x_2+\cdots+a_{nn}x_n=0\end{cases}$$

的系数矩阵 $\boldsymbol{A}=(a_{ij})_{n\times n}$ 的秩为 $n-1$. 求证：此方程组的全部解为

$$\boldsymbol{\eta}=c(A_{i1},A_{i2},\cdots,A_{in})^{\mathrm{T}},$$

其中 $A_{ij}\,(1\leqslant j\leqslant n)$ 为元素 a_{ij} 的代数余子式，且至少有一个 $A_{ij}\neq 0$，c 为任意常数.

8. 设 $\boldsymbol{A}$ 是 m 阶满秩矩阵，$\boldsymbol{B}$ 是 $m\times n$ 矩阵，试证明

$$\boldsymbol{ABX}=\boldsymbol{0}\ 与\ \boldsymbol{BX}=\boldsymbol{0}$$

是等价方程组. 进而证明：$\mathrm{r}(\boldsymbol{AB})=\mathrm{r}(\boldsymbol{B})$.

*第五章 矩阵的特征值问题

用矩阵来分析经济现象和计算经济问题时，经常需要讨论矩阵的特征值与特征向量. 本章首先介绍方阵特征值与特征向量的概念及性质；其次在相似意义下揭示方阵对角化的条件；最后讨论实对称矩阵正交对角化的方法. 本章内容的重点是有关相似对角化判断与实对称矩阵正交对角化的方法.

§5.1 矩阵的特征值与特征向量

一、特征值与特征向量的基本概念与计算方法

定义 5.1 设 $\boldsymbol{A}$ 为 n 阶方阵，如果存在数 λ 以及一个非零 n 维列向量 $\boldsymbol{\alpha}$，使得

$$\boldsymbol{A\alpha} = \lambda\boldsymbol{\alpha}, \tag{5.1}$$

则 λ 称为 $\boldsymbol{A}$ 的一个**特征值**，非零解向量 $\boldsymbol{\alpha}$ 称为 $\boldsymbol{A}$ 的属于(或对应于)特征值 λ 的**特征向量**.

例 1 设 $\boldsymbol{A} = \begin{pmatrix} 1 & -1 \\ 2 & 4 \end{pmatrix}$，验证 $\lambda = 2$ 是矩阵 $\boldsymbol{A}$ 的一个特征值，而 $\boldsymbol{\alpha} = \begin{pmatrix} 1 \\ -1 \end{pmatrix}$ 是 $\boldsymbol{A}$ 的属于 $\lambda = 2$ 的特征向量.

解 因为

$$\boldsymbol{A\alpha} = \begin{pmatrix} 1 & -1 \\ 2 & 4 \end{pmatrix}\begin{pmatrix} 1 \\ -1 \end{pmatrix} = \begin{pmatrix} 2 \\ -2 \end{pmatrix} = 2\begin{pmatrix} 1 \\ -1 \end{pmatrix} = \lambda\boldsymbol{\alpha},$$

所以由定义知，$\lambda = 2$ 是矩阵 $\boldsymbol{A}$ 的一个特征值，$\boldsymbol{\alpha} = \begin{pmatrix} 1 \\ -1 \end{pmatrix}$ 是 $\boldsymbol{A}$ 的属于 $\lambda = 2$ 的特征向量.

下面讨论矩阵 $\boldsymbol{A}$ 的特征值和特征向量的计算方法.

将(5.1)式等价地改写为

$$(\lambda \boldsymbol{I}-\boldsymbol{A})\boldsymbol{\alpha}=\boldsymbol{0},$$

这表明特征向量 $\boldsymbol{\alpha}$ 是 n 元齐次线性方程组

$$(\lambda \boldsymbol{I}-\boldsymbol{A})\boldsymbol{X}=\boldsymbol{0} \tag{5.2}$$

的一个非零解，其中 $\boldsymbol{X}=(x_1,\ x_2,\ \cdots,\ x_n)^{\mathrm{T}}$. 由齐次线性方程组解的理论可知，方程组(5.2)有非零解的充分必要条件是其系数矩阵行列式 $|\lambda \boldsymbol{I}-\boldsymbol{A}|=0$.

为了叙述方便，引入以下定义.

定义 5.2　设 $\boldsymbol{A}=(a_{ij})_{n\times n}$ 是 n 阶方阵，λ 是一个未知数，

$$f(\lambda)=|\lambda \boldsymbol{I}-\boldsymbol{A}|=\begin{vmatrix} \lambda-a_{11} & -a_{12} & \cdots & -a_{1n} \\ -a_{21} & \lambda-a_{22} & \cdots & -a_{2n} \\ \vdots & \vdots & & \vdots \\ -a_{n1} & -a_{n2} & \cdots & \lambda-a_{nn} \end{vmatrix} \tag{5.3}$$

称为 $\boldsymbol{A}$ 的**特征多项式**，$f(\lambda)=|\lambda \boldsymbol{I}-\boldsymbol{A}|=0$ 称为 $\boldsymbol{A}$ 的**特征方程**.

在特征值理论中，研究矩阵的特征多项式的性质是重要的. 下面我们先仔细讨论一下特征多项式的系数构造，根据§1.1 中 n 阶行列式的定义，在 n 阶行列式(5.3)的展开式中，有一项是主对角线上元素的连乘积

$$(\lambda-a_{11})(\lambda-a_{22})\cdots(\lambda-a_{nn});$$

而展开式中的其余各项，至多包含 $n-2$ 个主对角线上元素(因每项有 n 个数相乘，而每个数取自行列式的不同行不同列)，它们关于 λ 的次数最高是 $n-2$. 因此，特征多项式 $f(\lambda)$是关于 λ 的 n 次多项式，且 n 次和 $n-1$ 次的项只能在主对角线上元素的连乘积中出现，它们是

$$\lambda^n-(a_{11}+a_{22}+\cdots+a_{nn})\lambda^{n-1}.$$

在特征多项式 $f(\lambda)$中令 $\lambda=0$，即得常数项 $|-\boldsymbol{A}|=(-1)^n|\boldsymbol{A}|$. 因此

$$f(\lambda)=\lambda^n-(a_{11}+a_{22}+\cdots+a_{nn})\lambda^{n-1}+\cdots+(-1)^n|\boldsymbol{A}|. \tag{5.4}$$

这表明 $\boldsymbol{A}$ 的特征方程 $f(\lambda)=0$ 是 λ 的 n 次方程，矩阵 $\boldsymbol{A}$ 的特征值就是特征方程的根. 由代数学基本定理知，一元 n 次方程在复数范围内恰有 n 个根(k 重根算作 k 个根)，它们便是 n 阶方阵 $\boldsymbol{A}$ 的全部 n 个特征值.

注意：

(1) 即使矩阵 $\boldsymbol{A}$ 的元素都是实数，其特征值也可能是虚数；

(2) 一元 n $(n>4)$ 次方程没有通用的求根公式，一般难以求解，所以求矩

阵的特征值通常采用数值计算的方法得到其近似解. 目前已有许多计算软件可以完成求矩阵特征值的任务,我们将在第七章中作简单介绍.

综合上面的分析,立刻可以得到下述定理.

定理 5.1 设 $\boldsymbol{A}$ 为 n 阶方阵,则 λ_0 是 $\boldsymbol{A}$ 的特征值,$\boldsymbol{\alpha}$ 是 $\boldsymbol{A}$ 的属于 λ_0 的特征向量的充分必要条件是:λ_0 为特征方程 $f(\lambda)=|\lambda\boldsymbol{I}-\boldsymbol{A}|=0$ 的根,$\boldsymbol{\alpha}$ 为齐次线性方程组 $(\lambda_0\boldsymbol{I}-\boldsymbol{A})\boldsymbol{X}=\boldsymbol{0}$ 的非零解.

由定理 5.1 和 §4.3 中的齐次线性方程组解的性质,不难得到如下推论.

推论 1 如果 $\boldsymbol{\alpha}$ 是矩阵 $\boldsymbol{A}$ 的属于特征值 λ_0 的特征向量,则 $k\boldsymbol{\alpha}$ ($k\neq 0$ 为任意常数)也是 $\boldsymbol{A}$ 的属于 λ_0 的特征向量.

推论 2 如果 $\boldsymbol{\alpha}_1$, $\boldsymbol{\alpha}_2$ 是矩阵 $\boldsymbol{A}$ 的属于特征值 λ_0 的特征向量,且 $\boldsymbol{\alpha}_1+\boldsymbol{\alpha}_2\neq\boldsymbol{0}$,则 $\boldsymbol{\alpha}_1+\boldsymbol{\alpha}_2$ 也是 $\boldsymbol{A}$ 的属于 λ_0 的特征向量.

推论 3 矩阵 $\boldsymbol{A}$ 的属于特征值 λ_0 的特征向量的每一个非零线性组合仍是属于 λ_0 的特征向量. 也就是说,如果 $\boldsymbol{\alpha}_1, \boldsymbol{\alpha}_2, \cdots, \boldsymbol{\alpha}_s$ 均为属于特征值 λ_0 的特征向量,则 $k_1\boldsymbol{\alpha}_1+k_2\boldsymbol{\alpha}_2+\cdots+k_s\boldsymbol{\alpha}_s\neq\boldsymbol{0}$ 也是方阵 $\boldsymbol{A}$ 的特征向量,对应的特征值仍为 λ_0.

从上述结论还可看出,如果 λ 是方阵 $\boldsymbol{A}$ 的特征值,则对应于 λ 的特征向量有无穷多个. 需要注意的是,矩阵 $\boldsymbol{A}$ 的任何一个特征向量只能属于某一个特征值,而决不能同时属于两个不同的特征值(证明留给读者).

显然,零矩阵的特征值为零,任何非零向量都是它的特征向量;单位矩阵 $\boldsymbol{I}$ 的特征值为 1,任何非零向量都是它的特征向量.

综上所述,求 n 阶方阵 $\boldsymbol{A}$ 的特征值和特征向量的步骤如下:

(1) 计算特征多项式 $f(\lambda)=|\lambda\boldsymbol{I}-\boldsymbol{A}|$;

(2) 求 $\boldsymbol{A}$ 的特征方程 $f(\lambda)=|\lambda\boldsymbol{I}-\boldsymbol{A}|=0$ 的全部根 λ_i,它们就是 $\boldsymbol{A}$ 的所有特征值;

(3) 把所求得的特征值 λ_i 逐个地代入齐次线性方程组 $(\lambda\boldsymbol{I}-\boldsymbol{A})\boldsymbol{X}=\boldsymbol{0}$,求出相应的一个基础解系 $\boldsymbol{\alpha}_1, \boldsymbol{\alpha}_2, \cdots, \boldsymbol{\alpha}_{n-r}$(其中 r 为矩阵 $\lambda_i\boldsymbol{I}-\boldsymbol{A}$ 的秩),则 $\boldsymbol{A}$ 的属于 λ_i 的全部特征向量为

$$c_1\boldsymbol{\alpha}_1+c_2\boldsymbol{\alpha}_2+\cdots+c_{n-r}\boldsymbol{\alpha}_{n-r},$$

其中 $c_1, c_2, \cdots, c_{n-r}$ 是不全为零的任意常数.

例 2 求矩阵 $\boldsymbol{A}=\begin{pmatrix}0 & 2\\ -2 & 0\end{pmatrix}$ 的特征值和特征向量.

解 $\boldsymbol{A}$ 的特征多项式为

$$|\lambda\boldsymbol{I}-\boldsymbol{A}|=\begin{vmatrix}\lambda & 2\\ -2 & \lambda\end{vmatrix}=\lambda^2+4,$$

特征方程 $|\lambda \boldsymbol{I}-\boldsymbol{A}|=0$ 在实数范围内无解，即 $\boldsymbol{A}$ 在实数域上无特征值. 如果在复数域上讨论 $\boldsymbol{A}$ 的特征值和特征向量，则 $\boldsymbol{A}$ 的特征值 $\lambda_1=2\mathrm{i}$, $\lambda_2=-2\mathrm{i}$ (i 为虚数单位).

限于本教材的目的，我们不讨论矩阵的复特征值和复特征向量.

例 3 求矩阵 $\boldsymbol{A}=\begin{pmatrix}-1 & 1 & 0\\ -4 & 3 & 0\\ 1 & 0 & 2\end{pmatrix}$ 的特征值和特征向量.

解　先求 $\boldsymbol{A}$ 的特征值，由

$$|\lambda \boldsymbol{I}-\boldsymbol{A}|=\begin{vmatrix}\lambda+1 & -1 & 0\\ 4 & \lambda-3 & 0\\ -1 & 0 & \lambda-2\end{vmatrix}=(\lambda-2)(\lambda-1)^2=0,$$

得 $\boldsymbol{A}$ 的特征值为 $\lambda_1=2$, $\lambda_2=\lambda_3=1$.

把特征值 $\lambda_1=2$ 代入方程组 $(\lambda \boldsymbol{I}-\boldsymbol{A})\boldsymbol{X}=\mathbf{0}$, 得

$$(2\boldsymbol{I}-\boldsymbol{A})\boldsymbol{X}=\begin{pmatrix}3 & -1 & 0\\ 4 & -1 & 0\\ -1 & 0 & 0\end{pmatrix}\begin{pmatrix}x_1\\ x_2\\ x_3\end{pmatrix}=\begin{pmatrix}0\\ 0\\ 0\end{pmatrix},$$

由

$$2\boldsymbol{I}-\boldsymbol{A}=\begin{pmatrix}3 & -1 & 0\\ 4 & -1 & 0\\ -1 & 0 & 0\end{pmatrix}\xrightarrow{\text{初等行变换}}\begin{pmatrix}1 & 0 & 0\\ 0 & 1 & 0\\ 0 & 0 & 0\end{pmatrix}$$

知方程组的一般解为

$$\begin{cases}x_1=0,\\ x_2=0,\\ x_3=x_3.\end{cases}$$

可取 $\boldsymbol{\alpha}_1=\begin{pmatrix}0\\ 0\\ 1\end{pmatrix}$ 作为其基础解系，则 $c_1\boldsymbol{\alpha}_1$ ($c_1\neq 0$ 为任意常数) 为对应于 $\lambda_1=2$ 的全部特征向量.

把特征值 $\lambda_2=\lambda_3=1$ 代入方程组 $(\lambda \boldsymbol{I}-\boldsymbol{A})\boldsymbol{X}=\mathbf{0}$, 得

$$(\boldsymbol{I}-\boldsymbol{A})\boldsymbol{X}=\begin{pmatrix}2 & -1 & 0\\ 4 & -2 & 0\\ -1 & 0 & -1\end{pmatrix}\begin{pmatrix}x_1\\ x_2\\ x_3\end{pmatrix}=\begin{pmatrix}0\\ 0\\ 0\end{pmatrix},$$

由 $$I-A=\begin{pmatrix}2&-1&0\\4&-2&0\\-1&0&-1\end{pmatrix}\xrightarrow{\text{初等行变换}}\begin{pmatrix}1&0&1\\0&1&2\\0&0&0\end{pmatrix}$$

知方程组的一般解为

$$\begin{cases}x_1=-x_3,\\x_2=-2x_3,\\x_3=x_3.\end{cases}$$

可取 $\boldsymbol{\alpha}_2=\begin{pmatrix}-1\\-2\\1\end{pmatrix}$ 作为其基础解系，则 $c_2\boldsymbol{\alpha}_2$ ($c_2\neq 0$ 为任意常数) 为对应于 $\lambda_2=\lambda_3=1$ 的全部特征向量.

例 4 求矩阵 $A=\begin{pmatrix}4&6&0\\-3&-5&0\\-3&-6&1\end{pmatrix}$ 的特征值和特征向量.

解 先求 A 的特征值，由

$$|\lambda I-A|=\begin{vmatrix}\lambda-4&-6&0\\3&\lambda+5&0\\3&6&\lambda-1\end{vmatrix}=(\lambda+2)(\lambda-1)^2=0,$$

得 A 的特征值为 $\lambda_1=-2$, $\lambda_2=\lambda_3=1$.

把特征值 $\lambda_1=-2$ 代入方程组 $(\lambda I-A)X=\mathbf{0}$, 得

$$(-2I-A)X=\begin{pmatrix}-6&-6&0\\3&3&0\\3&6&-3\end{pmatrix}\begin{pmatrix}x_1\\x_2\\x_3\end{pmatrix}=\begin{pmatrix}0\\0\\0\end{pmatrix},$$

由 $$-2I-A=\begin{pmatrix}-6&-6&0\\3&3&0\\3&6&-3\end{pmatrix}\xrightarrow{\text{初等行变换}}\begin{pmatrix}1&0&1\\0&1&-1\\0&0&0\end{pmatrix}$$

知方程组的一般解为

$$\begin{cases}x_1=-x_3,\\x_2=x_3,\\x_3=x_3.\end{cases}$$

可取 $\boldsymbol{\alpha}_1=\begin{pmatrix}-1\\1\\1\end{pmatrix}$ 作为其基础解系，则 $c_1\boldsymbol{\alpha}_1$（$c_1\neq 0$ 为任意常数）为对应于 $\lambda_1=-2$ 的全部特征向量.

把特征值 $\lambda_2=\lambda_3=1$ 代入方程组 $(\lambda\boldsymbol{I}-\boldsymbol{A})\boldsymbol{X}=\boldsymbol{0}$，得

$$(\boldsymbol{I}-\boldsymbol{A})\boldsymbol{X}=\begin{pmatrix}-3&-6&0\\3&6&0\\3&6&0\end{pmatrix}\begin{pmatrix}x_1\\x_2\\x_3\end{pmatrix}=\begin{pmatrix}0\\0\\0\end{pmatrix},$$

由

$$\boldsymbol{I}-\boldsymbol{A}=\begin{pmatrix}-3&-6&0\\3&6&0\\3&6&0\end{pmatrix}\xrightarrow{\text{初等行变换}}\begin{pmatrix}1&2&0\\0&0&0\\0&0&0\end{pmatrix}$$

知方程组的一般解为

$$\begin{cases}x_1=-2x_2,\\x_2=x_2,\\x_3=x_3.\end{cases}$$

可取 $\boldsymbol{\alpha}_2=\begin{pmatrix}-2\\1\\0\end{pmatrix}$，$\boldsymbol{\alpha}_3=\begin{pmatrix}0\\0\\1\end{pmatrix}$ 作为其基础解系，则 $c_2\boldsymbol{\alpha}_2+c_3\boldsymbol{\alpha}_3$（$c_2$，$c_3\neq 0$ 为任意常数）为对应于 $\lambda_2=\lambda_3=1$ 的全部特征向量.

例 5 设 n 维向量 $\boldsymbol{\alpha}=(a_1, a_2, \cdots, a_n)^{\mathrm{T}}$，$\boldsymbol{\beta}=(b_1, b_2, \cdots, b_n)^{\mathrm{T}}$ 都是非零向量，且满足 $\boldsymbol{\alpha}^{\mathrm{T}}\boldsymbol{\beta}=0$，记 n 阶方阵 $\boldsymbol{A}=\boldsymbol{\alpha}\boldsymbol{\beta}^{\mathrm{T}}$. 求：

(1) $\boldsymbol{A}^2$；

(2) 矩阵 $\boldsymbol{A}$ 的特征值和特征向量.

解　(1) 由 $\boldsymbol{A}=\boldsymbol{\alpha}\boldsymbol{\beta}^{\mathrm{T}}$ 和 $\boldsymbol{\alpha}^{\mathrm{T}}\boldsymbol{\beta}=0$（注意此为常数），得

$$\boldsymbol{A}^2=\boldsymbol{A}\boldsymbol{A}=(\boldsymbol{\alpha}\boldsymbol{\beta}^{\mathrm{T}})(\boldsymbol{\alpha}\boldsymbol{\beta}^{\mathrm{T}})=\boldsymbol{\alpha}(\boldsymbol{\beta}^{\mathrm{T}}\boldsymbol{\alpha})\boldsymbol{\beta}^{\mathrm{T}}=\boldsymbol{\alpha}(\boldsymbol{\alpha}^{\mathrm{T}}\boldsymbol{\beta})^{\mathrm{T}}\boldsymbol{\beta}^{\mathrm{T}}=\boldsymbol{\alpha}0\boldsymbol{\beta}^{\mathrm{T}}=\boldsymbol{O}_{n\times n}.$$

(2) 设 λ 为 $\boldsymbol{A}$ 的任一特征值，$\boldsymbol{A}$ 的属于特征值 λ 的特征向量为 $\boldsymbol{\gamma}$，则

$$\boldsymbol{A}\boldsymbol{\gamma}=\lambda\boldsymbol{\gamma},\ \boldsymbol{A}^2\boldsymbol{\gamma}=\lambda\boldsymbol{A}\boldsymbol{\gamma}=\lambda^2\boldsymbol{\gamma},$$

因为 $\boldsymbol{A}^2=\boldsymbol{O}$，所以 $\lambda^2\boldsymbol{\gamma}=\boldsymbol{0}$. 又特征向量 $\boldsymbol{\gamma}\neq\boldsymbol{0}$，因此 $\lambda^2=0$，即 $\lambda=0$.

已知 $\boldsymbol{\alpha}$，$\boldsymbol{\beta}$ 都是非零向量，不妨设 $\boldsymbol{\alpha}$，$\boldsymbol{\beta}$ 中的分量 $a_1\neq 0$，$b_1\neq 0$. 对齐次线性

方程组 $(0\boldsymbol{I}-\boldsymbol{A})\boldsymbol{X}=\boldsymbol{0}$ 的系数矩阵作初等行变换：

$$0\boldsymbol{I}-\boldsymbol{A}=-\boldsymbol{A}=\begin{pmatrix}-a_1b_1 & -a_1b_2 & \cdots & -a_1b_n\\ -a_2b_1 & -a_2b_2 & \cdots & -a_2b_n\\ \vdots & \vdots & & \vdots\\ -a_nb_1 & -a_nb_2 & \cdots & -a_nb_n\end{pmatrix}$$

$$\xrightarrow{r_1\times\left(-\frac{1}{a_1}\right)}\begin{pmatrix}b_1 & b_2 & \cdots & b_n\\ -a_2b_1 & -a_2b_2 & \cdots & -a_2b_n\\ \vdots & \vdots & & \vdots\\ -a_nb_1 & -a_nb_2 & \cdots & -a_nb_n\end{pmatrix}$$

$$\xrightarrow[(i=2,\cdots,n)]{a_ir_1+r_i}\begin{pmatrix}b_1 & b_2 & \cdots & b_n\\ 0 & 0 & \cdots & 0\\ \vdots & \vdots & & \vdots\\ 0 & 0 & \cdots & 0\end{pmatrix}\xrightarrow{r_1\times\left(\frac{1}{b_1}\right)}\begin{pmatrix}1 & \frac{b^2}{b_1} & \cdots & \frac{b_n}{b_1}\\ 0 & 0 & \cdots & 0\\ \vdots & \vdots & & \vdots\\ 0 & 0 & \cdots & 0\end{pmatrix},$$

得方程组的基础解系为

$$\boldsymbol{\alpha}_1=\begin{pmatrix}-\frac{b_2}{b_1}\\ 1\\ 0\\ \vdots\\ 0\end{pmatrix},\ \boldsymbol{\alpha}_2=\begin{pmatrix}-\frac{b_3}{b_1}\\ 0\\ 1\\ \vdots\\ 0\end{pmatrix},\ \cdots,\ \boldsymbol{\alpha}_{n-1}=\begin{pmatrix}-\frac{b_n}{b_1}\\ 0\\ 0\\ \vdots\\ 1\end{pmatrix}.$$

于是 $\boldsymbol{A}$ 的属于特征值 $\lambda=0$ 的全部特征向量为

$$c_1\boldsymbol{\alpha}_1+c_2\boldsymbol{\alpha}_2+\cdots+c_{n-1}\boldsymbol{\alpha}_{n-1}\ (c_1,\ c_2,\ \cdots,\ c_{n-1}\ \text{不全为零}).$$

二、特征值与特征向量的性质

性质 1 n 阶方阵 $\boldsymbol{A}$ 与其转置矩阵 $\boldsymbol{A}^{\mathrm{T}}$ 有相同的特征多项式，从而有相同的特征值.

证明 因为 $|\lambda\boldsymbol{I}-\boldsymbol{A}|=|(\lambda\boldsymbol{I}-\boldsymbol{A})^{\mathrm{T}}|=|\lambda\boldsymbol{I}-\boldsymbol{A}^{\mathrm{T}}|$，即 $\boldsymbol{A}$ 与 $\boldsymbol{A}^{\mathrm{T}}$ 有相同的特征多项式，所以它们有相同的特征值. ▌

但应注意，虽然 $\boldsymbol{A}$ 与 $\boldsymbol{A}^{\mathrm{T}}$ 有相同特征值，特征向量却不一定相同.

例 6 设 $\boldsymbol{A}=\begin{pmatrix}1 & -1\\ 2 & 4\end{pmatrix}$，容易求得 $\boldsymbol{A}$ 与 $\boldsymbol{A}^{\mathrm{T}}$ 有相同特征值 $\lambda_1=2$，$\lambda_2=$

3. 由例 1 知

$$A\begin{pmatrix}1\\-1\end{pmatrix}=2\begin{pmatrix}1\\-1\end{pmatrix},$$

即 $\begin{pmatrix}1\\-1\end{pmatrix}$ 是 A 的一个特征向量. 而

$$A^{\mathrm{T}}\begin{pmatrix}1\\-1\end{pmatrix}\neq 2\begin{pmatrix}1\\-1\end{pmatrix},\ A^{\mathrm{T}}\begin{pmatrix}1\\-1\end{pmatrix}\neq 3\begin{pmatrix}1\\-1\end{pmatrix},$$

即 $\begin{pmatrix}1\\-1\end{pmatrix}$ 不是 A^{T}的特征向量.

性质 2　设 $\lambda_1, \lambda_2, \cdots, \lambda_s$ 是 n 阶方阵 A 的 s 个不同的特征值，$\boldsymbol{\alpha}_1, \boldsymbol{\alpha}_2, \cdots, \boldsymbol{\alpha}_s$ 是 A 的分别属于 $\lambda_1, \lambda_2, \cdots, \lambda_s$ 的特征向量，则 $\boldsymbol{\alpha}_1, \boldsymbol{\alpha}_2, \cdots, \boldsymbol{\alpha}_s$ 线性无关.

证明　对特征向量的个数 s 作数学归纳法.

当 $s=1$ 时，结论显然成立(因为特征向量 $\boldsymbol{\alpha}_1\neq\mathbf{0}$).

假设对 $s-1$ 个不同的特征值结论成立，即 $\boldsymbol{\alpha}_1, \boldsymbol{\alpha}_2, \cdots, \boldsymbol{\alpha}_{s-1}$ 线性无关.

要证明对 s 个不同的特征值结论也成立. 设有数 $k_1, k_2, \cdots, k_s$，使

$$k_1\boldsymbol{\alpha}_1+k_2\boldsymbol{\alpha}_2+\cdots+k_s\boldsymbol{\alpha}_s=\mathbf{0}, \tag{5.5}$$

在上式两端左乘矩阵 A，并注意到 $A\boldsymbol{\alpha}_i=\lambda_i\boldsymbol{\alpha}_i\ (i=1, 2, \cdots, s)$，得

$$k_1\lambda_1\boldsymbol{\alpha}_1+k_2\lambda_2\boldsymbol{\alpha}_2+\cdots+k_s\lambda_s\boldsymbol{\alpha}_s=\mathbf{0}, \tag{5.6}$$

将(5.5)式的两端乘以 λ_s，得

$$k_1\lambda_s\boldsymbol{\alpha}_1+k_2\lambda_s\boldsymbol{\alpha}_2+\cdots+k_s\lambda_s\boldsymbol{\alpha}_s=\mathbf{0}, \tag{5.7}$$

(5.6)式两端分别减去(5.7)式，得

$$k_1(\lambda_1-\lambda_s)\boldsymbol{\alpha}_1+k_2(\lambda_2-\lambda_s)\boldsymbol{\alpha}_2+\cdots+k_{s-1}(\lambda_{s-1}-\lambda_s)\boldsymbol{\alpha}_{s-1}=\mathbf{0},$$

由归纳假设 $\boldsymbol{\alpha}_1, \boldsymbol{\alpha}_2, \cdots, \boldsymbol{\alpha}_{s-1}$ 线性无关，于是

$$k_1(\lambda_1-\lambda_s)=k_2(\lambda_2-\lambda_s)=\cdots=k_{s-1}(\lambda_{s-1}-\lambda_s)=0.$$

而 $\lambda_1, \lambda_2, \cdots, \lambda_s$ 互不相同，即 $\lambda_k-\lambda_s\neq 0\ (k=1, 2, \cdots, s-1)$，于是有

$$k_1=k_2=\cdots=k_{s-1}=0,$$

将此代回(5.5)式，得 $k_s\boldsymbol{\alpha}_s=0$，而 $\boldsymbol{\alpha}_s\neq 0$，所以 $k_s=0$. 即(5.5)式中

$$k_1=k_2=\cdots=k_s=0,$$

因此 $\boldsymbol{\alpha}_1, \boldsymbol{\alpha}_2, \cdots, \boldsymbol{\alpha}_s$ 线性无关. 由数学归纳法可知,对任意正整数 s 结论成立. ▌

推论 如果 n 阶方阵 $\mathbf{A}$ 有 n 个不同的特征值,则 $\mathbf{A}$ 有 n 个线性无关的特征向量. 反之不成立.

例如,n 阶单位阵 $\boldsymbol{I}$ 有 n 个线性无关的特征向量(比如说,n 维单位向量组),但 $\boldsymbol{I}$ 的不同的特征值仅有一个 1.

类似于性质 2 的方法,可以证明性质 3.

性质 3 设 $\lambda_1, \lambda_2, \cdots, \lambda_m$ 是矩阵 $\mathbf{A}$ 的 m 个互不相同的特征值,而 $\boldsymbol{\alpha}_{i1}, \boldsymbol{\alpha}_{i2}, \cdots, \boldsymbol{\alpha}_{is_i}$ 是 $\mathbf{A}$ 的分别属于特征值 λ_i $(i=1, 2, \cdots, m)$ 的线性无关的特征向量,则向量组

$$\boldsymbol{\alpha}_{11}, \boldsymbol{\alpha}_{12}, \cdots, \boldsymbol{\alpha}_{1s_1}, \boldsymbol{\alpha}_{21}, \boldsymbol{\alpha}_{22}, \cdots, \boldsymbol{\alpha}_{2s_2}, \cdots, \boldsymbol{\alpha}_{m1}, \boldsymbol{\alpha}_{m2}, \cdots, \boldsymbol{\alpha}_{ms_m}$$

线性无关.

特别需要注意的是:并不是每一个 n 阶方阵都有 n 个线性无关的特征向量,这是由于矩阵的一个 k 重特征值不一定有 k 个线性无关的特征向量. 例如,在例 3 中,$\lambda=1$ 是 A 的一个二重特征值,它只有一个线性无关的特征向量;而在例 4 中,$\lambda=1$ 是 A 的二重特征值,它有两个线性无关的特征向量. 对于一般的 n 阶矩阵,有下面的结论:

性质 4 设 λ 是矩阵 $\mathbf{A}$ 的 k 重特征值,则 $\mathbf{A}$ 的属于 λ 的线性无关的特征向量个数至多有 k 个.

该证明较繁杂,故从略.

性质 5 设 $\lambda_1, \lambda_2, \cdots, \lambda_n$ 是 n 阶矩阵 $\mathbf{A}=(a_{ij})$ 的 n 个特征值,则

(1) $\sum\limits_{i=1}^{n}\lambda_i = \sum\limits_{i=1}^{n}a_{ii}$ ($\sum\limits_{i=1}^{n}a_{ii}$ 称为矩阵 $\mathbf{A}$ 的**迹**,记作 $\mathrm{tr}(\mathbf{A})$);

(2) $\prod\limits_{i=1}^{n}\lambda_i = |\mathbf{A}|$.

证明 由代数学基本定理知,一元 n 次方程在复数范围内有 n 个根 $\lambda_1, \lambda_2, \cdots, \lambda_n$,则特征多项式

$$\begin{aligned} f(\lambda) &= (\lambda-\lambda_1)(\lambda-\lambda_2)\cdots(\lambda-\lambda_n) \\ &= \lambda^n-(\lambda_1+\lambda_2+\cdots+\lambda_n)\lambda^{n-1}+\cdots+(-1)^n\lambda_1\lambda_2\cdots\lambda_n. \end{aligned}$$

比较上式与(5.4)式中的 λ^{n-1}, λ^0 系数,即得

$$\lambda_1+\lambda_2+\cdots+\lambda_n = a_{11}+a_{22}+\cdots+a_{nn}, \quad \lambda_1\lambda_2\cdots\lambda_n = |\mathbf{A}|.$$ ▌

作为该性质的推论,我们可得到一个判定方阵 $\mathbf{A}$ 是否可逆的命题.

推论　n 阶方阵 $\boldsymbol{A}$ 可逆的充要条件是 $\boldsymbol{A}$ 的特征值都不为零.

性质 6　可逆矩阵 $\boldsymbol{A}$ 与 $\boldsymbol{A}^{-1}$ 的特征值互为倒数.

证明　设 λ 是矩阵 $\boldsymbol{A}$ 的特征值，$\boldsymbol{\alpha}$ 是 $\boldsymbol{A}$ 的属于 λ 的特征向量，则

$$\boldsymbol{A\alpha} = \lambda\boldsymbol{\alpha},$$

因 $\boldsymbol{A}$ 可逆，两边左乘 $\boldsymbol{A}^{-1}$，得

$$\boldsymbol{\alpha} = \boldsymbol{A}^{-1}(\boldsymbol{A\alpha}) = \boldsymbol{A}^{-1}(\lambda\boldsymbol{\alpha}) = \lambda\boldsymbol{A}^{-1}\boldsymbol{\alpha},$$

由性质 5 的推论知 $\lambda \neq 0$，故 $\boldsymbol{A}^{-1}\boldsymbol{\alpha} = \lambda^{-1}\boldsymbol{\alpha}$，即 λ^{-1} 是 $\boldsymbol{A}^{-1}$ 特征值.

同理可证，$\boldsymbol{A}^{-1}$ 的特征值的倒数也是 $\boldsymbol{A}$ 的特征值. ▌

性质 7　设 λ 是可逆矩阵 $\boldsymbol{A}$ 的特征值，则 $\boldsymbol{A}^*$ 有特征值 $\dfrac{|\boldsymbol{A}|}{\lambda}$.

证明留作习题(见习题(B)第 4 题).

性质 8　设 λ 是矩阵 $\boldsymbol{A}$ 的特征值，$g(x) = a_m x^m + a_{m-1}x^{m-1} + \cdots + a_1 x + a_0$，则

(1) λ^k 是 $\boldsymbol{A}^k$ 的特征值；

(2) $g(\lambda)$ 是 $\boldsymbol{A}$ 的多项式 $g(\boldsymbol{A}) = a_m\boldsymbol{A}^m + a_{m-1}\boldsymbol{A}^{m-1} + \cdots + a_1\boldsymbol{A} + a_0\boldsymbol{I}_n$ 的特征值.

证明　(1) 设 $\boldsymbol{\alpha}$ 是 $\boldsymbol{A}$ 的属于 λ 的特征向量，则 $\boldsymbol{A\alpha} = \lambda\boldsymbol{\alpha}$，于是对任意正整数 k，

$$\begin{aligned}\boldsymbol{A}^k\boldsymbol{\alpha} &= \boldsymbol{A}^{k-1}(\boldsymbol{A\alpha}) = \boldsymbol{A}^{k-1}(\lambda\boldsymbol{\alpha}) = \lambda\boldsymbol{A}^{k-1}\boldsymbol{\alpha} = \lambda\boldsymbol{A}^{k-2}(\boldsymbol{A\alpha}) \\ &= \lambda\boldsymbol{A}^{k-2}(\lambda\boldsymbol{\alpha}) = \lambda^2\boldsymbol{A}^{k-2}\boldsymbol{\alpha} = \cdots = \lambda^k\boldsymbol{\alpha},\end{aligned}$$

所以 λ^k 是 $\boldsymbol{A}^k$ 的特征值，且 $\boldsymbol{\alpha}$ 仍为 $\boldsymbol{A}^k$ 的属于 λ^k 的特征向量.

$$\begin{aligned}(2)\ g(\boldsymbol{A})\boldsymbol{\alpha} &= (a_m\boldsymbol{A}^m + a_{m-1}\boldsymbol{A}^{m-1} + \cdots + a_1\boldsymbol{A} + a_0\boldsymbol{I}_n)\boldsymbol{\alpha} \\ &= a_m\boldsymbol{A}^m\boldsymbol{\alpha} + a_{m-1}\boldsymbol{A}^{m-1}\boldsymbol{\alpha} + \cdots + a_1\boldsymbol{A\alpha} + a_0\boldsymbol{\alpha} \\ &= a_m\lambda^m\boldsymbol{\alpha} + a_{m-1}\lambda^{m-1}\boldsymbol{\alpha} + \cdots + a_1\lambda\boldsymbol{\alpha} + a_0\boldsymbol{\alpha} = g(\lambda)\boldsymbol{\alpha},\end{aligned}$$

所以 $g(\lambda)$ 是 $g(\boldsymbol{A})$ 的特征值，且 $\boldsymbol{\alpha}$ 仍为 $g(\boldsymbol{A})$ 的属于 $g(\lambda)$ 的特征向量. ▌

例 7　设 $\boldsymbol{A}^2 = \boldsymbol{I}$，则 $\boldsymbol{A}$ 的特征值只能是 1 和 -1.

证明　设 λ 是矩阵 $\boldsymbol{A}$ 的特征值，由性质 8(2) 知，$\lambda^2 - 1$ 是 $\boldsymbol{A}^2 - \boldsymbol{I}$ 的特征值，而 $\boldsymbol{A}^2 - \boldsymbol{I} = \boldsymbol{O}$，故 $\lambda^2 - 1 = 0$，这就证明了 $\boldsymbol{A}$ 的特征值 λ 只能是 1 和 -1. ▌

例 8　已知三阶方阵 $\boldsymbol{A} = (a_{ij})$ 的两个特征值为 1 和 2，且 $a_{11} + a_{22} + a_{33} = 0$，求 $\boldsymbol{A} - 2\boldsymbol{I}$ 的行列式.

解　利用性质 5(1)，$\boldsymbol{A}$ 的第三个特征值为 $a_{11} + a_{22} + a_{33} - (1+2) = -3$. 因

此,三阶矩阵 $\boldsymbol{A}$ 的 3 个特征值是 1, 2, -3,从而由性质 8(2)知 $\boldsymbol{A}-2\boldsymbol{I}$ 的 3 个特征值是 -1, 0, -5,再利用性质 5(2),即刻得 $|\boldsymbol{A}-2\boldsymbol{I}|=0$.

§5.2 相似矩阵

由于对角矩阵具有许多良好的性质,如:其运算、行列式、特征值等简单易求. 自然要问,对于一个 n 阶方阵 $\boldsymbol{A}$,是否能够化为对角矩阵,同时保持矩阵 $\boldsymbol{A}$ 的一些原有性质,这在理论和应用方面都具有重要意义. 本节将介绍相似矩阵的概念和性质,并给出方阵相似于对角矩阵的条件.

一、相似矩阵的概念与性质

定义 5.3 设 $\boldsymbol{A}$, $\boldsymbol{B}$ 都是 n 阶方阵,如果存在 n 阶可逆矩阵 $\boldsymbol{P}$,使得

$$\boldsymbol{P}^{-1}\boldsymbol{A}\boldsymbol{P}=\boldsymbol{B},$$

则称矩阵 $\boldsymbol{A}$ 与 $\boldsymbol{B}$ 相似,记作 $\boldsymbol{A}\sim\boldsymbol{B}$.

矩阵间的相似关系有如下 3 个简单性质:

(1) 自反性:$\boldsymbol{A}\sim\boldsymbol{A}$;

(2) 对称性:若 $\boldsymbol{A}\sim\boldsymbol{B}$,则 $\boldsymbol{B}\sim\boldsymbol{A}$;

(3) 传递性:若 $\boldsymbol{A}\sim\boldsymbol{B}$, $\boldsymbol{B}\sim\boldsymbol{C}$,则 $\boldsymbol{A}\sim\boldsymbol{C}$.

(证明留给读者)

相似的矩阵具有如下共同的性质.

定理 5.2 相似矩阵有相同的特征多项式,从而有相同的特征值.

证明 由于 $\boldsymbol{A}\sim\boldsymbol{B}$,所以必有可逆矩阵 $\boldsymbol{P}$,使得

$$\boldsymbol{P}^{-1}\boldsymbol{A}\boldsymbol{P}=\boldsymbol{B},$$

于是

$$\begin{aligned}|\lambda\boldsymbol{I}-\boldsymbol{B}|&=|\lambda\boldsymbol{P}^{-1}\boldsymbol{I}\boldsymbol{P}-\boldsymbol{P}^{-1}\boldsymbol{A}\boldsymbol{P}|=|\boldsymbol{P}^{-1}(\lambda\boldsymbol{I}-\boldsymbol{A})\boldsymbol{P}|\\&=|\boldsymbol{P}^{-1}||\lambda\boldsymbol{I}-\boldsymbol{A}||\boldsymbol{P}|=|\lambda\boldsymbol{I}-\boldsymbol{A}|,\end{aligned}$$

即 $\boldsymbol{A}$, $\boldsymbol{B}$ 的特征多项式相同,因而有相同的特征值. ▌

注意,这个定理的逆命题不成立. 即若 $\boldsymbol{A}$ 与 $\boldsymbol{B}$ 的特征多项式相同(或所有特征值相同),$\boldsymbol{A}$ 不一定与 $\boldsymbol{B}$ 相似.

例如,矩阵 $\boldsymbol{A}=\begin{pmatrix}1&0\\0&1\end{pmatrix}$, $\boldsymbol{B}=\begin{pmatrix}1&1\\0&1\end{pmatrix}$,它们的特征多项式均为 $(\lambda-1)^2$,但

它们并不相似. 事实上,若 $\boldsymbol{A}$ 与 $\boldsymbol{B}$ 相似,则有可逆矩阵 $\boldsymbol{P}$,使得

$$\boldsymbol{B}=\boldsymbol{P}^{-1}\boldsymbol{A}\boldsymbol{P}=\boldsymbol{P}^{-1}\boldsymbol{I}\boldsymbol{P}=\boldsymbol{P}^{-1}\boldsymbol{P}=\boldsymbol{I},$$

这与 $\boldsymbol{B}$ 不是单位矩阵相矛盾.

推论 相似矩阵有相同的行列式和迹.

证明 设 $\boldsymbol{A}\sim\boldsymbol{B}$,由定理 5.2 知 $\boldsymbol{A}$ 与 $\boldsymbol{B}$ 有相同的特征值,再结合上节的性质 5,立刻推知 $\boldsymbol{A}$ 与 $\boldsymbol{B}$ 有相同的行列式和迹. ▌

例 9 设矩阵 $\boldsymbol{A}\sim\boldsymbol{B}$,其中

$$\boldsymbol{A}=\begin{pmatrix}2&0&0\\0&a&2\\0&2&3\end{pmatrix},\ \boldsymbol{B}=\begin{pmatrix}1&0&0\\0&2&0\\0&0&b\end{pmatrix},$$

求 a, b 的值.

解 由定理 5.2 推论知

$$\begin{cases}|\boldsymbol{A}|=|\boldsymbol{B}|\\\operatorname{tr}(\boldsymbol{A})=\operatorname{tr}(\boldsymbol{B})\end{cases}\Rightarrow\begin{cases}6a-8=2b\\5+a=3+b\end{cases}\Rightarrow\begin{cases}a=3,\\b=5.\end{cases}$$

二、矩阵相似于对角阵的条件

如果方阵 $\boldsymbol{A}$ 能够相似于对角矩阵(以下简称 $\boldsymbol{A}$ 可对角化),则可能大大地简化许多运算过程. 但是,一般说来,并不是每个矩阵都能相似于对角矩阵,即矩阵的可对角化是有条件的. 下面的定理从特征向量的角度刻画了矩阵可对角化的条件.

定理 5.3 n 阶方阵 $\boldsymbol{A}$ 可对角化的充分必要条件是 $\boldsymbol{A}$ 有 n 个线性无关的特征向量.

证明 必要性:设 $\boldsymbol{A}$ 可对角化,即存在可逆矩阵 $\boldsymbol{P}$,使得

$$\boldsymbol{P}^{-1}\boldsymbol{A}\boldsymbol{P}=\boldsymbol{\Lambda}=\operatorname{diag}(\lambda_1,\lambda_2,\cdots,\lambda_n),$$

故 $\boldsymbol{A}\boldsymbol{P}=\boldsymbol{P}\boldsymbol{\Lambda}$.

记 $\boldsymbol{P}=(\boldsymbol{\alpha}_1,\boldsymbol{\alpha}_2,\cdots,\boldsymbol{\alpha}_n)$,其中 $\boldsymbol{\alpha}_i$ 为 $\boldsymbol{P}$ 的第 i 列向量 $(i=1,2,\cdots,n)$. 于是,$\boldsymbol{A}\boldsymbol{P}=\boldsymbol{P}\boldsymbol{\Lambda}$ 可写成

$$\boldsymbol{A}(\boldsymbol{\alpha}_1,\boldsymbol{\alpha}_2,\cdots,\boldsymbol{\alpha}_n)=(\boldsymbol{\alpha}_1,\boldsymbol{\alpha}_2,\cdots,\boldsymbol{\alpha}_n)\begin{pmatrix}\lambda_1&&&\\&\lambda_2&&\\&&\ddots&\\&&&\lambda_n\end{pmatrix},$$

即

$$A\boldsymbol{\alpha}_i = \lambda_i \boldsymbol{\alpha}_i \quad (i = 1, 2, \cdots, n).$$

因为 $\boldsymbol{P}$ 为可逆矩阵,所以 $\boldsymbol{\alpha}_1, \boldsymbol{\alpha}_2, \cdots, \boldsymbol{\alpha}_n$ 为线性无关的非零向量,且它们分别是矩阵 $\boldsymbol{A}$ 的属于特征值 $\lambda_1, \lambda_2, \cdots, \lambda_n$ 的特征向量.

充分性:设 $\boldsymbol{\alpha}_1, \boldsymbol{\alpha}_2, \cdots, \boldsymbol{\alpha}_n$ 为 $\boldsymbol{A}$ 的 n 个线性无关的特征向量,它们对应的 $\boldsymbol{A}$ 的特征值分别为 $\lambda_1, \lambda_2, \cdots, \lambda_n$,即

$$A\boldsymbol{\alpha}_i = \lambda_i \boldsymbol{\alpha}_i \quad (i = 1, 2, \cdots, n).$$

记矩阵 $\boldsymbol{P} = (\boldsymbol{\alpha}_1, \boldsymbol{\alpha}_2, \cdots, \boldsymbol{\alpha}_n)$,因为 $\boldsymbol{\alpha}_1, \boldsymbol{\alpha}_2, \cdots, \boldsymbol{\alpha}_n$ 线性无关,所以 $\boldsymbol{P}$ 可逆,于是有

$$\boldsymbol{AP} = \boldsymbol{A}(\boldsymbol{\alpha}_1, \boldsymbol{\alpha}_2, \cdots, \boldsymbol{\alpha}_n) = (\boldsymbol{A\alpha}_1, \boldsymbol{A\alpha}_2, \cdots, \boldsymbol{A\alpha}_n) = (\lambda\boldsymbol{\alpha}_1, \lambda\boldsymbol{\alpha}_2, \cdots, \lambda\boldsymbol{\alpha}_n)$$

$$= (\boldsymbol{\alpha}_1, \boldsymbol{\alpha}_2, \cdots, \boldsymbol{\alpha}_n)\begin{pmatrix} \lambda_1 & & & \\ & \lambda_2 & & \\ & & \ddots & \\ & & & \lambda_n \end{pmatrix} = \boldsymbol{P}\begin{pmatrix} \lambda_1 & & & \\ & \lambda_2 & & \\ & & \ddots & \\ & & & \lambda_n \end{pmatrix},$$

两边左乘 $\boldsymbol{P}^{-1}$,得

$$\boldsymbol{P}^{-1}\boldsymbol{AP} = \mathrm{diag}(\lambda_2, \lambda_2, \cdots, \lambda_n),$$

即矩阵 $\boldsymbol{A}$ 与对角阵相似. ▎

结合上节性质 2 的推论,立刻得到如下结论.

推论 若 n 阶方阵 $\boldsymbol{A}$ 有 n 个不同的特征值,则 $\boldsymbol{A}$ 必可对角化.

注意这个推论中的条件是 $\boldsymbol{A}$ 可对角化的充分条件而不是必要条件. 也就是说,可对角化的 n 阶方阵并不一定有 n 个不同的特征值.

例 10 判断矩阵 $\boldsymbol{A} = \begin{pmatrix} 4 & 6 & 0 \\ -3 & -5 & 0 \\ -3 & -6 & 1 \end{pmatrix}$ 是否可以对角化,若能对角化,则求出可逆矩阵 $\boldsymbol{P}$ 及 $\boldsymbol{A}$ 的相似对角阵 $\boldsymbol{\Lambda}$.

解 例 4 中已经得到 $\boldsymbol{A}$ 的 3 个特征值 $-2, 1, 1$ 及对应的特征向量为

$$\boldsymbol{\alpha}_1 = \begin{pmatrix} -1 \\ 1 \\ 1 \end{pmatrix}, \boldsymbol{\alpha}_2 = \begin{pmatrix} -2 \\ 1 \\ 0 \end{pmatrix}, \boldsymbol{\alpha}_3 = \begin{pmatrix} 0 \\ 0 \\ 1 \end{pmatrix},$$

由上节性质 3 知 $\boldsymbol{\alpha}_1$, $\boldsymbol{\alpha}_2$, $\boldsymbol{\alpha}_3$ 线性无关.

令 $\boldsymbol{P}=(\boldsymbol{\alpha}_1, \boldsymbol{\alpha}_2, \boldsymbol{\alpha}_3)=\begin{pmatrix}-1 & -2 & 0\\ 1 & 1 & 0\\ 1 & 0 & 1\end{pmatrix}$,可求得 $\boldsymbol{P}^{-1}=\begin{pmatrix}1 & 2 & 0\\ -1 & -1 & 0\\ -1 & -2 & 1\end{pmatrix}$. 于是

$$\boldsymbol{P}^{-1}\boldsymbol{AP}=\begin{pmatrix}-2 & & \\ & 1 & \\ & & 1\end{pmatrix}=\boldsymbol{\Lambda},$$

所以 $\boldsymbol{A}$ 与对角阵 $\boldsymbol{\Lambda}=\mathrm{diag}(-2, 1, 1)$ 相似.

这个例子说明了 $\boldsymbol{A}$ 的特征值不全相异时,$\boldsymbol{A}$ 也可能化为对角矩阵.

结合定理 5.3 和上节的性质 4 容易理解,n 阶方阵 $\boldsymbol{A}$ 是否与对角阵相似的关键在于 $\boldsymbol{A}$ 有 n 个线性无关的特征向量,这等同于 $\boldsymbol{A}$ 的 k 重特征值有 k 个线性无关的特征向量. 对此我们有如下定理.

定理 5.4　n 阶方阵 $\boldsymbol{A}$ 可对角化的充分必要条件是 $\boldsymbol{A}$ 的 k 重特征值有 k 个线性无关的特征向量.

定理 5.3 不仅给出了一个方阵可对角化的充要条件,而且定理证明的过程也同时给出了对角化的具体方法. 现在把这种方法归纳如下:

(1) 求出 n 阶方阵 $\boldsymbol{A}$ 的所有不同特征值 $\lambda_1, \lambda_2, \cdots, \lambda_m$,它们的重数分别为 $l_1, l_2, \cdots, l_m$;

(2) 判断是否可对角化:

如果 $\boldsymbol{A}$ 的 n 个特征值互不相同,则 $\boldsymbol{A}$ 相似于对角阵(判断依据:定理 5.3 推论).

如果 $\boldsymbol{A}$ 有多重特征值 λ,先计算 λ 的特征向量,则当 λ 的线性无关的特征向量的个数达到 λ 的重数时,即 $(\lambda\boldsymbol{I}-\boldsymbol{A})\boldsymbol{X}=\boldsymbol{0}$ 的基础解系所含向量的个数等于重数,则 $\boldsymbol{A}$ 可对角化;否则 $\boldsymbol{A}$ 不可对角化(判断依据:定理 5.4).

注意:单重特征值的必有一个线性无关的特征向量,所以在判断时仅需考虑多重特征值的情况;

(3) 当 $\boldsymbol{A}$ 可对角化时,对每个特征值 λ_i,求出齐次线性方程组 $(\lambda_i\boldsymbol{I}-\boldsymbol{A})\boldsymbol{X}=\boldsymbol{0}$ 的一个基础解系,设为

$$\boldsymbol{\alpha}_{i1}, \boldsymbol{\alpha}_{i2}, \cdots, \boldsymbol{\alpha}_{il_i}\ (i=1, 2, \cdots, m);$$

(4) 求出可逆矩阵 $\boldsymbol{P}$.

取 $\boldsymbol{P}=(\boldsymbol{\alpha}_{11}, \boldsymbol{\alpha}_{12}, \cdots, \boldsymbol{\alpha}_{1l_1}, \boldsymbol{\alpha}_{21}, \boldsymbol{\alpha}_{22}, \cdots, \boldsymbol{\alpha}_{2l_2}, \cdots, \boldsymbol{\alpha}_{m1}, \boldsymbol{\alpha}_{m2}, \cdots, \boldsymbol{\alpha}_{ml_m})$, 则

$$P^{-1}AP = \Lambda = \text{diag}(\overbrace{\lambda_1, \cdots, \lambda_1}^{l_1}, \overbrace{\lambda_2, \cdots, \lambda_2}^{l_2}, \cdots, \overbrace{\lambda_m, \cdots, \lambda_m}^{l_m}).$$

例 11 下列矩阵中,哪些可以对角化?哪些不可以对角化?对于可对角化矩阵,求出可逆矩阵 $\boldsymbol{P}$,使得 $\boldsymbol{P}^{-1}\boldsymbol{AP} = \boldsymbol{\Lambda}$.

(1) $\boldsymbol{A} = \begin{pmatrix} 1 & 1 & 0 \\ 0 & 2 & 1 \\ 0 & 0 & 3 \end{pmatrix}$; (2) $\boldsymbol{A} = \begin{pmatrix} 5 & 3 & 1 & 1 \\ -3 & -1 & 1 & -1 \\ 0 & 0 & 1 & 0 \\ 0 & 0 & 2 & 2 \end{pmatrix}$;

(3) $\boldsymbol{A} = \begin{pmatrix} 1 & 2 & 2 \\ 2 & 1 & 2 \\ 2 & 2 & 1 \end{pmatrix}$.

解 (1) 矩阵 $\boldsymbol{A}$ 的特征多项式为

$$|\lambda \boldsymbol{I} - \boldsymbol{A}| = (\lambda - 1)(\lambda - 2)(\lambda - 3),$$

故 $\boldsymbol{A}$ 有 3 个互不相同的特征值 $\lambda_1 = 1$, $\lambda_2 = 2$, $\lambda_3 = 3$, 因此 $\boldsymbol{A}$ 可对角化.

把特征值 $\lambda_1 = 1$ 代入方程组 $(\lambda \boldsymbol{I} - \boldsymbol{A})\boldsymbol{X} = \boldsymbol{0}$, 得

$$\begin{pmatrix} 0 & -1 & 0 \\ 0 & -1 & -1 \\ 0 & 0 & -2 \end{pmatrix} \begin{pmatrix} x_1 \\ x_2 \\ x_3 \end{pmatrix} = \begin{pmatrix} 0 \\ 0 \\ 0 \end{pmatrix},$$

它有基础解系 $\boldsymbol{\alpha}_1 = \begin{pmatrix} 1 \\ 0 \\ 0 \end{pmatrix}$.

把特征值 $\lambda_2 = 2$, $\lambda_3 = 3$ 分别代入方程组 $(\lambda \boldsymbol{I} - \boldsymbol{A})\boldsymbol{X} = \boldsymbol{0}$, 求得基础解系

$$\boldsymbol{\alpha}_2 = \begin{pmatrix} 1 \\ 1 \\ 0 \end{pmatrix} \text{和} \boldsymbol{\alpha}_3 = \begin{pmatrix} 1 \\ 2 \\ 2 \end{pmatrix}.$$

令 $\boldsymbol{P} = (\boldsymbol{\alpha}_1, \boldsymbol{\alpha}_2, \boldsymbol{\alpha}_3) = \begin{pmatrix} 1 & 1 & 1 \\ 0 & 1 & 2 \\ 0 & 0 & 2 \end{pmatrix}$, $\boldsymbol{\Lambda} = \begin{pmatrix} 1 & & \\ & 2 & \\ & & 3 \end{pmatrix}$, 则有

$$\boldsymbol{P}^{-1}\boldsymbol{AP} = \boldsymbol{\Lambda} = \begin{pmatrix} 1 & & \\ & 2 & \\ & & 3 \end{pmatrix}.$$

(2) 矩阵 $\boldsymbol{A}$ 的特征多项式为

$$|\lambda \boldsymbol{I}-\boldsymbol{A}|=(\lambda-1)(\lambda-2)^3,$$

得 $\boldsymbol{A}$ 的特征值 $\lambda_1=1$, $\lambda_2=2$(三重). 对 $\lambda=2$, 由

$$2\boldsymbol{I}-\boldsymbol{A}=\begin{pmatrix}-3 & -3 & -1 & -1\\ 3 & 3 & -1 & 1\\ 0 & 0 & 1 & 0\\ 0 & 0 & -2 & 0\end{pmatrix}\xrightarrow{\text{初等行变换}}\begin{pmatrix}3 & 3 & 1 & 1\\ 0 & 0 & 1 & 0\\ 0 & 0 & 0 & 0\\ 0 & 0 & 0 & 0\end{pmatrix}$$

知 $\mathrm{r}(2\boldsymbol{I}-\boldsymbol{A})=2$, 即三重特征值只有两个线性无关的特征向量,因此 $\boldsymbol{A}$ 不能相似于对角矩阵.

(3) 矩阵 $\boldsymbol{A}$ 的特征多项式为

$$|\lambda \boldsymbol{I}-\boldsymbol{A}|=(\lambda-5)(\lambda+1)^2,$$

故 $\boldsymbol{A}$ 的特征值为 $\lambda_1=5$, $\lambda_2=\lambda_3=-1$.

把特征值 $\lambda_1=5$ 代入方程组 $(\lambda \boldsymbol{I}-\boldsymbol{A})\boldsymbol{X}=\boldsymbol{0}$, 得基础解系 $\boldsymbol{\alpha}_1=\begin{pmatrix}1\\1\\1\end{pmatrix}$.

把特征值 $\lambda_2=\lambda_3=-1$ 代入方程组 $(\lambda \boldsymbol{I}-\boldsymbol{A})\boldsymbol{X}=\boldsymbol{0}$,得基础解系

$$\boldsymbol{\alpha}_2=\begin{pmatrix}-1\\1\\0\end{pmatrix},\ \boldsymbol{\alpha}_3=\begin{pmatrix}-1\\0\\1\end{pmatrix}.$$

从而 $\boldsymbol{A}$ 有 3 个线性无关的特征向量,由定理 5.4 知,$\boldsymbol{A}$ 可对角化. 令

$$\boldsymbol{P}=(\boldsymbol{\alpha}_1,\boldsymbol{\alpha}_2,\boldsymbol{\alpha}_3)=\begin{pmatrix}1 & -1 & -1\\ 1 & 1 & 0\\ 1 & 0 & 1\end{pmatrix},\ \boldsymbol{\Lambda}=\begin{pmatrix}5 & & \\ & -1 & \\ & & -1\end{pmatrix},$$

则有

$$\boldsymbol{P}^{-1}\boldsymbol{A}\boldsymbol{P}=\boldsymbol{\Lambda}=\begin{pmatrix}5 & & \\ & -1 & \\ & & -1\end{pmatrix}.$$

例 12 对上例(1)中的矩阵 $\boldsymbol{A}$,求 $\boldsymbol{A}^{100}$.

解　由于 $P^{-1}AP=\Lambda$，所以 $A=P\Lambda P^{-1}$，因而

$$A^2=(P\Lambda P^{-1})(P\Lambda P^{-1})=P\Lambda^2P^{-1},$$

依此类推

$$A^{100}=P\Lambda^{100}P^{-1}=\begin{pmatrix}1&1&1\\0&1&2\\0&0&2\end{pmatrix}\begin{pmatrix}1&&\\&2&\\&&3\end{pmatrix}^{100}\begin{pmatrix}1&1&1\\0&1&2\\0&0&2\end{pmatrix}^{-1}$$

$$=\begin{pmatrix}1&1&1\\0&1&2\\0&0&2\end{pmatrix}\begin{pmatrix}1&&\\&2^{100}&\\&&3^{100}\end{pmatrix}\begin{pmatrix}1&-1&\frac{1}{2}\\0&1&-1\\0&0&\frac{1}{2}\end{pmatrix}$$

$$=\begin{pmatrix}1&2^{100}-1&\frac{3^{100}}{2}-2^{100}+\frac{1}{2}\\0&2^{100}&3^{100}-2^{100}\\0&0&3^{100}\end{pmatrix}.$$

例 13　设 n 阶方阵 A 满足 $A^2=I$，证明 A 能相似于对角阵.

证明　由例 7 知，A 的特征值 λ 只能是 1 和 -1.

设 A 的属于特征值 $\lambda=1$ 的线性无关的特征向量有 n_1 个. 因 A 的属于特征值 $\lambda=1$ 的特征向量是齐次线性方程组 $(I-A)X=0$ 的非零解，故

$$n_1=n-\mathrm{r}(I-A).$$

同理，A 的属于特征值 $\lambda=-1$ 的线性无关的特征向量有 $n_2=n-\mathrm{r}(-I-A)$ 个.

因为

$$(I-A)(-I-A)=-(I-A^2)=O,$$

根据第四章例 12，有

$$\mathrm{r}(I-A)+\mathrm{r}(-I-A)\leqslant n,$$

根据定理 3.12，又有

$$\mathrm{r}(I-A)+\mathrm{r}(-I-A)=\mathrm{r}(A-I)+\mathrm{r}(-I-A)\geqslant \mathrm{r}[(A-I)+(-I-A)]$$
$$=\mathrm{r}(-2I)=\mathrm{r}(I)=n.$$

因此，由

$$n_1 + n_2 = [n - \mathrm{r}(\boldsymbol{I} - \boldsymbol{A})] + [n - \mathrm{r}(-\boldsymbol{I} - \boldsymbol{A})]$$
$$= 2n - [\mathrm{r}(\boldsymbol{I} - \boldsymbol{A}) + \mathrm{r}(-\boldsymbol{I} - \boldsymbol{A})] = n,$$

可得矩阵 $\boldsymbol{A}$ 有 n 个线性无关的特征向量，由定理 5.3 知 $\boldsymbol{A}$ 与对角阵相似. ▌

§5.3　实对称矩阵的对角化

从上一节中我们看到，并不是所有的方阵都可以对角化，但对于在应用中经常遇到的实对称矩阵却一定可对角化，这是由于实对称矩阵的特征值和特征向量具有一些特殊性质.

一、实对称矩阵的特征值与特征向量的性质

定理 5.5　实对称矩阵的特征值都是实数.

证明　设 $\boldsymbol{A}$ 为实对称矩阵，λ 为 $\boldsymbol{A}$ 的特征值，$\boldsymbol{\alpha} = (a_1, a_2, \cdots, a_n)^{\mathrm{T}} \neq \boldsymbol{0}$ 是对应的特征向量，故有

$$\boldsymbol{A\alpha} = \lambda\boldsymbol{\alpha},$$

两端取共轭，有 $\overline{\boldsymbol{A\alpha}} = \overline{\lambda\boldsymbol{\alpha}}$，由共轭复数的运算性质知 $\overline{\boldsymbol{A}}\,\overline{\boldsymbol{\alpha}} = \overline{\lambda}\,\overline{\boldsymbol{\alpha}}$. 两端取转置得

$$\overline{\boldsymbol{\alpha}}^{\mathrm{T}}\,\overline{\boldsymbol{A}}^{\mathrm{T}} = \overline{\lambda}\,\overline{\boldsymbol{\alpha}}^{\mathrm{T}},$$

注意到 $\overline{\boldsymbol{A}} = \boldsymbol{A}$ 和 $\boldsymbol{A}^{\mathrm{T}} = \boldsymbol{A}$，上式成为

$$\overline{\boldsymbol{\alpha}}^{\mathrm{T}}\boldsymbol{A} = \overline{\lambda}\,\overline{\boldsymbol{\alpha}}^{\mathrm{T}},$$

两端右乘 $\boldsymbol{\alpha}$，得

$$\overline{\boldsymbol{\alpha}}^{\mathrm{T}}\boldsymbol{A\alpha} = \overline{\lambda}\,\overline{\boldsymbol{\alpha}}^{\mathrm{T}}\boldsymbol{\alpha}, \text{即}\ \overline{\boldsymbol{\alpha}}^{\mathrm{T}}\lambda\boldsymbol{\alpha} = \lambda\,\overline{\boldsymbol{\alpha}}^{\mathrm{T}}\boldsymbol{\alpha} = \overline{\lambda}\,\overline{\boldsymbol{\alpha}}^{\mathrm{T}}\boldsymbol{\alpha},$$

所以

$$(\lambda - \overline{\lambda})\,\overline{\boldsymbol{\alpha}}^{\mathrm{T}}\boldsymbol{\alpha} = 0.$$

又因为 $\boldsymbol{\alpha} \neq \boldsymbol{0}$，故有

$$\overline{\boldsymbol{\alpha}}^{\mathrm{T}}\boldsymbol{\alpha} = (\overline{a}_1, \overline{a}_2, \cdots, \overline{a}_n)\begin{pmatrix} a_1 \\ a_2 \\ \vdots \\ a_n \end{pmatrix} = |a_1|^2 + |a_2|^2 + \cdots + |a_n|^2 > 0,$$

从而有$\bar{\lambda}=\lambda$，即λ是实数. ∎

由于实对称矩阵的特征值都是实数，所以特征向量也是实向量.

定理 5.6 实对称矩阵的不同特征值对应的特征向量相互正交.

证明 设λ_1, λ_2为实对称矩阵$\boldsymbol{A}$的两个不同的特征值，$\boldsymbol{\alpha}_1, \boldsymbol{\alpha}_2$分别是对应于$\lambda_1, \lambda_2$的实特征向量，则

$$\boldsymbol{A}\boldsymbol{\alpha}_1=\lambda_1\boldsymbol{\alpha}_1,\ \boldsymbol{A}\boldsymbol{\alpha}_2=\lambda_2\boldsymbol{\alpha}_2,$$

而

$$\begin{aligned}(\lambda_1\boldsymbol{\alpha}_1, \boldsymbol{\alpha}_2)&=(\boldsymbol{A}\boldsymbol{\alpha}_1, \boldsymbol{\alpha}_2)=(\boldsymbol{A}\boldsymbol{\alpha}_1)^{\mathrm{T}}\boldsymbol{\alpha}_2=\boldsymbol{\alpha}_1^{\mathrm{T}}\boldsymbol{A}^{\mathrm{T}}\boldsymbol{\alpha}_2=\boldsymbol{\alpha}_1^{\mathrm{T}}\boldsymbol{A}\boldsymbol{\alpha}_2=(\boldsymbol{\alpha}_1, \boldsymbol{A}\boldsymbol{\alpha}_2)\\&=(\boldsymbol{\alpha}_1, \lambda_2\boldsymbol{\alpha}_2),\end{aligned}$$

即

$$\lambda_1(\boldsymbol{\alpha}_1, \boldsymbol{\alpha}_2)=\lambda_2(\boldsymbol{\alpha}_1, \boldsymbol{\alpha}_2),$$

因为$\lambda_1\neq\lambda_2$，所以$(\boldsymbol{\alpha}_1, \boldsymbol{\alpha}_2)=0$，即$\boldsymbol{\alpha}_1$与$\boldsymbol{\alpha}_2$正交. ∎

例 14 在例 11(3)中，矩阵$\boldsymbol{A}=\begin{pmatrix}1&2&2\\2&1&2\\2&2&1\end{pmatrix}$是实对称矩阵，其特征值为$\lambda_1=5$和$\lambda_2=\lambda_3=-1$(二重). 且已求得$\boldsymbol{A}$的属于$\lambda_1=5$的特征向量为$\boldsymbol{\alpha}_1=(1, 1, 1)^{\mathrm{T}}$，$\boldsymbol{A}$的属于$\lambda_2=\lambda_3=-1$的特征向量为$\boldsymbol{\alpha}_2=(-1, 1, 0)^{\mathrm{T}}$和$\boldsymbol{\alpha}_3=(-1, 0, 1)^{\mathrm{T}}$.

不难验证，向量$\boldsymbol{\alpha}_1=(1, 1, 1)^{\mathrm{T}}$与$\boldsymbol{\alpha}_2=(-1, 1, 0)^{\mathrm{T}}$和$\boldsymbol{\alpha}_3=(-1, 0, 1)^{\mathrm{T}}$都是正交的，即对应于特征值 5 的任一特征向量都与对应于特征值-1的任一特征向量正交.

定理 5.7 设$\boldsymbol{A}$为n阶实对称矩阵，则存在n阶正交矩阵$\boldsymbol{Q}$，使得$\boldsymbol{Q}^{-1}\boldsymbol{A}\boldsymbol{Q}$为对角阵，且$\boldsymbol{Q}^{-1}\boldsymbol{A}\boldsymbol{Q}=\mathrm{diag}(\lambda_1, \lambda_2, \cdots, \lambda_n)$，其中$\lambda_1, \lambda_2, \cdots, \lambda_n$为$\boldsymbol{A}$的$n$个特征值.

证明 对矩阵$\boldsymbol{A}$的阶数n用数学归纳法.

当$n=1$时，一阶矩阵$\boldsymbol{A}$已是对角阵，结论显然成立.

假设对任意的$n-1$阶实对称矩阵，结论成立. 下面证明：对n阶实对称矩阵$\boldsymbol{A}$，结论也成立.

设λ_1是$\boldsymbol{A}$的一个特征值，$\boldsymbol{\alpha}_1$是$\boldsymbol{A}$的属于λ_1的一个特征向量. 由于$\dfrac{\boldsymbol{\alpha}_1}{\|\boldsymbol{\alpha}_1\|}$也是$\boldsymbol{A}$的属于$\lambda_1$的一个特征向量，故不妨设$\boldsymbol{\alpha}_1$已是单位向量. 记$\boldsymbol{Q}_1$是以$\boldsymbol{\alpha}_1$为

第 1 列的任一 n 阶正交矩阵. 把 $\boldsymbol{Q}_1$ 分块为 $\boldsymbol{Q}_1=(\boldsymbol{\alpha}_1,\boldsymbol{R})$,其中 $\boldsymbol{R}$ 为 $n\times(n-1)$ 矩阵，则

$$\boldsymbol{Q}_1^{-1}\boldsymbol{A}\boldsymbol{Q}_1=\boldsymbol{Q}_1^{\mathrm{T}}\boldsymbol{A}\boldsymbol{Q}_1=\begin{pmatrix}\boldsymbol{\alpha}_1^{\mathrm{T}}\\ \boldsymbol{R}^{\mathrm{T}}\end{pmatrix}\boldsymbol{A}(\boldsymbol{\alpha}_1,\boldsymbol{R})=\begin{pmatrix}\boldsymbol{\alpha}_1^{\mathrm{T}}\boldsymbol{A}\boldsymbol{\alpha}_1 & \boldsymbol{\alpha}_1^{\mathrm{T}}\boldsymbol{A}\boldsymbol{R}\\ \boldsymbol{R}^{\mathrm{T}}\boldsymbol{A}\boldsymbol{\alpha}_1 & \boldsymbol{R}^{\mathrm{T}}\boldsymbol{A}\boldsymbol{R}\end{pmatrix}.$$

注意到 $\boldsymbol{A}\boldsymbol{\alpha}_1=\lambda_1\boldsymbol{\alpha}_1$，$\boldsymbol{\alpha}_1^{\mathrm{T}}\boldsymbol{\alpha}_1=1$ 及 $\boldsymbol{\alpha}_1$ 与 $\boldsymbol{R}$ 的各列向量都正交，所以

$$\boldsymbol{Q}_1^{-1}\boldsymbol{A}\boldsymbol{Q}_1=\begin{pmatrix}\lambda_1 & 0\\ 0 & \boldsymbol{A}_1\end{pmatrix},$$

其中 $\boldsymbol{A}_1=\boldsymbol{R}^{\mathrm{T}}\boldsymbol{A}\boldsymbol{R}$ 为 $n-1$ 阶实对称矩阵. 根据归纳法假设,对于 $\boldsymbol{A}_1$ 存在 $n-1$ 阶正交矩阵 $\boldsymbol{Q}_2$,使得

$$\boldsymbol{Q}_2^{-1}\boldsymbol{A}_1\boldsymbol{Q}_2=\mathrm{diag}(\lambda_2,\lambda_3,\cdots,\lambda_n).$$

令 $\boldsymbol{Q}_3=\begin{pmatrix}1 & 0\\ 0 & \boldsymbol{Q}_2\end{pmatrix}$,不难验证 $\boldsymbol{Q}_3$ 仍是正交矩阵,并且

$$\boldsymbol{Q}_3^{-1}(\boldsymbol{Q}_1^{-1}\boldsymbol{A}\boldsymbol{Q}_1)\boldsymbol{Q}_3=\begin{pmatrix}1 & 0\\ 0 & \boldsymbol{Q}_2\end{pmatrix}^{-1}\begin{pmatrix}\lambda_1 & 0\\ 0 & \boldsymbol{A}_1\end{pmatrix}\begin{pmatrix}1 & 0\\ 0 & \boldsymbol{Q}_2\end{pmatrix}=\begin{pmatrix}1 & 0\\ 0 & \boldsymbol{Q}_2^{-1}\end{pmatrix}\begin{pmatrix}\lambda_1 & 0\\ 0 & \boldsymbol{A}_1\end{pmatrix}\begin{pmatrix}1 & 0\\ 0 & \boldsymbol{Q}_2\end{pmatrix}$$

$$=\begin{pmatrix}\lambda_1 & 0\\ 0 & \boldsymbol{Q}_2^{-1}\boldsymbol{A}_1\boldsymbol{Q}_2\end{pmatrix}=\begin{pmatrix}\lambda_1 & & & \\ & \lambda_2 & & \\ & & \ddots & \\ & & & \lambda_n\end{pmatrix}.$$

记 $\boldsymbol{Q}=\boldsymbol{Q}_1\boldsymbol{Q}_3$，$\boldsymbol{Q}$ 仍是正交矩阵,则上面的结果表明 $\boldsymbol{Q}^{-1}\boldsymbol{A}\boldsymbol{Q}$ 为对角阵. 由数学归纳法知,对 n 阶实对称矩阵 $\boldsymbol{A}$,结论成立. ▍

结合定理 5.3 知,n 阶实对称矩阵必有 n 个线性无关的特征向量.

定义 5.4　设 $\boldsymbol{A}$, $\boldsymbol{B}$ 都是 n 阶矩阵,如果存在 n 阶正交矩阵 $\boldsymbol{Q}$,使得

$$\boldsymbol{Q}^{-1}\boldsymbol{A}\boldsymbol{Q}=\boldsymbol{B},$$

则称 $\boldsymbol{A}$ 与 $\boldsymbol{B}$ **正交相似.**

于是,定理 5.7 又可叙述为:n 阶实对称矩阵必正交相似于对角阵.

二、实对称矩阵对角化方法

根据定理 5.7,任一实对称矩阵 $\boldsymbol{A}$ 一定可以对角化. 求正交矩阵 $\boldsymbol{Q}$ 的具体步骤如下：

(1) 求出 n 阶实对称矩阵 $\boldsymbol{A}$ 的特征方程 $|\lambda\boldsymbol{I}-\boldsymbol{A}|=0$ 的所有不同的根(特征值)$\lambda_1, \lambda_2, \cdots, \lambda_s$;

(2) ① 若 $\lambda_1, \lambda_2, \cdots, \lambda_s$ 都是单根,即 $s=n$. 对每一特征值 λ_i,解齐次线性方程组 $(\lambda_i\boldsymbol{I}-\boldsymbol{A})\boldsymbol{X}=\boldsymbol{0}$, 求得它的一个基础解系 $\boldsymbol{\alpha}_i\ (i=1, 2, \cdots, n)$, 则 $\boldsymbol{\alpha}_1, \boldsymbol{\alpha}_2, \cdots, \boldsymbol{\alpha}_n$ 是线性无关的正交向量组. 将向量组 $\boldsymbol{\alpha}_1, \boldsymbol{\alpha}_2, \cdots, \boldsymbol{\alpha}_n$ 单位化,得 $\boldsymbol{\eta}_1, \boldsymbol{\eta}_2, \cdots, \boldsymbol{\eta}_n$;

② 若 $\lambda_1, \lambda_2, \cdots, \lambda_s$ 中有重根,其中 λ_i 为 $\boldsymbol{A}$ 的 l_i 重特征值 $(i=1, 2, \cdots, s)$. 对每一特征值 λ_i,解齐次线性方程组 $(\lambda_i\boldsymbol{I}-\boldsymbol{A})\boldsymbol{X}=\boldsymbol{0}$, 求得它的一个基础解系 $\boldsymbol{\alpha}_{i1}, \boldsymbol{\alpha}_{i2}, \cdots, \boldsymbol{\alpha}_{il_i}\ (i=1, 2, \cdots, s)$, 利用施密特正交化方法,把向量组 $\boldsymbol{\alpha}_{i1}, \boldsymbol{\alpha}_{i2}, \cdots, \boldsymbol{\alpha}_{il_i}$ 正交化,得正交向量组 $\boldsymbol{\beta}_{i1}, \boldsymbol{\beta}_{i2}, \cdots, \boldsymbol{\beta}_{il_i}\ (i=1, 2, \cdots, s)$, 再将它们单位化得到标准正交向量组 $\boldsymbol{\eta}_{i1}, \boldsymbol{\eta}_{i2}, \cdots, \boldsymbol{\eta}_{il_i}\ (i=1, 2, \cdots, s)$;

(3) 对情形①,令矩阵 $\boldsymbol{Q}=(\boldsymbol{\eta}_1, \boldsymbol{\eta}_2, \cdots, \boldsymbol{\eta}_n)$, 则 $\boldsymbol{Q}$ 为正交矩阵,且

$$\boldsymbol{Q}^{-1}\boldsymbol{AQ}=\boldsymbol{Q}^{\mathrm{T}}\boldsymbol{AQ}=\boldsymbol{\Lambda}=\mathrm{diag}(\lambda_1, \lambda_2, \cdots, \lambda_n);$$

对情形②,令矩阵 $\boldsymbol{Q}=(\boldsymbol{\eta}_{11}, \boldsymbol{\eta}_{12}, \cdots, \boldsymbol{\eta}_{1l_1}, \boldsymbol{\eta}_{21}, \boldsymbol{\eta}_{22}, \cdots, \boldsymbol{\eta}_{2l_2}, \cdots, \boldsymbol{\eta}_{s1}, \boldsymbol{\eta}_{s2}, \cdots, \boldsymbol{\eta}_{sl_s})$, 则 $\boldsymbol{Q}$ 为正交矩阵,且

$$\boldsymbol{Q}^{-1}\boldsymbol{AQ}=\boldsymbol{Q}^{\mathrm{T}}\boldsymbol{AQ}=\boldsymbol{\Lambda}=\mathrm{diag}(\overbrace{\lambda_1, \cdots, \lambda_1}^{l_1}, \overbrace{\lambda_2, \cdots, \lambda_2}^{l_2}, \cdots, \overbrace{\lambda_s, \cdots, \lambda_s}^{l_s}),$$

其中对角阵 $\boldsymbol{\Lambda}$ 的主对角线元素的排列顺序与 $\boldsymbol{Q}$ 中正交单位向量组的排列顺序相对应.

例 15 设实对称矩阵

$$\boldsymbol{A}=\begin{pmatrix} \frac{3}{2} & -\frac{1}{2} & 0 \\ -\frac{1}{2} & \frac{3}{2} & 0 \\ 0 & 0 & 3 \end{pmatrix},$$

求正交矩阵 $\boldsymbol{Q}$,使 $\boldsymbol{Q}^{-1}\boldsymbol{AQ}$ 为对角阵.

解 矩阵 $\boldsymbol{A}$ 的特征多项式

$$|\lambda\boldsymbol{I}-\boldsymbol{A}|=\begin{vmatrix} \lambda-\frac{3}{2} & \frac{1}{2} & 0 \\ \frac{1}{2} & \lambda-\frac{3}{2} & 0 \\ 0 & 0 & \lambda-3 \end{vmatrix}=(\lambda-1)(\lambda-2)(\lambda-3),$$

所以 $\boldsymbol{A}$ 的 3 个不同的特征值 $\lambda_1=1, \lambda_2=2, \lambda_3=3$.

对于 $\lambda_1=1$，解齐次线性方程组 $(\boldsymbol{I}-\boldsymbol{A})\boldsymbol{X}=\boldsymbol{0}$，得其基础解系 $\boldsymbol{\alpha}_1=(1,1,0)^{\mathrm{T}}$.

对于 $\lambda_2=2$，解齐次线性方程组 $(2\boldsymbol{I}-\boldsymbol{A})\boldsymbol{X}=\boldsymbol{0}$，得其基础解系 $\boldsymbol{\alpha}_2=(-1,1,0)^{\mathrm{T}}$.

对于 $\lambda_3=3$，解齐次线性方程组 $(3\boldsymbol{I}-\boldsymbol{A})\boldsymbol{X}=\boldsymbol{0}$，得其基础解系 $\boldsymbol{\alpha}_3=(0,0,1)^{\mathrm{T}}$.

因为 $\boldsymbol{A}$ 的 3 个特征值不相同，根据定理 5.6 知 $\boldsymbol{\alpha}_1$，$\boldsymbol{\alpha}_2$，$\boldsymbol{\alpha}_3$ 是正交向量组，故只需把它们单位化即得一组标准正交向量组. 将 $\boldsymbol{\alpha}_1$，$\boldsymbol{\alpha}_2$，$\boldsymbol{\alpha}_3$ 单位化

$$\boldsymbol{\eta}_1=\frac{\boldsymbol{\alpha}_1}{\|\boldsymbol{\alpha}_1\|}=\frac{1}{\sqrt{2}}\begin{pmatrix}1\\1\\0\end{pmatrix},\ \boldsymbol{\eta}_2=\frac{\boldsymbol{\alpha}_2}{\|\boldsymbol{\alpha}_2\|}=\frac{1}{\sqrt{2}}\begin{pmatrix}-1\\1\\0\end{pmatrix},\ \boldsymbol{\eta}_3=\frac{\boldsymbol{\alpha}_3}{\|\boldsymbol{\alpha}_3\|}=\begin{pmatrix}0\\0\\1\end{pmatrix}.$$

因此，所求的正交矩阵为

$$\boldsymbol{Q}=(\boldsymbol{\eta}_1,\boldsymbol{\eta}_2,\boldsymbol{\eta}_3)=\begin{pmatrix}\frac{1}{\sqrt{2}}&-\frac{1}{\sqrt{2}}&0\\\frac{1}{\sqrt{2}}&\frac{1}{\sqrt{2}}&0\\0&0&1\end{pmatrix},$$

且有

$$\boldsymbol{Q}^{-1}\boldsymbol{A}\boldsymbol{Q}=\boldsymbol{Q}^{\mathrm{T}}\boldsymbol{A}\boldsymbol{Q}=\begin{pmatrix}1&0&0\\0&2&0\\0&0&3\end{pmatrix}.$$

例 16　设 $\boldsymbol{A}=\begin{pmatrix}0&1&1&-1\\1&0&-1&1\\1&-1&0&1\\-1&1&1&0\end{pmatrix}$，求正交矩阵 $\boldsymbol{Q}$，使 $\boldsymbol{Q}^{-1}\boldsymbol{A}\boldsymbol{Q}$ 为对角阵.

解　$\boldsymbol{A}$ 的特征多项式为

$$|\lambda\boldsymbol{I}-\boldsymbol{A}|=(\lambda+3)(\lambda-1)^3,$$

故 $\boldsymbol{A}$ 的特征值为 $\lambda_1=-3$，$\lambda_2=\lambda_3=\lambda_4=1$.

对 $\lambda_1=-3$，齐次线性方程组 $(-3\boldsymbol{I}-\boldsymbol{A})\boldsymbol{X}=0$ 的基础解系为 $\boldsymbol{\alpha}_1=(1,-1,-1,1)^{\mathrm{T}}$.

对 $\lambda_2=\lambda_3=\lambda_4=1$，齐次线性方程组 $(\boldsymbol{I}-\boldsymbol{A})\boldsymbol{X}=0$ 的基础解系为 $\boldsymbol{\alpha}_2=(1,0,0,-1)^{\mathrm{T}}$，$\boldsymbol{\alpha}_3=(0,0,1,1)^{\mathrm{T}}$，$\boldsymbol{\alpha}_4=(0,1,0,1)^{\mathrm{T}}$.

将线性无关向量组 $\boldsymbol{\alpha}_2, \boldsymbol{\alpha}_3, \boldsymbol{\alpha}_4$ 施密特正交化

$$\boldsymbol{\beta}_2 = \boldsymbol{\alpha}_2 = \begin{pmatrix} 1 \\ 0 \\ 0 \\ -1 \end{pmatrix},$$

$$\boldsymbol{\beta}_3 = \boldsymbol{\alpha}_3 - \frac{(\boldsymbol{\alpha}_3, \boldsymbol{\beta}_2)}{(\boldsymbol{\beta}_2, \boldsymbol{\beta}_2)}\boldsymbol{\beta}_2 = \frac{1}{2}\begin{pmatrix} 1 \\ 0 \\ 2 \\ 1 \end{pmatrix},$$

$$\boldsymbol{\beta}_4 = \boldsymbol{\alpha}_4 - \frac{(\boldsymbol{\alpha}_4, \boldsymbol{\beta}_2)}{(\boldsymbol{\beta}_2, \boldsymbol{\beta}_2)}\boldsymbol{\beta}_2 - \frac{(\boldsymbol{\alpha}_4, \boldsymbol{\beta}_3)}{(\boldsymbol{\beta}_3, \boldsymbol{\beta}_3)}\boldsymbol{\beta}_3 = \begin{pmatrix} 1 \\ 3 \\ -1 \\ 1 \end{pmatrix},$$

再将 $\boldsymbol{\alpha}_1, \boldsymbol{\beta}_2, \boldsymbol{\beta}_3, \boldsymbol{\beta}_4$ 单位化，得

$$\boldsymbol{\eta}_1 = \frac{\boldsymbol{\alpha}_1}{\|\boldsymbol{\alpha}_1\|} = \frac{1}{2}\begin{pmatrix} 1 \\ -1 \\ -1 \\ 1 \end{pmatrix}, \quad \boldsymbol{\eta}_2 = \frac{\boldsymbol{\beta}_2}{\|\boldsymbol{\beta}_2\|} = \frac{1}{\sqrt{2}}\begin{pmatrix} 1 \\ 0 \\ 0 \\ -1 \end{pmatrix},$$

$$\boldsymbol{\eta}_3 = \frac{\boldsymbol{\beta}_3}{\|\boldsymbol{\beta}_3\|} = \frac{1}{\sqrt{6}}\begin{pmatrix} 1 \\ 0 \\ 2 \\ 1 \end{pmatrix}, \quad \boldsymbol{\eta}_4 = \frac{\boldsymbol{\beta}_4}{\|\boldsymbol{\beta}_4\|} = \frac{1}{2\sqrt{3}}\begin{pmatrix} 1 \\ 3 \\ -1 \\ 1 \end{pmatrix}.$$

令

$$\boldsymbol{Q} = (\boldsymbol{\eta}_1, \boldsymbol{\eta}_2, \boldsymbol{\eta}_3, \boldsymbol{\eta}_4) = \begin{pmatrix} \frac{1}{2} & \frac{1}{\sqrt{2}} & \frac{1}{\sqrt{6}} & \frac{1}{2\sqrt{3}} \\ -\frac{1}{2} & 0 & 0 & \frac{3}{2\sqrt{3}} \\ -\frac{1}{2} & 0 & \frac{2}{\sqrt{6}} & -\frac{1}{2\sqrt{3}} \\ \frac{1}{2} & -\frac{1}{\sqrt{2}} & \frac{1}{\sqrt{6}} & \frac{1}{2\sqrt{3}} \end{pmatrix},$$

则有

$$\boldsymbol{Q}^{-1}\boldsymbol{A}\boldsymbol{Q}=\mathrm{diag}(-3,\ 1,\ 1,\ 1).$$

例 17 设三阶实对称矩阵 $\boldsymbol{A}$ 的特征值 $\lambda_1=0$，$\lambda_2=\lambda_3=1$(二重). $\boldsymbol{A}$ 的属于 λ_1 的特征向量为 $\boldsymbol{\alpha}_1=(0,\ 1,\ 1)^{\mathrm{T}}$，求 $\boldsymbol{A}$.

解　实对称矩阵必相似于对角阵，因此对应于二重特征值 $\lambda_2=1$，$\boldsymbol{A}$ 有两个线性无关的特征向量，设为 $\boldsymbol{\alpha}_2$，$\boldsymbol{\alpha}_3$. 根据定理 5.6，$\boldsymbol{\alpha}_1$ 与 $\boldsymbol{\alpha}_2$，$\boldsymbol{\alpha}_3$ 正交，因此 $\boldsymbol{\alpha}_2$，$\boldsymbol{\alpha}_3$ 满足齐次线性方程组

$$(0,\ 1,\ 1)\begin{pmatrix}x_1\\x_2\\x_3\end{pmatrix}=x_2+x_3=0,$$

且 $\boldsymbol{\alpha}_2$，$\boldsymbol{\alpha}_3$ 为该方程组的一个基础解系. 由此可解得

$$\boldsymbol{\alpha}_2=\begin{pmatrix}1\\0\\0\end{pmatrix},\ \boldsymbol{\alpha}_3=\begin{pmatrix}0\\-1\\1\end{pmatrix}.$$

令 $\boldsymbol{P}=(\boldsymbol{\alpha}_1,\ \boldsymbol{\alpha}_2,\ \boldsymbol{\alpha}_3)=\begin{pmatrix}0&1&0\\1&0&-1\\1&0&1\end{pmatrix}$，则 $\boldsymbol{P}^{-1}\boldsymbol{A}\boldsymbol{P}=\begin{pmatrix}0&&\\&1&\\&&1\end{pmatrix}$，故

$$\boldsymbol{A}=\boldsymbol{P}\begin{pmatrix}0&&\\&1&\\&&1\end{pmatrix}\boldsymbol{P}^{-1}=\begin{pmatrix}0&1&0\\1&0&-1\\1&0&1\end{pmatrix}\begin{pmatrix}0&&\\&1&\\&&1\end{pmatrix}\begin{pmatrix}0&\frac{1}{2}&\frac{1}{2}\\1&0&0\\0&-\frac{1}{2}&\frac{1}{2}\end{pmatrix}$$

$$=\begin{pmatrix}1&0&0\\0&\frac{1}{2}&-\frac{1}{2}\\0&-\frac{1}{2}&\frac{1}{2}\end{pmatrix}.$$

背景资料(5)

特征方程(characteristic equations)的概念最早隐含地出现在瑞士数学家欧拉(Leonhard Euler，1707—1783)的著作中，这个术语首先由柯西明确地给出，他证明了阶数超过 3 的矩阵有特征值及任意阶实对称矩阵都有实特征值；给出了相似矩阵的概念，并证明了相似矩阵有相同的特征值；研究了代换理论.

柯西(1789—1857)法国数学家,生卒于巴黎.柯西诞生于法国大革命时期,由于宗教与政治信仰的关系,幼年时曾随家庭短暂颠沛.他的家庭与拉普拉斯、拉格朗日关系较好,拉格朗日可以算是他的数学启蒙老师.柯西在分析学与数学物理等方面卓有贡献,也是微积分严格化的第一人,是加固数学大厦的巨匠,历史上罕见的数学大师.他的著作甚丰,共出版了7部著作和789篇论文.以《分析教程》(1821),《无穷小计算讲义》(1823)和《微分计算教程》(1826—1828)最为著名,堪称数学史上划时代的著作.挪威著名数学家阿贝尔(Niels Henrik Abel, 1802—1829)指出:"每一个在数学研究中喜欢严密性的人都应该读这本杰出的著作《分析教程》".柯西一生成就辉煌,但也出现过失误.特别是他当时作为数学权威,对两位尚未成名的数学新秀阿贝尔和伽罗瓦(Galois,Evariste,法国数学家,1811—1832)的开创性论文,不仅未及时作出结论,而且将他们送审的论文遗失,这一错误常常受到后人的批评.1843年两度竞选法兰西学院院长不成后,他又与法国数学家刘维尔(Joseph Liouville, 1809—1882)交恶.

1855年,埃尔米特证明了别的数学家发现的一些矩阵类的特征根的特殊性质,如现在称为埃尔米特矩阵的特征根性质等.1858年,凯莱给出了方阵的特征方程和特征根(特征值)以及有关矩阵的一些基本结果.后来,克莱伯施(A. Clebsch, 1831—1872)、布克海姆(A. Buchheim)等证明了对称矩阵的特征根性质.泰伯(H. Taber)引入矩阵的迹的概念并给出了一些有关的结论.

习 题 五

(A)

1. 求下列矩阵的特征值与特征向量:

(1) $\begin{pmatrix} 1 & 6 \\ 5 & 2 \end{pmatrix}$; (2) $\begin{pmatrix} 0 & 0 & 1 \\ 0 & 1 & 0 \\ 1 & 0 & 0 \end{pmatrix}$; (3) $\begin{pmatrix} 0 & 1 & 1 \\ 1 & 0 & 1 \\ 1 & 1 & 0 \end{pmatrix}$;

(4) $\begin{pmatrix} -1 & -1 & 0 \\ 1 & -3 & 0 \\ -1 & 0 & -2 \end{pmatrix}$; (5) $\begin{pmatrix} 2 & -1 & 2 \\ 5 & -3 & 3 \\ -1 & 0 & -2 \end{pmatrix}$; (6) $\begin{pmatrix} -2 & 3 & -1 \\ -6 & 7 & -2 \\ -9 & 9 & -2 \end{pmatrix}$;

(7) $\begin{pmatrix} -1 & 4 & 3 \\ -2 & 5 & 3 \\ 2 & -4 & -2 \end{pmatrix}$; (8) $\begin{pmatrix} 1 & 1 & 1 & 1 \\ 1 & 1 & -1 & -1 \\ 1 & -1 & 1 & -1 \\ 1 & -1 & -1 & 1 \end{pmatrix}$;

(9) $\begin{pmatrix} a & 1 & 0 & \cdots & 0 & 0 \\ 0 & a & 1 & \cdots & 0 & 0 \\ \vdots & \vdots & \vdots & & \vdots & \vdots \\ 0 & 0 & 0 & \cdots & a & 1 \\ 0 & 0 & 0 & \cdots & 0 & a \end{pmatrix}$.

2. 设 $\boldsymbol{\alpha}$，$\boldsymbol{\beta}$ 分别是 $\boldsymbol{A}$ 的属于特征值 λ_1，λ_2 的特征向量，且 $\lambda_1 \neq \lambda_2$，则 $\boldsymbol{\alpha}+\boldsymbol{\beta}$ 不是 $\boldsymbol{A}$ 的特征向量.

3. 已知 $\boldsymbol{A}$ 的特征值为 λ，求：

(1) $\boldsymbol{A}^{\mathrm{T}}$ 的特征值；

(2) $a\boldsymbol{A}$ 的特征值，a 是常数；

(3) $\boldsymbol{A}^k$ 的特征值，k 是正整数；

(4) 若 $\boldsymbol{A}$ 可逆，求 $\boldsymbol{A}^{-1}$ 的特征值.

4. 设 $\boldsymbol{A}$ 为 n 阶矩阵，试证下列各题：

(1) 若 $\boldsymbol{A}$ 是**幂等**矩阵，即 $\boldsymbol{A}^2=\boldsymbol{A}$，则 $\boldsymbol{A}$ 的特征值只能是 0 和 1；

(2) 若 $\boldsymbol{A}$ 是**幂零**矩阵，即存在正整数 k 使 $\boldsymbol{A}^k=\boldsymbol{O}$，则 $\boldsymbol{A}$ 的特征值只能是 0.

5. 证明下列各题：

(1) 若 $\boldsymbol{A}$ 与 $\boldsymbol{B}$ 相似，则 $\boldsymbol{A}^{\mathrm{T}}$ 与 $\boldsymbol{B}^{\mathrm{T}}$ 相似；

(2) 若 $\boldsymbol{A}$ 与 $\boldsymbol{B}$ 相似，$\boldsymbol{C}$ 与 $\boldsymbol{D}$ 相似，则 $\begin{pmatrix} \boldsymbol{A} & 0 \\ 0 & \boldsymbol{C} \end{pmatrix}$ 与 $\begin{pmatrix} \boldsymbol{B} & 0 \\ 0 & \boldsymbol{D} \end{pmatrix}$ 相似；

(3) 若 $\boldsymbol{A}$ 可逆，则 $\boldsymbol{AB}$ 与 $\boldsymbol{BA}$ 相似.

6. 判断下列矩阵是否可以相似对角化，若可以对角化，试求相应的可逆矩阵 $\boldsymbol{P}$，使 $\boldsymbol{P}^{-1}\boldsymbol{AP}$ 为对角矩阵：

(1) $\boldsymbol{A}=\begin{pmatrix} 1 & 0 \\ 1 & -1 \end{pmatrix}$；　　(2) $\boldsymbol{A}=\begin{pmatrix} 0 & 1 & -1 \\ -2 & 0 & 2 \\ -1 & 1 & 0 \end{pmatrix}$；

(3) $\boldsymbol{A}=\begin{pmatrix} -2 & 3 & -1 \\ -6 & 7 & -2 \\ -9 & 9 & -2 \end{pmatrix}$；　　(4) $\boldsymbol{A}=\begin{pmatrix} 1 & 2 & 2 \\ 1 & 2 & -1 \\ -1 & 1 & 4 \end{pmatrix}$.

7. 对上题(2)的矩阵 $\boldsymbol{A}$，求 $\boldsymbol{A}^{100}$.

8. 设三阶矩阵 $\boldsymbol{A}$ 的特征值为 $\lambda_1=1$，$\lambda_2=0$，$\lambda_3=-1$，对应的特征向量为

$\boldsymbol{\alpha}_1=\begin{pmatrix} 1 \\ 2 \\ 2 \end{pmatrix}$，$\boldsymbol{\alpha}_2=\begin{pmatrix} 2 \\ -2 \\ 1 \end{pmatrix}$，$\boldsymbol{\alpha}_3=\begin{pmatrix} -2 \\ -1 \\ 2 \end{pmatrix}$，求 $\boldsymbol{A}$.

9. 设矩阵 $\boldsymbol{A}$ 的特征值都为 ±1,且 $\boldsymbol{A}$ 可相似对角化,证明:$\boldsymbol{A}^2=\boldsymbol{I}$.

10. 证明:非零的幂零矩阵不可对角化.

11. 求正交矩阵 $\boldsymbol{Q}$,使 $\boldsymbol{Q}^{\mathrm{T}}\boldsymbol{A}\boldsymbol{Q}$ 为对角矩阵.

(1) $\begin{pmatrix} 2 & 2 & -2 \\ 2 & 5 & -4 \\ -2 & -4 & 5 \end{pmatrix}$; (2) $\begin{pmatrix} 2 & -1 & -1 \\ -1 & 2 & -1 \\ -1 & -1 & 2 \end{pmatrix}$.

12. 已知三阶实对称矩阵 $\boldsymbol{A}$ 的特征值为 6, 3, 3,且对应特征值 6 的一个特征向量为 $(1,1,1)^{\mathrm{T}}$,试求实对称矩阵 $\boldsymbol{A}$.

(B)

1. 设 $\boldsymbol{A}=\begin{pmatrix} 1 & -2 & -4 \\ -2 & x & -2 \\ -4 & -2 & 1 \end{pmatrix}$, $\boldsymbol{B}=\begin{pmatrix} 5 & & \\ & y & \\ & & -4 \end{pmatrix}$,如果 $\boldsymbol{A}$, $\boldsymbol{B}$ 相似,求:

(1) x, y 的值;

(2) 相应的可逆矩阵 $\boldsymbol{P}$,使 $\boldsymbol{P}^{-1}\boldsymbol{A}\boldsymbol{P}=\boldsymbol{B}$.

2. 设矩阵 $\boldsymbol{A}$ 满足方程 $\boldsymbol{A}^2-3\boldsymbol{A}+2\boldsymbol{I}=\boldsymbol{O}$,证明矩阵 $3\boldsymbol{I}-\boldsymbol{A}$ 可逆.

3. 设三阶方阵 $\boldsymbol{A}$ 的特征值为 1, 1, 2,试求:

(1) $|\boldsymbol{A}^2+2\boldsymbol{A}+3\boldsymbol{I}|$; (2) $|2\boldsymbol{A}^{-1}+(\boldsymbol{A}^*)^2|$.

4. 设 λ 是可逆矩阵 $\boldsymbol{A}$ 的特征值,则 $\boldsymbol{A}^*$ 有特征值 $\dfrac{|\boldsymbol{A}|}{\lambda}$.

5. 已知 $\boldsymbol{\alpha}=\begin{pmatrix} 1 \\ 1 \\ -1 \end{pmatrix}$ 是矩阵 $\boldsymbol{A}=\begin{pmatrix} 2 & -1 & 2 \\ 5 & a & 3 \\ -1 & b & -2 \end{pmatrix}$ 的一个特征向量.

(1) 求 a, b 的值及 $\boldsymbol{\alpha}$ 所对应的特征值;

(2) 问 $\boldsymbol{A}$ 能否相似于对角阵?

6. 设 $\boldsymbol{A}$ 为可逆矩阵,证明:如果 $\boldsymbol{A}$ 可相似对角化,则 $\boldsymbol{A}^{-1}$ 也可对角化.

7. 设 $\boldsymbol{A}$ 为一个上三角矩阵,且 $\boldsymbol{A}$ 的主对角线上的元素互不相等,证明:$\boldsymbol{A}$ 相似于对角矩阵.

8. 设 n 阶矩阵 $\boldsymbol{A}$ 有 n 个不同的特征值,矩阵 $\boldsymbol{B}$ 与 $\boldsymbol{A}$ 可交换. 证明:$\boldsymbol{B}$ 与 $\boldsymbol{A}$ 可同时对角化,即存在可逆矩阵 $\boldsymbol{P}$ 使 $\boldsymbol{P}^{-1}\boldsymbol{A}\boldsymbol{P}$ 和 $\boldsymbol{P}^{-1}\boldsymbol{B}\boldsymbol{P}$ 同时为对角矩阵.

9. 设 $\boldsymbol{A}$, $\boldsymbol{B}$ 为 n 阶实对称矩阵,证明:存在正交矩阵 $\boldsymbol{Q}$,使 $\boldsymbol{Q}^{\mathrm{T}}\boldsymbol{A}\boldsymbol{Q}=\boldsymbol{B}$ 的充分必要条件是 $\boldsymbol{A}$, $\boldsymbol{B}$ 有相同的特征值.

10. 设 $\boldsymbol{A}$ 是秩为 r 的 n 阶幂等矩阵 ($\boldsymbol{A}^2=\boldsymbol{A}$),证明:

(1) 若有向量 $\boldsymbol{\beta}$,使 $\boldsymbol{A}\boldsymbol{\beta}\neq\boldsymbol{\beta}$,则 $\boldsymbol{A}\boldsymbol{\beta}-\boldsymbol{\beta}$ 是 $\boldsymbol{A}$ 的一个特征向量;

(2) 证明 $\boldsymbol{A}$ 相似于对角阵,并求出这个对角阵.

*第六章 二 次 型

在平面解析几何中，以坐标原点为中心的二次曲线的一般方程为

$$ax^2 + bxy + cy^2 = d.$$

上式左端是一个二次齐次多项式，为便于研究二次曲线的几何性质，我们可以选择适当的坐标变换消去其中的非平方项，把方程化为标准形式

$$AX^2 + BY^2 = 1.$$

由此可以方便地判别曲线的类型.

科学技术和经济管理领域中的许多数学模型也经常遇到类似的问题，即需要把 n 元二次齐次多项式通过适当的变换化为平方和形式. 这正是本章将研究的中心问题.

§6.1 化二次型为标准形

一、实二次型的概念及其矩阵表示

定义 6.1 n 个变量的二次齐次多项式

$$\begin{aligned} f(x_1, x_2, \cdots, x_n) = a_{11}x_1^2 + 2a_{12}x_1x_2 + \cdots + 2a_{1n}x_1x_n \\ + \quad a_{22}x_2^2 + \cdots + 2a_{2n}x_2x_n \\ + \cdots \\ + \quad a_{nn}x_n^2, \end{aligned} \tag{6.1}$$

称为关于变量 $x_1, x_2, \cdots, x_n$ 的一个 n 元**二次型**.

当元素 a_{ij} 为实数时，则称为实二次型；当 a_{ij} 为复数时，则称为复二次型. 本书仅讨论实二次型.

下面给出二次型的矩阵表达式.

令 $a_{ji}=a_{ij}(i<j)$，则 $2a_{ij}x_ix_j=a_{ij}x_ix_j+a_{ji}x_jx_i$，那么(6.1)式可写成对称形式

$$\begin{aligned} f(x_1, x_2, \cdots, x_n) &= a_{11}x_1^2+a_{12}x_1x_2+\cdots+a_{1n}x_1x_n \\ &\quad +a_{21}x_2x_1+a_{22}x_2^2+\cdots+a_{2n}x_2x_n \\ &\quad +\cdots \\ &\quad +a_{n1}x_nx_1+a_{n2}x_nx_2+\cdots+a_{nn}x_n^2 \\ &= \sum_{i=1}^{n}\sum_{j=1}^{n}a_{ij}x_ix_j. \end{aligned} \tag{6.2}$$

记

$$\boldsymbol{A}=\begin{pmatrix} a_{11} & a_{12} & \cdots & a_{1n} \\ a_{21} & a_{22} & \cdots & a_{2n} \\ \vdots & \vdots & \ddots & \vdots \\ a_{n1} & a_{n2} & \cdots & a_{nn} \end{pmatrix}, \boldsymbol{X}=\begin{pmatrix} x_1 \\ x_2 \\ \vdots \\ x_n \end{pmatrix},$$

则二次型(6.2)可以用矩阵形式表示为

$$f(x_1, x_2, \cdots, x_n)=(x_1, x_2, \cdots, x_n)\begin{pmatrix} a_{11} & a_{12} & \cdots & a_{1n} \\ a_{21} & a_{22} & \cdots & a_{2n} \\ \vdots & \vdots & \ddots & \vdots \\ a_{n1} & a_{n2} & \cdots & a_{nn} \end{pmatrix}\begin{pmatrix} x_1 \\ x_2 \\ \vdots \\ x_n \end{pmatrix}=\boldsymbol{X}^{\mathrm{T}}\boldsymbol{A}\boldsymbol{X}, \tag{6.3}$$

其中 $\boldsymbol{A}$ 为实对称矩阵，称为**二次型矩阵**，矩阵 $\boldsymbol{A}$ 的秩称为**二次型的秩**.

显然，二次型 f 与对称矩阵 $\boldsymbol{A}$ 之间是一一对应的. 即给定一个二次型 $f(x_1, x_2, \cdots, x_n)$，就可得到唯一的对称矩阵 $\boldsymbol{A}$；反之，给定一个对称矩阵 $\boldsymbol{A}$，就有唯一的一个二次型 $\boldsymbol{X}^{\mathrm{T}}\boldsymbol{A}\boldsymbol{X}$ 与其对应.

例 1 (1) 求二次型 $f(x_1, x_2, x_3)=2x_1^2-x_1x_2+4x_1x_3+x_2x_3-x_3^2$ 对应的矩阵 $\boldsymbol{A}$；

(2) 设 $\boldsymbol{A}=\begin{pmatrix} 1 & 1 & 1 & 0 \\ 1 & 1 & 0 & 0 \\ 1 & 0 & -1 & 0 \\ 0 & 0 & 0 & 0 \end{pmatrix}$，求 $\boldsymbol{A}$ 对应的二次型.

解 (1) 因为

$$
\begin{aligned}
f(x_1, x_2, x_3) = 2x_1^2 & - \frac{1}{2}x_1x_2 + 2x_1x_3 \\
& - \frac{1}{2}x_2x_1 \qquad\quad + \frac{1}{2}x_2x_3 \\
& + 2x_3x_1 + \frac{1}{2}x_3x_2 - x_3^2,
\end{aligned}
$$

所以

$$
\boldsymbol{A} = \begin{pmatrix} 2 & -\frac{1}{2} & 2 \\ -\frac{1}{2} & 0 & \frac{1}{2} \\ 2 & \frac{1}{2} & -1 \end{pmatrix}.
$$

$$
\begin{aligned}
(2)\ f(x_1, x_2, x_3, x_4) = \boldsymbol{X}^{\mathrm{T}}\boldsymbol{A}\boldsymbol{X} &= (x_1, x_2, x_3, x_4)\begin{pmatrix} 1 & 1 & 1 & 0 \\ 1 & 1 & 0 & 0 \\ 1 & 0 & -1 & 0 \\ 0 & 0 & 0 & 0 \end{pmatrix}\begin{pmatrix} x_1 \\ x_2 \\ x_3 \\ x_4 \end{pmatrix} \\
&= x_1^2 + 2x_1x_2 + 2x_1x_3 + x_2^2 - x_3^2.
\end{aligned}
$$

例 2 设 $\boldsymbol{B} = \begin{pmatrix} 2 & 0 & -3 \\ 2 & 0 & 1 \\ 7 & 2 & 1 \end{pmatrix}$，求二次型 $f(x_1, x_2, x_3) = \boldsymbol{X}^{\mathrm{T}}\boldsymbol{B}\boldsymbol{X}$ 的矩阵.

解 由矩阵的乘法得

$$
\begin{aligned}
f(x_1, x_2, x_3) &= \boldsymbol{X}^{\mathrm{T}}\boldsymbol{B}\boldsymbol{X} \\
&= (x_1, x_2, x_3)\begin{pmatrix} 2 & 0 & -3 \\ 2 & 0 & 1 \\ 7 & 2 & 1 \end{pmatrix}\begin{pmatrix} x_1 \\ x_2 \\ x_3 \end{pmatrix} \\
&= 2x_1^2 + 2x_1x_2 + 4x_1x_3 + 3x_2x_3 + x_3^2,
\end{aligned}
$$

因此，二次型 $f(x_1, x_2, x_3)$ 对应的矩阵为 $\boldsymbol{A} = \begin{pmatrix} 2 & 1 & 2 \\ 1 & 0 & \frac{3}{2} \\ 2 & \frac{3}{2} & 1 \end{pmatrix}$.

注意：本题中的矩阵 $\boldsymbol{B}$ 不对称，所以 $\boldsymbol{B}$ 不是二次型对应的矩阵.

二、线性变换与矩阵的合同

定义 6.2 关系式

$$\begin{cases} x_1 = c_{11}y_1 + c_{12}y_2 + \cdots + c_{1n}y_n, \\ x_2 = c_{21}y_1 + c_{22}y_2 + \cdots + c_{2n}y_n, \\ \cdots\cdots\cdots\cdots \\ x_n = c_{n1}y_1 + c_{n2}y_2 + \cdots + c_{nn}y_n \end{cases} \tag{6.4}$$

称为由变量 $x_1, x_2, \cdots, x_n$ 到 $y_1, y_2, \cdots, y_n$ 的一个**线性变换**(**或线性替换**),而矩阵

$$\boldsymbol{C} = \begin{pmatrix} c_{11} & c_{12} & \cdots & c_{1n} \\ c_{21} & c_{22} & \cdots & c_{2n} \\ \vdots & \vdots & & \vdots \\ c_{n1} & c_{n2} & \cdots & c_{nn} \end{pmatrix}$$

称为线性**变换矩阵**. 如果 $\boldsymbol{C}$ 可逆,称(6.4)为**可逆线性变换**(或**非退化线性变换**). 如果线性变换矩阵 $\boldsymbol{C}$ 是正交矩阵,则称(6.4)为**正交线性变换**.

线性变换(6.4)的矩阵表达式为 $\boldsymbol{X} = \boldsymbol{CY}$, 其中

$$\boldsymbol{X} = (x_1, x_2, \cdots, x_n)^{\mathrm{T}}, \boldsymbol{Y} = (y_1, y_2, \cdots, y_n)^{\mathrm{T}}.$$

如果对二次型 $f(x_1, x_2, \cdots, x_n) = \boldsymbol{X}^{\mathrm{T}}\boldsymbol{AX}$ 施行非退化的线性变换 $\boldsymbol{X} = \boldsymbol{CY}$, 则

$$f(x_1, x_2, \cdots, x_n) = \boldsymbol{X}^{\mathrm{T}}\boldsymbol{AX} = (\boldsymbol{CY})^{\mathrm{T}}\boldsymbol{A}(\boldsymbol{CY}) = \boldsymbol{Y}^{\mathrm{T}}(\boldsymbol{C}^{\mathrm{T}}\boldsymbol{AC})\boldsymbol{Y} = \boldsymbol{Y}^{\mathrm{T}}\boldsymbol{BY},$$

其中 $\boldsymbol{B} = \boldsymbol{C}^{\mathrm{T}}\boldsymbol{AC}$, 容易验证 $\boldsymbol{B}$ 仍是对称矩阵,因此在新变量 $\boldsymbol{Y}$ 下,二次型 f 的矩阵为 $\boldsymbol{B} = \boldsymbol{C}^{\mathrm{T}}\boldsymbol{AC}$. 对于矩阵 $\boldsymbol{A}, \boldsymbol{B}$ 之间的这种关系,我们引入矩阵合同的概念.

定义 6.3 设 $\boldsymbol{A}, \boldsymbol{B}$ 为 n 阶对称矩阵,如果存在可逆矩阵 $\boldsymbol{C}$,使

$$\boldsymbol{B} = \boldsymbol{C}^{\mathrm{T}}\boldsymbol{AC},$$

则称 $\boldsymbol{A}$ 与 $\boldsymbol{B}$ **合同**(或 $\boldsymbol{A}$ 合同于 $\boldsymbol{B}$).

合同是矩阵之间的一种关系,容易证明合同关系满足:

(1) 自反性:$\boldsymbol{A}$ 与 $\boldsymbol{A}$ 合同;

(2) 对称性:若 $\boldsymbol{A}$ 与 $\boldsymbol{B}$ 合同,则 $\boldsymbol{B}$ 与 $\boldsymbol{A}$ 合同;

(3) 传递性:若 $\boldsymbol{A}$ 与 $\boldsymbol{B}$ 合同,$\boldsymbol{B}$ 与 $\boldsymbol{C}$ 合同,则 $\boldsymbol{A}$ 与 $\boldsymbol{C}$ 合同.

(证明留给读者)

合同矩阵还有如下性质.

定理 6.1　如果 $\boldsymbol{A}$ 与 $\boldsymbol{B}$ 合同，则 $\mathrm{r}(\boldsymbol{A})=\mathrm{r}(\boldsymbol{B})$.

证明留作习题(见习题(B)第 1 题).

由以上讨论，可得下列定理.

定理 6.2　二次型经非退化线性变换后仍为二次型，它们的矩阵是合同的.

例 3　对二次型 $f(x_1, x_2, x_3)=x_1^2+2x_1x_2-4x_2x_3-x_2^2-2x_3^2$ 作变换

$$\begin{cases} x_1=y_1-y_2+y_3, \\ x_2=\quad\ \ y_2-y_3, \\ x_3=\qquad\quad\ y_3, \end{cases}$$

求经过变换后 f.

解　将变换式代入原二次型，经计算整理后得

$$\begin{aligned} f(x_1, x_2, x_3) &= (y_1-y_2+y_3)^2+2(y_1-y_2+y_3)(y_2-y_3) \\ &\quad -4(y_2-y_3)y_3-(y_2-y_3)^2-2y_3^2=y_1^2-2y_2^2. \end{aligned}$$

它仍为二次型，且只含有平方项，对应的矩阵为

$$\begin{pmatrix} 1 & 0 & 0 \\ 0 & -2 & 0 \\ 0 & 0 & 0 \end{pmatrix}.$$

三、化二次型为标准形

二次型理论中的一个核心问题是研究通过何种“变换”能把一个已知二次型化为更简单的二次型——只含有平方项的二次型. 为此，我们引入

定义 6.4　如果二次型 $f(x_1, x_2, \cdots, x_n)=\boldsymbol{X}^{\mathrm{T}}\boldsymbol{A}\boldsymbol{X}$ 经非退化线性变换 $\boldsymbol{X}=\boldsymbol{C}\boldsymbol{Y}$ 化为二次型 $\boldsymbol{Y}^{\mathrm{T}}\boldsymbol{B}\boldsymbol{Y}$，且仅含平方项. 即

$$\boldsymbol{Y}^{\mathrm{T}}\boldsymbol{B}\boldsymbol{Y}=d_1y_1^2+d_2y_2^2+\cdots+d_ry_r^2\quad(r\leqslant n), \tag{6.5}$$

则(6.5)式称为二次型 $\boldsymbol{X}^{\mathrm{T}}\boldsymbol{A}\boldsymbol{X}$ 的**标准形**.

不难看出，n 元二次型的标准形所对应的矩阵是 n 阶对角阵

$$\boldsymbol{\Lambda}=\begin{pmatrix} d_1 & & & & & \\ & \ddots & & & & \\ & & d_r & & & \\ & & & 0 & & \\ & & & & \ddots & \\ & & & & & 0 \end{pmatrix}.$$

因此,根据定理 6.2,对二次型 $f(x_1, x_2, \cdots, x_n) = \boldsymbol{X}^{\mathrm{T}}\boldsymbol{A}\boldsymbol{X}$ 施行非退化线性变换 $\boldsymbol{X} = \boldsymbol{C}\boldsymbol{Y}$,使二次型成为标准形,本质上就是在合同的意义下,把实对称矩阵 $\boldsymbol{A}$ 化为对角阵 $\boldsymbol{\Lambda}$. 即求可逆矩阵 $\boldsymbol{C}$,使 $\boldsymbol{C}^{\mathrm{T}}\boldsymbol{A}\boldsymbol{C} = \boldsymbol{\Lambda}$. 我们称这种对角化为合同对角化.

例如,例 3 中,线性变换矩阵

$$\boldsymbol{C} = \begin{pmatrix} 1 & -1 & 1 \\ 0 & 1 & -1 \\ 0 & 0 & 1 \end{pmatrix},$$

由于 $|\boldsymbol{C}| \neq 0$,因此相应的变换 $\boldsymbol{X} = \boldsymbol{C}\boldsymbol{Y}$ 为一非退化线性变换,它将原二次型化为标准形

$$f(x_1, x_2, x_3) \xlongequal{\boldsymbol{X}=\boldsymbol{C}\boldsymbol{Y}} y_1^2 - 2y_2^2.$$

标准形的矩阵为 $\begin{pmatrix} 1 & 0 & 0 \\ 0 & -2 & 0 \\ 0 & 0 & 0 \end{pmatrix}$,它是原二次型矩阵的合同矩阵.

自然要问:任意实对称矩阵 $\boldsymbol{A}$,这种合同对角化是否一定能够实现?定理 5.7给了我们一个肯定的答案. 由于实二次型的矩阵 $\boldsymbol{A}$ 为实对称矩阵,故必有正交矩阵 $\boldsymbol{Q}$,使得 $\boldsymbol{Q}^{-1}\boldsymbol{A}\boldsymbol{Q} = \boldsymbol{Q}^{\mathrm{T}}\boldsymbol{A}\boldsymbol{Q}$ 为对角矩阵,于是只要作正交线性变换 $\boldsymbol{X} = \boldsymbol{Q}\boldsymbol{Y}$,二次型就化为了标准形. 因此我们有如下结论.

定理 6.3 任意 n 元实二次型 $f(x_1, x_2, \cdots, x_n) = \boldsymbol{X}^{\mathrm{T}}\boldsymbol{A}\boldsymbol{X}$,都存在正交线性变换 $\boldsymbol{X} = \boldsymbol{Q}\boldsymbol{Y}$,使二次型 $f(x_1, x_2, \cdots, x_n)$化为标准形

$$f = \lambda_1 y_1^2 + \lambda_2 y_2^2 + \cdots + \lambda_n y_n^2,$$

其中 $\lambda_1, \lambda_2, \cdots, \lambda_n$ 是矩阵 $\boldsymbol{A}$ 的特征值.

下面具体介绍化二次型为标准形的 3 种方法.

1. 正交线性变换法

正交线性变换法就是对二次型施行正交变换 $\boldsymbol{X} = \boldsymbol{Q}\boldsymbol{Y}$,使二次型化为标准形,这种方法的理论根据基于定理 6.3.

例 4 试用正交线性变换法将二次型

$$f(x_1, x_2, x_3) = x_1^2 + 4x_2^2 + x_3^2 - 4x_1x_2 - 8x_1x_3 - 4x_2x_3$$

化为标准形,并求出变换矩阵.

解　二次型对应的矩阵为

$$A=\begin{pmatrix}1&-2&-4\\-2&4&-2\\-4&-2&1\end{pmatrix},$$

其特征多项式为

$$|\lambda I-A|=\begin{vmatrix}\lambda-1&2&4\\2&\lambda-4&2\\4&2&\lambda-1\end{vmatrix}=(\lambda-5)^2(\lambda+4),$$

故 A 的特征值为 $\lambda_1=\lambda_2=5$, $\lambda_3=-4$.

对于 $\lambda_1=\lambda_2=5$, 求解齐次线性方程组 $(5I-A)X=\mathbf{0}$, 得基础解系为

$$\alpha_1=(1,-2,0)^T,\ \alpha_2=(1,0,-1)^T.$$

将 α_1, α_2 正交化得

$$\beta_1=\alpha_1=(1,-2,0)^T,$$

$$\beta_2=\alpha_2-\frac{(\alpha_2,\beta_1)}{(\beta_1,\beta_1)}\beta_1=(1,0,-1)^T-\frac{1}{5}(1,-2,0)^T=\left(\frac{4}{5},\frac{2}{5},-1\right)^T.$$

对于 $\lambda_3=-4$, 求解齐次线性方程组 $(-4I-A)X=\mathbf{0}$, 得基础解系为 $\alpha_3=(2,1,2)^T$. 将 β_1, β_2 和 α_3 单位化得

$$\eta_1=\frac{\beta_1}{\|\beta_1\|}=\frac{1}{\sqrt5}\begin{pmatrix}1\\-2\\0\end{pmatrix},\ \eta_2=\frac{\beta_2}{\|\beta_2\|}=\frac{1}{3\sqrt5}\begin{pmatrix}4\\2\\-5\end{pmatrix},\ \eta_3=\frac{\alpha_3}{\|\alpha_3\|}=\frac{1}{3}\begin{pmatrix}2\\1\\2\end{pmatrix}.$$

令
$$Q=(\eta_1,\eta_2,\eta_3)=\begin{pmatrix}\frac{1}{\sqrt5}&\frac{4}{3\sqrt5}&\frac{2}{3}\\-\frac{2}{\sqrt5}&\frac{2}{3\sqrt5}&\frac{1}{3}\\0&-\frac{5}{3\sqrt5}&\frac{2}{3}\end{pmatrix},$$

则
$$Q^TAQ=\mathrm{diag}(5,5,-4).$$

作正交变换 $X=QY$, 即

$$\begin{cases}x_1=\frac{1}{\sqrt5}y_1+\frac{4}{3\sqrt5}y_2+\frac{2}{3}y_3,\\x_2=-\frac{2}{\sqrt5}y_1+\frac{2}{3\sqrt5}y_2+\frac{1}{3}y_3,\\x_3=-\frac{5}{3\sqrt5}y_2+\frac{2}{3}y_3,\end{cases}$$

二次型 $f(x_1, x_2, x_3)$ 化为标准形

$$f(x_1, x_2, x_3) \xlongequal{X=QY} 5y_1^2 + 5y_2^2 - 4y_3^2.$$

需要指出的是,标准形的形式与正交阵中的特征向量与特征值的对应关系有关,若令

$$Q_1 = (\eta_2, \eta_3, \eta_1),$$

则经正交变换 $X = Q_1Y$, 原二次型的标准形为

$$f(x_1, x_2, x_3) \xlongequal{X=Q_1Y} 5y_1^2 - 4y_2^2 + 5y_3^2.$$

因为此时,$Q_1^{\mathrm{T}}AQ_1 = \mathrm{diag}(5, -4, 5)$.

正交变换具有一些很好的性质,诸如正交变换不改变一个向量的长度、两个向量的夹角(见第三章习题(B)第11题),这一性质反映在几何上就是正交变换不会改变二次曲线(曲面)的形状,所以正交变换在几何学中具有广泛的应用.本节后面的惯性定理还将告诉我们非退化线性变换在几何上不会改变二次曲线(曲面)的类型,由此可知,正交变换在几何上仅改变二次曲线(曲面)的位置,例如几何中常用的旋转变换就是常用的正交变换之一.

2. 配方法

在许多情况下,我们只需找出一般的非退化线性变换(不必正交),也可以将二次型化为标准形.其中常用的方法之一就是拉格朗日配方法,简称**配方法**,它是一种配完全平方的初等方法,在变量不太多时,此法简便易行.下面分两种情形介绍:

(1) 如果二次型 $f(x_1, x_2, \cdots, x_n)$ 中,某个变量平方项的系数不为零,譬如 $a_{11} \neq 0$, 就先集中含 x_1 的各项并配成平方项,然后再对其他含平方项的变量配方,直到全配成平方和的形式.

(2) 如果二次型 $f(x_1, x_2, \cdots, x_n)$ 中没有平方项,而有某个 $a_{ij} \neq 0 (i \neq j)$, 则可作线性变换

$$\begin{cases} x_i = y_i + y_j, \\ x_j = y_i - y_j, \\ x_k = y_k, \quad k \neq i, j, \end{cases}$$

化为含有平方项的二次型,然后再用方法(1)配方.

用上述配方的方法,可以证明:

定理 6.4 任何一个二次型都可以通过非退化线性变换化为标准形.

证明从略,下面举例说明.

例 5 用配方法化二次型 $f(x_1, x_2, x_3)=x_1^2-x_3^2+2x_1x_2-2x_1x_3-x_2x_3$ 为标准形，并求出非退化线性变换 $\boldsymbol{X}=\boldsymbol{CY}$.

解 我们可以从平方项 x_1^2 开始，依次进行配方

$$\begin{aligned} f(x_1, x_2, x_3) &= x_1^2+2x_1(x_2-x_3)+(x_2-x_3)^2-(x_2-x_3)^2-x_2x_3-x_3^2 \\ &= (x_1+x_2-x_3)^2-x_2^2+x_2x_3-2x_3^2 \\ &= (x_1+x_2-x_3)^2-\left(x_2-\frac{1}{2}x_3\right)^2-\frac{7}{4}x_3^2. \end{aligned}$$

作非退化线性变换

$$\boldsymbol{Y}=\begin{pmatrix} y_1 \\ y_2 \\ y_3 \end{pmatrix}=\begin{pmatrix} x_1+x_2-x_3 \\ x_2-\frac{1}{2}x_3 \\ x_3 \end{pmatrix}=\begin{pmatrix} 1 & 1 & -1 \\ 0 & 1 & -\frac{1}{2} \\ 0 & 0 & 1 \end{pmatrix}\begin{pmatrix} x_1 \\ x_2 \\ x_3 \end{pmatrix}=\begin{pmatrix} 1 & 1 & -1 \\ 0 & 1 & -\frac{1}{2} \\ 0 & 0 & 1 \end{pmatrix}\boldsymbol{X},$$

或

$$\boldsymbol{X}=\begin{pmatrix} 1 & 1 & -1 \\ 0 & 1 & -\frac{1}{2} \\ 0 & 0 & 1 \end{pmatrix}^{-1}\boldsymbol{Y}=\begin{pmatrix} 1 & -1 & \frac{1}{2} \\ 0 & 1 & \frac{1}{2} \\ 0 & 0 & 1 \end{pmatrix}\boldsymbol{Y}=\boldsymbol{CY},$$

则有

$$f(x_1, x_2, x_3) \xlongequal{\boldsymbol{X}=\boldsymbol{CY}} y_1^2-y_2^2-\frac{7}{4}y_3^2.$$

需要指出，用配方法化二次型为标准形时，标准形的系数与所作的线性变换有关，若令

$$\boldsymbol{Y}=\begin{pmatrix} y_1 \\ y_2 \\ y_3 \end{pmatrix}=\begin{pmatrix} x_1+x_2-x_3 \\ x_2-\frac{1}{2}x_3 \\ \frac{\sqrt{7}}{2}x_3 \end{pmatrix},$$

则原二次型的标准形为 $y_1^2-y_2^2-y_3^2$.

例 6 用配方法化二次型 $f(x_1, x_2, x_3)=2x_1x_2+2x_1x_3-6x_2x_3$ 为标准形，并求出非退化线性变换 $\boldsymbol{X}=\boldsymbol{CY}$.

解　f 中没有平方项可用于配方，但含有 x_1, x_2 的混合项，为此先作线性变换

$$\boldsymbol{X}=\begin{pmatrix}x_1\\x_2\\x_3\end{pmatrix}=\begin{pmatrix}y_1+y_2\\y_1-y_2\\y_3\end{pmatrix}=\begin{pmatrix}1&1&0\\1&-1&0\\0&0&1\end{pmatrix}\begin{pmatrix}y_1\\y_2\\y_3\end{pmatrix}=\boldsymbol{C}_1\boldsymbol{Y},$$

得

$$\begin{aligned}f(x_1, x_2, x_3)&=2(y_1+y_2)(y_1-y_2)+2(y_1+y_2)y_3-6(y_1-y_2)y_3\\&=2y_1^2-2y_2^2-4y_1y_3+8y_2y_3\\&=2[(y_1^2-2y_1y_3+y_3^2)-y_2^2+4y_2y_3-y_3^2]\\&=2[(y_1-y_3)^2-(y_2^2-4y_2y_3+4y_3^2)+3y_3^2]\\&=2[(y_1-y_3)^2-(y_2-2y_3)^2+3y_3^2].\end{aligned}$$

再作第二次线性变换

$$\boldsymbol{Z}=\begin{pmatrix}z_1\\z_2\\z_3\end{pmatrix}=\begin{pmatrix}y_1-y_3\\y_2-2y_3\\y_3\end{pmatrix}=\begin{pmatrix}1&0&-1\\0&1&-2\\0&0&1\end{pmatrix}\begin{pmatrix}y_1\\y_2\\y_3\end{pmatrix}=\begin{pmatrix}1&0&-1\\0&1&-2\\0&0&1\end{pmatrix}\boldsymbol{Y},$$

或

$$\boldsymbol{Y}=\begin{pmatrix}1&0&-1\\0&1&-2\\0&0&1\end{pmatrix}^{-1}\boldsymbol{Z}=\begin{pmatrix}1&0&1\\0&1&2\\0&0&1\end{pmatrix}\boldsymbol{Z}=\boldsymbol{C}_2\boldsymbol{Z},$$

则可化二次型为标准形

$$f(x_1, x_2, x_3)\xlongequal{\boldsymbol{X}=\boldsymbol{C}\boldsymbol{Z}}2z_1^2-2z_2^2+6z_3^2,$$

其中非退化线性变换 $\boldsymbol{X}=\boldsymbol{C}\boldsymbol{Z}$ 可由 $\boldsymbol{Y}=\boldsymbol{C}_2\boldsymbol{Z}$ 代入 $\boldsymbol{X}=\boldsymbol{C}_1\boldsymbol{Y}$ 中得到

$$\begin{aligned}\boldsymbol{X}=\boldsymbol{C}_1\boldsymbol{Y}=\boldsymbol{C}_1(\boldsymbol{C}_2\boldsymbol{Z})=(\boldsymbol{C}_1\boldsymbol{C}_2)\boldsymbol{Z}&=\begin{pmatrix}1&1&0\\1&-1&0\\0&0&1\end{pmatrix}\begin{pmatrix}1&0&1\\0&1&2\\0&0&1\end{pmatrix}\boldsymbol{Z}\\&=\begin{pmatrix}1&1&3\\1&-1&-1\\0&0&1\end{pmatrix}\boldsymbol{Z}=\boldsymbol{C}\boldsymbol{Z}.\end{aligned}$$

3. 初等变换法

根据定理 6.4，任何一个二次型 $f(x_1, x_2, \cdots, x_n)=\boldsymbol{X}^{\mathrm{T}}\boldsymbol{A}\boldsymbol{X}$，一定存在非退

化线性变换 $\boldsymbol{X}=\boldsymbol{CY}$ 将其化为标准形. 即存在可逆矩阵 $\boldsymbol{C}$,使 $\boldsymbol{C}^{\mathrm{T}}\boldsymbol{AC}=\boldsymbol{\Lambda}$ 为对角矩阵. 因为任何可逆矩阵都能表示成一系列初等矩阵的乘积(定理 2.7),所以存在初等矩阵 $\boldsymbol{P}_1, \boldsymbol{P}_2, \cdots, \boldsymbol{P}_s$,有

$$\boldsymbol{C}=\boldsymbol{P}_1\boldsymbol{P}_2\cdots\boldsymbol{P}_s,\text{ 且 }\boldsymbol{C}^{\mathrm{T}}=\boldsymbol{P}_s^{\mathrm{T}}\boldsymbol{P}_{s-1}^{\mathrm{T}}\cdots\boldsymbol{P}_1^{\mathrm{T}}.$$

于是

$$\boldsymbol{\Lambda}=\boldsymbol{C}^{\mathrm{T}}\boldsymbol{AC}=\boldsymbol{P}_s^{\mathrm{T}}\boldsymbol{P}_{s-1}^{\mathrm{T}}\cdots\boldsymbol{P}_1^{\mathrm{T}}\boldsymbol{AP}_1\boldsymbol{P}_2\cdots\boldsymbol{P}_s=\boldsymbol{P}_s^{\mathrm{T}}(\cdots(\boldsymbol{P}_2^{\mathrm{T}}(\boldsymbol{P}_1^{\mathrm{T}}\boldsymbol{AP}_1)\boldsymbol{P}_2)\cdots)\boldsymbol{P}_s.$$

由于初等矩阵 $\boldsymbol{P}_k$ 和 $\boldsymbol{P}_k^{\mathrm{T}}$ 是同种类型的初等矩阵(见第二章习题(B)第 14 题),因此上式表明对于实对称矩阵 $\boldsymbol{A}$ 相继施以初等行变换,同时施以同类型的初等列变换,矩阵 $\boldsymbol{A}$ 就合同于一个对角阵. 由此得到将二次型标准化的初等变换法:

首先,构造 $n\times 2n$ 矩阵$(\boldsymbol{A} \vdots \boldsymbol{I})$,对它每施以一次相应于左乘 $\boldsymbol{P}_k^{\mathrm{T}}$ 的初等行变换,就对 $\boldsymbol{A}$ 施行一次相应于右乘 $\boldsymbol{P}_k$ 的初等列变换. 当矩阵 $\boldsymbol{A}$ 化为对角矩阵时,单位矩阵 $\boldsymbol{I}$ 将化为所要求的变换矩阵 $\boldsymbol{C}$ 的转置 $\boldsymbol{C}^{\mathrm{T}}$,即

$$(\boldsymbol{A} \vdots \boldsymbol{I})\xrightarrow[\text{对 }\boldsymbol{A}\text{ 施以一系列同种初等列变换}]{\text{对}(\boldsymbol{A} \vdots \boldsymbol{I})\text{ 施以一系列初等行变换}}(\boldsymbol{P}_s^{\mathrm{T}}\boldsymbol{P}_{s-1}^{\mathrm{T}}\cdots\boldsymbol{P}_1^{\mathrm{T}}\boldsymbol{AP}_1\boldsymbol{P}_2\cdots\boldsymbol{P}_s \vdots \boldsymbol{P}_s^{\mathrm{T}}\boldsymbol{P}_{s-1}^{\mathrm{T}}\cdots\boldsymbol{P}_1^{\mathrm{T}})=(\boldsymbol{\Lambda} \vdots \boldsymbol{C}^{\mathrm{T}})$$

例 7 用初等变换法将例 3 中的二次型化为标准形,并求变换矩阵.

解 二次型的矩阵是

$$\boldsymbol{A}=\begin{pmatrix}1 & 1 & 0\\ 1 & -1 & -2\\ 0 & -2 & -2\end{pmatrix}.$$

构造 3×6 矩阵$(\boldsymbol{A} \vdots \boldsymbol{I})$,并对其进行如下初等变换

$$(\boldsymbol{A} \vdots \boldsymbol{I})=\left(\begin{array}{ccc:ccc}1 & 1 & 0 & 1 & 0 & 0\\ 1 & -1 & -2 & 0 & 1 & 0\\ 0 & -2 & -2 & 0 & 0 & 1\end{array}\right)\xrightarrow{(-1)r_1+r_2}\begin{pmatrix}1 & 1 & 0 & 1 & 0 & 0\\ 0 & -2 & -2 & -1 & 1 & 0\\ 0 & -2 & -2 & 0 & 0 & 1\end{pmatrix}$$

$$\xrightarrow[(-1)c_1+c_2]{}\begin{pmatrix}1 & 0 & 0 & 1 & 0 & 0\\ 0 & -2 & -2 & -1 & 1 & 0\\ 0 & -2 & -2 & 0 & 0 & 1\end{pmatrix}$$

$$\xrightarrow{(-1)r_2+r_3}\begin{pmatrix}1 & 0 & 0 & 1 & 0 & 0\\ 0 & -2 & -2 & -1 & 1 & 0\\ 0 & 0 & 0 & 1 & -1 & 1\end{pmatrix}$$

$$\xrightarrow{(-1)c_2+c_3}\left(\begin{array}{ccc:ccc}1 & 0 & 0 & 1 & 0 & 0\\0 & -2 & 0 & -1 & 1 & 0\\0 & 0 & 0 & 1 & -1 & 1\end{array}\right)=(\boldsymbol{A}\ \vdots\ \boldsymbol{C}^{\mathrm{T}}),$$

则非退化线性变换为

$$\boldsymbol{X}=\boldsymbol{CY}=\begin{pmatrix}1 & 0 & 0\\-1 & 1 & 0\\1 & -1 & 1\end{pmatrix}^{\mathrm{T}}\boldsymbol{Y}=\begin{pmatrix}1 & -1 & 1\\0 & 1 & -1\\0 & 0 & 1\end{pmatrix}\boldsymbol{Y},$$

此即例 3 中的变换，于是原二次型化为标准形

$$f(x_1,\ x_2,\ x_3)\xlongequal{\boldsymbol{X}=\boldsymbol{CY}}y_1^2-2y_2^2.$$

从上面的例子看出，事实上，这种方法可作如下简化：构造 $n\times 2n$ 矩阵 $(\boldsymbol{A}\ \vdots\ \boldsymbol{I})$，对它施行初等行变换(实际上只需倍加变换)，将它的左半边化为上三角阵，则对角线上的元素就是标准形中平方项系数，右半边的转置矩阵便是矩阵 $\boldsymbol{C}$. 但需注意的是，若碰到元素 a_{11} 是零或施行初等行变换过程中碰到主对角元素为零时，可用行倍加变换(同时也要用相应的列倍加变换)，将它化为非零，然后再进行上述过程. 请读者考虑这是为什么？

例 8 用初等变换法将例 6 中的二次型化为标准形，并求变换矩阵.

解 二次型的矩阵是

$$\boldsymbol{A}=\begin{pmatrix}0 & 1 & 1\\1 & 0 & -3\\1 & -3 & 0\end{pmatrix}$$

构造 3×6 矩阵 $(\boldsymbol{A}\ \vdots\ \boldsymbol{I})$，并对其进行初等行变换

$$(\boldsymbol{A}\ \vdots\ \boldsymbol{I})=\left(\begin{array}{ccc:ccc}0 & 1 & 1 & 1 & 0 & 0\\1 & 0 & -3 & 0 & 1 & 0\\1 & -3 & 0 & 0 & 0 & 1\end{array}\right)\xrightarrow{r_2+r_1}\begin{pmatrix}1 & 1 & -2 & 1 & 1 & 0\\1 & 0 & -3 & 0 & 1 & 0\\1 & -3 & 0 & 0 & 0 & 1\end{pmatrix}$$

$$\xrightarrow{c_2+c_1}\begin{pmatrix}2 & 1 & -2 & 1 & 1 & 0\\1 & 0 & -3 & 0 & 1 & 0\\-2 & -3 & 0 & 0 & 0 & 1\end{pmatrix}$$

$$\xrightarrow[r_1+r_3]{\left(-\frac{1}{2}\right)r_1+r_2}\begin{pmatrix}2 & 1 & -2 & 1 & 1 & 0\\0 & -\frac{1}{2} & -2 & -\frac{1}{2} & \frac{1}{2} & 0\\0 & -2 & -2 & 1 & 1 & 1\end{pmatrix}$$

$$\xrightarrow{(-4)r_2+r_3}\left(\begin{array}{ccc|ccc} 2 & 1 & -2 & 1 & 1 & 0 \\ 0 & -\frac{1}{2} & -2 & -\frac{1}{2} & \frac{1}{2} & 0 \\ 0 & 0 & 6 & 3 & -1 & 1 \end{array}\right),$$

则非退化线性变换为 $\boldsymbol{X}=\boldsymbol{CY}=\begin{pmatrix} 1 & 1 & 0 \\ -\frac{1}{2} & \frac{1}{2} & 0 \\ 3 & -1 & 1 \end{pmatrix}^{\mathrm{T}}\boldsymbol{Y}=\begin{pmatrix} 1 & -\frac{1}{2} & 3 \\ 1 & \frac{1}{2} & -1 \\ 0 & 0 & 1 \end{pmatrix}\boldsymbol{Y}$,

于是原二次型化为标准形 $f(x_1, x_2, x_3)\xlongequal{\boldsymbol{X}=\boldsymbol{CY}}2y_1^2-\frac{1}{2}y_2^2+6y_3^2$.

四、规范形与惯性指数

由例 6 和例 8 可以看出,同一个二次型的标准形未必相同,这与所作的非退化线性变换有关,即二次型的标准形不是唯一的. 由定理 6.2 知,经非退化线性变换,二次型的矩阵变成一个与之合同的矩阵. 再由定理 6.1,合同的矩阵有相同的秩,这就是说经非退化线性变换之后,二次型矩阵的秩是不变的. 尽管一个二次型可以有不同形式的标准形,但标准形的矩阵是对角阵,而对角阵的秩就等于它对角线上非零元素的个数. 因此,在一个二次型的标准形中,系数不为零的平方项的个数是唯一不变的,与所作的非退化线性变换无关. 为了深入地讨论这一问题,需要引入二次型的规范形的概念.

定义 6.5 如果二次型 $f(x_1, x_2, \cdots, x_n)=\boldsymbol{X}^{\mathrm{T}}\boldsymbol{AX}$ 经非退化线性变换化为

$$z_1^2+\cdots+z_p^2-z_{p+1}^2-\cdots-z_r^2 \quad (p\leqslant r\leqslant n), \tag{6.6}$$

则(6.6)式称为二次型 $\boldsymbol{X}^{\mathrm{T}}\boldsymbol{AX}$ 的**规范形**.

定理 6.5(惯性定理) 任何一个实二次型都可以经过非退化的实线性变换化为规范形,且规范形是唯一的.

证明 根据定理 6.4,任一实二次型 $f(x_1, x_2, \cdots, x_n)=\boldsymbol{X}^{\mathrm{T}}\boldsymbol{AX}$ 都可以经过非退化线性变换 $\boldsymbol{X}=\boldsymbol{CY}$ 化为标准形

$$f(x_1, x_2, \cdots, x_n)\xlongequal{\boldsymbol{X}=\boldsymbol{CY}}d_1y_1^2+\cdots+d_py_p^2-d_{p+1}y_{p+1}^2-\cdots-d_ry_r^2,$$

其中 $d_i>0(i=1, 2, \cdots, r)$, 二次型的秩为 $\mathrm{r}(A)=r$.

作非退化线性变换

$$\begin{cases} y_1 = \dfrac{1}{\sqrt{d_1}} z_1, \\ \quad\vdots \\ y_r = \dfrac{1}{\sqrt{d_r}} z_r, \\ y_{r+1} = z_{r+1}, \\ \quad\vdots \\ y_n = z_n, \end{cases}$$

则二次型化为规范形

$$f(x_1, x_2, \cdots, x_n) = z_1^2 + \cdots + z_p^2 - z_{p+1}^2 - \cdots - z_r^2.$$

可以证明,此规范形是唯一的(证明略). ▌

例 9 化二次型 $f(x_1, x_2, x_3) = 2x_1x_2 + 2x_1x_3 - 6x_2x_3$ 为规范形.

解 在例 8 中曾用初等变换法将该二次型化为标准形

$$f(x_1, x_2, x_3) \xlongequal{X = CY} 2y_1^2 - \frac{1}{2}y_2^2 + 6y_3^2.$$

再作线性变换

$$Y = \begin{pmatrix} y_1 \\ y_2 \\ y_3 \end{pmatrix} = \begin{pmatrix} \frac{1}{\sqrt{2}} z_1 \\ \sqrt{2} z_3 \\ \frac{1}{\sqrt{6}} z_2 \end{pmatrix} = \begin{pmatrix} \frac{1}{\sqrt{2}} & 0 & 0 \\ 0 & 0 & \sqrt{2} \\ 0 & \frac{1}{\sqrt{6}} & 0 \end{pmatrix} \begin{pmatrix} z_1 \\ z_2 \\ z_3 \end{pmatrix} = C_1 Z,$$

则二次型的规范形为

$$f(x_1, x_2, x_3) \xlongequal{X = CC_1Z} z_1^2 + z_2^2 - z_3^2, \tag{6.7}$$

$$X = CY = C(C_1Z) = \begin{pmatrix} 1 & -\frac{1}{2} & 3 \\ 0 & \frac{1}{2} & -1 \\ 0 & 0 & 1 \end{pmatrix} \begin{pmatrix} \frac{1}{\sqrt{2}} & 0 & 0 \\ 0 & 0 & \sqrt{2} \\ 0 & \frac{1}{\sqrt{6}} & 0 \end{pmatrix} \begin{pmatrix} z_1 \\ z_2 \\ z_3 \end{pmatrix}$$

$$= \begin{pmatrix} \frac{1}{\sqrt{2}} & \frac{3}{\sqrt{6}} & -\frac{1}{\sqrt{2}} \\ \frac{1}{\sqrt{2}} & -\frac{1}{\sqrt{6}} & \frac{1}{\sqrt{2}} \\ 0 & \frac{1}{\sqrt{6}} & 0 \end{pmatrix} \begin{pmatrix} z_1 \\ z_2 \\ z_3 \end{pmatrix}.$$

在例 6 中我们曾用配方法将该二次型化为标准形. 不难验证,经过适当的线性变换,该标准形也可以化为规范形(6.7).

定义 6.6 在秩为 r 的实二次型 $f=\boldsymbol{X}^{\mathrm{T}}\boldsymbol{A}\boldsymbol{X}$ 的规范形中,正平方项的个数 p 称为 f 的**正惯性指数**;负平方项的个数 $r-p$ 称为 f 的**负惯性指数**;它们的差 $p-(r-p)=2p-r$ 称为 f 的符号差.

由惯性定理可知,二次型的正、负惯性指数是由二次型本身唯一确定的. 事实上,正(负)惯性指数即为二次型矩阵 $\boldsymbol{A}$ 的正(负)特征值的个数.

从化标准形为规范形的过程看到,标准形中正(或负)平方项的个数就是正(或负)惯性指数. 因此,虽然一个二次型有不同形式的标准形,但每个标准形中所含正(或负)平方项的个数是一样的.

惯性定理用矩阵语言来表达为如下推论.

推论 1 任意一个秩为的 r 实对称矩阵 $\boldsymbol{A}$ 都可合同于对角矩阵

$$\begin{pmatrix} \boldsymbol{I}_p & & \\ & -\boldsymbol{I}_{r-p} & \\ & & \boldsymbol{O} \end{pmatrix}, \tag{6.8}$$

其中 $\boldsymbol{I}_p$, $\boldsymbol{I}_{r-p}$ 分别为 p 阶与 $r-p$ 阶单位阵,p 是矩阵 $\boldsymbol{A}$ 相应的正惯性指数.

推论 2 两个同阶实对称矩阵合同的充分必要条件是:它们的秩必须相等,并且它们相应的二次型的正惯性指数也必须相等.

证明留给读者.

§6.2 正定二次型

在实二次型中,正定二次型是一类非常重要的二次型. 本节将给出它的定义、性质及判别条件.

一、正定二次型与正定矩阵

定义 6.7 设 $f(x_1, x_2, \cdots, x_n)=\boldsymbol{X}^{\mathrm{T}}\boldsymbol{A}\boldsymbol{X}$ 为实二次型,如果对任意非零 n 维实向量 $\boldsymbol{X}=(x_1, x_2, \cdots, x_n)^{\mathrm{T}}\neq \boldsymbol{0}$, 都有

$$f(x_1, x_2, \cdots, x_n)=\boldsymbol{X}^{\mathrm{T}}\boldsymbol{A}\boldsymbol{X}>0,$$

则称二次型 $f(x_1, x_2, \cdots, x_n)$ 为**正定二次型**,对应的二次型矩阵 $\boldsymbol{A}$ 称为**正定矩阵**.

例 10 二次型 $f(x_1, x_2, x_3) = x_1^2 + x_2^2 + x_3^2$ 是正定二次型. 因为对任意 $\boldsymbol{X} = (x_1, x_2, x_3)^{\mathrm{T}} \neq \boldsymbol{0}$, 有

$$f(x_1, x_2, x_3) > 0.$$

而二次型 $f(x_1, x_2, x_3) = 2x_1^2 + x_2^2 - 3x_3^2$ 不是正定二次型. 因为对于 $\boldsymbol{X} = (0, 0, 1)^{\mathrm{T}} \neq \boldsymbol{0}$, 有

$$f(0, 0, 1) < 0.$$

由此例可以看出,利用二次型的标准形或规范形很容易判断二次型的正定性.

定理 6.6 非退化线性变换不改变实二次型的正定性.

证明 设 $f(x_1, x_2, \cdots, x_n) = \boldsymbol{X}^{\mathrm{T}}\boldsymbol{A}\boldsymbol{X}$ 为实二次型, $\boldsymbol{X} = \boldsymbol{C}\boldsymbol{Y}$ 为可逆线性变换. 于是对任何向量 $\boldsymbol{X} \neq \boldsymbol{0}$, 有 $\boldsymbol{Y} = \boldsymbol{C}^{-1}\boldsymbol{X} \neq \boldsymbol{0}$, 且

$$f(x_1, x_2, \cdots, x_n) = \boldsymbol{X}^{\mathrm{T}}\boldsymbol{A}\boldsymbol{X} = (\boldsymbol{C}\boldsymbol{Y})^{\mathrm{T}}\boldsymbol{A}(\boldsymbol{C}\boldsymbol{Y}) = \boldsymbol{Y}^{\mathrm{T}}(\boldsymbol{C}^{\mathrm{T}}\boldsymbol{A}\boldsymbol{C})\boldsymbol{Y},$$

从而有

$$\boldsymbol{X}^{\mathrm{T}}\boldsymbol{A}\boldsymbol{X}\text{ 正定} \Leftrightarrow \boldsymbol{Y}^{\mathrm{T}}(\boldsymbol{C}^{\mathrm{T}}\boldsymbol{A}\boldsymbol{C})\boldsymbol{Y}\text{ 正定}.$$ ▎

上述定理用矩阵语言来描述,就得如下推论.

推论 合同不改变实对称矩阵的正定性.

注意,只有当 $\boldsymbol{A}$ 是实对称矩阵时,才能考虑其正定性.

定理 6.7 实二次型 $f(x_1, x_2, \cdots, x_n) = \boldsymbol{X}^{\mathrm{T}}\boldsymbol{A}\boldsymbol{X}$ 正定的充分必要条件是:它的正惯性指数为 n.

证明 必要性:用反证法. 由惯性定理知,任意实二次型 $f = \boldsymbol{X}^{\mathrm{T}}\boldsymbol{A}\boldsymbol{X}$ 经适当的非退化线性变换 $\boldsymbol{X} = \boldsymbol{C}\boldsymbol{Z}$ 可化为规范形

$$f(x_1, x_2, \cdots, x_n) \xlongequal{\boldsymbol{X}=\boldsymbol{C}\boldsymbol{Z}} z_1^2 + \cdots + z_p^2 - z_{p+1}^2 - \cdots - z_r^2 \quad (p \leqslant r \leqslant n).$$

若 $p < n$, 则取 $\boldsymbol{Z} = (z_1, z_2, \cdots, z_n)^{\mathrm{T}} \neq \boldsymbol{0}$, 使 $z_1 = z_2 = \cdots = z_p = 0$, 于是

$$f = -z_{p+1}^2 - \cdots - z_r^2 \leqslant 0.$$

这与 f 是正定二次型矛盾,所以 $p = n$.

充分性:设实二次型 $f(x_1, x_2, \cdots, x_n) = \boldsymbol{X}^{\mathrm{T}}\boldsymbol{A}\boldsymbol{X}$ 的正惯性指数为 n, 由惯性定理知, $f = \boldsymbol{X}^{\mathrm{T}}\boldsymbol{A}\boldsymbol{X}$ 经过适当的非退化线性变换可化为规范形

$$z_1^2 + z_2^2 + \cdots + z_n^2.$$

这是一个正定二次型. 根据定理 6.6,原实二次型 $f = \boldsymbol{X}^{\mathrm{T}}\boldsymbol{AX}$ 也是正定二次型.

▌

该定理用矩阵的语言来描述,就是下述推论.

推论 1　实对称矩阵 $\boldsymbol{A}$ 为正定阵的充分必要条件是:$\boldsymbol{A}$ 与单位阵 $\boldsymbol{I}$ 合同.

推论 2　实对称矩阵 $\boldsymbol{A}$ 为正定阵的充分必要条件是:存在可逆矩阵 $\boldsymbol{P}$,使

$$\boldsymbol{A} = \boldsymbol{P}^{\mathrm{T}}\boldsymbol{P}.$$

证明　由推论 1 知,$\boldsymbol{A}$ 为正定阵⇔存在可逆矩阵 $\boldsymbol{C}$,使

$$\boldsymbol{C}^{\mathrm{T}}\boldsymbol{AC} = \boldsymbol{I} \Leftrightarrow \boldsymbol{A} = (\boldsymbol{C}^{\mathrm{T}})^{-1}\boldsymbol{IC}^{-1} = (\boldsymbol{C}^{\mathrm{T}})^{-1}\boldsymbol{C}^{-1} = (\boldsymbol{C}^{-1})^{\mathrm{T}}\boldsymbol{C}^{-1}.$$

令 $\boldsymbol{P} = \boldsymbol{C}^{-1}$,它仍是一个可逆矩阵,使得 $\boldsymbol{A} = \boldsymbol{P}^{\mathrm{T}}\boldsymbol{P}$.　▌

推论 3　如果 $\boldsymbol{A}$ 为正定矩阵,则 $|\boldsymbol{A}| > 0$.

推论 4　如果 $\boldsymbol{A}$ 为正定矩阵,则 $\boldsymbol{A}$ 的主对角线上的元素大于零.

推论 3、推论 4 的证明留作习题(见习题(B)第 4、5 题).

需要指出的是:行列式大于零的实对称矩阵不一定正定. 请读者自己举例说明.

定理 6.8　实二次型 $f(x_1, x_2, \cdots, x_n) = \boldsymbol{X}^{\mathrm{T}}\boldsymbol{AX}$ 为正定二次型的充分必要条件是:$\boldsymbol{A}$ 的特征值全大于零.

证明　必要性:设 λ 为实对称矩阵 $\boldsymbol{A}$ 的任一特征值,对应的特征向量为 $\boldsymbol{\alpha}$,即

$$\boldsymbol{A\alpha} = \lambda\boldsymbol{\alpha},$$

两端左乘 $\boldsymbol{\alpha}^{\mathrm{T}}$,得

$$\boldsymbol{\alpha}^{\mathrm{T}}\boldsymbol{A\alpha} = \lambda\boldsymbol{\alpha}^{\mathrm{T}}\boldsymbol{\alpha}.$$

注意到 $\boldsymbol{\alpha} \neq \boldsymbol{0}$,由二次型的正定性知 $\boldsymbol{\alpha}^{\mathrm{T}}\boldsymbol{A\alpha} > 0$,又 $\boldsymbol{\alpha}^{\mathrm{T}}\boldsymbol{\alpha} = (\boldsymbol{\alpha}, \boldsymbol{\alpha}) > 0$,因此特征值 λ 大于零.

充分性:设 $\boldsymbol{A}$ 的 n 个实特征值 $\lambda_1, \lambda_2, \cdots, \lambda_n$ 全大于零. 由定理 5.7,n 阶实对称矩阵 $\boldsymbol{A}$ 一定正交相似于对角矩阵,则存在 n 阶正交矩阵 $\boldsymbol{Q}$,使得 $\boldsymbol{Q}^{\mathrm{T}}\boldsymbol{AQ} = \mathrm{diag}(\lambda_1, \lambda_2, \cdots, \lambda_n)$,即

$$\boldsymbol{A} = \boldsymbol{Q}\,\mathrm{diag}(\lambda_1, \lambda_2, \cdots, \lambda_n)\boldsymbol{Q}^{\mathrm{T}}.$$

当 $\lambda_1, \lambda_2, \cdots, \lambda_n$ 全大于零时,令 $\boldsymbol{C} = \mathrm{diag}(\sqrt{\lambda_1}, \sqrt{\lambda_2}, \cdots, \sqrt{\lambda_n})\boldsymbol{Q}^{\mathrm{T}}$,且 $|\boldsymbol{C}| \neq 0$,则有

$$\boldsymbol{A} = \boldsymbol{C}^{\mathrm{T}}\boldsymbol{C}.$$

根据定理 6.7 推论 2 知,$\boldsymbol{A}$ 是正定阵,从而二次型 $f(x_1, x_2, \cdots, x_n) = \boldsymbol{X}^{\mathrm{T}}\boldsymbol{AX}$ 是

正定的. ▌

例 11 判断实二次型 $f(x_1, x_2, x_3) = 3x_1^2 + 3x_2^2 + x_3^2 - 4x_1x_2$ 的正定性.

解 二次型 f 的矩阵为

$$A = \begin{pmatrix} 3 & -2 & 0 \\ -2 & 3 & 0 \\ 0 & 0 & 1 \end{pmatrix},$$

其特征多项式为

$$|\lambda I - A| = \begin{vmatrix} \lambda-3 & 2 & 0 \\ 2 & \lambda-3 & 0 \\ 0 & 0 & \lambda-1 \end{vmatrix} = (\lambda-1)^2(\lambda-5),$$

从而 A 的特征值为 1, 1, 5,全为正. 由定理 6.8, f 为正定.

定理 6.7 推论 3 给出了实对称矩阵 A 为正定矩阵的必要条件: $\det(A) > 0$. 为了利用行列式给出 A 为正定矩阵的充分条件,为此先引入下述定义.

定义 6.8 设 $A = (a_{ij})$ 是 n 阶矩阵,行列式

$$\begin{vmatrix} a_{11} & a_{12} & \cdots & a_{1k} \\ a_{21} & a_{22} & \cdots & a_{2k} \\ \vdots & \vdots & & \vdots \\ a_{k1} & a_{k2} & \cdots & a_{kk} \end{vmatrix} \quad (k = 1, 2, \cdots, n),$$

称为矩阵 A 的 k 阶**顺序主子式**,记作 $|A_k|$ 或 $\det(A_k)$.

定理 6.9 实二次型 $f(x_1, x_2, \cdots, x_n) = X^T AX$ 为正定二次型的充分必要条件是:A 的各阶顺序主子式全大于零.

证明 必要性:因为 $f(x_1, x_2, \cdots, x_n) = X^T AX$ 为正定二次型,所以,对任意 n 维向量 $X = (x_1, x_2, \cdots, x_n)^T \neq 0$, 有 $f(x_1, x_2, \cdots, x_n) = X^T AX > 0$. 因此,对每一个 $k(k=1, 2, \cdots, n)$,记 $X_k = (x_1, x_2, \cdots, x_k)^T \neq 0$, 令 n 维向量

$$X = (x_1, \cdots, x_k, 0, \cdots, 0)^T = \begin{pmatrix} X_k \\ 0 \end{pmatrix} \neq 0,$$

也有 $f(x_1, x_2, \cdots, x_n) = X^T AX > 0$. 将矩阵 A 作相应分块 $\begin{pmatrix} A_k & * \\ * & * \end{pmatrix}$,则

$$X^T AX = (X_k^T, 0^T) \begin{pmatrix} A_k & * \\ * & * \end{pmatrix} \begin{pmatrix} X_k \\ 0 \end{pmatrix} = X_k^T A_k X_k > 0.$$

由定义 6.7 可知，k 元二次型 $\boldsymbol{X}_k^{\mathrm{T}}\boldsymbol{A}_k\boldsymbol{X}_k$ 为正定二次型. 于是 $\boldsymbol{A}_k$ 为正定矩阵，根据定理 6.7 推论 3，有 $|\boldsymbol{A}_k|>0(k=1,2,\cdots,n)$.

充分性：对 $\boldsymbol{A}$ 的阶数 n 作数学归纳法.

当 $n=1$ 时，$\boldsymbol{A}=|\boldsymbol{A}_1|=a_{11}>0$，对应的二次型 $f(x_1)=a_{11}x_1^2$ 显然是正定的.

假设 $n-1$ 时结论成立. 考察 n 时的情形，即若

$$|\boldsymbol{A}_1|>0,\ |\boldsymbol{A}_2|>0,\ \cdots,\ |\boldsymbol{A}_{n-1}|>0,$$

欲证 $f(x_1,x_2,\cdots,x_n)=\boldsymbol{X}^{\mathrm{T}}\boldsymbol{A}\boldsymbol{X}$ 是正定二次型. 将 n 阶实对称矩阵 $\boldsymbol{A}$ 分块 $\begin{pmatrix}\boldsymbol{A}_{n-1} & \boldsymbol{\alpha}\\ \boldsymbol{\alpha}^{\mathrm{T}} & a_{nn}\end{pmatrix}$，其中 $\boldsymbol{\alpha}=(a_{1n},a_{2n},\cdots,a_{n-1n})^{\mathrm{T}}$.

因为 $|\boldsymbol{A}_{n-1}|>0$，且 $\boldsymbol{A}_{n-1}^{\mathrm{T}}=\boldsymbol{A}_{n-1}$，故 $\boldsymbol{A}_{n-1}^{-1}=(\boldsymbol{A}_{n-1}^{\mathrm{T}})^{-1}=(\boldsymbol{A}_{n-1}^{-1})^{\mathrm{T}}$ 存在. 令

$$\boldsymbol{C}_1=\begin{pmatrix}\boldsymbol{I}_{n-1} & -\boldsymbol{A}_{n-1}^{-1}\boldsymbol{\alpha}\\ \boldsymbol{0} & 1\end{pmatrix},\ |\boldsymbol{C}_1|=1\neq 0,$$

则

$$\begin{aligned}\boldsymbol{C}_1^{\mathrm{T}}\boldsymbol{A}\boldsymbol{C}_1&=\begin{pmatrix}\boldsymbol{I}_{n-1} & \boldsymbol{0}\\ -\boldsymbol{\alpha}^{\mathrm{T}}\boldsymbol{A}_{n-1}^{-1} & 1\end{pmatrix}\begin{pmatrix}\boldsymbol{A}_{n-1} & \boldsymbol{\alpha}\\ \boldsymbol{\alpha}^{\mathrm{T}} & a_{nn}\end{pmatrix}\begin{pmatrix}\boldsymbol{I}_{n-1} & -\boldsymbol{A}_{n-1}^{-1}\boldsymbol{\alpha}\\ \boldsymbol{0} & 1\end{pmatrix}\\ &=\begin{pmatrix}\boldsymbol{A}_{n-1} & \boldsymbol{0}\\ \boldsymbol{0} & a_{nn}-\boldsymbol{\alpha}^{\mathrm{T}}\boldsymbol{A}_{n-1}^{-1}\boldsymbol{\alpha}\end{pmatrix}=\begin{pmatrix}\boldsymbol{A}_{n-1} & \boldsymbol{0}\\ \boldsymbol{0} & b\end{pmatrix},\end{aligned}$$

其中 $b=a_{nn}-\boldsymbol{\alpha}^{\mathrm{T}}\boldsymbol{A}_{n-1}^{-1}\boldsymbol{\alpha}$. 将上式两边取行列式，得

$$|\boldsymbol{C}_1^{\mathrm{T}}\boldsymbol{A}\boldsymbol{C}_1|=|\boldsymbol{C}_1^{\mathrm{T}}|\cdot|\boldsymbol{A}|\cdot|\boldsymbol{C}_1|=|\boldsymbol{C}_1|^2\cdot|\boldsymbol{A}|=|\boldsymbol{C}_1|^2\cdot|\boldsymbol{A}_n|=|\boldsymbol{A}_{n-1}|\,b.$$

由条件 $|\boldsymbol{A}_{n-1}|>0$，$|\boldsymbol{A}_n|>0$，$|\boldsymbol{C}_1|\neq 0$，知 $b>0$.

根据归纳法假设，$\boldsymbol{A}_{n-1}$ 为正定矩阵. 由定理 6.7 推论 2 知，存在 $n-1$ 阶可逆矩阵 $\boldsymbol{P}$，使 $\boldsymbol{A}_{n-1}=\boldsymbol{P}^{\mathrm{T}}\boldsymbol{P}$，于是

$$\begin{aligned}\boldsymbol{A}&=(\boldsymbol{C}_1^{\mathrm{T}})^{-1}\begin{pmatrix}\boldsymbol{A}_{n-1} & \boldsymbol{0}\\ \boldsymbol{0} & b\end{pmatrix}\boldsymbol{C}_1^{-1}=(\boldsymbol{C}_1^{-1})^{\mathrm{T}}\begin{pmatrix}\boldsymbol{P}^{\mathrm{T}}\boldsymbol{P} & \boldsymbol{0}\\ \boldsymbol{0} & b\end{pmatrix}\boldsymbol{C}_1^{-1}\\ &=(\boldsymbol{C}_1^{-1})^{\mathrm{T}}\begin{pmatrix}\boldsymbol{P}^{\mathrm{T}} & \boldsymbol{0}\\ \boldsymbol{0} & \frac{1}{\sqrt{b}}\end{pmatrix}\begin{pmatrix}\boldsymbol{P} & \boldsymbol{0}\\ \boldsymbol{0} & \frac{1}{\sqrt{b}}\end{pmatrix}\boldsymbol{C}_1^{-1}=\boldsymbol{C}^{\mathrm{T}}\boldsymbol{C},\end{aligned}$$

其中 $\boldsymbol{C}=\begin{pmatrix}\boldsymbol{P} & \boldsymbol{0}\\ \boldsymbol{0} & \frac{1}{\sqrt{b}}\end{pmatrix}\boldsymbol{C}_1^{-1}$，$|\boldsymbol{C}|=|\boldsymbol{P}|\cdot\frac{1}{\sqrt{b}}\cdot|\boldsymbol{C}_1|^{-1}\neq 0$，故 $\boldsymbol{C}$ 是可逆阵. 即 $\boldsymbol{A}=$

C^TC，再根据定理 6.7 推论 2 知，A 是正定阵，从而二次型 $f(x_1, x_2, \cdots, x_n) = X^TAX$ 是正定的. ▍

例 12 试问 t 取何值时，$f(x_1, x_2, x_3) = x_1^2 + x_2^2 + 5x_3^2 + 2tx_1x_2 - 2x_1x_3 + 4x_2x_3$ 为正定二次型?

解 二次型 f 的矩阵为

$$A = \begin{pmatrix} 1 & t & -1 \\ t & 1 & 2 \\ -1 & 2 & 5 \end{pmatrix}.$$

要使 f 正定，只需让 A 的各阶顺序主子式全大于零，即

$$|A_1| = 1 > 0,$$

$$|A_2| = \begin{vmatrix} 1 & t \\ t & 1 \end{vmatrix} = 1 - t^2 > 0，解得 -1 < t < 1,$$

$$|A_3| = \begin{vmatrix} 1 & t & -1 \\ t & 1 & 2 \\ -1 & 2 & 5 \end{vmatrix} = -5t^2 - 4t > 0，解得 -\frac{4}{5} < t < 0.$$

综合起来，当 $-\frac{4}{5} < t < 0$ 时，各阶顺序主子式全大于零，因此二次型正定.

例 13 设 A 为 n 阶实对称矩阵，且满足 $A^3 - 3A^2 + 5A - 3I = O$，证明：A 是正定矩阵.

证明 设 λ 是 A 的任一特征值，α 为 A 的属于特征值 λ 的特征向量，则由 §5.1中性质 8 可知，$\lambda^3 - 3\lambda^2 + 5\lambda - 3$ 是矩阵 $A^3 - 3A^2 + 5A - 3I$ 的特征值，而且 α 是 $A^3 - 3A^2 + 5A - 3I$ 的属于特征值 $\lambda^3 - 3\lambda^2 + 5\lambda - 3$ 的特征向量. 从而有

$$(A^3 - 3A^2 + 5A - 3I)\alpha = (\lambda^3 - 3\lambda^2 + 5\lambda - 3)\alpha.$$

再由题设
$$A^3 - 3A^2 + 5A - 3I = O,$$
得
$$(\lambda^3 - 3\lambda^2 + 5\lambda - 3)\alpha = 0.$$

因为 $\alpha \neq 0$，所以

$$\lambda^3 - 3\lambda^2 + 5\lambda - 3 = 0 \Rightarrow (\lambda - 1)(\lambda^2 - 2\lambda + 3) = 0,$$

解得 $\lambda = 1$ 或 $\lambda = 1 \pm \sqrt{2}\mathrm{i}$.

由于 A 为实对称矩阵，故 A 的特征值一定是实数，从而可知 A 只有特征值 $\lambda = 1$，即 A 的所有特征值为正，因此 A 是正定矩阵.

例 14 设 A 为 $m\times n$ 实矩阵，证明：方程组 $\boldsymbol{AX}=\boldsymbol{0}$ 只有零解的充分必要条件是 $\boldsymbol{A}^{\mathrm{T}}\boldsymbol{A}$ 为正定矩阵.

证明 实对称矩阵 $\boldsymbol{A}^{\mathrm{T}}\boldsymbol{A}$ 对应的二次型是 $f=\boldsymbol{X}^{\mathrm{T}}\boldsymbol{A}^{\mathrm{T}}\boldsymbol{AX}$. 由于对任意 n 维实向量 $\boldsymbol{X}$，有

$$f=\boldsymbol{X}^{\mathrm{T}}\boldsymbol{A}^{\mathrm{T}}\boldsymbol{AX}=(\boldsymbol{AX})^{\mathrm{T}}\boldsymbol{AX}=(\boldsymbol{AX},\ \boldsymbol{AX})\geqslant 0,$$

因此，$\boldsymbol{A}^{\mathrm{T}}\boldsymbol{A}$ 为正定矩阵 $\Leftrightarrow f=\boldsymbol{X}^{\mathrm{T}}\boldsymbol{A}^{\mathrm{T}}\boldsymbol{AX}$ 是正定二次型

$\Leftrightarrow f=\boldsymbol{X}^{\mathrm{T}}\boldsymbol{A}^{\mathrm{T}}\boldsymbol{AX}=0$，当且仅当 $\boldsymbol{X}=\boldsymbol{0}$ 时成立

$\Leftrightarrow(\boldsymbol{AX},\ \boldsymbol{AX})=0$，当且仅当 $\boldsymbol{X}=\boldsymbol{0}$ 时成立

$\Leftrightarrow\boldsymbol{AX}=\boldsymbol{0}$ 只有零解. ▌

二、二次型的有定性

对于非正定的二次型还可以进一步分类.

定义 6.9 设 $f(x_1,\ x_2,\ \cdots,\ x_n)=\boldsymbol{X}^{\mathrm{T}}\boldsymbol{AX}$ 为实二次型，如果对任意非零 n 维实向量 $\boldsymbol{X}=(x_1,\ x_2,\ \cdots,\ x_n)^{\mathrm{T}}\neq\boldsymbol{0}$，恒有 $f(x_1,\ x_2,\ \cdots,\ x_n)=\boldsymbol{X}^{\mathrm{T}}\boldsymbol{AX}<0$，则称 $f(x_1,\ x_2,\ \cdots,\ x_n)$ 为**负定二次型**；若恒有 $f(x_1,\ x_2,\ \cdots,\ x_n)=\boldsymbol{X}^{\mathrm{T}}\boldsymbol{AX}\geqslant 0$，则称 $f(x_1,\ x_2,\ \cdots,\ x_n)$ 为**半正定二次型**；若恒有 $f(x_1,\ x_2,\ \cdots,\ x_n)=\boldsymbol{X}^{\mathrm{T}}\boldsymbol{AX}\leqslant 0$，则称 $f(x_1,\ x_2,\ \cdots,\ x_n)$ 为**半负定二次型**；若 $f(x_1,\ x_2,\ \cdots,\ x_n)$ 既不是半正定，又不是半负定，则称 $f(x_1,\ x_2,\ \cdots,\ x_n)$ 为**不定二次型**. 上述二次型对应的矩阵 A 分别称为**负定矩阵**、**半正定矩阵**、**半负定矩阵**和**不定矩阵**.

根据定义 6.9，二次型 $f(x_1,\ x_2,\ \cdots,\ x_n)=\boldsymbol{X}^{\mathrm{T}}\boldsymbol{AX}$ 为负定二次型，当且仅当 $-\boldsymbol{X}^{\mathrm{T}}\boldsymbol{AX}=\boldsymbol{X}^{\mathrm{T}}(-\boldsymbol{A})\boldsymbol{X}$ 为正定二次型. 因此对于负定二次型的讨论，可类似于正定性进行. 此处直接列出有关结论.

定理 6.10 设 $f(x_1,\ x_2,\ \cdots,\ x_n)=\boldsymbol{X}^{\mathrm{T}}\boldsymbol{AX}$ 是实二次型，其中 $\boldsymbol{A}$ 是实对称阵，则下列命题是等价的：

(1) $f(x_1,\ x_2,\ \cdots,\ x_n)$ 是负定二次型，或 $\boldsymbol{A}$ 是负定矩阵；

(2) $f(x_1,\ x_2,\ \cdots,\ x_n)$ 的负惯性指数为 n；

(3) 实对称矩阵 $\boldsymbol{A}$ 合同于 $-I$；

(4) 实对称矩阵 $\boldsymbol{A}$ 的特征值均小于零；

(5) 实对称矩阵 $\boldsymbol{A}$ 的奇数阶顺序主子式小于零，偶数阶顺序主子式大于零.

类似地，还有下述定理.

定理 6.11 设 $f(x_1,\ x_2,\ \cdots,\ x_n)=\boldsymbol{X}^{\mathrm{T}}\boldsymbol{AX}$ 是实二次型，其中 $\boldsymbol{A}$ 是实对称阵，则下列命题是等价的：

(1) $f(x_1, x_2, \cdots, x_n)$是半正定二次型,或$\boldsymbol{A}$是半正定矩阵;

(2) $f(x_1, x_2, \cdots, x_n)$的正惯性指数 $p=r<n$, 其中 $r=\mathrm{r}(\boldsymbol{A})$;

(3) 实对称矩阵$\boldsymbol{A}$合同于$\begin{pmatrix} \boldsymbol{I}_r & \boldsymbol{O} \\ \boldsymbol{O} & \boldsymbol{O} \end{pmatrix}_{n\times n}$,且$r<n$;

(4) 实对称矩阵$\boldsymbol{A}$的特征值非负,且至少有一个特征值为零.

应该注意:如果实对称矩阵$\boldsymbol{A}$的所有顺序主子式大于或等于零时,$\boldsymbol{A}$未必是半正定的.请看下例.

例 15 设矩阵

$$\boldsymbol{A}=\begin{pmatrix} 1 & 1 & 0 \\ 1 & 1 & 0 \\ 0 & 0 & -1 \end{pmatrix},$$

虽然,$\boldsymbol{A}$的顺序主子式

$$|\boldsymbol{A}_1|=1>0,\ |\boldsymbol{A}_2|=\begin{vmatrix} 1 & 1 \\ 1 & 1 \end{vmatrix}=0,\ |\boldsymbol{A}_3|=\begin{vmatrix} 1 & 1 & 0 \\ 1 & 1 & 0 \\ 0 & 0 & -1 \end{vmatrix}=0,$$

但$\boldsymbol{A}$不是半正定矩阵.实际上,$\boldsymbol{A}$对应的二次型为

$$f(x_1, x_2, x_3)=x_1^2+x_2^2-x_3^2+2x_1x_2=(x_1+x_2)^2-x_3^2.$$

显然,当 $x_1=-1,\ x_2=x_3=1$ 时,$f(-1, 1, 1)=-1<0$. 由此看出二次型 $f(x_1, x_2, x_3)$不是半正定的,故$\boldsymbol{A}$不是半正定矩阵.

例 16 判定下列二次型是否为有定二次型:

(1) $f(x_1, x_2, x_3)=-2x_1^2-6x_2^2-4x_3^2+2x_1x_2+2x_1x_3$;

(2) $f(x_1, x_2, x_3)=x_1^2+x_2^2+5x_3^2+2tx_1x_2-2x_1x_3+4x_2x_3$.

解 (1) 二次型 f 的矩阵为

$$\boldsymbol{A}=\begin{pmatrix} -2 & 1 & 1 \\ 1 & -6 & 0 \\ 1 & 0 & -4 \end{pmatrix},$$

$\boldsymbol{A}$的顺序主子式

$$|\boldsymbol{A}_1|=-2<0,\ |\boldsymbol{A}_2|=\begin{vmatrix} -2 & 1 \\ 1 & -6 \end{vmatrix}=11>0,$$

$$|\boldsymbol{A}_3|=\begin{vmatrix} -2 & 1 & 1 \\ 1 & -6 & 0 \\ 1 & 0 & -4 \end{vmatrix}=38<0,$$

所以 f 为负定二次型.

(2) 二次型 f 的矩阵为

$$\boldsymbol{A}=\begin{pmatrix}1 & -2 & 0\\ -2 & 2 & -2\\ 0 & -2 & 3\end{pmatrix},$$

因为 $\boldsymbol{A}$ 的一阶顺序主子式 $|\boldsymbol{A}_1|=1>0$，而二阶顺序主子式 $|\boldsymbol{A}_2|=\begin{vmatrix}1 & -2\\ -2 & 2\end{vmatrix}=-2<0$，所以 f 是不定二次型.

背景资料(6)

二次型(quadratic form)的系统研究是从 18 世纪开始的，它起源于对二次曲线和二次曲面的分类问题的讨论，将二次曲线和二次曲面的方程变形，选有主轴方向的轴作为坐标轴以简化方程的形状. 柯西在其著作中给出结论：当方程是标准型时，二次曲面用二次项的符号来进行分类. 然而，那时并不太清楚，在化简成标准型时，为何总是得到同样数目的正项和负项. 西尔维斯特回答了这个问题，他给出了 n 个变数的二次型的惯性定理，但没有证明. 这个定理后被雅可比重新发现和证明. 1801 年，高斯在《算术研究》中引进了二次型的正定、负定、半正定和半负定等术语.

二次型化简的进一步研究涉及二次型或矩阵的特征方程的概念. 特征方程的概念隐含地出现在欧拉的著作中，拉格朗日在其关于线性微分方程组的著作中首先明确地给出了这个概念. 而 3 个变数的二次型的特征值的实性则是由法国数学家阿歇特(J. N. Hachette，1769—1834)、蒙日(G. Monge，1746—1818)和泊松(S-D Poisson，1781—1840)建立的.

柯西在别人著作的基础上，着手研究化简变数的二次型问题，并证明了特征方程在直角坐标系的任何变换下不变性. 后来，他又证明了 n 个变数的两个二次型能用同一个线性变换同时化成平方和. 1851 年，西尔维斯特在研究二次曲线和二次曲面的切触和相交时需要考虑这种二次曲线和二次曲面束的分类. 在他的分类方法中他引进了初等因子和不变因子的概念，但他没有证明“不变因子组成两个二次型的不变量的完全集”这一结论. 1854 年，约当研究了矩阵化为标准型的问题. 1858 年，德国数学家魏尔斯特拉斯(Wilhem Weierstrass，1815—1897)对同时化两个二次型成平方和给出了一个一般的方法，并证明，如果二次型之一是正定的，那么即使某些特征根相等，这个化简也是可能的. 魏尔斯特拉斯比较系统地完成了二次型的理论并将其推广到双线性型.费罗贝尼乌斯对二次型的理论的贡献是不可磨灭的,他不仅引进了矩阵的秩、不变因子和初等因子、正交矩阵、矩阵的相似变换、合同矩阵等概念,并讨论了正交矩阵与合同矩阵的一些重要性质.

二次型理论在几何、物理等学科有广泛应用.通过坐标的正交变换所得标准形称为主轴形式,它是解析几何问题的自然推广.

习 题 六

(A)

1. 写出下列二次型的矩阵,或矩阵 $\boldsymbol{A}$ 对应的二次型:

(1) $f(x_1, x_2, x_3) = x_1^2 - x_2^2 - 4x_1x_2 - 2x_2x_3$;

(2) $f(x_1, x_2, x_3) = \boldsymbol{X}^{\mathrm{T}}\begin{pmatrix}1 & 4 & 7\\ 2 & 5 & 8\\ 3 & 6 & 9\end{pmatrix}\boldsymbol{X}$;

(3) $f(x_1, x_2, x_3) = (a_1x_1 + a_2x_2 + a_3x_3)(b_1x_1 + b_2x_2 + b_3x_3)$;

(4) $\boldsymbol{A} = \begin{pmatrix}1 & 1 & 2\\ 1 & 1 & -1\\ 2 & -1 & 1\end{pmatrix}$.

2. 用正交变换法化二次型为标准形,并求出变换矩阵:

(1) $f(x_1, x_2, x_3) = x_1^2 + 2x_2^2 + 3x_3^2 - 4x_1x_2 - 4x_2x_3$;

(2) $f(x_1, x_2, x_3) = 11x_1^2 + 5x_2^2 + 2x_3^2 + 16x_1x_2 + 4x_1x_3 - 20x_2x_3$;

(3) $f(x_1, x_2, x_3) = 2x_1x_2 - 2x_2x_3$.

3. 用配方法、初等变换法将二次型化为规范形:

(1) $f(x_1, x_2, x_3) = x_1^2 + 2x_2^2 + 4x_3^2 + 2x_1x_2 + 4x_2x_3$;

(2) $f(x_1, x_2, x_3) = -4x_1x_2 + 2x_1x_3 + 2x_2x_3$;

(3) $f(x_1, x_2, x_3) = x_1^2 + x_2^2 + x_3^2 + 2x_1x_2 + 2x_1x_3 - 2x_2x_3$.

4. 求习题 2、3 中二次型的正负惯性指数、符号差、秩.

5. 判断下列二次型的正定性:

(1) $f(x_1, x_2, x_3) = x_1^2 + 2x_2^2 + 4x_3^2 + 2x_1x_2 - 2x_2x_3$;

(2) $f(x_1, x_2, x_3) = \boldsymbol{X}^{\mathrm{T}}\begin{pmatrix}1 & 1 & 0\\ 3 & 4 & -2\\ 0 & 2 & 9\end{pmatrix}\boldsymbol{X}$;

(3) $f(x_1, x_2, \cdots, x_n)=\sum_{i=1}^{n}x_i^2+\sum_{1\leqslant i<j\leqslant n}x_ix_j$.

6. t 取何值时,下列二次型是正定的?

(1) $f(x_1, x_2, x_3)=x_1^2+4x_2^2+x_3^2+2tx_1x_2+10x_1x_3+6x_2x_3$;

(2) $f(x_1, x_2, x_3)=2x_1^2+2x_2^2+2x_3^2-2tx_1x_2-2tx_1x_3-2tx_2x_3$;

(3) $f(x_1, x_2, x_3)=x_1^2+x_2^2+2x_3^2+2tx_1x_2+2x_1x_3$;

(4) $f(x_1, x_2, x_3, x_4)=t(x_1^2+x_2^2+x_3^2)+x_4^2+2x_1x_2-2x_1x_3-2x_2x_3$.

7. 证明:若 $\boldsymbol{A}$ 为对称矩阵,且 $\boldsymbol{A}$ 合同于 $\boldsymbol{B}$,则 $\boldsymbol{B}$ 也是对称矩阵.

8. 证明:

(1) 若 $\boldsymbol{A}$ 是正定矩阵,则 $\boldsymbol{A}^{-1}$, $\boldsymbol{A}^*$ 也正定;

(2) 若 $\boldsymbol{A}$, $\boldsymbol{B}$ 是正定矩阵,则 $\boldsymbol{A}+\boldsymbol{B}$ 也正定;

(3) 设 $\boldsymbol{A}$ 是列满秩矩阵,证明:$\boldsymbol{A}^{\mathrm{T}}\boldsymbol{A}$ 是正定矩阵.

9. 设 $\boldsymbol{A}$ 为 n 阶实对称矩阵,且满足 $\boldsymbol{A}^2-3\boldsymbol{A}+2\boldsymbol{I}=\boldsymbol{O}$,证明:$\boldsymbol{A}$ 为正定矩阵.

(B)

1. 证明:若 $\boldsymbol{A}$ 与 $\boldsymbol{B}$ 合同,则 $\mathrm{r}(\boldsymbol{A})=\mathrm{r}(\boldsymbol{B})$.

2. 证明:可逆实对称矩阵 $\boldsymbol{A}$ 与 $\boldsymbol{A}^{-1}$合同.

3. 如果两个实对称矩阵具有相同的特征多项式,则它们一定合同.

4. 证明:如果 $\boldsymbol{A}$ 为正定矩阵,则 $|\boldsymbol{A}|>0$.

5. 证明:如果 $\boldsymbol{A}$ 为正定矩阵,则 $\boldsymbol{A}$ 的主对角线上的元素大于零.

6. 设 $\boldsymbol{A}$ 为实对称矩阵,证明:当 t 充分大时,$t\boldsymbol{I}-\boldsymbol{A}$ 是正定矩阵.

7. 设 λ_1 和 λ_n 分别是 n 阶实对称矩阵 $\boldsymbol{A}$ 的最小和最大特征值.证明:

$$\min_{X^{\mathrm{T}}X=1}\boldsymbol{X}^{\mathrm{T}}\boldsymbol{A}\boldsymbol{X}=\lambda_1, \quad \max_{X^{\mathrm{T}}X=1}\boldsymbol{X}^{\mathrm{T}}\boldsymbol{A}\boldsymbol{X}=\lambda_n.$$

8. 试证 n 阶实对称矩阵 $\boldsymbol{A}$ 为负定矩阵的充分必要条件是:它的各阶顺序主子式满足

$$(-1)^k\,|\boldsymbol{A}_k|>0,\ k=1, 2, \cdots, n.$$

*第七章 MATLAB 软件及投入产出模型简介

§7.1 MATLAB 软件

MATLAB 是 Matrix Laboratory 的缩写，它是美国 MathWorks 公司自 20 世纪 80 年代中期推出的数学软件，优秀的数值计算能力和卓越的数据可视化能力使其很快在数学软件中脱颖而出. 随着它的版本不断升级，它在数值计算及符号计算功能上得到了进一步完善. MATLAB 已经发展成为多学科、多种工作平台的功能强大的大型软件. 在欧美等高校，MATLAB 已经成为线性代数、自动控制理论、概率论及数理统计、数字信号处理、时间序列分析、动态系统仿真等高级课程的基本教学工具，是攻读学位的大学生、硕士生、博士生必须掌握的基本技能.

一、MATLAB 软件基础知识

MATLAB 被称为“矩阵实验室”，它当然能直接处理矩阵（或向量）几乎所有的运算. 但首要任务是输入待处理的矩阵（或向量）.

1. 数值矩阵输入

任何矩阵（向量），都可以直接按行方式输入每个元素：同一行中的元素用逗号（,）或者用空格符来分隔，且空格数不限；不同的行用分号（;）或者用换行来分隔. 所有元素处于一对方括号（[]）内.

应该注意的是，MATLAB 中所有的符号都是在西文状态下输入！如：

```
>>A=[2 -1 2 3; 1 2 -3 0; 1 3 1 1]        %输入一个矩阵
(结果显示)
A=

     2   -1    2   3
     1    2   -3   0
     1    3    1   1
```

符号“>>”是 MATLAB 的提示符,表示等待输入. 注意 MATLAB 不在乎空格.

```
>> vect_a=[1 2 3 4 5]                    % 输入一个行向量
vect_a=
     1    2    3    4    5
>> vect_b=[1; 0; 1]                      % 输入一个列向量
vect_b=
     1
     0
     1
```

符号“%”后的所有文字表示为注释,不参与运算.

2. 矩阵的简单运算

加、减运算符“+”和“-”:对应元素相加、减,即按线性代数中矩阵的“+”和“-”运算进行.

数乘运算符“*”:即按线性代数中数乘矩阵的运算进行.

例 1 设矩阵 $A=\begin{pmatrix}3&-1&2\\1&5&7\\5&4&-3\end{pmatrix}$, $B=\begin{pmatrix}7&5&-4\\5&1&9\\3&-2&1\end{pmatrix}$, 满足 $A+2X=B$, 求矩阵 X. (见第二章例 1.)

```
>> A=[3, -1, 2; 1, 5, 7; 5, 4, -3], B=[7, 5, -4; 5, 1, 9; 3, -2, 1]; X=1/2*(B-A)
A=
     3   -1    2
     1    5    7
     5    4   -3
X=
     2    3   -3
     2   -2    1
    -1   -3    2
```

多条命令可以放在同一行,用逗号或分号分隔,逗号“,”表示要显示该语句运行结果,分号“;”表示不显示运行结果.

乘法运算符“*”:按线性代数中矩阵乘法运算进行,即左边矩阵的各行元素,分别与右边矩阵的各列元素对应相乘并相加.

例 2 设矩阵 $A=\begin{pmatrix}1&0&3&-1\\2&1&0&2\end{pmatrix}$，$B=\begin{pmatrix}4&1&0\\-1&1&3\\2&0&1\\1&3&4\end{pmatrix}$，求 AB 和 BA.

(见第二章例 2.)

```
>> A=[1 0 3 -1; 2 1 0 2]; B=[4 1 0; -1 1 3; 2 0 1; 1 3 4];
>> A*B
ans =
    9  -2  -1
    9   9  11
```

符号“ans”用于结果的缺省变量名.

```
>> B*A
??? Error using = = > *
Inner matrix dimensions must agree.
```

当不能按线性代数中矩阵乘法的规则运算时,显示出错信息.

MATLAB 提供了两种除法运算:左除“\”和右除“/”. 一般情况下，$X=A\backslash B$ 是方程 $AX=B$ 的解,而 $X=B/A$ 是方程 $XA=B$ 的解.

如果 A 为可逆矩阵,则 $A\backslash B$ 和 B/A 也可通过 A 的逆矩阵与 B 矩阵相乘得到:

A\B = inv(A) * B 或 A\B = A^ - 1 * B

B/A = B * inv(A) 或 B/A = B * A^ - 1

其中 inv(A) 和 A^−1 都表示矩阵 A 的逆矩阵.

例 3 求方程组的解 $\begin{cases}x_1-2x_2+3x_3=-2,\\2x_1+2x_2+\ x_3=\ \ 1,\\3x_1+4x_2+3x_3=\ \ 3.\end{cases}$（见第二章例 18.）

```
>> A=[1 -2 3; 2 2 1; 3 4 3]; B=[-2; 1; 3];
>> X=A\B
X =
   -0.7143
    1.0714
    0.2857
>> format rat                    % 用有理格式输出
>> X
```

```
X =

  -5/7
  15/14
  2/7
```

以上所举的几个例题中，用到的一些运算都是MATLAB的数值计算功能. 从本例中可以看到在求解矩阵 X 时，出现了机器误差，尽管我们能用 format rat 的有理格式输出，但有时还是显得不够方便或精确. 其实，MATLAB提供了足够强大的符号计算功能，它包括字符处理功能、求得的都是解析解(精确解)，就如同我们拿笔在纸上演算一样. 因此，下面我们所有的举例、运算都是在符号计算下进行，且介绍的指令也都能在MATLAB的数值计算中运用. 在此我们不再把MATLAB指令作逐一详细介绍，而把它们都融入到例题中去，若读者想要对它们作深入地了解，可参考有关的MATLAB书籍或资料.

3. 符号矩阵的生成

在MATLAB中输入符号矩阵(或向量)的方法和输入数值类型的矩阵(或向量)在形式上很相像，只不过要用到符号矩阵定义函数 sym，或者是用符号定义函数 syms 先定义一些必要的符号变量，再像定义普通矩阵一样输入符号矩阵. 大家在观察以下几个例子的时候要注意符号矩阵的定义方法，以及它与数值矩阵在显示方面的差别.

例 4 用命令 sym 定义矩阵 $\boldsymbol{A}=\begin{pmatrix}1 & 0 & 3 & -1\\ 2 & 1 & 0 & 2\end{pmatrix}$.

```
>> A = sym([1 0 3 -1; 2 1 0 2])
A =
[1, 0, 3, -1]
[2, 1, 0,  2]
```

例 5 用命令 syms 定义矩阵 $\boldsymbol{A}=\begin{pmatrix}a_{11} & a_{12}\\ a_{21} & a_{22}\end{pmatrix}$.

```
>> syms a11 a12 a21 a22                  % 定义符号变量
>> A = [a11, a12; a21, a22]              % 生成符号矩阵
A =
[a11, a12]
[a21, a22]
```

这里先定义矩阵中的每一个元素为一个符号变量，而后像普通矩阵一样输入符号矩阵.

例 6 把数值矩阵 $A=\begin{pmatrix}-\frac{1}{3} & \sqrt{2} & 3.14\\ e^{\ln 5} & \sin\frac{\pi}{3} & 3^{-1}\end{pmatrix}$ 转化成相应的符号矩阵.

```
>> A = [-1/3, sqrt(2), 3.14; exp(log(5)), sin(pi/3), 3^(-1)]
A =
    -0.3333   1.4142   3.1400
     5.0000   0.8660   0.3333
>> A1 = sym(A)
A1 =
[      -1/3,    sqrt(2),   157/50]
[         5,    sqrt(3/4),    1/3]
```

注意:不管矩阵是用分数形式还是浮点形式表示的,将矩阵转化成符号矩阵后,都将以最接近原值的有理数形式表示或者是函数形式表示.

二、用 MATLAB 解线性代数问题

1. 方阵的行列式

相信大家都会计算矩阵行列式的值,但是如果一个矩阵阶数超过四阶以上,行列式值的计算就会非常麻烦. MATLAB 提供计算行列式的函数,其语法为 det(A).

例 7 计算行列式 $D=\begin{vmatrix}2 & -1 & 1 & -1\\ 0 & 0 & 4 & -1\\ 0 & 2 & 4 & 1\\ -2 & 0 & 3 & 2\end{vmatrix}$ 的值.(见第一章例 12.)

```
>> A = sym([2, -1, 1, -1; 0, 0, 4, -1; 0, 2, 4, 1; -2, 0, 3, 2]);
>> D = det(A)
D =
-48
```

例 8 设齐次线性方程组 $\begin{cases}(5-k)x_1+2x_2+2x_3=0,\\ 2x_1+(6-k)x_2=0,\\ 2x_1+(4-k)x_3=0,\end{cases}$ 问参数 k 取何值时,方程组有非零解.(见第一章例 25.)

```
>> syms k                            % 定义符号变量 k
```

```
>> A = [5 - k 2 2; 2 6 - k 0; 2 0 4 - k];
>> D = det(A)
D =
80 - 66 * k + 15 * k^2 - k^3
>> factor(D)                         % 命令 factor 是因式分解
ans =
- (k - 5) * (k - 2) * (k - 8)
>> k = solve(D)                      % 命令 solve 是求方程 D = 0 的根
k =
[5]
[2]
[8]
```

2. 符号矩阵的基本运算

符号矩阵的四则运算与数值矩阵有完全相同的运算方式，其运算符为：加(+)、减(−)、乘(∗)、除(/、\)等. 符号矩阵的其他一些基本运算包括转置(′)、行列式(det)、逆(inv)、秩(rank)、幂(∧)和迹(trace)等都与数值矩阵相同.

例 9 设矩阵 $\boldsymbol{A}=(1,1,0)^{\mathrm{T}}$，$\boldsymbol{B}=(2,0,-1)$，计算 $(\boldsymbol{AB})^{10}$.（见第二章例 8.）

```
>> A = sym([1 1 0]'); B = sym([2 0 -1]);
>> (A * B)^10
ans =
[ 1024,  0, - 512]
[ 1024,  0, - 512]
[    0,  0,     0]
```

例 10 求矩阵 $\boldsymbol{A}=\begin{pmatrix}1 & -2 & 3\\ 2 & 2 & 1\\ 3 & 4 & 3\end{pmatrix}$ 的逆矩阵.（见第二章例 15.）

方法一

```
>> A = sym([1 -2 3; 2 2 1; 3 4 3]); inv(A)
ans =
[    1/7,     9/7,    - 4/7]
[ - 3/14,   - 3/7,     5/14]
[    1/7,   - 5/7,      3/7]
```

或者

```
>> A^ -1
ans =
[    1/7,      9/7,    -4/7]
[ -3/14,     -3/7,     5/14]
[    1/7,     -5/7,     3/7]
```

方法二 $(A\quad I)\xrightarrow{\text{初等行变换}}(I\quad A^{-1})$

```
>> A = sym([1 -2 3; 2 2 1; 3 4 3]);
>> AI = [A, eye(size(A))]   % 其中 eye(size(A))生成与矩阵 A 相同大
                              小的单位阵
AI =
[1, -2, 3, 1, 0, 0]
[2,  2, 1, 0, 1, 0]
[3,  4, 3, 0, 0, 1]
>> C = rref(AI)             % 命令 rref(A)将 A 化成最简阶梯形矩阵
C =
[   1,    0,    0,     1/7,    9/7,   -4/7]
[   0,    1,    0,   -3/14,   -3/7,   5/14]
[   0,    0,    1,     1/7,   -5/7,    3/7]
>> X = C(:, 4:6)            % 提取矩阵 C 中所有行及 4 列至 6 列的子
                              矩阵,即 A 的逆阵
X =
[     1/7,      9/7,     -4/7]
[   -3/14,     -3/7,     5/14]
[     1/7,     -5/7,      3/7]
```

MATLAB 提供了独特的由冒号":"和数字产生的表达式来定义行向量(序列),其使用格式为:

$$a = m : s : n$$

它表明向量 a 的元素是从初值 m 开始,以增量 s 为步长,直到不超过终值 n 的所有元素. 如果省略 s,则步长为默认值为 1.

例如,建立一个 10 以内的奇数序列.

```
>> a = 1 : 2 : 10
```

```
a =

    1    3    5    7    9
```

例 11 求例 5 中矩阵的行列式、逆阵和迹.

```
>> syms a11 a12 a21 a22; A = [a11, a12; a21, a22];
>> det(A)
ans =
a11 * a22 - a12 * a21
>> A^ - 1
ans =
[ - a22/( - a11 * a22 + a12 * a21),    a12/( - a11 * a22 + a12 * a21)]
[   a21/( - a11 * a22 + a12 * a21), - a11/( - a11 * a22 + a12 * a21)]
>> trace(A)
ans =
a11 + a22
```

3. 矩阵和向量组的秩以及向量组的线性相关性

矩阵 $\boldsymbol{A}$ 的秩是矩阵 $\boldsymbol{A}$ 中最高阶非零子式的阶数,向量组的秩通常由该向量组构成的矩阵来计算.

例 12 求矩阵 $\boldsymbol{A}=\begin{pmatrix}1 & 2 & 3 & 4\\ 1 & -1 & 2 & 1\\ 2 & 1 & 5 & 5\end{pmatrix}$ 的秩.(见第三章例 13.)

```
>> A = sym([1, 2, 3, 4; 1, -1, 2, 1; 2, 1, 5, 5]);
>> r = rank(A)
r =
2
```

例 13 求向量组 $\boldsymbol{\alpha}_1=(2, 1, 3, -1)^{\mathrm{T}}$, $\boldsymbol{\alpha}_2=(3, -1, 2, 0)^{\mathrm{T}}$, $\boldsymbol{\alpha}_3=(1, 3, 4, -2)^{\mathrm{T}}$, $\boldsymbol{\alpha}_4=(4, -3, 1, 1)^{\mathrm{T}}$ 的秩,并判断其线性相关性;若向量组线性相关,求出向量组 $\boldsymbol{\alpha}_1$, $\boldsymbol{\alpha}_2$, $\boldsymbol{\alpha}_3$, $\boldsymbol{\alpha}_4$ 的一个极大无关组,并将其余向量表示为该极大无关组的线性组合.(见第三章例 12.)

```
>> a1 = sym([2 1 3 -1]'); a2 = sym([3 -1 2 0]'); a3 = sym([1 3 4 -2]');
a4 = sym([4 -3 1 1]');
>> A = [a1  a2  a3  a4]
A =
```

```
[  2,   3,   1,   4]
[  1,  -1,   3,  -3]
[  3,   2,   4,   1]
[ -1,   0,  -2,   1]
>> r = rank(A)
r =
2
```

由于向量组的秩为 2,小于向量个数 4,因此向量组线性相关.

在§3.4 中我们知道,对矩阵施行初等行变换可以将矩阵化成最简阶梯形矩阵,从而找出列向量组的一个最大无关组.下面稍加详细地介绍一个非常有用的命令.

在 MATLAB 中将矩阵用初等行变换化成最简阶梯形矩阵的命令是 rref 或 rrefmovie(仅用在数值计算中,它能使你目睹化最简阶梯形矩阵的每一步形成过程).

函数 rref 的主要格式有两种:

```
R = rref(A)           % 用高斯-约当消元法化 A 为最简阶梯形矩阵 R.
[R, jb] = rref(A)     % jb 是一个向量,其含义为:r = length(jb)为 A 的
                        秩;A(:, jb)为 A 的列向量最大无关组;jb 中元素表
                        示最大无关组所在的列,可惜这种用法也仅在数值
                        计算中.
```

```
(上面续)
>> R = rref(A)
R =
[  1,  0,  2, -1]
[  0,  1, -1,  2]
[  0,  0,  0,  0]
[  0,  0,  0,  0]
```

即 $\boldsymbol{\alpha}_1$, $\boldsymbol{\alpha}_2$ 为向量组的一个极大无关组.

```
>> A(:, 3) - (2 * A(:, 1) - A(:, 2))      % 检验 α3 = 2α1 - α2
ans =
[0]
[0]
[0]
[0]
```

类似地，可验证 $\boldsymbol{\alpha}_4=-\boldsymbol{\alpha}_1+2\boldsymbol{\alpha}_2$.

4. 向量的内积与正交化

函数 dot(v, w)返回维数相同的向量 v 与 w 的内积. 如果 v 和 w 都是列向量时，则 dot(v, w)等同于 v′ * w. 不管 v 和 w 是行向量还是列向量，只要它们是维数相等的两个向量，dot(v, w)就能做计算. 显然，向量 v 的长度为 sqrt(dot(v, v)).

例 14 求向量 $\boldsymbol{\alpha}=(1, 1, -1, 1)$ 与 $\boldsymbol{\beta}=(5, -1, 1, 3)$ 间的距离和夹角.（见第三章例 17.）

```
>> a = sym([1 1 -1 1]);b = sym([5 -1 1 3]);
>> d = sqrt(dot(a - b, a - b)), theta = acos(dot(a, b)/sqrt(dot(a, a))/sqrt(dot(b, b)))
d =
2 * 7^(1/2)
theta =
1/3 * pi
```

其中 sqrt(a)表示计算 a 的平方根，acos 表示 arccos.

例 15 设线性无关的向量组 $\boldsymbol{\alpha}_1=\begin{pmatrix}1\\-1\\0\end{pmatrix}$, $\boldsymbol{\alpha}_2=\begin{pmatrix}1\\0\\1\end{pmatrix}$, $\boldsymbol{\alpha}_3=\begin{pmatrix}-1\\1\\1\end{pmatrix}$，试将 $\boldsymbol{\alpha}_1$, $\boldsymbol{\alpha}_2$, $\boldsymbol{\alpha}_3$ 标准正交化.（见第三章例 18.）

```
>> a1 = sym([1 -1 0]'); a2 = sym([1 0 1]'); a3 = sym([-1 1 1]');
>> b1 = a1
b1 =
[  1]
[ -1]
[  0]
>> b2 = a2 - a2 ' * b1/(b1 ' * b1) * b1
b2 =
[1/2]
[1/2]
[  1]
>> b3 = a3 - a3 ' * b1/(b1 ' * b1) * b1 - a3 ' * b2/(b2 ' * b2) * b2
b3 =
[-1/3]
```

```
[-1/3]
[ 1/3]
>> c1 = b1/sqrt(b1'*b1)        %标准化
c1 =
[  1/2*2^(1/2)]
[-1/2*2^(1/2)]
[            0]
>> c2 = b2/sqrt(b2'*b2)
c2 =
[1/6*6^(1/2)]
[1/6*6^(1/2)]
[1/3*6^(1/2)]
>> c3 = b3/sqrt(b3'*b3)
c3 =
[-1/3*3^(1/2)]
[-1/3*3^(1/2)]
[ 1/3*3^(1/2)]
```

5. 线性方程组的求解

我们将线性方程的求解分为两类:一类是方程组求唯一解或求特解,另一类是方程组求无穷解,即通解.

由定理 4.1 知,通过对增广矩阵和系数矩阵的秩可以判断方程组解的状况,当 $\mathrm{r}(\boldsymbol{A})=\mathrm{r}(\bar{\boldsymbol{A}})=r$ 时:

若系数矩阵的秩 $r=n$ (n 为方程组中未知变量的个数),则有唯一解;

若系数矩阵的秩 $r<n$,则有无穷多解.

非齐次线性方程组的无穷解 = 其导出组的通解 + 该方程组的一个特解

其中特解的求法属于解的第一类问题,通解部分属第二类问题.

(1) 求线性方程组的特解

例 16 求解方程组 $\begin{cases} 2x_1-x_2=2, \\ -x_1+2x_2-x_3=0, \\ -x_2+2x_3-x_4=-3, \\ -x_3+2x_4=3. \end{cases}$ (见第一章例 24.)

方法一 利用矩阵除法求线性方程组的特解(或一个解).

```
>> A = sym([2 -1 0 0; -1 2 -1 0; 0 -1 2 -1; 0 0 -1 2]); B = sym
([2 0 -3 3]');
>> AB = [A, B];                     % 由系数矩阵和常数列构成增广矩阵
>> r_AB = rank(AB)                  % 求增广矩阵秩
r_AB =
4
>> r_A = rank(A)                    % 求系数矩阵秩
r_A =
4
```

因为 $\mathrm{r}(\boldsymbol{A}) = \mathrm{r}(\bar{\boldsymbol{A}}) = r = n$，所以有唯一解.

```
>> X = A\B
X =
[  1]
[  0]
[-1]
[  1]
```

方法二 利用函数 rref 求线性方程组的特解

（上面续）

```
>> C = rref(AB)                     % 将 AB 化成最简阶梯形矩阵 C
C =
[ 1, 0, 0, 0,  1]
[ 0, 1, 0, 0,  0]
[ 0, 0, 1, 0, -1]
[ 0, 0, 0, 1,  1]
```

则 $\boldsymbol{C}$ 的最后一列元素就是所求之解.

例 17 求方程组 $\begin{cases} x_1 + x_2 + 3x_4 = 2 \\ x_1 - x_2 + 2x_3 + x_4 = 1 \\ 4x_1 - 2x_2 + 6x_3 - 3x_4 = 8 \\ 2x_1 + 4x_2 - 2x_3 - 4x_4 = 9 \end{cases}$ 的一个特解.

```
>> A = sym([1, 1, 0, 3; 1, -1, 2, 1; 4, -2, 6, -3; 2, 4, -2,
-4]); B = sym([2, 1, 8, 9]'); AB = [A, B];
>> r_AB = rank(AB), r_A = rank(A)
r_AB =
```

```
3
r_A =
3
```

因为 $r(\boldsymbol{A}) = r(\bar{\boldsymbol{A}}) = r < n$，所以有无穷多解.

```
>> X = A\B                         % 求一个特解：最少非零元素的最小二乘解
```

Warning：System is rank deficient. Solution is not unique.（警告：系数矩阵不满秩，解不唯一）

```
> In D:\MATLAB6p5\toolbox\symbolic\@sym\mldivide.m at line 38
X =
[13/6]
[ 5/6]
[ 0  ]
[-1/3]
```

若用 rref 求解（上面续）

```
>> C = rref(AB)
C =
[    1,    0,     1,    0,   13/6]
[    0,    1,    -1,    0,    5/6]
[    0,    0,     0,    1,   -1/3]
[    0,    0,     0,    0,    0  ]
```

由此得解向量 $X = \left(\frac{13}{6}, \frac{5}{6}, 0, -\frac{1}{3}\right)^{\mathrm{T}}$ 即是一个特解.（见第四章例 14.）

(2) 求齐次线性方程组的通解

在 MATLAB 中，函数 null 用来求解零空间，即满足 $\boldsymbol{AX} = \boldsymbol{0}$ 的解空间，实际上是求出齐次线性方程组 $\boldsymbol{AX} = \boldsymbol{0}$ 的一个基础解系.

例 18 求齐次线性方程组 $\begin{cases} x_1 + 2x_2 + 3x_3 + 4x_4 = 0 \\ 2x_1 - x_2 + x_3 - 2x_4 = 0 \\ 3x_1 + x_2 + 4x_3 + 2x_4 = 0 \end{cases}$ 的一个基础解系及通解.（见第四章例 10.）

```
>> A = sym([1, 2, 3, 4; 2, -1, 1, -2; 3, 1, 4, 2]);
>> C = null(A)                     % C 的列向量是方程组 AX = 0 的基础解系
C =
[-1, 0]
```

```
[-1, -2]
[ 1,  0]
[ 0,  1]
>> syms k1 k2                    % 定义符号变量
>> X = k1 * C(:, 1) + k2 * C(:, 2)   % 写出方程组的通解
X =
[           -k1]
[ -k1 - 2 * k2]
[            k1]
[            k2]
```

(3) 求非齐次线性方程组的通解

非齐次线性方程组需要先判断方程组 $\boldsymbol{AX} = \boldsymbol{B}$ 是否有解;若有解,则求 $\boldsymbol{AX} = \boldsymbol{B}$ 的一个特解;再去求导出组 $\boldsymbol{AX} = \boldsymbol{0}$ 的通解;最后写出 $\boldsymbol{AX} = \boldsymbol{B}$ 的通解.

例 19 求方程组 $\begin{cases} x_1-2x_2+x_3-\ \ x_4=\ \ 1, \\ x_1-2x_2+x_3+\ \ x_4=-1, \\ x_1-2x_2+x_3+5x_4=-5 \end{cases}$ 的通解.(见第四章例 13.)

```
>> A = sym([1, -2, 1, -1; 1, -2, 1, 1; 1, -2, 1, 5]); B = sym([1, -1, -5]'); AB = [A, B];
>> r_AB = rank(AB), r_A = rank(A)
r_AB =
2
r_A =
2
```

因为 $r(\boldsymbol{A}) = r(\bar{\boldsymbol{A}}) = r < n$,所以有无穷多解.

```
>> X0 = A\B                       % 求 AX = B 的一个特解
Warning: System is rank deficient. Solution is not unique.
> In D:\MATLAB6p5\toolbox\symbolic\@sym\mldivide.m at line 38
X0 =
[ 0]
[ 0]
[ 0]
[-1]
```

```
>> C = null(A)                              % 求 AX = 0 的基础解系
C =
[  2,   -1]
[  1,    0]
[  0,    1]
[  0,    0]
>> syms k1 k2
>> X1 =  k1 * C(:, 1) + k2 * C(:, 2); % 方程组 AX = 0 的通解
>> X = X0 + X1                              % 写出方程组 AX = B 的通解
X =
[2 * k1 - k2]
[        k1]
[        k2]
[        -1]
```

此例也可用 rref 求解(读者可自己一试).

最后,我们介绍用求解一般代数方程组的命令 solve 来求线性方程组.

例 20 求上例中的解.

```
>> syms x1 x2 x3 x4
>> [x1, x2, x3, x4] = solve('x1 - 2 * x2 + x3 - x4 = 1', 'x1 - 2 * x2 +
x3 + x4 = -1', 'x1 - 2 * x2 + x3 + 5 * x4 = -5')
Warning: Explicit solution could not be found.
> In D:\MATLAB6p5\toolbox\symbolic\solve.m at line 136
```

此时得不到方程组的解. 但若加一个"无用"的方程 $0x_1 = 0$, 则

```
>> [x1, x2, x3, x4] = solve('x1 - 2 * x2 + x3 - x4 = 1', 'x1 - 2 * x2 +
x3 + x4 = -1', 'x1 - 2 * x2 + x3 + 5 * x4 = -5', '0 * x1 = 0')
x1 =
2 * x2 - x3
x2 =
x2
x3 =
x3
x4 =
-1
```

得到的解与上例相同,什么道理得问 MATLAB 软件开发者.

例 21 解线性方程组 $\begin{cases} x_1+3x_2-2x_3=4, \\ 3x_1+2x_2-5x_3=11, \\ x_1-4x_2-x_3=3, \\ -2x_1+x_2+3x_3=-7. \end{cases}$（见第四章例 3.）

```
>> [x1, x2, x3] = solve('x1 + 3 * x2 - 2 * x3 = 4 ', '3 * x1 + 2 * x2 - 5 * x3 = 11 ', 'x1 - 4 * x2 - x3 = 3 ', '- 2 * x1 + x2 + 3 * x3 = -7 ')
x1 =
11 * x2 + 2
x2 =
x2
x3 =
7 * x2 - 1
```

可知方程组有一个自由未知量,为了得到与第四章例 3 中相同的结果. 可如下进行

```
>> [x1, x2] = solve('x1 + 3 * x2 - 2 * x3 = 4 ', '3 * x1 + 2 * x2 - 5 * x3 = 11 ', 'x1 - 4 * x2 - x3 = 3 ', '- 2 * x1 + x2 + 3 * x3 = -7 ', 'x1 ', 'x2 ')
x1 =
11/7 * x3 + 25/7
x2 =
1/7 * x3 + 1/7
```

6. 特征值、矩阵对角化与二次型

(1) 特征值与特征向量的求法

例 22 求矩阵 $\boldsymbol{A}=\begin{pmatrix} -1 & 1 & 0 \\ -4 & 3 & 0 \\ 1 & 0 & 2 \end{pmatrix}$ 的特征值和特征向量.（见第五章例 3.）

```
>> A = sym([-1, 1, 0; -4, 3, 0; 1, 0, 2]);
>> PA = poly(A)            % 求 A 的特征多项式
PA =
x^3 - 4 * x^2 + 5 * x - 2
>> x = solve(PA)           % 求特征方程的根(即特征值)
x =
[2]
[1]
```

```
[1]
```

若用 MATLAB 内建函数 eig(A)求解此类问题将会很轻松. 其格式为:

d = eig(A):以列向量形式返回方阵 A 的特征值;

[V, D] = eig(A):返回两个矩阵 V 和 D,其中 D 为方阵 A 的特征值构成的对角阵,V 的列向量为对应的特征向量.

(上面续)

```
>> d= eig(A)
d =
[2]
[1]
[1]
>> [V, D] = eig(A)
V =
[-1, 0]
[-2,  0]
[  1,  1]
D =
[1, 0, 0]
[0, 1, 0]
[0, 0, 2]
```

注意在 $\boldsymbol{D}$ 的主对角线上的值才是特征值,特征值 $\lambda_1 = \lambda_2 = 1$(二重)对应的特征向量为 $(-1, -2, 1)^T$;特征值 $\lambda_3 = 2$ 对应的特征向量为$(0, 0, 1)^T$.

```
>> A * V (:, 1) = = D(1, 1) * V (:, 1)      % 验证 V (:, 1)为 A 的属于
                                              特征值 D(1, 1)的特征向量
ans =
      1
      1
      1
```

其中符号"=="表示比较两边的矩阵,当它们相等时返回 1,当它们不相等时返回 0. 注意它与等号"="的区别.

同理可验证 V (:,2)为 $\boldsymbol{A}$ 的属于特征值 $D(3, 3)$的特征向量.

例 23 判断矩阵 $\boldsymbol{A} = \begin{pmatrix} 4 & 6 & 0 \\ -3 & -5 & 0 \\ -3 & -6 & 1 \end{pmatrix}$ 是否可以对角化,若能对角化,则

求出可逆矩阵 $\boldsymbol{P}$ 及 $\boldsymbol{A}$ 的相似对角阵 $\boldsymbol{\Lambda}$.(见第五章例 10.)

```
>> A = sym([4, 6, 0; -3, -5, 0; -3, -6, 1]); [P, D] = eig(A)
P =
[-1,-2,  0]
[ 1,  1,  0]
[ 1,  0,  1]
D =
[-2,  0,  0]
[ 0,  1,  0]
[ 0,  0,  1]
```

因为 $\boldsymbol{P}$ 为三阶方阵(即有 3 个线性无关的特征向量),故 $\boldsymbol{P}$ 即为所求的可逆矩阵. 验证如下

```
>> P^-1*A*P
ans =
[-2,  0,  0]
[ 0,  1,  0]
[ 0,  0,  1]
```

由第五章的知识可知,对于 n 阶方阵 $\boldsymbol{A}$ 可对角化的条件是:方阵 $\boldsymbol{A}$ 有 n 个线性无关的特征向量. 而对于实对称矩阵,都可以对角化,而且必有正交矩阵 $\boldsymbol{Q}$,使得 $\boldsymbol{Q}^{\mathrm{T}}\boldsymbol{A}\boldsymbol{Q}=\boldsymbol{\Lambda}$,其中 $\boldsymbol{\Lambda}$ 是以 $\boldsymbol{A}$ 的 n 个特征值为对角元素的对角阵. 在 MATLAB 中我们可以运用函数 eig(A), orth(A), schur(A)都可直接求出正交阵 $\boldsymbol{Q}$.

例 24 设 $\boldsymbol{A}=\begin{pmatrix}0&1&1&-1\\1&0&-1&1\\1&-1&0&1\\-1&1&1&0\end{pmatrix}$,求正交矩阵 $\boldsymbol{Q}$,使 $\boldsymbol{Q}^{\mathrm{T}}\boldsymbol{A}\boldsymbol{Q}$ 为对角阵.(见第五章例 16.)

```
>> A = [0 1 1 -1; 1 0 -1 1; 1 -1 0 1; -1 1 1 0];
>> [Q, D] = eig(A)
Q =
   -0.5000    0.2887   0.7887    0.2113
    0.5000   -0.2887   0.2113    0.7887
    0.5000   -0.2887   0.5774   -0.5774
   -0.5000   -0.8660        0         0
```

```
D =
  -3.0000        0        0        0
        0   1.0000        0        0
        0        0   1.0000        0
        0        0        0   1.0000
>> Q'*Q                      %验证 Q'*Q 为单位阵
ans =
   1.0000   0.0000        0        0
   0.0000   1.0000   0.0000   0.0000
        0   0.0000   1.0000        0
        0   0.0000        0   1.0000
>> Q'*A*Q                    %验证 Q'* A*Q 为对角阵
ans =
  -3.0000        0        0        0
   0.0000   1.0000        0        0
        0   0.0000   1.0000   0.0000
        0   0.0000   0.0000   1.0000
>> Q1 = orth(A)
Q1 =
   0.5000        0   0.8660   0.0000
  -0.5000   0.0000   0.2887   0.8165
  -0.5000   0.7071   0.2887  -0.4082
   0.5000   0.7071  -0.2887   0.4082
```

同理可验证 $Q1'*Q1$ 为单位阵，$Q1'*A*Q1$ 为对角阵.

```
>> [Q2, D] = schur(A)
Q2 =
  -0.5000    0.2887   0.7887    0.2113
   0.5000   -0.2887   0.2113    0.7887
   0.5000   -0.2887   0.5774   -0.5774
  -0.5000   -0.8660        0         0
D =
```

```
   -3.0000         0         0         0
         0    1.0000         0         0
         0         0    1.0000         0
         0         0         0    1.0000
```

同样可验证 $Q2' * Q2$ 为单位阵,$Q2' * A * Q2$ 为对角阵.

由上面的计算我们看到,尽管 MATLAB 函数 eig(A)、orth(A)、schur(A)可方便地求出所需要的正交阵 $\boldsymbol{Q}$,但遗憾的是,这 3 个函数只能在 MATLAB 数值计算中运用,且求得的 $\boldsymbol{Q}$ 中元素都是近似值. 为了求得 $\boldsymbol{Q}$ 的精确值,我们采用 MATLAB 符号运算和编程功能,并在 MATLAB 中建立如下 M 文件(譬如文件名 duijiao. m):

```
A = input('输入实对称矩阵 A = ')
[m, n] = size(A); A = sym(A);
[V, D] = eig(A);                % 求特征值与特征向量
for k = 1:m                     % 施密特正交化 V 列向量
    c = V(:, k);
    for j = 1:k-1
        if k~ = 1
            c = c - dot(c, B(:, j))/dot(B(:, j), B(:, j)) * B(:, j);
     end
    end
    B(:, k) = c;
end
Q = normc(B)                   % 正交阵
disp('检验')
QTQ = Q ' * Q, QTAQ = Q ' * A * Q
```

(文件保存后,在 MATLAB 命令窗口中输入 duijiao,运行并输入矩阵 A)

输入实对称矩阵 A = [0, 1, 1, -1; 1, 0, -1, 1; 1, -1, 0, 1; -1, 1, 1, 0];

[结果显示]

```
Q =
[   1/2*2^(1/2),   1/6*6^(1/2),  -1/6*3^(1/2),        1/2]
[   1/2*2^(1/2),  -1/6*6^(1/2),   1/6*3^(1/2),       -1/2]
[             0,   1/3*6^(1/2),   1/6*3^(1/2),       -1/2]
[             0,             0,   1/2*3^(1/2),        1/2]
```

```
QTQ =
[1, 0, 0, 0]
[0, 1, 0, 0]
[0, 0, 1, 0]
[0, 0, 0, 1]
QTAQ =
[1, 0, 0,  0]
[0, 1, 0,  0]
[0, 0, 1,  0]
[0, 0, 0, -3]
```

应用上述方法，我们可以将二次型 $f = \boldsymbol{X}^{\mathrm{T}}\boldsymbol{A}\boldsymbol{X}$ 化为标准形.

例 25 求一个正交变换 $\boldsymbol{X} = \boldsymbol{Q}\boldsymbol{Y}$ 把二次型 $f(x_1, x_2, x_3) = x_1^2 + 4x_2^2 + x_3^2 - 4x_1x_2 - 8x_1x_3 - 4x_2x_3$ 化为标准形.（见第六章例 4）

(运行文件 duijiao.m 并输入二次型矩阵 A)

输入实对称矩阵 A=[1 -2 -4; -2 4 -2; -4 -2 1];

[结果显示]

```
Q =
[    1/5*5^(1/2), -4/15*5^(1/2),       2/3]
[   -2/5*5^(1/2), -2/15*5^(1/2),       1/3]
[              0,   1/3*5^(1/2),       2/3]
>> syms y1 y2 y3 real               % 定义实符号变量
>> Y = [y1 y2 y3]';
>> X = Q*Y                          % 求正交变换
X =
[  1/5*5^(1/2)*y1-4/15*5^(1/2)*y2+2/3*y3]
[ -2/5*5^(1/2)*y1-2/15*5^(1/2)*y2+1/3*y3]
[                  1/3*5^(1/2)*y2+2/3*y3]
>> f = X'*A*X
f =
(5^(1/2)*y1-4/3*5^(1/2)*y2-8/3*y3)*(1/5*5^(1/2)*y1-4/15*5^(1/2)*y2+2/3*y3)+(-2*5^(1/2)*y1-2/3*5^(1/2)*y2-4/3*y3)*(-2/5*5^(1/2)*y1-2/15*5^(1/2)*y2+1/3*y3)+(5/3*5^(1/2)*y2-8/3*y3)*(1/3*5^(1/2)*y2+2/3*y3)
```

```
>> simplify(f)                    %化简 f
ans =
5 * y1^2 + 5 * y2^2 - 4 * y3^2
```

例 26 判别二次型 $f(x_1, x_2, x_3) = 2x_1^2 + 8x_2^2 - 4x_3^2 + 4x_1x_2 + 2x_1x_3$ 的正定性.

```
>> A = sym([2 2 1; 2 8 0; 1 0 -4]);
>> for k = 1:3, det(A(1:k, 1:k)), end          %求各阶顺序主子式
ans =
2
ans =
12
ans =
-56
```

因为三阶顺序主子式为负,所以二次型非正定.

§7.2 投入产出模型简介

投入产出分析方法是由俄裔美国经济学家里昂惕夫(W. Leontief)于1936年创建,并于1973年获得诺贝尔经济学奖.这是一种用来全面分析某个经济系统内各部门的消耗(即投入)及产品的生产(即产出)之间的数量依存关系的线性模型,用于经济分析和预测.目前,这一方法已成为世界各国、各地区,乃至于各企业研究经济、规划经济的常规手段.

"投入"是指任何一个部门在产品生产过程中所消耗的原材料、辅助材料、燃料、动力、固定资产(厂房、设备等)折旧和劳动力等."产出"是指各个部门生产的产品以及它被分配使用于生产消费和生活消费、积累和出口等各个去向.投入产出表是把国民经济各个部门的投入来源和产出去向排列成一张表,用以集中反映国民经济各部门的技术经济联系.投入产出方法是利用数学方法、电子计算机和投入产出表研究各种经济活动的投入与产出之间的数量关系,特别是研究和分析国民经济各个部门在产品的生产与消耗之间的数量依存关系的一种方法.

在利用投入产出方法研究经济问题时,我们通常通过建立数学模型来表示所研究的经济活动之间的数量依存关系,所以也常使用投入产出模型这一名词.

投入产出模型按照分析时期的不同,可划分为静态投入产出模型和动态投

入产出模型;投入产出表按其不同的分类标准,也可划分成不同类型. 按照计量单位不同,投入产出表可划分为价值型投入产出表(以货币单位为计量单位)和实物型投入产出表(以实物度量单位为基础).

投入产出模型主要由投入产出表与平衡方程组构成. 我们仅介绍价值型投入产出模型,因此下面的产品量是指产品的价值而不是产品的数量. 利用投入产出方法进行经济分析和计划工作之前,首先要根据某一年份的实际统计资料编制一个投入产出表.

一、价值型投入产出表

设一个经济系统有 n 个部门,各部门分别用 $1, 2, \cdots, n$ 表示. 部门 i 只生产一种产品 i(称为部门 i 的产出),且产品 i 仅由部门 i 生产. 部门 i 在生产过程中需要消耗另一部门 j 的产品(称为部门 j 对部门 i 的投入),所以各部门之间形成了一个互相交错的关系,这个关系可以用投入产出表(如表 7-1 所示)完全展现出来.

表 7-1　价值型投入产出表

产出 / 投入		中间产品 消耗部门 1	2	…	j	…	n	合计	最终产出 消费 积累 其他	最终产出 合计	总产出
生产部门	1	x_{11}	x_{12}	…	x_{1j}	…	x_{1n}	$\sum_j x_{1j}$		y_1	x_1
	2	x_{21}	x_{22}	…	x_{2j}	…	x_{2n}	$\sum_j x_{2j}$		y_2	x_2
	⋮	⋮	⋮		⋮		⋮	⋮		⋮	⋮
	i	x_{i1}	x_{i2}	…	x_{ij}	…	x_{in}	$\sum_j x_{ij}$		y_i	x_i
	⋮	⋮	⋮		⋮		⋮	⋮		⋮	⋮
	n	x_{n1}	x_{n2}	…	x_{nj}	…	x_{nn}	$\sum_j x_{nj}$		x_n	x_n
合计		$\sum_i x_{i1}$	$\sum_i x_{i2}$	…	$\sum_i x_{ij}$	…	$\sum_i x_{in}$	$\sum\sum x_{ij}$		$\sum_i y_i$	$\sum_i x_i$
新创造价值	劳动报酬	ν_1	ν_2	…	ν_j	…	ν_n	$\sum_j \nu_j$			
	纯收入	m_1	m_2	…	m_j	…	m_n	$\sum_j m_j$			
	合计	z_1	z_2	…	z_j	…	z_n	$\sum_j z_j$			
总投入		x_1	x_2	…	x_j	…	x_n	$\sum_j x_j$			

其中

$x_i(i=1,2,\cdots,n)$ 表示第 i 部门的产品总量；

$y_i(i=1,2,\cdots,n)$ 表示第 i 部门的最终产品量；

$x_{ij}(i,j=1,2,\cdots,n)$ 表示第 i 部门提供给第 j 部门的产品量，即第 j 部门消耗第 i 部门的产品量，简称部门间流量；

$\nu_j(j=1,2,\cdots,n)$ 表示第 j 部门的劳动报酬(包括工资、奖金等)；

$m_j(j=1,2,\cdots,n)$ 表示第 j 部门创造的纯收入(包括利润、税金等)；

$z_j(j=1,2,\cdots,n)$ 表示第 j 部门新创造的价值：$z_j=\nu_j+m_j$.

表7-1从水平方向看，说明各部门产品按经济用途的分配使用情况. 各部门产品可以分为两大部分，即中间产品和最终产品. 中间产品是本时期内在生产领域中尚需进一步加工的产品. 这部分产品用来作为生产过程的原材料、辅助材料、动力等的消耗.

表7-1从垂直方向看，说明各部门产品的价值构成. 产品价值可以分为两大部分. 一部分是生产资料的转移价值. 它是由所消耗的生产资料的价值构成的，包括劳动对象的消耗，如原材料、辅助材料和动力等的价值和固定资产折旧. 另一部分是新创造价值，包括该部门的劳动报酬和社会纯收入.

投入产出表中以互相垂直的双线把整表格分成4个部分称为4个象限.

左上角为第Ⅰ象限，反映了该经济系统内各生产部门之间的技术性联系. 第 i 行表明第 i 部门作为生产部门，其产品在提供给其他各部门的消耗数量；第 j 列表明第 j 部门作为消耗部门，在生产过程中消耗其他部门产品的数量.

右上角为第Ⅱ象限，是第Ⅰ象限在水平方向上的延伸，反映了各生产部门可供社会最终消费、积累等情况. 第 i 行表明第 i 部门最终产品用于各种分配的数量；从列来看，表明用于消费、积累等方面的最终产品分别由各部门提供的数量.

左下角为第Ⅲ象限，是第Ⅰ象限在垂直方向的延伸，反映了总产品中新创造的价值部分. 第 j 列表明第 j 部门的新创造的价值，包括劳动报酬和该部门创造的纯收入；从行来看，表明各部门新创造价值的构成.

右下角为第Ⅳ象限，是由第Ⅱ、第Ⅲ象限共同延伸组成的，反映了总收入的再分配情况，因其比较复杂常被略去.

通过上面对投入产出表结构的分析，我们容易得出价值型投入产出表中的平衡方程.

二、平衡方程组

1. 产品分配平衡方程组

投入产出表 7-1 中的Ⅰ、Ⅱ象限中的行反映了各部门产品的去向,即有

总产品 = 中间产品 + 最终产出

用公式可表示为

$$\begin{cases} x_1 = x_{11} + x_{12} + \cdots + x_{1n} + y_1, \\ x_2 = x_{21} + x_{22} + \cdots + x_{2n} + y_2, \\ \cdots\cdots\cdots\cdots \\ x_n = x_{n1} + x_{n2} + \cdots + x_{nn} + y_n. \end{cases} \tag{7.1}$$

这个方程组反映了各物质生产部门的分配使用情况,通常称为**产品分配平衡方程组**.

2. 产值构成平衡方程组

投入产出表 7-1 中的Ⅰ、Ⅲ象限中的列反映了各部门产品的价值形成过程,即有

总产值 = 物资消耗 + 新创造价值

用公式可表示为

$$\begin{cases} x_1 = x_{11} + x_{21} + \cdots + x_{n1} + z_1, \\ x_2 = x_{12} + x_{22} + \cdots + x_{2n} + z_2, \\ \cdots\cdots\cdots\cdots \\ x_n = x_{1n} + x_{2n} + \cdots + x_{nn} + z_n. \end{cases} \tag{7.2}$$

这个方程组反映了各部门产品的价值构成,通常称为**产值构成平衡方程组**.

方程组(7.1)和(7.2)常称为**投入产出模型**,它们表示了所研究的经济活动之间的数量依存关系. 比较(7.1)和(7.2),容易看出:在一般情况下,一个部门的最终产品并不恒等于它所创造的价值,即等式 $y_i = x_i (i = 1, 2, \cdots, n)$ 非恒成立. 但是,所有部门的最终产品之和一定等于它们的创造价值之和,即

$$y_1 + y_2 + \cdots + y_n = z_1 + z_2 + \cdots + z_n.$$

三、直接消耗系数

为了揭示部门间流量与总投入的内在联系,还要考虑一个部门消耗各部门的产品在对该部门的总投入中占有多大比重,于是引进下面的概念.

定义 7.1 第 j 部门生产单位产品所直接消耗第 i 部门的产品数量称为第 j

部门对第 i 部门的**直接消耗系数**. 记作

$$a_{ij}=\frac{x_{ij}}{x_j}\ (i,\ j=1,\ 2,\ \cdots,\ n), \tag{7.3}$$

并称矩阵

$$\boldsymbol{A}=(a_{ij})_{n\times n}=\begin{pmatrix} a_{11} & a_{12} & \cdots & a_{1n} \\ a_{21} & a_{22} & \cdots & a_{2n} \\ \vdots & \vdots & & \vdots \\ a_{n1} & a_{n2} & \cdots & a_{nn} \end{pmatrix}$$

为**直接消耗系数矩阵**.

各物质生产部门的直接消耗系数,是以部门间的生产技术联系为基础的,因而是相对稳定的. 例如,生产一吨化肥所消耗的煤炭、电力等等,都是由生产技术条件决定的,所以直接消耗系数也称为技术系数. 部门间的直接消耗系数表明部门之间的直接联系强度. a_{ij} 的数值大,说明第 j 部门与第 i 部门联系密切;a_{ij} 的数值小,说明第 j 部门与第 i 部门联系松散, $a_{ij}=0$ 时, 表明第 j 部门与第 i 部门没有直接的生产与分配联系.

直接消耗系数 a_{ij} 数值的大小,取决于以下 3 方面:

① 该部门的技术水平和管理水平.

② 该部门的产品结构. 一个部门中包含有多种不同产品,这些产品对原材料、辅助材料、燃料等的消耗水平差别很大,所以产品结构变动对部门的直接消耗系数的数值影响很大.

③ 价格变动.

直接消耗系数具有以下性质.

性质 1 $a_{ij}\geqslant 0\ (i,\ j=1,\ 2,\ \cdots,\ n)$.

这一结论可由 $a_{ij}=\dfrac{x_{ij}}{x_j}$ 及 $x_{ij}\geqslant 0,\ x_j>0\ (i,\ j=1,\ 2,\ \cdots,\ n)$ 直接得到.

性质 2 $\sum\limits_{i=1}^{n}a_{ij}=a_{1j}+a_{2j}+\cdots+a_{nj}<1\ (j=1,\ 2,\ \cdots,\ n)$.

这一结论可由投入产出表 7-1 的经济意义推出. 事实上,如果存在 $k\ (1\leqslant k\leqslant n)$, 使得 $\sum\limits_{i=1}^{n}a_{ik}\geqslant 1$. 由 $a_{ik}=\dfrac{x_{ik}}{x_k}\ (i=1,\ 2,\ \cdots,\ n)$, 可得 $\sum\limits_{i=1}^{n}x_{ik}\geqslant x_k$. 这表明,部门 k 的总产出未超过该部门生产活动的总消耗,这样的生产活动是无法进行的. 由此可得性质 2 成立.

由性质 1 和性质 2,立即可以得到

$$0 \leqslant a_{ij} < 1 \quad (i,\ j = 1,\ 2,\ \cdots,\ n).$$

由(7.3)式,我们可以得到

$$x_{ij} = a_{ij}x_j \quad (i,\ j = 1,\ 2,\ \cdots,\ n). \tag{7.4}$$

将(7.4)式代入产品分配平衡方程组(7.1)式,得

$$\begin{cases} x_1 = a_{11}x_1 + a_{12}x_2 + \cdots + a_{1n}x_n + y_1, \\ x_2 = a_{21}x_1 + a_{22}x_2 + \cdots + a_{2n}x_n + y_2, \\ \cdots\cdots\cdots\cdots \\ x_n = a_{n1}x_1 + a_{n2}x_2 + \cdots + a_{nn}x_n + y_n. \end{cases} \tag{7.5}$$

它可以表示为矩阵形式

$$\boldsymbol{X} = \boldsymbol{AX} + \boldsymbol{Y}, \tag{7.6}$$

其中 $\boldsymbol{X} = (x_1,\ x_2,\ \cdots,\ x_n)^{\mathrm{T}}$ 与 $\boldsymbol{Y} = (y_1,\ y_2,\ \cdots,\ y_n)^{\mathrm{T}}$ 分别为总产品向量与最终产品向量.

由此可见,投入产出表实际上是一套借助于直接消耗系数把最终产品和总产品联系起来的方程组.

由(7.6)式得到

$$\boldsymbol{Y} = (\boldsymbol{I} - \boldsymbol{A})\boldsymbol{X}, \tag{7.7}$$

这里 $\boldsymbol{I} - \boldsymbol{A}$ 称为**里昂惕夫矩阵**.

定理 7.1 里昂惕夫矩阵的行列式 $|\boldsymbol{I} - \boldsymbol{A}| \neq 0$, 即里昂惕夫矩阵 $\boldsymbol{I} - \boldsymbol{A}$ 可逆.

证明 用反证法. 假设 $|\boldsymbol{I} - \boldsymbol{A}| = 0$, 则矩阵 $\boldsymbol{I} - \boldsymbol{A}$ 的行向量组必定线性相关,于是存在不全为零的数 $c_1,\ c_2,\ \cdots,\ c_n$. 令 $\boldsymbol{C} = (c_1,\ c_2,\ \cdots,\ c_n)$, 使

$$\boldsymbol{C}(\boldsymbol{I} - \boldsymbol{A}) = \boldsymbol{0} \tag{7.8}$$

在不全为零的数 $c_1,\ c_2,\ \cdots,\ c_n$ 中必有一个绝对值最大者,不妨设为 c_k,即 $|c_k| = \max\limits_{1 \leqslant i \leqslant n} |c_i|$.

对于(7.8)中第 k 个方程,我们有

$$c_k - \sum_{i=1}^{n} a_{ik}c_i = 0, \text{即 } c_k = \sum_{i=1}^{n} a_{ik}c_i.$$

两边取绝对值,有

$$|c_k| = \left|\sum_{i=1}^{n} a_{ik}c_i\right| \leqslant \sum_{i=1}^{n} |a_{ik}c_i| \leqslant \sum_{i=1}^{n} |a_{ik}||c_k|.$$

在上述不等式两端同除以$|c_k|$,得

$$1 \leqslant \sum_{i=1}^{n} |a_{ik}|.$$

由性质 1,我们有

$$\sum_{i=1}^{n} a_{ik} \geqslant 1.$$

这与性质 2 矛盾,因而 $|\boldsymbol{I}-\boldsymbol{A}| \neq 0$, 即 $\boldsymbol{I}-\boldsymbol{A}$ 可逆. ∎

将(7.4)式代入产值构成平衡方程组(7.2)式,得

$$\begin{cases} x_1 = a_{11}x_1 + a_{21}x_1 + \cdots + a_{n1}x_1 + z_1, \\ x_2 = a_{12}x_2 + a_{22}x_2 + \cdots + a_{n2}x_2 + z_2, \\ \cdots\cdots\cdots\cdots \\ x_n = a_{1n}x_n + a_{2n}x_n + \cdots + a_{nn}x_n + z_n, \end{cases}$$

即

$$\begin{cases} x_1 = \sum_{i=1}^{n} a_{i1}x_1 + z_1, \\ x_2 = \sum_{i=1}^{n} a_{i2}x_2 + z_2, \\ \cdots\cdots\cdots\cdots \\ x_n = \sum_{i=1}^{n} a_{in}x_n + z_n. \end{cases} \tag{7.9}$$

它可以表示为矩阵形式

$$\boldsymbol{X} = \boldsymbol{D}\boldsymbol{X} + \boldsymbol{Z}, \tag{7.10}$$

其中 $\boldsymbol{X} = (x_1, x_2, \cdots, x_n)^{\mathrm{T}}$, $\boldsymbol{Z} = (z_1, z_2, \cdots, z_n)^{\mathrm{T}}$ 分别为总产品向量与新创造价值向量,而

$$\boldsymbol{D} = \mathrm{diag}\left(\sum_{i=1}^{n} a_{i1}, \sum_{i=1}^{n} a_{i2}, \cdots, \sum_{i=1}^{n} a_{in}\right). \tag{7.11}$$

则公式(7.10)可写为

$$\boldsymbol{Z} = (\boldsymbol{I}-\boldsymbol{D})\boldsymbol{X}. \tag{7.12}$$

这里矩阵 $\boldsymbol{D}$ 有重要的经济意义,它可称为中间投入系数矩阵或劳动对象投入系数矩阵,其主对角线上的元素 $\sum_{i=1}^{n} a_{ij}$ 说明第 j 部门产值中消耗劳动对象(原

材料、辅助材料等)所占的比重.

四、平衡方程组的解

在利用投入产出模型进行经济分析时,首先要根据该经济系统报告期的实际统计数据求出直接消耗系数矩阵 $\boldsymbol{A}$. 平衡方程组(7.7)揭示了最终产品 $\boldsymbol{Y}$ 与总产品 $\boldsymbol{X}$ 之间的数量依存关系,由于直接消耗系数在一定时期内具有稳定性,所以常可以利用上一报告期的直接消耗系数来估计本报告期的直接消耗系数. 在直接消耗系数矩阵 $\boldsymbol{A}$ 已知的条件下,显然,最终产品 $\boldsymbol{Y}$ 可由总产品 $\boldsymbol{X}$ 唯一确定;反之,总产品 $\boldsymbol{X}$ 亦可由最终产品 $\boldsymbol{Y}$ 唯一确定(以销定产):

根据定理 7.1,在(7.7)式两端同时左乘 $(\boldsymbol{I}-\boldsymbol{A})^{-1}$, 得

$$\boldsymbol{X}=(\boldsymbol{I}-\boldsymbol{A})^{-1}\boldsymbol{Y}, \tag{7.13}$$

可以证明 $(\boldsymbol{I}-\boldsymbol{A})^{-1}$ 是非负的,从而 $\boldsymbol{X}$ 也是非负. 即 $\boldsymbol{X}=(x_1, x_2, \cdots, x_n)^{\mathrm{T}}$ 的各分量 $x_i \geqslant 0\ (i=1, 2, \cdots, n)$, 而这样的解在经济分析和预测中才具有实际意义.

平衡方程组(7.12)揭示了总产品 $\boldsymbol{X}$ 与新创造价值 $\boldsymbol{Z}$ 之间的数量依存关系. 在直接消耗系数矩阵 $\boldsymbol{A}$ 已知的条件下,新创造价值 $\boldsymbol{Z}$ 可由总产品 $\boldsymbol{X}$ 唯一确定;反之,总产品 $\boldsymbol{X}$ 亦可由新创造价值 Z 唯一确定:

这是因为,根据直接消耗系数 a_{ij} 的性质 2,对角阵 $\boldsymbol{I}-\boldsymbol{D}$ 的主对角元素均为正数,即 $1-\sum\limits_{i=1}^{n}a_{ij}>0$, 因此 $\boldsymbol{I}-\boldsymbol{D}$ 可逆,且对角阵 $(\boldsymbol{I}-\boldsymbol{D})^{-1}$ 的主对角元素均为正数. 于是在(7.12)式两端同时左乘 $(\boldsymbol{I}-\boldsymbol{D})^{-1}$, 得 $\boldsymbol{X}=(\boldsymbol{I}-\boldsymbol{D})^{-1}\boldsymbol{Z}$, 且 $\boldsymbol{X}$ 是非负的.

例 27 已知一个经济系统有 3 个部门,在某个生产周期内各部门之间的消耗系数及最终产品(单位:万元)如表 7-2 所示. 求各部门的总产品及各部门的新创造价值.

表 7-2

消耗系数 产出 / 投入		消耗部门			最终产品	总产品
		1	2	3		
生产部门	1	0.2	0.1	0.2	75	x_1
	2	0.1	0.2	0.2	120	x_2
	3	0.1	0.1	0.1	225	x_3

解 设 $x_i\ (i=1, 2, 3)$ 为第 i 部门的总产品,因为

$$A=\begin{pmatrix}0.2 & 0.1 & 0.2\\0.1 & 0.2 & 0.2\\0.1 & 0.1 & 0.1\end{pmatrix},\ Y=\begin{pmatrix}75\\120\\225\end{pmatrix},$$

则由公式(7.13)得

$$X=(I-A)^{-1}Y.$$

通过 MATLAB 计算,得

```
>> A = sym([0.2 0.1 0.2; 0.1 0.2 0.2; 0.1 0.1 0.1]); Y = sym([75 120 225]');
>> X = (eye(3) - A)^ - 1 * Y
X =
[200]
[250]
[300]
```

所以各部门的总产品为 $x_1=200$ 万元,$x_2=250$ 万元,$x_3=300$ 万元.

设 $z_i(i=1,2,3)$ 为第 i 部门的新创造价值,由(7.11)式和(7.12)式知,

$Z=(I-D)X$, 其中 $D=\mathrm{diag}\left(\sum_{i=1}^{n}a_{i1},\ \sum_{i=1}^{n}a_{i2},\ \cdots,\ \sum_{i=1}^{n}a_{in}\right)$.

再通过 MATLAB 计算(上面续),得

```
>> D = diag(sum(A));
>> Z = (eye(3) - D) * X
Z =
[120]
[150]
[150]
```

所以各部门的新创造价值为 $z_1=120$ 万元,$z_2=150$ 万元,$z_3=150$ 万元.

投入产出法来源于一个经济系统各部门生产和消耗的实际统计资料.它同时描述了当时各部门之间的投入与产出协调关系,反映了产品供应与需求的平衡关系,因而在实际中有广泛应用.在经济分析方面可以用于结构分析,还可以用于编制经济计划和进行经济调整等.

编制计划的一种作法是先规定各部门计划期的总产量,然后计算出各部门的最终需求;另一种作法是确定计划期各部门的最终需求,然后再计算出各部门

的总产出.后一种作法更符合以社会需求决定社会产品的原则,同时也有利于调整各部门产品的结构比例,是一种较合理的作法.

例 28 表 7-3 为某地区基于某年的统计数据(单位:百万元),制定的投入产出表.

表 7-3

部门间流量 投入\产出		中间产品 农业	中间产品 工业	中间产品 服务业	合计	最终产品 Y	总产出 X
产业	农业	27	44	2	73	120	193
	工业	58	11 010	182	11 250	13 716	24 966
	服务业	23	284	153	460	960	1 420
合计		108	11 338	337			
新创造价值 Z		85	13 628	1 083			
总投入 X		193	24 966	1 420			

如果给定下一年计划的最终产品量 $\boldsymbol{Y}=(135,\ 13\,820,\ 1\,023)^{\mathrm{T}}$,预测下一年各部门的总产出,并写出下一年的投入产出表.

解 设部门间流量矩阵为 $\boldsymbol{x}$,则

$$\boldsymbol{x}=\begin{pmatrix}27 & 44 & 2\\ 58 & 11\,010 & 182\\ 23 & 284 & 153\end{pmatrix},$$

已知该年的各部门总产出为 $\boldsymbol{X}=(193,\ 24\,966,\ 1\,420)^{\mathrm{T}}$

根据直接消耗系数的定义(7.3)式,利用 MATLAB 计算:

```
>> x = sym([27 44 2; 58 11010 182; 23 284 153]);
>> X = sym([193 24966 1420]');
>> for j = 1:3, A(:, j) = x(:, j)./X(j); end
>> vpa(A, 4)          % 指定 4 位相对精度给出 A 的数值型符号结果
ans =
[   .1399, .1762e-2, .1408e-2]
[     .3005,     .4410,      .1282]
[   .1192, .1138e-1,      .1077]
```

得直接消耗系数矩阵

$$A = \begin{pmatrix} 0.139\,9 & 0.001\,8 & 0.001\,4 \\ 0.300\,5 & 0.441\,0 & 0.128\,2 \\ 0.119\,2 & 0.011\,4 & 0.107\,7 \end{pmatrix}.$$

假定直接消耗系数是不变的,因此,可把 A 作为下一年的直接消耗系数矩阵. 如果给定下一年计划的最终产品为 $Y_1 = (135,\ 13\,820,\ 1\,023)^{\mathrm{T}}$,按公式 $X = (I - A)^{-1}Y$ 可以预测下一年总产出量 X_1. 通过 MATLAB 计算

（上面续）

```
>> Y1 = sym([135 13820 1023]');
>> X1 = (eye(3) − A)^ − 1 * Y1; X1 = vpa(X1)
X1 =
```

$[211.00039292801347910978920381289]$

$[25179.086672290079408765471481508]$

$[1495.7285727994926742044091534847]$

得下一年各部门的总产出为 $x_1 = 211$ 百万元,$x_2 = 25\,179$ 百万元,$x_3 = 1\,496$ 百万元. 这个结果表明:若各部门在下一年内向市场提供的商品量为 $y_1 = 135$ 百万元,$y_2 = 13\,820$ 百万元,$y_3 = 1\,023$ 百万元,则应向它们下达生产指标 $x_1 = 211$ 百万元,$x_2 = 25\,179$ 百万元,$x_3 = 1\,496$ 百万元. 利用这一结果,并用 MATLAB 计算,可进一步得到 $x_{ij} = a_{ij}x_j\,(i,\ j = 1,\ 2,\ 3)$ 和 $z_j\,(j = 1,\ 2,\ 3)$.

（上面续）

```
>> for j = 1:3, x(:, j) = A(:, j). * X1(j); end
>> x1 = vpa(x, 5)
x1 =
```

$[29.518,\ 44.376,\ 2.1067]$

$[63.409,\ 11104,\ 191.71]$

$[25.145,\ 286.42,\ 161.16]$

```
>> D = diag(sum(A));
>> Z1 = (eye(3) − D) * X1
Z1 =
```

$[92.927634191094019297057421368371]$

$[13744.315996554081638334368555235]$

$[1140.7563692548243423685740233971]$

即可预测下一年各部门的流量和各部门的新创造价值（见表 7-4）,从而为决策提供依据.

表 7-4

部门间流量（产出／投入）		中间产品			合计	最终产品 Y	总产出 X
		农业	工业	服务业			
产业	农业	29.5	44.4	2.1		135	211.0
	工业	63.4	11 104.0	191.7		13 820	25 179.1
	服务业	25.1	286.4	161.2		1 023	1 495.7
合计							
新创造价值 Z		92.9	13 744.3	1 140.8			
总投入 X		211.0	25 179.1	1 495.7			

(表中各数据均为近似值.)

五、完全消耗系数

直接消耗系数 a_{ij} 反映了第 j 部门在生产单位产品时，所需直接消耗第 i 部门产品的数量. 然而，在生产过程中，第 j 部门还有可能通过第 k 部门的产品(第 k 部门要消耗第 i 部门的产品)间接消耗第 i 部门的产品. 例如，飞机制造部门除了直接消耗电力外，还要消耗铝、钢等产品，而生产铝、钢等产品的部门也需要消耗电力. 对于飞机制造部门来说，这类消耗是对电力的间接消耗. 因此有必要引进刻画部门之间的完全联系量.

定义 7.2 第 j 部门生产单位产品对第 i 部门产品的完全消耗量，称为第 j 部门对第 i 部门的**完全消耗系数**. 记作

$$b_{ij} \quad (i,\ j = 1,\ 2,\ \cdots,\ n),$$

并称矩阵

$$\boldsymbol{B} = (b_{ij})_{n\times n} = \begin{pmatrix} b_{11} & b_{12} & \cdots & b_{1n} \\ b_{21} & b_{22} & \cdots & b_{2n} \\ \vdots & \vdots & & \vdots \\ b_{n1} & b_{n2} & \cdots & b_{nn} \end{pmatrix}$$

为**完全消耗系数矩阵**.

显然，一种产品对某种产品的完全消耗等于直接消耗和全部间接消耗的总和，相应的完全消耗系数就是直接消耗系数和全部间接消耗系数的总和. 所以，完全消耗系数 b_{ij} 应包括两部分：

① 对第 i 部门的直接消耗系数 a_{ij}；

② 通过第 k 部门而间接消耗第 i 部门的量 $b_{ik}a_{kj}$ $(k=1, 2, \cdots, n)$. 于是有

$$b_{ij}=a_{ij}+\sum_{k=1}^{n}b_{ik}a_{kj}\quad (i, j=1, 2, \cdots, n),$$

它可以表示为矩阵形式

$$\boldsymbol{B}=\boldsymbol{A}+\boldsymbol{B}\boldsymbol{A},$$

即

$$\boldsymbol{B}(\boldsymbol{I}-\boldsymbol{A})=\boldsymbol{A}.$$

两端同时右乘 $(\boldsymbol{I}-\boldsymbol{A})^{-1}$，得

$$\boldsymbol{B}=\boldsymbol{A}(\boldsymbol{I}-\boldsymbol{A})^{-1}=[\boldsymbol{I}-(\boldsymbol{I}-\boldsymbol{A})](\boldsymbol{I}-\boldsymbol{A})^{-1}=(\boldsymbol{I}-\boldsymbol{A})^{-1}-\boldsymbol{I},$$

所以

$$\boldsymbol{B}=(\boldsymbol{I}-\boldsymbol{A})^{-1}-\boldsymbol{I}. \tag{7.14}$$

(7.14)式表明，完全消耗系数可由直接消耗系数求得.

完全消耗系数是一个国家的经济结构分析及经济预测的重要参数，它的求得是投入产出模型的最显著的特点.

从上面的介绍可以看出矩阵理论在投入产出方法中有着显著的应用. 当然，投入产出分析的理论和应用还涉及许多问题，这里不作进一步讨论，读者若想有更多的了解可以参阅有关的专著.

背景资料(7)

MATLAB 的首创是在数值代数领域颇有影响的 Cleve Moler 博士，20 世纪 70 年代后期，身为美国 New Mexico 大学计算机系系主任的 Cleve Moler，在给学生讲授线性代数课程时，想教学生使用当时流行的 EISPACK(基于特征值计算的软件包)和 LINPACK(线性代数软件包)中的子程序，但他发现学生用 FORTRAN 编写接口程序很费时间，于是他开始自己动手，利用业余时间为学生编写 EISPACK 和 LINPACK 的接口程序. Cleve Moler 给这个接口程序取名为 MATLAB，该名为矩阵(MATrix)和实验室(LABoratory)两个英文单词的前 3 个字母的组合. 在以后的数年里，MATLAB(1982 年推出第一个版本)在多所大学里作为教学辅助软件使用，并作为面向大众的免费软件广为流传.

1983 年春，Cleve Moler 到 Standford 大学讲学，MATLAB 深深地吸引了工程师 John Little. John Little 敏锐地觉察到 MATLAB 在工程领域的广阔前景. 同年，他和 Cleve Moler，Steve Bangert 一起，在 DOS 环境下用 C 语言开发了第二代专业版，它同时具备了数值计算和数据图示化的功能.

1984 年,Cleve Moler 和 John Little 成立了 MathWorks 软件公司,正式把 MATLAB 推向市场,并继续进行 MATLAB 的扩展和改进.

1992 年 MathWorks 公司推出了具有划时代意义的 MATLAB V4.0 版,1993 年推出了可用于 IBM PC 及其兼容机上的微机版,特别是与 Windows 配合使用、交互式模型输入与仿真系统 SIMULINK,使 MATLAB 的应用得到了前所未有的发展.

MathWorks 公司于 1995 年推出 4.2C 版(for win3.X),1997 年推出 5.0 版允许了更多的数据结构,1999 年初推出的 5.3 版在很多方面又进一步改进了 MATLAB 语言的功能,2003 年推出 6.5.1 版,目前最新版本MATLAB R2011b.

现今,MATLAB 的发展已大大超出了"矩阵实验室"的范围,在许多国际一流专家学者的支持下,经过 MathWorks 公司的不断完善和多年的国际竞争,MATLAB 已经发展成为适合多学科,多种工作平台的功能强大的大型软件,已经占据了数值软件市场的主导地位.

投入产出表于 20 世纪 30 年代产生,它是由俄裔美国经济学家、哈佛大学教授里昂惕夫首先提出并加以研究的.他从 1931 年开始研究投入产出分析,编制投入产出表,其目的是用以研究美国的经济结构.1936 年 8 月在《经济学和统计学评论》上发表了《美国经济制度中投入产出数量关系》一文.这篇文章是世界上有关投入产出分析的第一篇论文,它标志着投入产出分析的诞生.以后通过若干年的研究,他提出了投入产出表的编制方法,奠定了投入产出分析的基本原理.由于里昂惕夫在投入产出分析方面的卓越贡献,他于 1973 年获得第五届诺贝尔经济学奖.

在里昂惕夫刚提出投入产出分析方法后,并没有得到各国政府和经济学界的重视.直到第二次世界大战爆发后,各国政府需要对经济进行控制和干预,迫切需要一种比较科学、比较精确的经济计量方法,投入产出技术才引起人们的关注,由此得到普及和推广,并被应用到经济活动中去.应用最早的是美国劳工部劳动统计局在里昂惕夫的指导下,于 1942—1944 年编制了美国 1939 年投入产出表,利用这张表来研究美国的经济结构,预测战后美国的钢铁工业的生产和美国的就业情况,制定战时军备生产计划,研究裁军对美国经济的影响,收到了良好的效果.由此,得到了美国政府和经济学界的重视,引起了世界各国的关注.

由于投入产出表的科学性、先进性和实用性,自 20 世纪 50 年代以来世界各国纷纷研究投入产出分析、编制投入产出表.50 年代投入产出方法首先传到西欧和日本,接着波兰、匈牙利也开始研究和编制投入产出表,50 年代中期又传入苏联.到 60 年代形成高潮,西欧各国都编制投入产出表,日本则 5 年编一次.到 1990 年,除个别国家外,世界上绝大多数国家都编制了投入产出表.

我国是在20世纪50年代末、60年代初引进投入产出技术的，受传统经济体制的影响，当时仅限于理论研究，文化大革命中受到了严厉的批判．我国70年代才开始实质性的投入产出研究工作，1974年8月，为研究宏观经济问题、编制国民经济计划，在国家统计局和国家计委的组织下，由国家统计局、国家计委、中国科学院、中国人民大学、原北京经济学院等单位联合编制了我国第一张实物型投入产出表(《1973年实物型投入产出表》)．1978年改革开放以后，这项研究工作得到了重视．1980年在山西省开始试点编制《1979年山西省投入产出表》，以后陆续深入．1988年3月，国务院办公厅印发了《关于进行全国投入产出调查的通知》，决定在全国范围内进行第一次投入产出专项调查，编制1987年全国投入产出表，以后每5年进行一次．为了组织协调1987年投入产出专项调查工作，成立了国务院全国投入产出调查协调小组，于1988年上半年完成了1987年全国投入产出专项调查任务，并于1989年初顺利完成了1987年全国投入产出表的编制工作，1991年4月，《1987年中国投入产出表》正式出版发行．这张表的编制成功，标志着我国投入产出分析步入世界先进行列．可以说，投入产出模型作为管理经济的重要工具和手段，已经在我国的经济生活中发挥着重要的、不可替代的作用．

习　题　七

1. 已知 $\boldsymbol{A}=\begin{pmatrix}4 & -2 & 2\\ -3 & 0 & 5\\ 1 & 5 & 3\end{pmatrix}$，$\boldsymbol{B}=\begin{pmatrix}1 & 3 & 4\\ -2 & 0 & -3\\ 2 & -1 & 1\end{pmatrix}$，在MATLAB命令窗口中建立 $\boldsymbol{A}$，$\boldsymbol{B}$ 矩阵并对其进行以下操作(写出操作命令和运行结果)：

(1) 计算矩阵 $\boldsymbol{A}$ 的行列式值 $\det(\boldsymbol{A})$；

(2) 分别计算下列各式：$2\boldsymbol{A}-\boldsymbol{B}$，$\boldsymbol{A}^{\mathrm{T}}$，$\boldsymbol{A}*\boldsymbol{B}$，$\boldsymbol{A}\boldsymbol{B}^{-1}$，$\boldsymbol{A}^{-1}\boldsymbol{B}$，$\boldsymbol{A}^2$．

2. 在MATLAB中进行以下操作(写出操作命令和运行结果)：

(1) 分别利用矩阵的初等行变换及函数rank，求矩阵 $\boldsymbol{A}=\begin{pmatrix}1 & -6 & 3 & 2\\ 3 & -5 & 4 & 0\\ -1 & -11 & 2 & 4\end{pmatrix}$ 的秩．

(2) 利用函数inv，求矩阵 $\boldsymbol{A}=\begin{pmatrix}3 & 4 & 4\\ 2 & 2 & 1\\ 1 & 2 & 2\end{pmatrix}$ 的逆矩阵 $\boldsymbol{A}^{-1}$．

(3) 至少用两种方法，求矩阵 $\boldsymbol{B}=\begin{pmatrix}3&5&0&1\\1&2&0&0\\1&0&2&0\\1&2&0&2\end{pmatrix}$ 的逆矩阵 $\boldsymbol{B}^{-1}$.

3. 在 MATLAB 中求下列各向量组的秩，并判断其线性相关性；找出向量组中的一个极大线性无关组，并将其余向量表示为该极大无关组的线性组合(写出操作命令和运行结果)：

(1) $\boldsymbol{\alpha}_1=(1,-2,2,3)^{\mathrm{T}}$, $\boldsymbol{\alpha}_2=(-2,4,-1,3)^{\mathrm{T}}$, $\boldsymbol{\alpha}_3=(-1,2,0,3)^{\mathrm{T}}$, $\boldsymbol{\alpha}_4=(0,6,2,3)^{\mathrm{T}}$；

(2) $\boldsymbol{\alpha}_1=(3,2,-2,4)^{\mathrm{T}}$, $\boldsymbol{\alpha}_2=(11,4,-10,18)^{\mathrm{T}}$, $\boldsymbol{\alpha}_3=(-5,0,6,-10)^{\mathrm{T}}$, $\boldsymbol{\alpha}_4=(-1,1,2,-3)^{\mathrm{T}}$；

(3) $\boldsymbol{\alpha}_1=(1,2,-2,1)^{\mathrm{T}}$, $\boldsymbol{\alpha}_2=(2,-3,2,1)^{\mathrm{T}}$, $\boldsymbol{\alpha}_3=(2,4,-2,4)^{\mathrm{T}}$, $\boldsymbol{\alpha}_4=(-1,2,0,3)^{\mathrm{T}}$.

4. 在 MATLAB 中判断下列方程组解的情况，若有解，求出唯一解或通解(写出操作命令和运行结果)：

(1) $\begin{cases}x_1-x_2+4x_3-2x_4=0,\\x_1-x_2-x_3+2x_4=0,\\3x_1+x_2+7x_3-2x_4=0,\\x_1-3x_2-12x_3+6x_4=0;\end{cases}$ (2) $\begin{cases}x_1+x_2-3x_3-x_4=1,\\3x_1-x_2-3x_3+4x_4=4,\\x_1+5x_2-9x_3-8x_4=0;\end{cases}$

(3) $\begin{cases}2x_1+3x_2+x_3=4,\\x_1-2x_2+4x_3=-5,\\3x_1+8x_2-2x_3=13,\\4x_1-x_2+9x_3=-6;\end{cases}$ (4) $\begin{cases}x_1+x_2+2x_3+3x_4=1,\\x_2+x_3-4x_4=1,\\x_1+2x_2+3x_3-x_4=4,\\2x_1+3x_2-x_3-x_4=-6;\end{cases}$

(5) $\begin{cases}x_1-x_2-x_4=0,\\x_1+2x_2+x_3+3x_4+x_5=0,\\2x_1+x_2+x_3+2x_4+x_5=0,\\3x_1+3x_2+2x_3+5x_4+2x_5=0;\end{cases}$ (6) $\begin{cases}x_1-2x_2+10x_3+6x_4=-4,\\x_1+3x_2-6x_3+2x_4=3,\\5x_1-3x_2+4x_3-2x_4=12,\\2x_1-x_2+2x_3=4.\end{cases}$

5. 用 MATLAB 将下列线性无关的向量组标准正交化(写出操作命令和运行结果).

(1) $\boldsymbol{\alpha}_1=\begin{pmatrix}1\\-2\\2\end{pmatrix}$, $\boldsymbol{\alpha}_2=\begin{pmatrix}-1\\0\\-1\end{pmatrix}$, $\boldsymbol{\alpha}_3=\begin{pmatrix}5\\-3\\-7\end{pmatrix}$;

(2) $\boldsymbol{\alpha}_1=\begin{pmatrix}1\\1\\1\end{pmatrix}$, $\boldsymbol{\alpha}_2=\begin{pmatrix}1\\2\\3\end{pmatrix}$, $\boldsymbol{\alpha}_3=\begin{pmatrix}1\\4\\9\end{pmatrix}$.

6. 在 MATLAB 中求下列矩阵的特征值和特征向量，并判断能否对角化，对于可对角化矩阵，求出可逆矩阵 $\boldsymbol{P}$，使得 $\boldsymbol{P}^{-1}\boldsymbol{AP}$：

(1) $\boldsymbol{A}=\begin{pmatrix}-1&2&0\\-2&3&0\\3&0&2\end{pmatrix}$;

(2) $\boldsymbol{A}=\begin{pmatrix}1&1&-1\\0&2&0\\0&0&3\end{pmatrix}$;

(3) $\boldsymbol{A}=\begin{pmatrix}4&2&3\\2&1&2\\-1&-2&0\end{pmatrix}$;

(4) $\boldsymbol{A}=\begin{pmatrix}5&4&-2\\4&5&2\\-2&2&8\end{pmatrix}$;

(5) $\boldsymbol{A}=\begin{pmatrix}2&-1&-1\\0&-1&0\\0&2&1\end{pmatrix}$;

(6) $\boldsymbol{A}=\begin{pmatrix}3&-1&0&0\\1&1&0&0\\-2&4&5&-3\\7&5&3&-1\end{pmatrix}$.

7. 用 MATLAB 求正交变换，将下列二次型化为标准形：

(1) $f(x_1, x_2, x_3)=5x_1^2+5x_2^2+3x_3^2-2x_1x_2+6x_1x_3-6x_2x_3$;

(2) $f(x_1, x_2, x_3)=3x_1^2+x_2^2+x_3^2-6x_1x_2-6x_1x_3-2x_2x_3$;

(3) $f(x_1, x_2, x_3, x_4)=x_1^2+x_2^2+x_3^2+x_4^2+2x_1x_2+2x_1x_3+2x_1x_4+2x_2x_3+2x_2x_4+2x_3x_4$;

(4) $f(x_1, x_2, x_3, x_4)=2x_1x_2+2x_1x_3-2x_1x_4-2x_2x_3+2x_2x_4+2x_3x_4$.

8. 用 MATLAB 判别下列二次型的正定性.

(1) $f(x_1, x_2, x_3)=5x_1^2+6x_2^2+4x_3^2-4x_1x_2-4x_2x_3$;

(2) $f(x_1, x_2, x_3)=2x_1^2+4x_2^2+5x_3^2-4x_1x_2$;

(3) $f(x_1, x_2, x_3, x_4)=x_1^2+3x_2^2+9x_3^2+16x_4^2-2x_1x_2+4x_1x_3+2x_1x_4-6x_2x_4-12x_3x_4$.

9. 已知某经济系统有 3 个部门，一个周期内产品的生产与分配如表 1 所示. 试求：

表 1　某经济系统的生产与分配表　　　　单位:万元

部门间流量 产出 / 投入		中间产品 1	中间产品 2	中间产品 3	最终产品	总产品
生产部门	1	100	25	30	y_1	400
	2	80	50	30	y_2	250
	3	40	25	60	y_3	300

(1) 直接消耗系数矩阵;

(2) 各部门的最终产品;

(3) 各部门的新创造价值.

10. 已知一个经济系统包含 3 个部门,报告期的投入产出表如表 2 所示(货币单位). 试求:

表 2

部门间流量 产出 / 投入		消费部门 1	消费部门 2	消费部门 3	最终产品	总产出
生产部门	1	32	10	10	28	80
	2	8	40	5	47	100
	3	8	10	15	17	50
新创造价值		32	40	20		
总投入		80	100	50		

(1) 直接消耗系数矩阵 A;

(2) 若各部门在计划期内的最终产品 $y_1 = 20$, $y_2 = 100$, $y_3 = 40$,预测各部门在计划期内的总产出 x_1, x_2, x_3.

11. 一个包括 3 个部门的经济系统,已知报告期的直接消耗系数矩阵为

$$\boldsymbol{A} = \begin{pmatrix} 0.2 & 0.2 & 0.3125 \\ 0.14 & 0.15 & 0.25 \\ 0.16 & 0.5 & 0.1875 \end{pmatrix},$$

如果计划期各部门的最终产品为 $Y = (60, 55, 120)^{\mathrm{T}}$,试写出计划期的投入产出平衡表.

12. 某地有 3 个产业,一个煤矿,一个发电厂和一条铁路,开采一元钱的煤,

煤矿要支付 0.25 元的电费及 0.25 元的运输费；生产一元钱的电力，发电厂要支付 0.65 元的煤费，0.05 元的电费及 0.05 元的运输费；创收一元钱的运输费，铁路要支付 0.55 元的煤费和 0.10 元的电费，在某一周内煤矿接到外地金额 50 000元定货，发电厂接到外地金额 25 000 元定货，外界对地方铁路没有需求. 问 3 个企业间一周内总产值多少才能满足自身及外界需求？3 个企业间相互支付多少金额？3 个企业各创造多少新价值？试列出投入产出平衡表回答上述 3 个问题.

习题参考答案

习 题 一

(A)

1. (1) 11,奇； (2) 6,偶； (3) 21,奇； (4) $(n-1)n$,偶.

2. (1) $i=6$, $k=4$； (2) $i=1$, $k=4$.

3. $1\leftrightarrow 4$；$3\leftrightarrow 1$；$5\leftrightarrow 3$；$6\leftrightarrow 2$；$7\leftrightarrow 5$；$7\leftrightarrow 6$.

4. 四阶：$a_{12}a_{23}a_{34}a_{41}$；五阶：$a_{12}a_{23}a_{31}a_{45}a_{54}$，$a_{12}a_{23}a_{34}a_{41}a_{55}$，$a_{12}a_{23}a_{35}a_{44}a_{51}$.

5. (1) $+$； (2) $-$； (3) $-$.

6. (1) 20； (2) 14； (3) $(-1)^{n+1}n!$； (4) $(-1)^{\frac{n(n-1)}{2}}d_1d_2\cdots d_n$；

(5) $(-1)^{\frac{n(n-1)}{2}}a_{1n}a_{2n-1}\cdots a_{n1}$.

7. 由于行列式中有一项是：$(a_{11}-\lambda)(a_{22}-\lambda)\cdots(a_{nn}-\lambda)$，因此其关于$\lambda$是$n$次的.

8. 2；-1.

9. 略.

10. (1) $k=0$； (2) $k\neq -2$ 及 $k\neq -3$； (3) $-2<k<2$.

11. (1) -15； (2) -2； (3) $\lambda^2-3\lambda+5$； (4) 1； (5) 1； (6) -10； (7) 30； (8) $abcd$； (9) -62； (10) 0； (11) 30； (12) 0； (13) 0； (14) $x^3(b-a)-x(b^3-a^3)+ab(b^2-a^2)$.

12. (1) $D_n=(-1)^n2^{n-1}$； (2) $D_n=n\cdot n!$.

13. (1) -72； (2) $abcd-bc$； (3) a^n-a^{n-2}； (4) $\dfrac{1-a^6}{1+a}$； (5) $2^{n+1}-1$； (6) $D_6=(ad-bc)^3$, $D_{2n}=(ad-bc)^n$.

14. 不能,由展开公式.

15. 能,由展开公式.

16. 0.

17. $-5(x-3)(x+3)(x-1)(x+1)$.

18. $x=0$ 或 $x=a_1+a_2+\cdots+a_n$.

19. 略.

20. (1) $(d-a)(d-b)(d-c)(c-a)(c-b)(b-a)$； (2) $-1\,036\,8$；

(3) $\prod\limits_{0\leqslant j<i\leqslant n}(i-j)$.

21. (1) $\begin{cases}x_1=1,\\x_2=-4,\\x_3=5;\end{cases}$ (2) $\begin{cases}x_1=0,\\x_2=1,\\x_3=0,\\x_4=1;\end{cases}$ (3) $\begin{cases}x=a,\\y=b,\\z=c.\end{cases}$

22. 当 $\lambda\neq-2$ 时,此解是 $\begin{cases}x_1=\dfrac{b_1+\lambda b_2}{2(2+\lambda)},\\x_2=\dfrac{b_1-2b_2}{2+\lambda}.\end{cases}$

23. 当 $\lambda\neq1\pm\sqrt{6}$ 时.

24. (1) 当 $\lambda=4$ 时,有非零解 $\begin{cases}x_1=2,\\x_2=3;\end{cases}$ 当 $\lambda=-1$ 时,有非零解 $\begin{cases}x_1=1,\\x_2=-1;\end{cases}$

(2) 当 $\lambda=0$ 时,有非零解 $\begin{cases}x_1=1,\\x_2=-1,\\x_3=0;\end{cases}$ 当 $\lambda=-3$ 时,有非零解 $\begin{cases}x_1=1,\\x_2=1,\\x_3=1;\end{cases}$

(3) 当 $\lambda=1$ 时,有非零解 $\begin{cases}x_1=1,\\x_2=0,\\x_3=-1;\end{cases}$ 当 $\mu=0$ 时,有非零解 $\begin{cases}x_1=1,\\x_2=1-\lambda,\\x_3=-1.\end{cases}$

25. 当 $t=15$ ℃ 时,$\rho=13.56$.

(B)

1. 略.

2. 略.

3. (1) $x^2+y^2+z^2+1$； (2) $6(n-3)!$； (3) $(2n-1)(n-1)^{n-1}$.

4. (1) 略； (2) 略； (3) 提示:就 $n=1$, $n=2$, $n\geqslant3$ 分别考虑.

5. (1) 按最后一行展开,$D_n=a_n\cdot D_{n-1}-b_{n-1}c_n\cdot D_{n-2}$； (2) 利用(1)结论.

6. (1) $(x+\sum\limits_{i=1}^{n}a_i)(x-a_1)(x-a_2)\cdots(x-a_n)$； (2) $x^n-x^{n-2}yz+x^{n-3}yz^2+\cdots+(-1)^{n-1}yz^{n-1}$； (3) $(-1)^{n+1}\dfrac{1}{2}(n+1)!$； (4) $\dfrac{1}{2}(n+1)(-n)^{n-1}$；

(5) $(-1)^{\frac{n(n-1)}{2}}\dfrac{1}{2}n^{n-1}(n+1)$.

7. $(x-a_1)(x-a_2)\cdots(x-a_n)$.

8. 略.

9. 提示:化至齐次线性方程组问题,只有零解.

10. 略.

习 题 二

(A)

1. (1) $\boldsymbol{A}-\boldsymbol{B}+\boldsymbol{C}=\begin{pmatrix}-2 & -5 & 0\\ 4 & 8 & -1\\ 2 & -1 & 4\end{pmatrix}$; $\boldsymbol{A}-2\boldsymbol{B}=\begin{pmatrix}-2 & -17 & -2\\ 5 & 13 & -3\\ 5 & -5 & 4\end{pmatrix}$;

$-\boldsymbol{A}+3\boldsymbol{B}+2\boldsymbol{C}=\begin{pmatrix}0 & 32 & 4\\ -6 & -17 & 4\\ -9 & 11 & -3\end{pmatrix}$; (2) $\boldsymbol{X}=\begin{pmatrix}-10 & 8 & 0\\ -4 & -17 & 0\\ -3 & 3 & -13\end{pmatrix}$;

(3) $\boldsymbol{X}=\begin{pmatrix}4 & -2 & 2\\ 3 & 0 & 4\\ 2 & -3 & 1\end{pmatrix}$, $\boldsymbol{Y}=\begin{pmatrix}-2 & 11 & 0\\ -4 & -6 & -1\\ -4 & 5 & -2\end{pmatrix}$.

2. $k=3$.

3. (1) $\boldsymbol{AB}-\boldsymbol{BA}=\boldsymbol{O}$; (2) $\boldsymbol{A}^2-\boldsymbol{A}-\boldsymbol{I}=\begin{pmatrix}2 & 2 & 2\\ 0 & 4 & 2\\ 0 & 1 & 3\end{pmatrix}$.

4. (1) $\boldsymbol{AB}=\begin{pmatrix}2\\ 1\\ 1\end{pmatrix}$, $\boldsymbol{B}^{\mathrm{T}}\boldsymbol{A}=(2,1,-1)$, $\boldsymbol{B}^{\mathrm{T}}\boldsymbol{C}=3$, $\boldsymbol{BC}^{\mathrm{T}}=\begin{pmatrix}3 & 2 & 1\\ 0 & 0 & 0\\ 0 & 0 & 0\end{pmatrix}$; 乘积 $\boldsymbol{BC}$ 不可以运算,因为矩阵 $\boldsymbol{B}$ 的列数与矩阵 $\boldsymbol{C}$ 的行数不相同;

(2) $\boldsymbol{AX}=\begin{pmatrix}2x_1+x_2-x_3\\ x_1+3x_2\\ x_1-2x_2+x_3\end{pmatrix}$, $\boldsymbol{X}^{\mathrm{T}}\boldsymbol{DX}=2x_1^2+4x_1x_2-2x_1x_3+x_2^2+3x_3^2$.

5. (1)和(2) $\boldsymbol{A}=\begin{pmatrix}1 & -1\\ 1 & -1\end{pmatrix}$, $\boldsymbol{B}=\begin{pmatrix}1 & 1\\ 1 & 1\end{pmatrix}$; (3) $\boldsymbol{A}=\begin{pmatrix}1 & 1\\ -1 & -1\end{pmatrix}$;

(4) $\boldsymbol{A}=\begin{pmatrix}1 & 0\\ 0 & 0\end{pmatrix}$; (5) $\boldsymbol{A}=\begin{pmatrix}1 & -1\\ 1 & -1\end{pmatrix}$, $\boldsymbol{B}=\begin{pmatrix}1 & 0\\ 0 & 1\end{pmatrix}$, $\boldsymbol{C}=\begin{pmatrix}0 & -1\\ -1 & 0\end{pmatrix}$.

6. (1) $\begin{pmatrix}1 & n\\0 & 1\end{pmatrix}$; (2) $\begin{pmatrix}\cos n\theta & \sin n\theta\\-\sin n\theta & \cos n\theta\end{pmatrix}$; (3) $\begin{pmatrix}0 & 0 & 1\\0 & 0 & 0\\0 & 0 & 0\end{pmatrix}$ $(n=2)$; $\begin{pmatrix}0 & 0 & 0\\0 & 0 & 0\\0 & 0 & 0\end{pmatrix}$ $(n>2)$.

7. (1) $\begin{pmatrix}a & b\\0 & a\end{pmatrix}$,其中 a, b 是任意的数; (2) $\begin{pmatrix}a & b & c\\0 & a & b\\0 & 0 & a\end{pmatrix}$,其中 a, b, c 是任意的数.

8. 提示:根据 $\boldsymbol{AB}=\boldsymbol{BA}$,写出对应元素关系,证明 $\boldsymbol{B}$ 只能是(1) 对角矩阵;(2) 数量矩阵.

9. 略.

10. 提示:分别取 $\boldsymbol{X}$ 为单位矩阵 $\boldsymbol{I}$ 的每一列.

11. 略.

12. 略.

13. 略.

14. 略.

15. $-\dfrac{16}{27}$.

16. $\boldsymbol{A}^{-1}=\dfrac{1}{2}(\boldsymbol{A}-3\boldsymbol{I})$.

17. 提示:$(\boldsymbol{A}-3\boldsymbol{I})(\boldsymbol{A}+\boldsymbol{I})=\boldsymbol{I}$.

18. 略.

19. (1) $\boldsymbol{A}^{-1}=\dfrac{1}{11}\begin{pmatrix}5 & -2\\3 & 1\end{pmatrix}$; (2) $\boldsymbol{A}^{-1}=\begin{pmatrix}\frac{1}{3} & 0 & 0\\0 & -\frac{1}{2} & 0\\0 & 0 & \frac{1}{2}\end{pmatrix}$;

(3) $\boldsymbol{A}^{-1}=\begin{pmatrix}1 & 0 & 0\\-\frac{1}{2} & \frac{1}{2} & 0\\-\frac{1}{2} & -\frac{1}{6} & \frac{1}{3}\end{pmatrix}$; (4) $\boldsymbol{A}^{-1}=\begin{pmatrix}1 & -2 & 0 & 0\\-2 & 5 & 0 & 0\\0 & 0 & 2 & -3\\0 & 0 & -5 & 8\end{pmatrix}$;

(5) $A^{-1}=\begin{pmatrix} \frac{2}{5} & -\frac{3}{5} & 0 & 0 & 0 & 0 & 0 \\ \frac{1}{5} & \frac{1}{5} & 0 & 0 & 0 & 0 & 0 \\ 0 & 0 & 1 & 0 & 0 & 0 & 0 \\ 0 & 0 & 0 & 1 & 0 & 0 & 0 \\ 0 & 0 & 0 & 0 & 1 & 0 & 0 \\ 0 & 0 & 0 & 0 & 0 & 3 & -5 \\ 0 & 0 & 0 & 0 & 0 & -1 & 2 \end{pmatrix}$.

20. (1) $AB=\begin{pmatrix} 2 & 1 & 0 \\ 1 & 0 & 1 \\ 0 & 2 & 1 \\ 0 & 0 & 3 \end{pmatrix}\begin{pmatrix} 1 & 2 & 1 & 0 \\ -1 & 0 & 0 & 1 \\ 0 & -1 & 0 & 0 \end{pmatrix}=\begin{pmatrix} 1 & 4 & 2 & 1 \\ 1 & 1 & 1 & 0 \\ -2 & -1 & 0 & 2 \\ 0 & -3 & 0 & 0 \end{pmatrix}$;

(2) $AB=\begin{pmatrix} 0 & 1 & 2 \\ 2 & 1 & 3 \\ 1 & -1 & 0 \end{pmatrix}\begin{pmatrix} 0 & 1 \\ 1 & 0 \\ 0 & 1 \end{pmatrix}=\begin{pmatrix} 1 & 2 \\ 1 & 5 \\ -1 & 1 \end{pmatrix}$.

21. $\begin{pmatrix} O & A \\ B & O \end{pmatrix}^{-1}=\begin{pmatrix} O & B^{-1} \\ A^{-1} & O \end{pmatrix}$.

22. (1) $A^{-1}=\begin{pmatrix} -\frac{1}{2} & -\frac{3}{2} & -\frac{5}{2} \\ \frac{1}{2} & \frac{1}{2} & \frac{1}{2} \\ 0 & 1 & 1 \end{pmatrix}$; (2) $A^{-1}=\begin{pmatrix} -4 & 3 & -2 \\ -8 & 6 & -5 \\ -7 & 5 & -4 \end{pmatrix}$;

(3) $A^{-1}=\begin{pmatrix} 22 & -6 & -26 & 17 \\ -17 & 5 & 20 & -13 \\ -1 & 0 & 2 & -1 \\ 4 & -1 & -5 & 3 \end{pmatrix}$.

23. (1) $X=\begin{pmatrix} 2 & -23 \\ 0 & 8 \end{pmatrix}$; (2) $X=\begin{pmatrix} -1 & -1 \\ 5 & -5 \\ -6 & 9 \end{pmatrix}$;

(3) $X=\begin{pmatrix} 2 & -10 & 0 \\ 1 & 3 & -4 \\ 1 & 0 & -2 \end{pmatrix}$.

24. (1) $\boldsymbol{X}=\begin{pmatrix}1\\0\\-1\end{pmatrix}$； (2) $\boldsymbol{X}=\begin{pmatrix}1\\1\\1\end{pmatrix}$.

25. (1) $\begin{pmatrix}\frac{2}{7} & \frac{1}{7} & -\frac{1}{7}\\ -\frac{1}{7} & \frac{3}{7} & \frac{1}{14}\\ 0 & 0 & \frac{1}{2}\end{pmatrix}$； (2) $\begin{pmatrix}0 & 1 & 0\\ 1 & -3 & 0\\ 0 & -\frac{2}{3} & \frac{1}{3}\end{pmatrix}$.

26. (1) $\begin{pmatrix}1&2&3\\0&1&5\\0&0&18\end{pmatrix}$, $\begin{pmatrix}1&0&0\\0&1&0\\0&0&1\end{pmatrix}$； (2) $\begin{pmatrix}1&1&-1&-1\\0&1&6&5\\0&0&-20&-18\end{pmatrix}$,

$\begin{pmatrix}1&0&0&\frac{3}{10}\\0&1&0&-\frac{2}{5}\\0&0&1&\frac{9}{10}\end{pmatrix}$； (3) $\begin{pmatrix}1&5&2&0&1\\0&-10&-1&1&2\\0&0&0&0&0\end{pmatrix}$, $\begin{pmatrix}1&0&\frac{3}{2}&\frac{1}{2}&2\\0&1&\frac{1}{10}&-\frac{1}{10}&-\frac{1}{5}\\0&0&0&0&0\end{pmatrix}$；

(4) $\begin{pmatrix}1&0&4&-1\\0&1&-38&7\\0&0&1&0\\0&0&0&0\end{pmatrix}$, $\begin{pmatrix}1&0&0&-1\\0&1&0&7\\0&0&1&0\\0&0&0&0\end{pmatrix}$.

27. (1) $\begin{pmatrix}1&0&0\\0&1&0\\0&0&0\end{pmatrix}$； (2) $\begin{pmatrix}1&0&0&0\\0&1&0&0\\0&0&1&0\\0&0&0&1\end{pmatrix}$； (3) $\begin{pmatrix}1&0&0&0&0\\0&1&0&0&0\\0&0&0&0&0\\0&0&0&0&0\end{pmatrix}$.

(B)

1. 略

2. (1) $f(\boldsymbol{A})=\begin{pmatrix}-3&10&24\\0&-3&10\\0&0&-3\end{pmatrix}$； (2) 先计算 $\boldsymbol{A}^1$, $\boldsymbol{A}^2$, $\boldsymbol{A}^3$,然后用归纳法证:

$\begin{pmatrix}1&1&0\\0&1&1\\0&0&1\end{pmatrix}^n=\begin{pmatrix}1&n&\frac{n(n-1)}{2}\\0&1&n\\0&0&1\end{pmatrix}$； (3) $g(\boldsymbol{A})=\begin{pmatrix}\sum\limits_{i=0}^{k}a_i & \sum\limits_{i=0}^{k}ia_i & \sum\limits_{i=0}^{k}\frac{i(i-1)}{2}a_i\\ 0 & \sum\limits_{i=0}^{k}a_i & \sum\limits_{i=0}^{k}ia_i\\ 0 & 0 & \sum\limits_{i=0}^{k}a_i\end{pmatrix}$.

3. 用归纳法证.按逆推公式可得 $\boldsymbol{A}^{100}=50\boldsymbol{A}^2-49\boldsymbol{I}=\begin{pmatrix}1&0&0\\50&1&0\\50&0&1\end{pmatrix}$.

4. $\boldsymbol{A}$ 有 4 种可能:$\begin{pmatrix}1&0\\0&1\end{pmatrix}$, $\begin{pmatrix}-1&0\\0&-1\end{pmatrix}$, $\begin{pmatrix}1&b\\0&-1\end{pmatrix}$, $\begin{pmatrix}-1&b\\0&1\end{pmatrix}$.

5. 提示:行列式为零.

6. $\boldsymbol{A}^{-1}=\begin{pmatrix}0&0&\cdots&0&a_n^{-1}\\a_1^{-1}&0&\cdots&0&0\\0&a_2^{-1}&\cdots&0&0\\\vdots&\vdots&\ddots&\vdots&\vdots\\0&0&\cdots&a_{n-1}^{-1}&0\end{pmatrix}$.

7. (1) 略; (2) 提示:设 $\boldsymbol{A}^{-1}=(x_{ij})$,根据 $\boldsymbol{AA}^{-1}=\boldsymbol{I}$,证明 $x_{ij}=0$, $i>j$,且 $x_{ii}=\dfrac{1}{a_{ii}}$.

8. 因为 $|\boldsymbol{A}||\boldsymbol{A}^{-1}|=|\boldsymbol{AA}^{-1}|=|\boldsymbol{I}|=1$.

9. (1) 略; (2) $(\boldsymbol{A}^*)^*=|\boldsymbol{A}|^{n-2}\boldsymbol{A}$, $|(\boldsymbol{A}^*)^*|=|\boldsymbol{A}|^{(n-1)^2}$.

10. (1) 不一定; (2) 提示:$\boldsymbol{A}^{-1}+\boldsymbol{B}^{-1}=\boldsymbol{A}^{-1}(\boldsymbol{A}+\boldsymbol{B})\boldsymbol{B}^{-1}$; (3) 略.

11. 略.

12. (1) 提示:必要性参照例 20;充分性用上题结论; (2) 略.

13. (1) 略; (2) 等价.

14. 略.

15. 略.

习 题 三

(A)

1. $(13, 2, 5)^{\mathrm{T}}$.

2. $(2, -9, -5, 10)^{\mathrm{T}}$, $(-1, 7, 4, -7)^{\mathrm{T}}$.

3. 提示:由 $k_1\boldsymbol{\alpha}_1+k_2\boldsymbol{\alpha}_2+k_3\boldsymbol{\alpha}_3=\boldsymbol{\beta}$,解出 $k_1=-1$, $k_2=k_3=1$,故 $\boldsymbol{\beta}=-\boldsymbol{\alpha}_1+\boldsymbol{\alpha}_2+\boldsymbol{\alpha}_3$.

4. (1) 因为 $0\cdot\boldsymbol{\alpha}_1+1\cdot\boldsymbol{\alpha}_2=\boldsymbol{0}$,所以 $\boldsymbol{\alpha}_1$, $\boldsymbol{\alpha}_2$ 线性相关; (2) 由定理 3.3 知 $\boldsymbol{\alpha}_1$, $\boldsymbol{\alpha}_2$, $\boldsymbol{\alpha}_3$ 线性相关.

5. 略.

6. (1) 2, $\boldsymbol{\alpha}_1$, $\boldsymbol{\alpha}_2$, $\boldsymbol{\alpha}_3=-3\boldsymbol{\alpha}_1+2\boldsymbol{\alpha}_2$; (2) 3, $\boldsymbol{\alpha}_1$, $\boldsymbol{\alpha}_2$, $\boldsymbol{\alpha}_3$, $\boldsymbol{\alpha}_4=-\boldsymbol{\alpha}_2$; (3)

2，$\boldsymbol{\alpha}_1$，$\boldsymbol{\alpha}_4$，$\boldsymbol{\alpha}_2=3\boldsymbol{\alpha}_1-2\boldsymbol{\alpha}_4$，$\boldsymbol{\alpha}_3=-\boldsymbol{\alpha}_1+2\boldsymbol{\alpha}_4$；　(4) 4，$\boldsymbol{\alpha}_1$，$\boldsymbol{\alpha}_2$，$\boldsymbol{\alpha}_3$，$\boldsymbol{\alpha}_4$ 本身就是一个极大无关组.

7. $\boldsymbol{\alpha}_1$，$\boldsymbol{\alpha}_3$ 与 $\boldsymbol{\beta}_1$，$\boldsymbol{\beta}_2$ 分别是 $\boldsymbol{A}$ 的列向量组与行向量组的极大无关组，$\boldsymbol{A}$ 的列秩与行秩都为 2.

8. (1) $\mathrm{r}(\boldsymbol{A})=1$，可取 3 为一阶非零子式；(2) $\mathrm{r}(\boldsymbol{B})=2$，可取 $\begin{vmatrix}2&-3\\-1&2\end{vmatrix}=1$ 为二阶非零子式；(3) $\mathrm{r}(\boldsymbol{C})=2$，可取 $\begin{vmatrix}3&2\\-5&-4\end{vmatrix}=-2$ 为二阶非零子式.

9. (1) 2；(2) 2；(3) 2；(4) 3；(5) 2；(6) 4.

10. $a\neq1$，$b=-1$ 或 $a=1$，$b\neq-1$.

11. $a=3$，$\mathrm{r}(\boldsymbol{A})=3$；$a\neq3$，$\mathrm{r}(\boldsymbol{A})=4$.

12. (1) $(\boldsymbol{\alpha}_1,\boldsymbol{\beta}_1)=3$，$(\boldsymbol{\alpha}_2,\boldsymbol{\beta}_2)=0$，$(\boldsymbol{\alpha}_3,\boldsymbol{\beta}_3)=18$；　(2) $\|\boldsymbol{\alpha}_1\|=\sqrt{7}$，$\|\boldsymbol{\beta}_1\|=\sqrt{11}$，$\|\boldsymbol{\alpha}_3\|=\sqrt{18}$，$\|\boldsymbol{\alpha}_1-\boldsymbol{\beta}_1\|=\sqrt{12}$，$\|\boldsymbol{\alpha}_2-\boldsymbol{\beta}_2\|=\sqrt{28}$；(3) $\langle\boldsymbol{\alpha}_1,\boldsymbol{\beta}_1\rangle=\arccos\dfrac{3}{\sqrt{77}}$，$\langle\boldsymbol{\alpha}_2,\boldsymbol{\beta}_2\rangle=\dfrac{\pi}{2}$，$\langle\boldsymbol{\alpha}_3,\boldsymbol{\beta}_3\rangle=\dfrac{\pi}{4}$.

13. (1) $\dfrac{1}{\sqrt{2}}\begin{pmatrix}0\\1\\1\end{pmatrix}$，$\dfrac{1}{\sqrt{6}}\begin{pmatrix}2\\-1\\1\end{pmatrix}$，$\dfrac{1}{\sqrt{3}}\begin{pmatrix}1\\1\\-1\end{pmatrix}$；　(2) $\dfrac{1}{3}\begin{pmatrix}1\\-2\\2\end{pmatrix}$，$\dfrac{1}{3}\begin{pmatrix}-2\\-2\\-1\end{pmatrix}$，$\dfrac{1}{3}\begin{pmatrix}2\\-1\\-2\end{pmatrix}$；　(3) $\dfrac{1}{\sqrt{2}}\begin{pmatrix}1\\1\\0\\0\end{pmatrix}$，$\dfrac{1}{\sqrt{6}}\begin{pmatrix}1\\-1\\2\\0\end{pmatrix}$，$\dfrac{1}{\sqrt{12}}\begin{pmatrix}-1\\1\\1\\3\end{pmatrix}$，$\dfrac{1}{2}\begin{pmatrix}1\\-1\\-1\\1\end{pmatrix}$；　(4) $\dfrac{1}{\sqrt{10}}\begin{pmatrix}1\\2\\2\\-1\end{pmatrix}$，$\dfrac{1}{\sqrt{26}}\begin{pmatrix}2\\3\\-3\\2\end{pmatrix}$，$\dfrac{1}{\sqrt{10}}\begin{pmatrix}2\\-1\\-1\\-2\end{pmatrix}$.

14. 略.

15. 略.

16. (1) 当 $a^2+b^2+c^2+d^2=1$ 时，$\boldsymbol{A}$ 为正交矩阵；(2) $|\boldsymbol{A}|=\sqrt{|\boldsymbol{A}\boldsymbol{A}^{\mathrm{T}}|}=(a^2+b^2+c^2+d^2)^2$.

(B)

1. 略.

2. 提示:设$\boldsymbol{\beta}=\sum_{i=1}^{s}k_i\boldsymbol{\alpha}_i$与$\mathbf{0}=\sum_{i=1}^{s}l_i\boldsymbol{\alpha}_i$,必要性:两式相加.充分性:用反证法.

3. 提示:用定理 3.8 推论.

4. 提示:对$\mathbf{A}$转置$\mathbf{A}^{\mathrm{T}}$用定理 3.9 的证明方法.

5. 由$f(0)=0$,得$a_0=0$,所以$f(\mathbf{A})=\mathbf{A}(a_m\mathbf{A}^{m-1}+a_{m-1}\mathbf{A}^{m-2}+\cdots+a_1\boldsymbol{I})=\boldsymbol{AB}$,于是$\mathrm{r}(f(\mathbf{A}))=\mathrm{r}(\boldsymbol{AB})\leqslant\min\{\mathrm{r}(\mathbf{A}),\mathrm{r}(\boldsymbol{B})\}\leqslant\mathrm{r}(\mathbf{A})$.

6. 略.

7. 略.

8. 略.

9. 提示:用上题结论.

10. 提示:用题 8 结论.

11. 略.

习 题 四

(A)

1. (1) $\begin{cases}x_1=1-c,\\x_2=1+c,\\x_3=c,\end{cases}$ c为任意常数; (2) $\begin{cases}x_1=0,\\x_2=-c,\\x_3=c,\end{cases}$ c为任意常数;

(3) 无解; (4) $\begin{cases}x_1=-1,\\x_2=-1,\\x_3=0,\\x_4=1;\end{cases}$ (5) $\begin{cases}x_1=-\frac{1}{2}c_1-c_2,\\x_2=-c_1-c_2,\\x_3=c_1,\\x_4=c_2,\end{cases}$ c_1,c_2为任意常数;

(6) $\begin{cases}x_1=\frac{4}{3}+c_1+\frac{1}{3}c_2+c_3,\\x_2=c_1,\\x_3=\frac{1}{3}+\frac{4}{3}c_2-c_3,\\x_4=c_2,\\x_5=c_3,\end{cases}$ c_1,c_2,c_3为任意常数.

2. (1) $\boldsymbol{\beta}=\frac{5}{2}\boldsymbol{\alpha}_1-\boldsymbol{\alpha}_2-\frac{1}{2}\boldsymbol{\alpha}_3$,表示法唯一; (2) $\boldsymbol{\beta}$不能由$\boldsymbol{\alpha}_1,\boldsymbol{\alpha}_2,\boldsymbol{\alpha}_3,\boldsymbol{\alpha}_4$线性表出; (3) $\boldsymbol{\beta}=\boldsymbol{\alpha}_1+\boldsymbol{\alpha}_2-2\boldsymbol{\alpha}_3$,表示法不唯一.

3. (1) 线性无关; (2) 线性无关; (3) 线性相关.

4. 当 $\lambda \neq 3$ 时，有唯一解；当 $\lambda = 3$ 时，无解.

5. (1) 当 $a = 1$ 时，方程组有无穷多解 $\begin{cases} x_1 = 1 - c_1 - c_2, \\ x_2 = c_1, \\ x_3 = c_2, \end{cases}$ c_1，c_2 为任意常数；当 $a \neq 1$ 且 $a \neq -2$ 时，方程组有唯一解 $\begin{cases} x_1 = \dfrac{-(1+a)}{a+2}, \\ x_2 = \dfrac{1}{a+2}, \\ x_3 = \dfrac{(1+a)^2}{a+2}; \end{cases}$ (2) 当 $a \neq 1$ 时，方程组有唯一解 $\begin{cases} x_1 = -1, \\ x_2 = a+2, \\ x_3 = -1; \end{cases}$ 当 $a = 1$ 时，方程组有无穷多解 $\begin{cases} x_1 = 1 - c_1 - c_2, \\ x_2 = c_1, \\ x_3 = c_2, \end{cases}$ c_1，c_2 为任意常数； (3) 当 $a \neq 2$ 且 $b \neq 0$ 时，方程组有唯一解 $\begin{cases} x_1 = \dfrac{1-3b}{(a-2)b}, \\ x_2 = \dfrac{4ab - 2b - 2}{(a-2)b}, \\ x_3 = -\dfrac{1}{b}; \end{cases}$ 当 $a = 2$ 且 $b = \dfrac{1}{3}$ 时，方程组有无穷多解 $\begin{cases} x_1 = 2 - \dfrac{1}{2}c, \\ x_2 = c, \\ x_3 = -3, \end{cases}$ c 为任意常数； (4) 当 $b = -2$ 时，方程组有解. 当 $b = -2$ 且 $a = -8$ 时，方程组解为 $\begin{cases} x_1 = -1 + 4c_1 - c_2, \\ x_2 = 1 - 2c_1 - 2c_2, \\ x_3 = c_1, \\ x_4 = c_2, \end{cases}$ c_1，c_2 为任意常数；当 $b = -2$ 且 $a \neq -8$ 时，方程组解为 $\begin{cases} x_1 = -1 - c, \\ x_2 = 1 - 2c, \\ x_3 = 0, \\ x_4 = c, \end{cases}$ c 为任意常数； (5) 当 $a = 1$ 且 $b = -1$ 时，方程组解为 $\begin{cases} x_1 = -4c_2, \\ x_2 = 1 + c_1 + c_2, \\ x_3 = c_1, \\ x_4 = c_2, \end{cases}$ c_1，c_2 为任意常数； (6) a 取任何值，方程组无解.

6. (1) 当$\lambda=2$时,方程组有非零解;当$\lambda\neq 2$时,方程组只有零解; (2) 当$\lambda=1$或$\lambda=-3$时,齐次线性方程组有非零解,当$\lambda\neq 1$且$\lambda\neq -3$时只有零解.

7. (1) 只有零解,故不存在基础解系; (2) $\boldsymbol{\eta}=\begin{pmatrix}4\\-5\\1\end{pmatrix}$, $\boldsymbol{X}=c\boldsymbol{\eta}$ (c为任意常数); (3) $\boldsymbol{\eta}_1=\begin{pmatrix}1\\1\\0\\0\end{pmatrix}$, $\boldsymbol{\eta}_2=\begin{pmatrix}1\\0\\2\\1\end{pmatrix}$, $\boldsymbol{X}=c_1\boldsymbol{\eta}_1+c_2\boldsymbol{\eta}_2$ (c_1, c_2 为任意常数); (4) $\boldsymbol{\eta}_1=\begin{pmatrix}-2\\1\\0\\0\end{pmatrix}$, $\boldsymbol{\eta}_2=\begin{pmatrix}1\\0\\-1\\2\end{pmatrix}$, $\boldsymbol{X}=c_1\boldsymbol{\eta}_1+c_2\boldsymbol{\eta}_2$ (c_1, c_2 为任意常数);

8. $\boldsymbol{X}=\begin{pmatrix}a_1+a_2+a_3+a_4\\a_2+a_3+a_4\\a_3+a_4\\a_4\\0\end{pmatrix}+c\begin{pmatrix}1\\1\\1\\1\\1\end{pmatrix}$ (c为任意常数).

9. (1) $\boldsymbol{X}=\begin{pmatrix}\frac{7}{2}\\0\\-2\end{pmatrix}+c\begin{pmatrix}\frac{1}{2}\\1\\0\end{pmatrix}$ (c为任意常数); (2) $\boldsymbol{X}=\begin{pmatrix}2\\0\\1\\0\end{pmatrix}+c_1\begin{pmatrix}-2\\1\\0\\0\end{pmatrix}+c_2\begin{pmatrix}-1\\0\\1\\1\end{pmatrix}$ (c_1, c_2 为任意常数); (3) $\boldsymbol{X}=\begin{pmatrix}\frac{7}{9}\\\frac{1}{9}\\0\\0\end{pmatrix}+c_1\begin{pmatrix}-\frac{1}{9}\\\frac{5}{9}\\1\\0\end{pmatrix}+c_2\begin{pmatrix}-\frac{4}{9}\\\frac{2}{9}\\0\\1\end{pmatrix}$ (c_1, c_2 为任意常数); (4) $\boldsymbol{X}=\begin{pmatrix}1\\1\\0\\1\end{pmatrix}+c\begin{pmatrix}-3\\-1\\1\\0\end{pmatrix}$ (c为任意常数); (5) $\boldsymbol{X}=\begin{pmatrix}-16\\23\\0\\0\\0\end{pmatrix}+$

$c_1\begin{pmatrix}1\\-2\\0\\1\\0\end{pmatrix}+c_2\begin{pmatrix}5\\-6\\0\\0\\1\end{pmatrix}$ (c_1, c_2 为任意常数); (6) $\boldsymbol{X}=\begin{pmatrix}-\frac{2}{3}\\0\\\frac{1}{2}\\0\\0\end{pmatrix}+c_1\begin{pmatrix}\frac{1}{3}\\1\\0\\0\\0\end{pmatrix}+$

$c_2\begin{pmatrix}-\frac{2}{3}\\0\\-\frac{1}{2}\\1\\0\end{pmatrix}+c_3\begin{pmatrix}-\frac{5}{3}\\0\\\frac{3}{2}\\0\\1\end{pmatrix}$ (c_1, c_2, c_3 为任意常数).

10. (1) $\boldsymbol{\alpha}=\pm\frac{1}{2}\begin{pmatrix}1\\1\\1\\1\end{pmatrix}$; (2) $\boldsymbol{\beta}=\pm\frac{1}{\sqrt{26}}\begin{pmatrix}4\\0\\-3\\1\end{pmatrix}$.

(B)

1. 略.

2. 略.

3. 略.

4. $\boldsymbol{X}=\boldsymbol{\alpha}_1+c(\boldsymbol{\alpha}_2+\boldsymbol{\alpha}_3-2\boldsymbol{\alpha}_1)=\begin{pmatrix}1\\2\\3\\4\end{pmatrix}+c\begin{pmatrix}0\\-1\\-2\\-3\end{pmatrix}$ (c 为任意常数).

5. 提示:考虑方程组 $\boldsymbol{AX}=\boldsymbol{0}$的基础解系.

6. 提示:取 $\boldsymbol{\alpha}_1$, $\boldsymbol{\alpha}_2$, $\cdots$, $\boldsymbol{\alpha}_n$ 线性无关,则有 $\boldsymbol{AA}_1=\boldsymbol{O}$,其中 $\boldsymbol{A}_1=(\boldsymbol{\alpha}_1, \boldsymbol{\alpha}_2, \cdots, \boldsymbol{\alpha}_n)$,$\boldsymbol{A}_1$ 可逆.

7. 提示:用定理 1.3 及推论.

8. 提示:首先证明 $\boldsymbol{BX}=\boldsymbol{0}$ 的解都是 $\boldsymbol{ABX}=\boldsymbol{0}$ 的解;然后由 $\boldsymbol{A}$ 是满秩矩阵证明 $\boldsymbol{ABX}=\boldsymbol{0}$ 的解都是 $\boldsymbol{BX}=\boldsymbol{0}$ 的解,即 $\boldsymbol{ABX}=\boldsymbol{0}$, $\boldsymbol{BX}=\boldsymbol{0}$ 是同解方程组.从而 $n-\mathrm{r}(\boldsymbol{AB})=n-\mathrm{r}(\boldsymbol{B})\Rightarrow\mathrm{r}(\boldsymbol{AB})=\mathrm{r}(\boldsymbol{B})$.

习 题 五

(A)

1. (1) $\lambda_1=-4$, $\boldsymbol{\alpha}_1=k_1(-6,5)^{\mathrm{T}}$, $k_1\neq 0$; $\lambda_2=7$, $\boldsymbol{\alpha}_2=k_2(1,1)^{\mathrm{T}}$, $k_2\neq 0$; (2) $\lambda_1=-1$, $\boldsymbol{\alpha}_1=k_1(-1,0,1)^{\mathrm{T}}$, $k_1\neq 0$; $\lambda_2=\lambda_3=1$, $\boldsymbol{\alpha}_2=k_2(1,0,1)^{\mathrm{T}}+k_3(0,1,0)^{\mathrm{T}}$, k_2, k_3 不全为零; (3) $\lambda_1=2$, $\boldsymbol{\alpha}_1=k_1(1,1,1)^{\mathrm{T}}$, $k_1\neq 0$; $\lambda_2=\lambda_3=-1$, $\boldsymbol{\alpha}_2=k_2(-1,1,0)^{\mathrm{T}}+k_3(-1,0,1)^{\mathrm{T}}$, k_2, k_3 不全为零; (4) $\lambda_1=\lambda_2=\lambda_3=-2$, $\boldsymbol{\alpha}=k(0,0,1)^{\mathrm{T}}$, $k\neq 0$; (5) $\lambda_1=\lambda_2=\lambda_3=-1$, $\boldsymbol{\alpha}=k(-1,-1,1)^{\mathrm{T}}$, $k\neq 0$; (6) $\lambda_1=\lambda_2=\lambda_3=1$, $\boldsymbol{\alpha}=k_1(0,1,3)^{\mathrm{T}}+k_2(1,0,-3)^{\mathrm{T}}$, k_1, k_2 不全为零; (7) $\lambda_1=0$, $\boldsymbol{\alpha}_1=k_1(-1,-1,1)^{\mathrm{T}}$, $k_1\neq 0$; $\lambda_2=\lambda_3=1$, $\boldsymbol{\alpha}_2=k_2(2,1,0)^{\mathrm{T}}+k_3(3,0,2)^{\mathrm{T}}$, k_2, k_3 不全为零; (8) $\lambda_1=\lambda_2=\lambda_3=2$, $\boldsymbol{\alpha}_1=k_1(1,1,0,0)^{\mathrm{T}}+k_2(1,0,1,0)^{\mathrm{T}}+k_3(1,0,0,1)^{\mathrm{T}}$, k_1, k_2, k_3 不全为零; $\lambda_4=-2$, $\boldsymbol{\alpha}_2=k_4(-1,1,1,1)^{\mathrm{T}}$, $k_4\neq 0$; (9) $\lambda=a$, $\boldsymbol{\alpha}=k(1,0,\cdots,0)^{\mathrm{T}}$, $k\neq 0$.

2. 略.

3. (1) λ; (2) $a\lambda$; (3) λ^k; (4) λ^{-1}.

4. 略.

5. 略.

6. (1) $\boldsymbol{P}=\begin{pmatrix}2&0\\1&1\end{pmatrix}$, $\boldsymbol{\Lambda}=\begin{pmatrix}1&\\&-1\end{pmatrix}$; (2) $\boldsymbol{P}=\begin{pmatrix}1&1&1\\1&0&4\\1&1&3\end{pmatrix}$, $\boldsymbol{\Lambda}=\begin{pmatrix}0&&\\&-1&\\&&1\end{pmatrix}$; (3) 不可对角化; (4) $\boldsymbol{P}=\begin{pmatrix}1&1&2\\1&0&-1\\0&1&1\end{pmatrix}$, $\boldsymbol{\Lambda}=\begin{pmatrix}3&&\\&3&\\&&1\end{pmatrix}$.

7. $\boldsymbol{A}^{100}=\begin{pmatrix}-1&-1&2\\-2&0&2\\-2&-1&3\end{pmatrix}$.

8. $\dfrac{1}{3}\begin{pmatrix}-1&0&2\\0&1&2\\2&2&0\end{pmatrix}$.

9. 略.

10. 提示:用反证法.

11. (1) $\boldsymbol{Q}=\begin{pmatrix}\frac{2}{\sqrt{5}} & -\frac{2}{3\sqrt{5}} & -\frac{1}{3}\\ 0 & \frac{\sqrt{5}}{3} & -\frac{2}{3}\\ \frac{1}{\sqrt{5}} & \frac{4}{3\sqrt{5}} & \frac{2}{3}\end{pmatrix}$, $\boldsymbol{Q}^{\mathrm{T}}\boldsymbol{A}\boldsymbol{Q}=\begin{pmatrix}1 & & \\ & 1 & \\ & & 10\end{pmatrix}$; (2) $\boldsymbol{Q}=$

$\begin{pmatrix}\frac{1}{\sqrt{3}} & -\frac{1}{\sqrt{2}} & -\frac{1}{\sqrt{6}}\\ \frac{1}{\sqrt{3}} & \frac{1}{\sqrt{2}} & -\frac{1}{\sqrt{6}}\\ \frac{1}{\sqrt{3}} & 0 & \frac{2}{\sqrt{6}}\end{pmatrix}$, $\boldsymbol{Q}^{\mathrm{T}}\boldsymbol{A}\boldsymbol{Q}=\begin{pmatrix}0 & & \\ & 3 & \\ & & 3\end{pmatrix}$.

12. $\boldsymbol{A}=\begin{pmatrix}4 & 1 & 1\\ 1 & 4 & 1\\ 1 & 1 & 4\end{pmatrix}$.

(B)

1. (1) $x=4$, $y=5$; (2) $\boldsymbol{P}=\begin{pmatrix}-1 & -1 & 2\\ 2 & 0 & 1\\ 0 & 1 & 2\end{pmatrix}$.

2. 提示:3 不是 $\boldsymbol{A}$ 的特征值.

3. (1) 396; (2) 72.

4. 略.

5. (1) $a=-3$, $b=0$, $\lambda=-1$; (2) 不能. 因 $\lambda=-1$ 是三重特征值,而 $\mathrm{r}(\lambda\boldsymbol{I}-\boldsymbol{A})=2$.

6. 略.

7. 略.

8. 略.

9. 略.

10. (1) 略; (2) $\begin{pmatrix}\boldsymbol{I}_r & 0\\ 0 & 0\end{pmatrix}$.

习 题 六

(A)

1. (1) $\begin{pmatrix} 1 & -2 & 0 \\ -2 & -1 & -1 \\ 0 & -1 & 0 \end{pmatrix}$； (2) $\begin{pmatrix} 1 & 3 & 5 \\ 3 & 5 & 7 \\ 5 & 7 & 9 \end{pmatrix}$；

(3) $\frac{1}{2}\left[\begin{pmatrix} a_1 \\ a_2 \\ a_3 \end{pmatrix}(b_1 \quad b_2 \quad b_3)+\begin{pmatrix} b_1 \\ b_2 \\ b_3 \end{pmatrix}(a_1 \quad a_2 \quad a_3)\right]$；

(4) $f(x_1, x_2, x_3)=x_1^2+x_2^2+x_3^2+2x_1x_2+4x_1x_3-2x_2x_3$.

2. (1) $\boldsymbol{Q}=\begin{pmatrix} -\frac{2}{3} & \frac{1}{3} & \frac{2}{3} \\ \frac{1}{3} & -\frac{2}{3} & \frac{2}{3} \\ \frac{2}{3} & \frac{2}{3} & \frac{1}{3} \end{pmatrix}$, $f=2y_1^2+5y_2^2-y_3^2$； (2) $\boldsymbol{Q}=$ $\begin{pmatrix} \frac{2}{3} & -\frac{2}{3} & -\frac{1}{3} \\ \frac{2}{3} & \frac{1}{3} & \frac{2}{3} \\ -\frac{1}{3} & -\frac{2}{3} & \frac{2}{3} \end{pmatrix}$, $f=18y_1^2+9y_2^2-9y_3^2$； (3) $\boldsymbol{Q}=\begin{pmatrix} \frac{1}{\sqrt{2}} & -\frac{1}{2} & -\frac{1}{2} \\ 0 & -\frac{1}{\sqrt{2}} & \frac{1}{\sqrt{2}} \\ \frac{1}{\sqrt{2}} & \frac{1}{2} & \frac{1}{2} \end{pmatrix}$,

$f=\sqrt{2}y_2^2-\sqrt{2}y_3^2$.

3. (1) $f=y_1^2+y_2^2$； (2) $f=y_1^2+y_2^2-y_3^2$； (3) $f=y_1^2+y_2^2-y_3^2$.

4. 第 2 题(1) 2, 1, 1, 3； (2) 2, 1, 1, 3； (3) 1, 1, 0, 2； 第 3 题(1) 2, 0, 2, 2； (2) 2, 1, 1, 3； (3) 2, 1, 1, 3.

5. (1) 正定； (2) 非正定； (3) 正定.

6. (1) 对任意实数 t,二次型非正定； (2) $-2<t<1$； (3) $-\frac{\sqrt{2}}{2}<t<\frac{\sqrt{2}}{2}$； (4) $t>1$.

7. 略.

8. 提示:(1) 利用定理 6.8； (2) 证明二次型 $\boldsymbol{X}^{\mathrm{T}}(\boldsymbol{A}+\boldsymbol{B})\boldsymbol{X}$ 正定； (3) 参考本章例 14 的证明.

9. 提示:利用定理 6.8.

(B)

1. 提示:用定理 2.7 和定理 3.11.

2. 提示:$A^{-1} = A^{-1}AA^{-1} = (A^{-1})^{T}AA^{-1}$.

3. 提示:利用定理 5.7,具有相同的特征多项式的两个实对称矩阵正交相似于同一个对角阵,因此合同于同一个对角阵,再利用合同的传递性即可证明.

4. 略.

5. 略.

6. 提示:利用定理 6.8,取 t 大于 A 的所有特征值.

7. 提示:利用定理 6.3,以及正交变换不改变向量的长度.

8. 略.

习 题 七

1. `>>A = sym([4 -2 2; -3 0 5; 1 5 3]), B = sym([1 3 4; -2 0 -3; 2 -1 1])`

`>>det(A), 2*A-B, A*B, A/B, A\B, A^2, A'.`

2. (1) `>>A = sym([1 -6 3 2; 3 -5 4 0; -1 -11 2 4])`

`>>rref(A), rank(A)`

(2) `>>A = sym([3 4 4; 2 2 1; 1 2 2])`

`>>inv(A)`

(3) `>>B = sym([3 5 0 1; 1 2 0 0; 1 0 2 0; 1 2 0 2])`

`>>inv(B), B^-1.`

3. (1) `>>a1 = sym([1 -2 2 3]'); a2 = sym([-2 4 -1 3]'); a3 = sym([-1 2 0 3]'); a4 = sym([0 6 2 3]');`

`>>A = [a1 a2 a3 a4], rank(A)`

`>>rref(A)`

`>>a3 == 1/3*a1 + 2/3*a2`

(2) `>>a1 = sym([3 2 -2 4]'); a2 = sym([11 4 -10 18]'); a3 = sym([-5 0 6 -10]'); a4 = sym([-1 1 2 -3]');`

`>>A = [a1 a2 a3 a4], rank(A)`

`>>rref(A)`

`>>a3 == 2*a1 - a2, a4 == 3/2*a1 - 1/2*a2`

(3) `>>a1 = sym([1 2 -2 1]'); a2 = sym([2 -3 2 1]'); a3 = sym([2 4`

-2 4]'); a4 = sym([-1 2 0 3]');

>>A = [a1 a2 a3 a4], rank(A).

4. (1) >>A = sym([1 -1 4 -2; 1 -1 -1 2; 3 1 7 -2; 1 -3 -12 6])

>>rank(A)

因为系数矩阵的秩为 4,等于未知数个数,所以方程组只有零解.

(2) >>A = sym([1 1 -3 -1; 3 -1 -3 4; 1 5 -9 -8]); B = sym([1 4 0]');

>>AB = [A B], r_AB = rank(AB), r_A = rank(A)

因为增广矩阵的秩等于系数矩阵的秩为 2,小于未知数个数 4,所以方程组有无穷解.

>>C = null(A)　　　　　　　　%求导出组基础解系

>>X0 = A\B　　　　　　　　%求出一个非齐次方程组的特解

>>syms k1 k2

>>X = k1 * C(:, 1) + k2 * C(:, 2) + X0　　%非齐次方程组的通解

(3) >>A = sym([2 3 1; 1 -2 4; 3 8 -2; 4 -1 9]); B = sym([4 -5 13 -6]');

>>AB = [A B], r_AB = rank(AB), r_A = rank(A)

因为增广矩阵的秩等于系数矩阵的秩为 2,小于未知数个数 3,所以方程组有无穷解.

>>C = null(A)

>>X0 = A\B

>>syms k1

>>X = k1 * C(:, 1) + X0

(4) >>A = sym([1 1 2 3; 0 1 1 -4; 1 2 3 -1; 2 3 -1 -1]); B = sym([1 1 4 -6]');

>>AB = [A B], r_AB = rank(AB), r_A = rank(A)

因为增广矩阵的秩 4 不等于系数矩阵的秩 3,所以方程组无解.

(5) >>A = sym([1 -1 0 -1 0; 1 2 1 3 1; 2 1 1 2 1; 3 3 2 5 2])

>>rank(A)

因为系数矩阵的秩为 2,小于未知数个数 5,所以方程组有无穷解.

>>C = null(A)

>>syms k1 k2 k3

>>X = k1 * C(:, 1) + k2 * C(:, 2) + k3 * C(:, 3)

(6) >>A = sym([1 -2 10 6; 1 3 -6 2; 5 -3 4 -2; 2 -1 2 0]); B = sym

([- 4 3 12 4]');

>>AB = [A B], r _ AB = rank(AB), r _ A = rank(A)

因为增广矩阵的秩等于系数矩阵的秩,且等于未知数个数,所以方程组有唯一解.

>>X = A\B.

5. (1) >>a1 = sym([1 - 2 2]'); a2 = sym([- 1 0 - 1]'); a3 = sym([5 - 3 - 7]');

>>b1 = a1

>>b2 = a2 - a2' * b1/(b1' * b1) * b1

>>b3 = a3 - a3' * b1/(b1' * b1) * b1 - a3' * b2/(b2' * b2) * b2

>>c1 = b1/sqrt(b1' * b1), c2 = b2/sqrt(b2' * b2), c3 = b3/sqrt(b3' * b3)

(2) >>a1 = sym([1 1 1]'); a2 = sym([1 2 3]'); a3 = sym([1 4 9]');

>>b1 = a1

>>b2 = a2 - a2' * b1/(b1' * b1) * b1

>>b3 = a3 - a3' * b1/(b1' * b1) * b1 - a3' * b2/(b2' * b2) * b2

>>c1 = b1/sqrt(b1' * b1), c2 = b2/sqrt(b2' * b2), c3 = b3/sqrt(b3' * b3).

6. (1) 不能对角化

>>A = sym([- 1 2 0; - 2 3 0; 3 0 2])

>>[P, D] = eig(A)

(2) 能对角化

>>A = sym([1 1 - 1; 0 2 0; 0 0 3])

>>[P, D] = eig(A)

(3) 不能对角化

>>A = sym([4 2 3; 2 1 2; - 1 - 2 0])

>>[P, D] = eig(A)

(4) 能对角化

>>A = sym([5 4 - 2; 4 5 2; - 2 2 8])

>>[P, D] = eig(A)

(5) 能对角化

>>A = sym([2 - 1 - 1; 0 - 1 0; 0 2 1])

>>[P, D] = eig(A)

(6) 不能对角化

>>A = sym([3 - 1 0 0; 1 1 0 0; - 2 4 5 - 3; 7 5 3 - 1])

>>[P, D] = eig(A).

7. (1) 运行文件 duijiao. m 并输入二次型矩阵 **A**.

输入实对称矩阵 A = [5 -1 3; -1 5 -3; 3 -3 3]

```
>>syms y1 y2 y3 real
>>Y = [y1 y2 y3]';
>>X = Q * Y
>>f = X' * A * X
>>simplify(f)
```

$f = 4y_1^2 + 9y_3^2$

(2) 运行文件 duijiao. m 并输入二次型矩阵 **A**.

输入实对称矩阵 A = [3 -3 -3; -3 1 -1; -3 -1 1]

```
>>syms y1 y2 y3 real
>>Y = [y1 y2 y3]';
>>X = Q * Y
>>f = X' * A * X
>>simplify(f)
```

$f = 2y_1^2 - 3y_2^2 + 6y_3^2$.

(3) 运行文件 duijiao. m 并输入二次型矩阵 **A**.

输入实对称矩阵 A = [1 1 1 1; 1 1 1 1; 1 1 1 1; 1 1 1 1]

```
>>syms y1 y2 y3 y4 real
>>Y = [y1 y2 y3 y4]';
>>X = Q * Y
>>f = X' * A * X
>>simplify(f)
```

$f = 4y_1^2$

(4) 运行文件 duijiao. m 并输入二次型矩阵 **A**.

输入实对称矩阵 A = [0 1 1 -1; 1 0 -1 1; 1 -1 0 1; -1 1 1 0]

```
>>syms y1 y2 y3 y4 real
>>Y = [y1 y2 y3 y4]';
>>X = Q * Y
>>f = X' * A * X
>>simplify(f)
```

$f = -3y_1^2 + y_2^2 + y_3^2 + y_4^2$.

8. (1) >>A = sym([5 -2 0; -2 6 -2; 0 -2 4]);

```
>>for k = 1:3, det(A(1:k, 1:k)), end
```

正定

(2)
```
>>A = sym([2 -2 0; -2 2 0; 0 0 5]);
>>for k = 1:3, det(A(1:k, 1:k)), end
```

非正定

(3)
```
>>A = sym([1 -1 2 1; -1 3 0 -3; 2 0 9 -6; 1 -3 -6 16]);
>>for k = 1:4, det(A(1:k, 1:k)), end
```

正定.

9. (1) $\boldsymbol{A}=\begin{pmatrix}0.25 & 0.1 & 0.1\\ 0.2 & 0.2 & 0.1\\ 0.1 & 0.1 & 0.2\end{pmatrix}$; (2) $\boldsymbol{Y}=(245, 90, 175)^{\mathrm{T}}$; (3) $\boldsymbol{Z}=(180, 150, 180)^{\mathrm{T}}$.

10. (1) $\boldsymbol{A}=\begin{pmatrix}0.4 & 0.1 & 0.2\\ 0.1 & 0.4 & 0.1\\ 0.1 & 0.1 & 0.3\end{pmatrix}$; (2) $\boldsymbol{X}=(100, 200, 100)^{\mathrm{T}}$.

11.

部门间流量 产出 / 投入		消费部门			最终产品	总产出
		1	2	3		
生产部门	1	50	40	100	60	250
	2	35	30	80	55	200
	3	40	100	60	120	320
新创造价值		125	30	80		
总投入		250	200	320		

12.

部门间流量 产出 / 投入		消耗部门			外界需求	总产出
		煤矿	电厂	铁路		
生产部门	煤矿	0	36 506	15 582	50 000	102 088
	电厂	25 522	2 808	2 833	25 000	56 163
	铁路	25 522	2 808	0	0	28 330
新创造价值		51 044	14 041	9 915		
总投入		102 088	56 163	28 330		

参 考 文 献

[1] 王纪林,线性代数,北京:科学出版社,2003

[2] 赵树嫄,线性代数(第四版),北京:中国人民大学出版社,2008

[3] 郑广平等,线性代数与解析几何,上海:复旦大学出版社,2004

[4] 上海财经大学应用数学系,线性代数,上海:上海财经大学出版社,2004

[5] 范培华,线性代数(第二版),北京:高等教育出版社,2004

[6] 周誓达,线性代数与线性规划(第二版),北京:中国人民大学出版社,2009

[7] 北京大学数学力学系,高等代数,北京:人民教育出版社,1978

[8] 张从军等,线性代数,上海:复旦大学出版社,2006

[9] 李心灿,微积分的创立者及其先驱,北京:高等教育出版社,2002

[10] 张志涌,MATLAB 教程,北京:北京航空航天大学出版社,2003

图书在版编目(CIP)数据

线性代数/费伟劲主编. —2 版. —上海:复旦大学出版社,2012.5 (2016.2 重印)
(21 世纪高等学校经济数学教材)
ISBN 978-7-309-08784-0

Ⅰ. 线…　Ⅱ. 费…　Ⅲ. 线性代数-高等学校-教材　Ⅳ. 0151.2

中国版本图书馆 CIP 数据核字(2012)第 046372 号

线性代数(第二版)
费伟劲　主编
责任编辑/梁　玲

复旦大学出版社有限公司出版发行
上海市国权路 579 号　邮编:200433
网址:fupnet@ fudanpress. com　http://www. fudanpress. com
门市零售:86-21-65642857　团体订购:86-21-65118853
外埠邮购:86-21-65109143
扬中市印刷有限公司

开本 787 × 960　1/16　印张 16.75　字数 286 千
2016 年 2 月第 2 版第 3 次印刷
印数 10 201—12 300

ISBN 978-7-309-08784-0/O · 487
定价: 30.00 元